U0184814

成品油管道腐蚀控制技术及应用

田中山　路民旭 等　编著

科学出版社
北　京

内 容 简 介

本书以国家石油天然气管网集团有限公司华南分公司成品油管道的腐蚀现状及腐蚀控制工程实际为基础，梳理并总结了近年来国家石油天然气管网集团有限公司华南分公司与各高校、企业在防腐层失效防治、杂散电流下阴极保护准则、管道阴极保护技术数字化、内腐蚀控制、管道氢脆等方面合作研究的创新性科研成果，全面系统地介绍了成品油管道腐蚀控制技术，包括防腐层保护、阴极保护、杂散电流干扰防治、内腐蚀控制、腐蚀风险评价、腐蚀检监测、管道适用性评价、腐蚀缺陷修复技术等，具有较高的理论水平和较强的实用价值。

本书可作为高等院校油气储运专业的教材，也可供管道行业科研人员、管理人员及工程技术人员参考使用。

审图号：GS(2021)740号

图书在版编目(CIP)数据

成品油管道腐蚀控制技术及应用 / 田中山等编著. —北京：科学出版社，2021.2

ISBN 978-7-03-068045-7

Ⅰ. ①成… Ⅱ. ①田… Ⅲ. ①成品油管道–管道防腐 Ⅳ. ①TE988.2

中国版本图书馆CIP数据核字(2021)第018693号

责任编辑：万群霞 冯晓利 / 责任校对：王萌萌
责任印制：师艳茹 / 封面设计：蓝正设计

科学出版社 出版
北京东黄城根北街16号
邮政编码：100717
http://www.sciencep.com

北京汇瑞嘉合文化发展有限公司 印刷
科学出版社发行 各地新华书店经销
*
2021年2月第 一 版 开本：787×1092 1/16
2021年2月第一次印刷 印张：19 1/2
字数：462 000

定价：278.00元

(如有印装质量问题，我社负责调换)

本书编写委员会

主　编：

田中山　路民旭

副主编：

赖少川　何仁洋

委　员：（按姓氏笔画排序）

王　垚　王修云　王海涛　石仁委　刘　军
闫茂成　李自力　杨大慎　杨　文　张　晨
陈少松　陈长风　郑文跃　赵景茂　谢　成
熊道英

序

腐蚀是环境与材料发生化学或电化学反应而导致材料发生损伤、退化，甚至破坏的现象。腐蚀轻则造成设备设施的结构损伤，缩短其寿命，重则可能会引起设备设施的结构发生灾难性的破坏，造成人员伤亡和重大财产损失。2014 年，中国工程院联合上百家高等院校、科研院所和企事业单位，对我国基础设施、交通运输、能源、水环境、生产制造及公共事业等 5 大领域 30 多个行业的腐蚀状况及防护措施进行了专题调研。调研结果表明，2014 年我国腐蚀成本达 21278 亿元，约占当年国内生产总值(GDP)的 3.34%，相当于每位公民当年承担腐蚀成本 1555 元，腐蚀导致的损失巨大。

油气管道是国家能源输送大动脉。习近平总书记在党的十九大报告中强调要“加强水利、铁路、公路、水运、航空、管道、电网、信息、物流等基础设施网络建设”。2019 年我国油气长输管道总里程已达 12.66 万 km。随着我国油气管网改革的不断推进，油气管道正迎来高质量发展的新时代。这些埋地管道在土壤、微生物、水和氧气等因素作用下会发生较为严重的腐蚀，不利于管道企业的长远发展。今年七月份，我应广东省能源局邀请，参加了粤港澳大湾区油气管道杂散电流干扰腐蚀调查工作，发现随着我国经济高速发展，高压直流和交流输电线路及高铁和地铁等轨道交通系统发展很快，但其引起的杂散电流对油气管道造成的腐蚀已经达到很严重的程度，是对油气管道安全服役的一个重大威胁。

我曾经很长一段时间在欧美国家和中国香港学习与工作，对国际上腐蚀调查的情况有一定的了解。美国、加拿大和欧洲等国家和地区对油气管道的失效调查均表明，腐蚀是造成埋地管道失效最为主要的模式之一。不仅成品油管道如此，原油和天然气管道也如此。如何做好管道的腐蚀防护工作，对腐蚀科学家、腐蚀工程师和腐蚀管理工作者来说非常具有挑战性。

由田中山和路民旭等编著的《成品油管道腐蚀控制技术及应用》一书，以国家石油天然气管网集团有限公司华南分公司多年来的成品油管道腐蚀与防护工作为基础，系统总结了成品油管道腐蚀形式和防控技术，并充分吸纳了北京科技大学等高等院校、中国特种设备检测研究院等科研院所和北京安科科技集团有限公司多年来在管道腐蚀与防护领域的科研成果、工程实践和数据积累，以及国内其他成品油、原油和天然气管道企业腐蚀与防护的宝贵经验。本书涵盖了防腐层防护技术、阴极保护技术、交直流干扰防治技术、内腐蚀及缓解措施、腐蚀风险评价、腐蚀监检测、管道适用性评价、腐蚀缺陷修复等多方面内容，具有很强的工程实用价值。

这本论述成品油管道腐蚀与防护专著的出版对我国成品油管道腐蚀防控技术、管道安全管理及科技创新实力等方面的进一步提高具有重要意义。特别是时值国家石油天然气管网集团有限公司刚刚成立之际，该书的出版必将为我国油气管道的创新发展和我国成为油气管道强国起到巨大的推动作用。

中国科学院院士　张统一

2020 年 11 月 15 日

前　言

管道运输是国民经济五大运输方式之一，是现代综合交通运输体系和现代国民经济体系的重要组成部分。21 世纪以来，我国油气管道行业发展迅猛。截至 2019 年底，已建成 12.66 万 km，其中成品油管道约 2.7 万 km。随着油气管网运营机制改革，我国主要油气管道实现并网运行后，油气管道里程在“十四五”期间还将快速增长。但是，随着管道使用年限增加，以及交流、直流干扰日趋严重，在役管道腐蚀问题日益突出，将直接威胁管道的安全运行。

国家石油天然气管网集团有限公司华南分公司是亚洲最大的成品油管道储运企业，运营管理成品油管道 6103km，横跨华南、西南六省(区、市)，途经山高谷深、地势崎岖的云贵高原和人口稠密、水网交错、电网密布、轨道交通发达的珠三角地区，地理环境复杂，腐蚀案例特点鲜明。近年来，华南公司创新应用新型防腐涂层、智能恒电位仪、智能排流等先进腐蚀控制技术，在成品油管道腐蚀防控方面积累了丰富经验。

北京安科科技集团有限公司是以管道工程为核心的高新技术企业，在管道维修补强、阴极保护、管道检测、安全评价等方面具有雄厚的技术实力和丰富的工程实践。

2019 年初，国家石油天然气管网集团有限公司华南分公司和北京安科科技集团有限公司决定共同牵头组织北京科技大学、中国特种设备检测研究院等单位组成编写团队，编撰《成品油管道腐蚀控制技术及应用》一书，系统梳理总结国内成品油管道的腐蚀案例及相应的防控技术，内容涵盖成品油管道及腐蚀控制概况、防腐层保护技术、阴极保护技术、杂散电流干扰与治理、内腐蚀及减缓措施、腐蚀风险评价、腐蚀监检测与直接评价技术、适用性评价技术、管体腐蚀缺陷修复技术，供国内管道腐蚀与防护技术人员参考借鉴。编写组于 2019 年底确立本书编写大纲。经过近 4 个月的通力合作，期间更是克服新冠疫情带来的诸多不利影响，于 2020 年 3 月形成初稿。2020 年 4 月至 10 月，编写组先后在广州、贵阳、北京等地召开七次审稿会，反复讨论修改，不断完善书稿内容。在许多教授、专家和同行的关心和支持下，编写组人员紧密协作，近两年来，历经十余次修订，终于成书。

本书由田中山、路旭民设计，全书共分九章。第 1 章由田中山负责，熊道英、王垚、张晨、杨文编写；第 2 章由赖少川负责，李自力、谢成、崔淦、刘建国、刘军编写；第 3 章由路民旭负责，闫茂成、陈少松、崔伟编写；第 4 章由路民旭负责，陈少松、石仁委编写；第 5 章由田中山、赖少川负责，赵景茂、陈长风、于浩波、王垚、张晨、杨秋祥编写；第 6 章由田中山、路民旭负责，杨大慎、王修云、张梦梦编写；第 7 章由田中山、何仁洋负责，王海涛、李仕力、李长春编写；第 8 章由赖少川负责，郑文跃、王翰通、陈迎锋、张慈编写；第 9 章由田中山、何仁洋负责，王海涛、陈杉、侯世颖编写。

为保证内容的准确性和专业性，本书还邀请 13 位业内专家对书稿进行函审，共收集

前　言

管道运输是国民经济五大运输方式之一，是现代综合交通运输体系和现代国民经济体系的重要组成部分。21 世纪以来，我国油气管道行业发展迅猛。截至 2019 年底，已建成 12.66 万 km，其中成品油管道约 2.7 万 km。随着油气管网运营机制改革，我国主要油气管道实现并网运行后，油气管道里程在“十四五”期间还将快速增长。但是，随着管道使用年限增加，以及交流、直流干扰日趋严重，在役管道腐蚀问题日益突出，将直接威胁管道的安全运行。

国家石油天然气管网集团有限公司华南分公司是亚洲最大的成品油管道储运企业，运营管理成品油管道 6103km，横跨华南、西南六省（区、市），途经山高谷深、地势崎岖的云贵高原和人口稠密、水网交错、电网密布、轨道交通发达的珠三角地区，地理环境复杂，腐蚀案例特点鲜明。近年来，华南公司创新应用新型防腐涂层、智能恒电位仪、智能排流等先进腐蚀控制技术，在成品油管道腐蚀防控方面积累了丰富经验。

北京安科科技集团有限公司是以管道工程为核心的高新技术企业，在管道维修补强、阴极保护、管道检测、安全评价等方面具有雄厚的技术实力和丰富的工程实践。

2019 年初，国家石油天然气管网集团有限公司华南分公司和北京安科科技集团有限公司决定共同牵头组织北京科技大学、中国特种设备检测研究院等单位组成编写团队，编撰《成品油管道腐蚀控制技术及应用》一书，系统梳理总结国内成品油管道的腐蚀案例及相应的防控技术，内容涵盖成品油管道及腐蚀控制概况、防腐层保护技术、阴极保护技术、杂散电流干扰与治理、内腐蚀及减缓措施、腐蚀风险评价、腐蚀监检测与直接评价技术、适用性评价技术、管体腐蚀缺陷修复技术，供国内管道腐蚀与防护技术人员参考借鉴。编写组于 2019 年底确立本书编写大纲。经过近 4 个月的通力合作，期间更是克服新冠疫情带来的诸多不利影响，于 2020 年 3 月形成初稿。2020 年 4 月至 10 月，编写组先后在广州、贵阳、北京等地召开七次审稿会，反复讨论修改，不断完善书稿内容。在许多教授、专家和同行的关心和支持下，编写组人员紧密协作，近两年来，历经十余次修订，终于成书。

本书由田中山、路旭民设计，全书共分九章。第 1 章由田中山负责，熊道英、王垚、张晨、杨文编写；第 2 章由赖少川负责，李自力、谢成、崔淦、刘建国、刘军编写；第 3 章由路民旭负责，闫茂成、陈少松、崔伟编写；第 4 章由路民旭负责，陈少松、石仁委编写；第 5 章由田中山、赖少川负责，赵景茂、陈长风、于浩波、王垚、张晨、杨秋祥编写；第 6 章由田中山、路民旭负责，杨大慎、王修云、张梦梦编写；第 7 章由田中山、何仁洋负责，王海涛、李仕力、李长春编写；第 8 章由赖少川负责，郑文跃、王翰通、陈迎锋、张慈编写；第 9 章由田中山、何仁洋负责，王海涛、陈杉、侯世颖编写。

为保证内容的准确性和专业性，本书还邀请 13 位业内专家对书稿进行函审，共收集到审、修改意见近1200条。北京化工大学左禹，北京科技大学杜艳霞、张雷，上海大学董自强，中国石油集团石油管工程技术研究院赵新伟、付安庆，北京天然气管道有限公司葛艾天，国家石油天然气管网集团有限公司吴志平，西安石油大学周勇，中国石油大学(北京)帅建、李迎超，中国科学院海洋研究所李言涛，中国科学院金属研究所魏英华等业内专家对本书提出了大量宝贵的修改意见，其中杜艳霞、赵新伟、葛艾天、李言涛等还亲自参加了在北京组织的集中审稿会。本书编写过程中得到了科学出版社万群霞的大力支持，在此一并表示感谢！

非常感谢张统一院士对本书出版给予肯定，并为本书作序。

本书力求将成品油管道腐蚀与防控相关知识、经验及先进技术全面系统地呈现给大家，由于涉及专业多、涵盖内容广，书中如有不当之处，恳请读者予以指正。

田中山

2020年12月9日

目　录

第1章　成品油管道及腐蚀控制概况

管道运输在国民经济和社会发展中起着重要的作用。管道运输作为最经济、最安全、最环保的油气资源长距离运输方式，经常穿越高山、河流、沙漠、沼泽等，或与输电线路、城市轨道交通和高速铁路等并行或交叉，这些复杂多变的外部环境往往造成管道失效，导致油气资源损失，影响生态环境，甚至威胁生命财产安全。《油气输送管道完整性管理规范》(GB 32167—2015)根据管道历史失效原因，将管道危害因素分为3大类9种，其中腐蚀是危害管道安全运行的第一类因素。

管道腐蚀的发生、发展与管道服役时间和周边腐蚀性环境密切相关。管道长期服役过程中，受防腐层破损、杂散电流干扰、应力腐蚀、微生物腐蚀及内沉积物腐蚀等影响，造成管道外防腐层失效、管道本体减薄、管道使用寿命缩短或影响输送油品质量，甚至使管道面临腐蚀穿孔风险。据美国运输部(Department of Transportation，DOT)及管道和危险物品安全管理局(Pipeline and Hazardous Materials Safety Administration，PHMSA)统计，2010～2019年，腐蚀造成的输油管道失效事故占比为20.2%[1]。因此，全面系统了解成品油管道腐蚀规律及影响因素，不断发展管道腐蚀控制技术，对有效控制管道腐蚀、保障管道安全运行具有重要意义。

1.1　成品油管道概况

1.1.1　世界各地区成品油管道概况

截至2018年底，全球成品油管道总里程达294213km[2,3]，约占全球油气管道总里程的14.9%。按大陆架划分，全球可分为北美、欧洲、亚太(包括印度)、中东中亚及非洲、南美五大区域，五大区域成品油管道里程分布如表1.1所示。

表1.1　2018年全球五大区域成品油管道里程

所在区域	成品油管道里程/km	所占比例/%
北美	153358	52.1
欧洲	53015	18.0
亚太(包括印度)	43411	14.8
中东中亚及非洲	25742	8.7
南美	18687	6.4

北美是成品油管道发展最早的区域，也是目前拥有全球最长成品油管道里程的地区，里程合计为153358km，占全球成品油管道总里程的52.1%，主要分布在美国和加拿大。美国成品油管道里程约为141281km，位居世界第一，占全球成品油管道里程的48.0%。

加拿大成品油管道里程约为3125km，占全球成品油管道里程的1.1%。

欧洲成品油管道里程合计为53015km，占全球成品油管道里程的18.0%，主要分布在俄罗斯和法国。俄罗斯成品油管道里程约为19300km，占全球成品油管道里程的6.6%；法国成品油管道里程约6750km，占全球成品油管道里程的2.3%。

亚太成品油管道里程合计为43411km，占全球成品油管道里程的14.8%，主要分布在中国和印度。中国成品油管道里程约为27000km，位居世界第二，占全球成品油管道里程的9.2%。

中东中亚及非洲地区成品油管道里程合计为25742km，占全球成品油管道里程的8.7%。中东地区成品油管道主要集中在伊朗、伊拉克和沙特阿拉伯等国家，其中伊朗成品油管道里程为7937km，为中东地区成品油管道里程最长的国家，占全球成品油管道里程的2.7%；中亚地区成品油管道主要集中在哈萨克斯坦，哈萨克斯坦成品油管道里程为1095km，占全球成品油管道里程的0.4%；非洲地区成品油管道则主要集中在尼日利亚、苏丹、南非、肯尼亚、埃及及刚果(金)等国家，尼日利亚是非洲地区中成品油管道里程最长的国家，里程合计为3940km，占全球成品油管道里程的1.3%。

南美成品油管道里程合计为18687km，占全球成品油管道里程的6.4%。南美地区成品油管道主要集中在巴西、阿根廷、哥伦比亚、委内瑞拉、玻利维亚和厄瓜多尔等国家，其中巴西是南美地区中成品油管道里程最长的国家，里程合计为5959km，占全球成品油管道里程的2.0%。

1.1.2 国内成品油管道概况

我国最早的成品油管道是抗日战争时期的中印输油管道。1941年太平洋战争爆发后，为了支援远东抗日战争，保证航空燃油的正常输送，中美联合修建了从印度加尔各答港经过缅甸到中国昆明的成品油管道，从而造就了我国第一条跨国成品油管道。这条管道长3200km，采用装配式管道，钢管外径为114.3mm，壁厚为5.6mm，日输送量为763～795m^3。抗日战争胜利后，中印输油管道停用，国内部分管道被拆除。新中国成立后，直到1977年建成国内第一条长距离、顺序输送成品油长输管道，即青海格尔木—西藏拉萨成品油管道(简称格拉管道)。20世纪90年代，我国才逐渐开展成品油管道的建设和运营，先后建成了兰州—成都—重庆成品油管道(简称兰成渝管道)、西南成品油管道(简称西南管道)、乌鲁木齐—兰州成品油管道(简称乌兰管道)、珠三角成品油管道(简称珠三角管道)、兰州—郑州—长沙成品油管道(简称兰郑长管道)等一批规模较大、技术难度较高的成品油输送管道。我国已建成的成品油管道分布如图1.1所示。

2017年，为贯彻落实《中共中央国务院关于深化石油天然气体制改革的若干意见》和《能源生产和消费革命战略(2016—2030)》要求，国家发改委、国家能源局制定了《中长期油气管网规划》，对我国未来的油气管网建设提出了具体目标，到2025年我国成品油管道里程将达到40000km，网络覆盖进一步扩大，储运能力将大幅提升，100万人口以上的城市成品油管道基本接入，基本形成“北油南运、沿海内送”的成品油运输通道格局。2019年12月9日，国家石油天然气管网集团有限公司正式成立，标志着全国省(区)

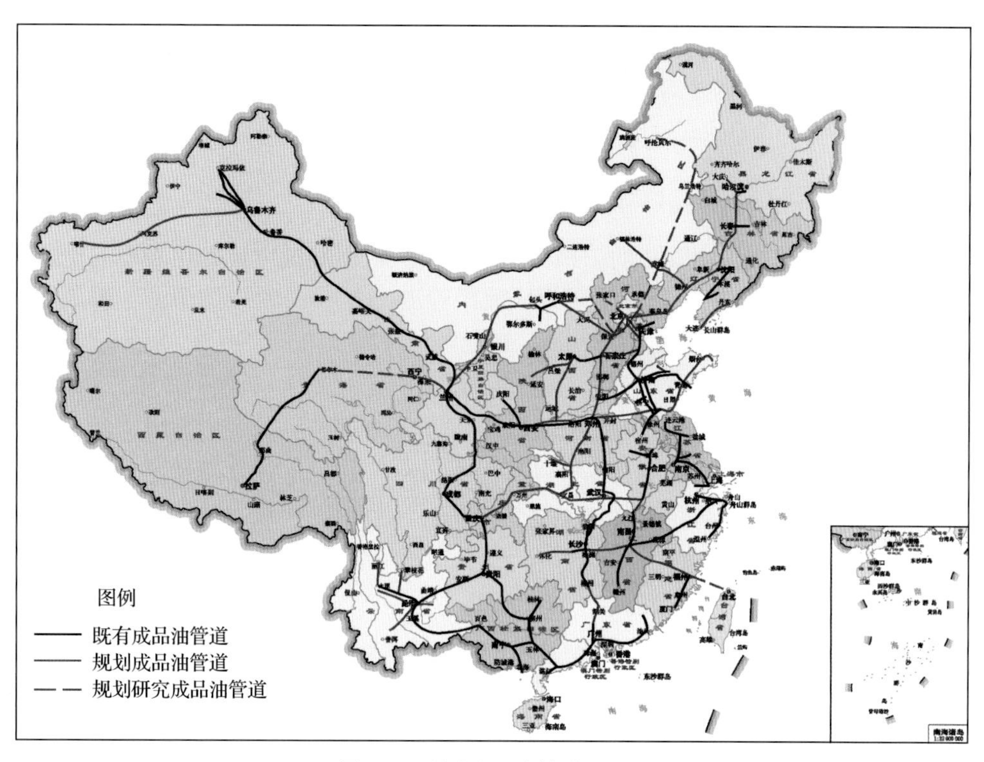

图 1.1　我国成品油管道分布图

市成品油主干管网进入全面互联互通新时代，“全国一张网”的发展理念必将有力提升我国管道建设规划的统一性和完整性。

1.2　成品油管道腐蚀概述

成品油管道通常采用低碳类管线钢，在土壤、潮湿大气、水和海洋等腐蚀性环境中，易发生腐蚀，损害管道结构和性能。由于管道内部输送介质、工况及外界环境复杂多变，成品油管道腐蚀机理及失效模式十分复杂。

1.2.1　腐蚀原理

按照腐蚀原理，成品油管道的腐蚀可分为化学腐蚀和电化学腐蚀。化学腐蚀是指管道直接与周围介质(如氧气、二氧化碳、二氧化硫等)发生化学作用，引起管壁均匀缓慢减薄。化学腐蚀一般在高温、干燥环境下发生。电化学腐蚀是指管道与电解质(如水、土壤等)发生电化学作用而造成的管道破坏，电化学腐蚀过程中会伴随着腐蚀电流的产生。由于成品油管道敷设环境中往往含有凝聚态的水(电解质)，这决定了其腐蚀主要是电化学腐蚀。

1. 腐蚀原电池

管道接触到电解质介质后，将形成腐蚀原电池，发生氧化还原反应[4]。其腐蚀过程由阳极氧化过程、电子转移过程和阴极还原过程三个环节组成。

管道的阳极氧化过程是金属铁溶解变成亚铁离子进入电解质中。其化学反应如式(1.1)所示：

$$Fe-2e^{-} \longrightarrow Fe^{2+} \tag{1.1}$$

电子转移过程是电子由管道的阳极区流向阴极区，而腐蚀电流则在表面的电解质中从管道的阴极区流向阳极区，然后从阳极区流经管道，经土壤又回到阳极区，形成回路。

阴极还原过程是电子流至管道阴极区，被电解质中能吸电子的物质(离子或带电分子，如酸性电解质环境中的 H^{+}，或中性、碱性电解质环境中的 O_2)所接收，发生还原反应。如图 1.2 所示[5]，在酸性条件下，阴极区发生氢的去极化过程，氢离子与电子结合生成氢气，这种腐蚀通常叫作析氢腐蚀，反应过程见式(1.2)。中性或碱性条件下，阴极区发生氧的去极化过程，氧与电子结合生成氢氧根离子，这种腐蚀叫作吸氧腐蚀，反应过程见式(1.3)。

酸性条件下：

$$2H^{+}+2e^{-} \longrightarrow H_2\uparrow \tag{1.2}$$

中性或碱性条件下：

$$O_2+2H_2O+4e^{-} \longrightarrow 4OH^{-} \tag{1.3}$$

在硫酸盐存在的环境下，阴极区还可能发生硫酸根还原过程，见式(1.4)：

$$SO_4^{2-}+4H_2O+8e^{-} \longrightarrow S^{2-}+8OH^{-} \tag{1.4}$$

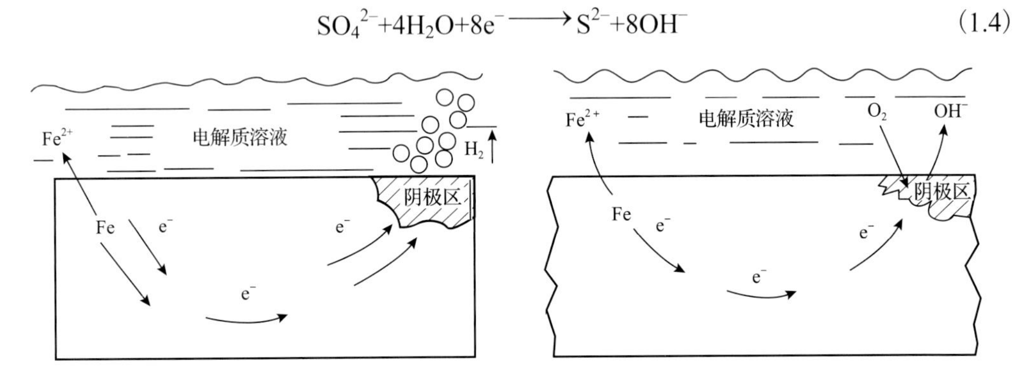

图 1.2 管道的析氢腐蚀和吸氧腐蚀

上述反应过程只要其中一个环节中断，腐蚀过程就会停止。

根据腐蚀原电池的电极(阴阳极)大小，还可将其分为微电池和宏电池。

2. 微电池

微电池是指阳极区和阴极区尺寸小，肉眼不可分辨的腐蚀原电池。微电池电极体系尺寸很小，阴阳极过程可以发生在同一地点，也可能交替变换。因此微电池往往只造成管道的均匀腐蚀，腐蚀坑较浅。成品油管道的微电池腐蚀主要有以下几种原因。

1) 化学成分不均匀

管道中一般含有 MnS、SiO_2 等非金属夹杂物，这些夹杂物与金属基体的界面处由于化学成分和组织结构的不均匀，往往是点蚀的发源地。此外各种杂质容易沿着晶界析出，使晶界和晶粒化学成分出现差异，在电解质存在的条件下，晶界与晶粒构成微电池，晶界为阳极，晶粒为阴极。

2) 组织结构不均匀

碳钢与低合金钢的组织主要由铁素体(含碳量为 0.006%)和渗碳体 Fe_3C(含碳量为 6.67%)构成，在与电解质溶液接触后，由于渗碳体碳含量高，其电位高于铁素体，在管道本体间形成许多微电极，其中铁素体部位是阳极，渗碳体部位是阴极。

3) 物理状态不均匀

管道通常存在部分变形的情况(弯管部位)，管道施工和运营过程中还可能产生其他变形，造成管道上各部位应力不均匀。变形等应力集中的部位电位更负，可成为腐蚀电池的阳极被腐蚀。管道表面粗糙、不光滑，也可能引起水、泥垢和外部杂质易在粗糙位置聚集，形成腐蚀微电池。

4) 表面膜不均匀

管道腐蚀过程中，阳极区会积累大量的 Fe^{2+}，当环境中存在 CO_3^{2-}、S^{2-}等阴离子时，Fe^{2+}就会与阳极区附近的阴离子反应，生成不溶性的腐蚀产物，如式(1.5)和式(1.6)所示：

$$Fe^{2+}+CO_3^{2-} \longrightarrow FeCO_3 \tag{1.5}$$

$$Fe^{2+}+S^{2-} \longrightarrow FeS \tag{1.6}$$

$FeCO_3$ 和 FeS 腐蚀产物的膜结构疏松，膜孔隙表面与膜覆盖表面的管道间存在电位差，孔隙处金属表面电位更负，成为阳极被腐蚀。腐蚀产物膜与金属本体之间往往存在缝隙，缝隙内部由于氧浓差和酸化效应，会产生缝隙腐蚀，也称垢下腐蚀。

3. 宏电池

宏电池是指阴极区和阳极区的尺寸较大，区分明显，肉眼可辨。宏电池的阴阳极位置在腐蚀过程中基本不变，或者变化很少、很慢，往往造成管道的局部腐蚀。大多数成品油埋地管道的腐蚀破坏都属于宏电池腐蚀。成品油管道的宏电池腐蚀主要有以下几种原因。

1) 不同电解质的性质差异

管道经过不同电解质环境，由于环境差异，难免形成腐蚀电池。如临海敷设的管道，在经过陆地土壤与滩涂时，由于土壤与滩涂的腐蚀性差异大，导致位于滩涂(阳极区)的管道遭受腐蚀，而位于陆地土壤(阴极区)的管道被保护。

2) 同种电解质的不均匀性

管道位于同种电解质中，由于电解质性质(如含氧量、浓度等)及其结构的不均匀性引起腐蚀。当一段埋地管道接触到如黏土、砂土等不同性质的土壤时，就会构成腐蚀电池，这种腐蚀电池也称为氧浓差腐蚀电池。

3) 管体材质差异

管体材质差异引起的宏电池腐蚀，属于电偶腐蚀。如管道焊缝区与管道本体的组织结构一般相差较大，在同种电解质环境下，焊缝区组织更加复杂，容易成为阳极，母材区成为阴极，导致焊缝区更易遭受腐蚀。此外，当一段新管道和一段旧管道搭接时，由于旧管道的表面在土壤中已生成腐蚀产物层，电位往往高于新管道，导致新管道更易遭受腐蚀，如图 1.3 所示[6]。

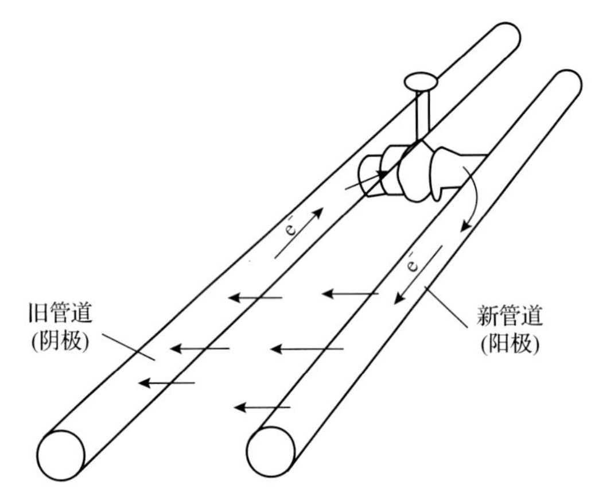

图 1.3 新旧管道间的电偶腐蚀

1.2.2 节中，将重点介绍成品油管道中典型的宏电池腐蚀类型。

1.2.2 典型腐蚀类型

从成品油管道的外部敷设环境和管内介质环境分析，其典型的腐蚀类型有土壤腐蚀、海泥腐蚀、杂散电流腐蚀、微生物腐蚀、内部残留物沉积膜下腐蚀、流体冲刷腐蚀，以及大气腐蚀等类型。

1. 土壤腐蚀

土壤是由气相、液相和固相所构成的多相、多孔复杂的电解质，不同孔隙度、电阻率、含氧率、盐分、水分、pH 和温度的土壤，具有不同的腐蚀性。由于管道、管材的不均匀性及土壤种类繁多，当埋地管道通过质地和结构不同的土壤时，就可能产生土壤宏电池腐蚀。大多数成品油管道的土壤腐蚀主要形式有氧浓差电池和盐浓差电池，其中氧浓差电池腐蚀现象最为普遍。

1) 氧浓差电池

不同性质土壤含氧量不同。当金属管道通过两种不同性质的土壤时，在疏松、透气性好的区域(如砂土)，空气中的氧更容易扩散到钢铁表面，金属表面的电位较高，富氧区成为阴极区，不受腐蚀。而在密实通气较差的区域(如黏土)，金属表面的电位较低，形成阳极区。特别是在两种土壤交接处的部位，腐蚀最严重，如图1.4所示[7]。在江河岸边，水旱田交界处，池塘水坑边和地下水位附近等均存在这种情况。当管道位于氧气扩散很小的坚硬黏土块或石块下时，也会成为阳极，造成大阴极小阳极的严重腐蚀。成品油管道常见的土壤透气性不均匀状况还包括管道穿越河流、铁路及公路，管道穿越地形起伏地区等。不同地面覆盖物下的金属管道腐蚀情况不同，在密实的覆盖物下(如沥青路面)，通气性不好，管道也常会遭受氧浓差电池腐蚀损害。

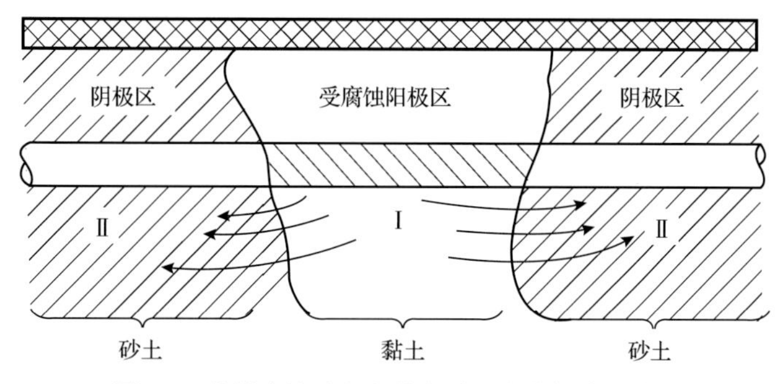

图1.4　管道穿越砂土和黏土时形成的氧浓差电池

不同埋设深度的土壤透气性也不相同。在土壤同一剖面中，由于土壤的松紧度和含水量不同，使得氧浓度有很大差异。埋地管道底部的土壤未被扰乱，土壤透气性差。管道侧面、周围和顶部的土壤是相对松散的回填土，透气性更好。因而管道底面和其他表面构成氧浓差电池，管道底部为阳极，管道其他表面为阴极。特别是在土壤与空气的交界处，管道出入土段，也容易发生氧浓差电池腐蚀。出入土壤管段，管道接触大气部分，表面氧浓度高，成为阴极；管道埋入土壤部分氧浓度低成为阳极，由此加速出土界面处的管道腐蚀。

2)盐浓差电池

不同土壤的含盐浓度不同，会在穿越管道上形成盐浓差电池。如管道穿越陆地土壤环境与滩涂区环境时，含盐高的滩涂区中，金属表面电位低，成为阳极；含盐低的环境中，金属表面成为阴极区主要发生氧和氢获得电子的还原过程。滩涂区含大量Cl^-和SO_4^{2-}，由于Cl^-、SO_4^{2-}的铁盐可溶性强，滩涂区土壤比一般土壤的腐蚀性强。

2. 海泥腐蚀

成品油管道穿越海洋时，经过海底的海泥区。与固、液、气三相的陆地土壤不同，海泥由海底沉积物构成，可视为固、液两相的土壤，电阻率低，含有大量的$NaCl$、$MgCl_2$等盐类，是导电性良好的电解质。海泥中还存在多种动植物和微生物，它们的生命活动会改变金属-海水界面的状态和介质性质，对腐蚀产生不可忽视的影响[8]。

由于海水运动时才会带动海泥运动，海泥的氧供给受到限制，因此氧浓度很低。海泥区，管道底部因为相对缺氧而成为阳极，管道上部相对富氧成为阴极，这种氧浓差电池会促进管道腐蚀。影响海泥腐蚀性的因素还包括海泥中的海生物，当海生物在管道上附着时，会形成坚硬的附着层，由此引起附着层内外的氧浓差电池腐蚀。这些海生物的生长还会破坏金属表面的涂料等保护层，在波浪和水流的共同作用下，可能引起管道自身防腐层的剥落。

3. 杂散电流腐蚀

杂散电流是指用电、输电工程系统规定回路以外流动的电流，杂散电流腐蚀的破坏作用比自然腐蚀严重得多，其现象类似于电解腐蚀。杂散电流流进被干扰管道的区域发生氧去极化或氢去极化还原反应，可能发生两种损伤作用：一是 H^+还原形成 H，进入金属，导致金属发生氢脆或氢致开裂；二是由于局部电解质 pH 升高，发生碱化，导致防腐层与管道表面黏结力降低，产生防腐层剥离。在电流流出的地方，金属失去电子以离子形式进入电解质，发生阳极溶解腐蚀。

埋地管道杂散电流干扰主要有直流电流干扰、交流电流干扰和大地电流干扰三种[9]。常见直流干扰源有直流电气化铁路、有轨电车、电解工厂的直流电源、直流高压输电系统、通信基站、施工中所用的电焊机及被保护管道外的其他阴极保护系统等。常见交流干扰源有交流输配电线路、交流输电线路变电站和交流电气化铁路等。

4. 微生物腐蚀

微生物广泛存在于土壤、海水、河水、地下管道及油气井等环境中。微生物不会直接对管道造成腐蚀破坏，但微生物生命活动过程可间接影响管道腐蚀。

成品油管道的微生物腐蚀，既可能发生在管道外部，也可能发生在管道内部。管道外部土壤中的有机质为土壤微生物提供了碳源养分和活动能量。如穿海管道中，海泥及管道表面锈层以下缺氧环境，会促进厌氧菌繁殖，引起微生物腐蚀[10]。若海泥中存在大量繁殖的硫酸盐还原菌(sulfate-reducing bacteria，SRB)，钢铁的腐蚀速率要比无菌海泥中高出数倍到十多倍，甚至还要高出海水中 2～3 倍[11]。

管道内部一些微生物细菌，如铁细菌(图 1.5)[12]，能通过铁离子价态的变化而获取新陈代谢的能量，反应生成的高价铁具有很强的氧化性，可以把硫化物氧化成硫酸，进而腐蚀管道。管道内部的微生物腐蚀则通常发生在管线低洼处和管道底部等位置。因为这些位置的积水、$CaCO_3$、SiO_2 和铁锈等杂质形成沉积层，沉积层下的缺氧环境为微生物生长提供了有利条件。

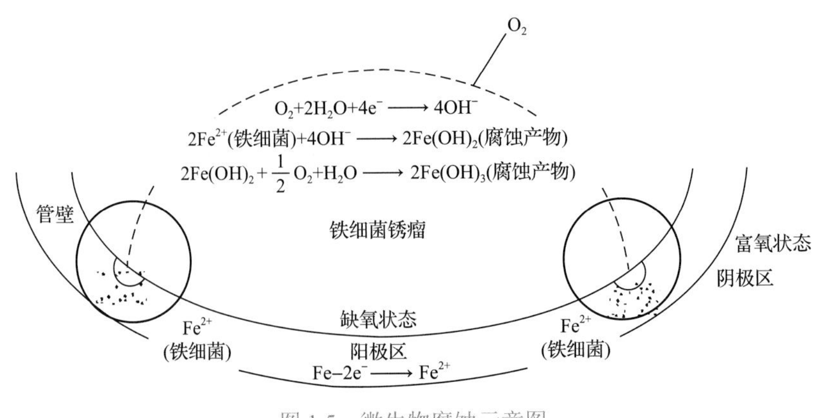

图 1.5 微生物腐蚀示意图

5. 内部残留物沉积膜下腐蚀

新建管道中一般含有污泥、铁锈和水等杂质，这些杂质的存在不仅会带来物理方面的问题(堵塞、磨损、卡死)，还有可能引起垢下沉积物腐蚀[13]。这些杂质容易积留在管道底部，可能成为点蚀或区块状腐蚀的腐蚀源，油品中的溶解氧、硫酸盐还原菌等微生物、温度、压力、流速流态变化等因素的协同作用会进一步促进垢下腐蚀的发展。

6. 流体冲刷腐蚀

冲刷腐蚀是流体的冲刷作用或冲刷与腐蚀的共同作用导致的金属表面损伤。受到冲刷腐蚀的金属表面往往呈现沟槽、凹谷、马蹄形状，且与流向有明显的依存关系。低流速时，管道表面附着的腐蚀产物部分破损，成为相对阳极，腐蚀产物覆盖区成为相对阴极，形成大阴极小阳极，该腐蚀电池促进破损处发生局部腐蚀。高流速时，管道表面的腐蚀产物被冲刷殆尽，此时冲刷减薄主要是流体引起的力学损伤所致。

对成品油管道而言，流体冲刷腐蚀一般为主输泵出口处的管道内部流体冲刷腐蚀和管道外壁的河水冲刷腐蚀。管道内部流体和杂质的混合运动，在高流速情况下，如流体流出主输泵出口时，可能引起弯头等位置的冲刷腐蚀。但线路上的成品油管道运行流速通常在2m/s左右，站内管道通常不超过4.5m/s，这样的流速不足以引起严重的冲刷腐蚀，因此泵出口处以外的其他管体冲刷腐蚀现象不明显[14]。管道外壁的冲刷腐蚀通常发生在管道穿越水体时，在河流、河床的冲刷作用下，穿越段管道部分裸露在水体中，腐蚀性介质与管道外壁接触产生了冲刷腐蚀。

7. 大气腐蚀

根据不同的大气相对湿度，大气腐蚀可分为干大气腐蚀、潮大气腐蚀和湿大气腐蚀[15]。架设在地面上和水面的架空管道，如管廊、管架、管墩、托吊架等，一般处于潮大气和湿大气环境中。潮大气中，水蒸气在管道表面凝结形成很薄的液膜层(10nm～1μm)，湿大气中，水分则以水、雨、雾等形式与裸钢作用，在管道表面产生肉眼可见的液膜层(1μm～1mm)。管道在液膜下发生电化学腐蚀。其阳极过程主要是金属失电子，阴极过程主要是氧的去极化，管道表面形成 FeOOH 锈层，锈层内，可继续发生阴极反应，如式 1.7 所示：

$$6FeOOH+2e^- \longrightarrow 2Fe_3O_4+2H_2O+2OH^- \tag{1.7}$$

管道表面的锈层一般分内外两层。内层紧靠在管道与锈层的界面上，附着性良好，由少许 Fe_3O_4 和非晶 FeOOH 构成，外层由疏松结构的 α-FeOOH 和 γ-FeOOH 构成，如图 1.6 所示[16]。

当管道经过受不同程度污染的大气环境时，腐蚀程度也会发生变化。如乡村大气(富含有机物和无机物尘埃)、海洋大气(高温、高湿、富含盐雾)、城市大气(含 SO_2、CO 等)和工业大气(含有 SO_2、H_2S 等含硫化合物)这四种常见的大气环境中，由于乡村大气中无强烈的腐蚀性介质，管道腐蚀程度最小，而海洋大气中的 Cl^-，可穿透管道表面的锈

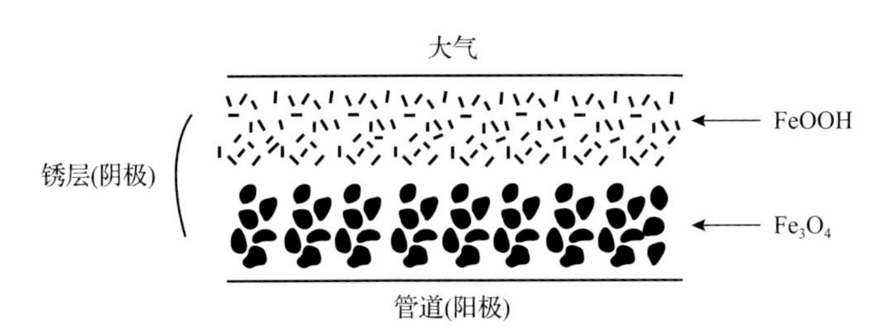

图 1.6 大气腐蚀示意图

层，加速促进电化学腐蚀发生。城市和工业大气中，在 SO_2 与 O_2、H_2O 共同作用下，锈层中会发生硫酸盐自催化作用，生成 H_2SO_4，H_2SO_4 与管道作用将加速管道腐蚀，其机理如图 1.7 所示。

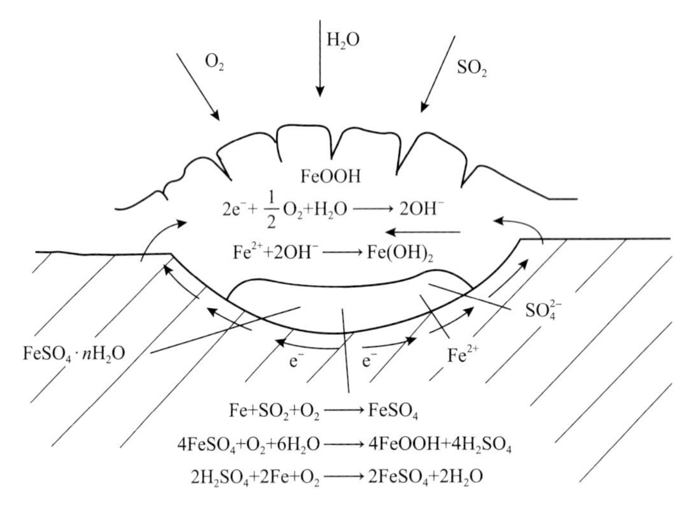

图 1.7 锈层内 $FeSO_4$ 形成机理示意图

1.2.3 腐蚀控制技术概述

为防止成品油管道遭受腐蚀破坏，可采用的腐蚀控制技术包括合理选材、防腐层、阴极保护、清管、缓蚀剂和合理结构设计等(图 1.8)。国内外主要采用外防腐层加阴极保护技术减缓管道外腐蚀，通过控制油品质量、定期清管等减缓管道内腐蚀。基于腐蚀监检测与评价结果，做好腐蚀缺陷修复，加强杂散电流干扰治理，做好管道腐蚀控制工程的全生命周期管理。

1. 成品油管道选材

国内外早期的成品油管线钢采用 C、Mn、Si 型普通碳素钢，随着管道输送压力和管径的增加，逐渐采用低合金高强度钢和微合金控轧钢。埋地成品油管道使用的钢材满足《石油天然气工业管道输送系统用钢》(GB/T 9711—2017)的 PSL2 级，管材钢级一般为 L360、L415、L450，少量采用 Q345 和 20 号钢，常见钢管类型有直缝埋弧焊管、螺旋焊缝埋弧焊管、高频电阻焊管和无缝钢管[17]。

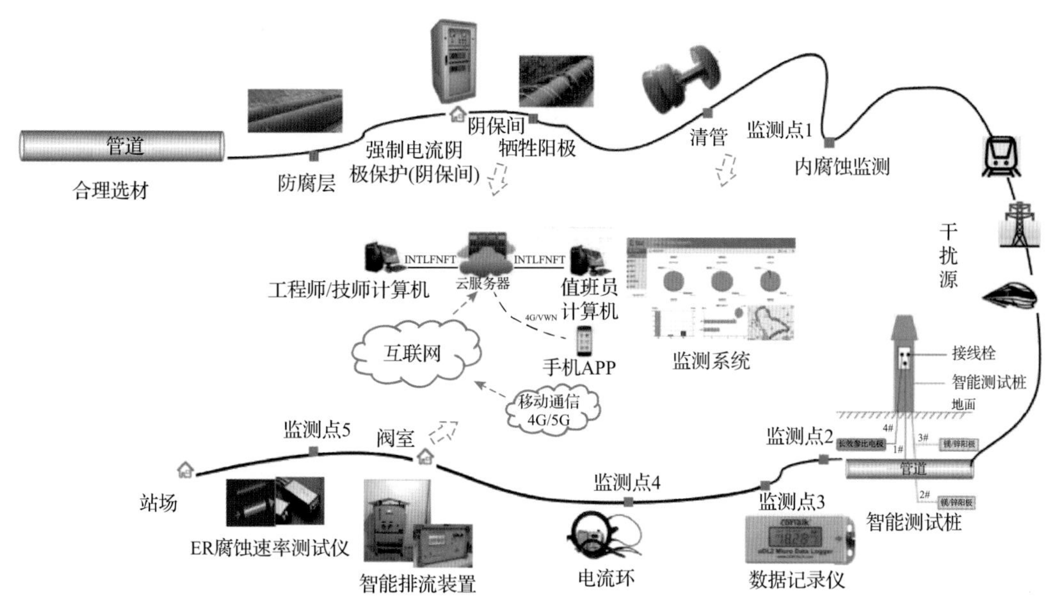

图 1.8　管道腐蚀控制技术概况图

材料的强度、韧性和可焊性是成品油管道选材的三项基本性能指标，在设计时还应考虑钢材的耐腐蚀性能。随着我国成品油管道运营水平的不断提升，未来成品油管道也可能向大口径、高强度钢级方向发展。但研究表明[18]，随着钢的强度提高，其塑性和韧性降低，氢脆和应力腐蚀开裂敏感性升高，因此在选材过程中，对 X80 以上钢级管材可能出现的氢致开裂、应力腐蚀开裂等现象应予以关注。

成品油管道选材还应考虑管道服役的内外部环境。例如，在杂散电流干扰严重的区域和碱性/近中性土壤环境中，为避免应力腐蚀开裂(SCC)和氢致开裂(HIC)，可使用抗 SCC 和 HIC 的管线钢，控制钢中 Mn、P、S 含量或改变热处理方式，防止钢中出现带状组织。在微生物腐蚀严重管段，可考虑采用含 Cu 抗菌管线钢等新材料[19]。

2. 管道外腐蚀控制

1) 防腐层

管道防腐层是管道腐蚀控制的“第一道”防线。管道外防腐层主要是为了防止土壤中电解质和微生物的腐蚀，以及防止施工及植物根茎对管道造成损伤。

目前，国内外新建成品油管道防腐层主要采用三层结构聚乙烯防腐层(3PE)和熔结环氧粉末防腐层(FBE)[20]，北美地区主要采用 FBE，欧洲主要采用 3PE，国内 FBE 和 3PE 均有采用。

采用 3PE 防腐的管道，补口材料宜选用辐射交联聚乙烯热收缩带/套(如热熔胶型聚乙烯热收缩材料)、液态环氧涂料、液体聚氨酯涂料，也可选用辐射交联的玛蹄脂型聚乙烯热收缩材料、压敏胶型聚乙烯热收缩材料。国内往往采用带环氧底漆的辐射交联聚乙烯热收缩带/套进行现场补口。补伤可采用辐射交联聚乙烯补伤片、热收缩套、聚乙烯粉末、热熔修补棒和黏弹体加外护等方式。大修时可采用液态环氧涂料、液态聚氨酯涂料、无溶剂环氧玻璃钢、冷缠带。

采用 FBE 防腐的管道，补口材料宜选用环氧粉末涂料、液态环氧涂料、热收缩材料；补伤可采用液态环氧涂料；大修可采用液态环氧、液态聚氨酯涂料、无溶剂环氧玻璃钢、冷缠带。

我国《钢质管道外腐蚀控制规范》(GB/T 21447—2018)、《埋地钢质管道聚乙烯防腐层》(GB/T 23257—2017)、《埋地钢质管道外防腐层保温层修复技术规范》(SY/T 5918—2017)、国外《埋地或水下金属管线系统外腐蚀控制推荐作法(Standard Recommended Practice Control of External Corrosion on Underground or Submerged Metallic Piping Systems)》(NACE RP 0169-2002)等标准，为合理选择管道防腐层提供了依据。

2) 阴极保护技术

管道阴极保护是管道防腐的“第二道”防线。管道阴极保护是根据电化学腐蚀原理，依靠外部电流的流入改变金属的电位，从而降低金属腐蚀速度的一种电化学保护技术。

国内外埋地钢质管道广泛采用阴极保护防护技术。通过向管道表面提供阴极电流，使管/地电位发生负向极化，从而控制管道表面腐蚀。阴极保护方法包括外加电流和牺牲阳极法，两种方法原理相同，只是应用范围不同。

管道建设期应做好阴极保护设计，并根据管线实际情况，提前考虑杂散电流的影响，采用阴极保护仿真计算等做好排流设计。管道运营期，应采用交流地电位梯度(ACVG)、直流电压梯度检测(DCVG)等技术对阴极保护系统开展检测与效果评价，判断管道阴极保护技术的有效性，确保阴极保护的腐蚀控制作用有效发挥。

3. 管道内腐蚀控制

管道内腐蚀控制方法有清管、加注缓蚀剂、加内涂层保护等，其中清管最为常用。

对于建成未投用的输油管道，可以采用空气吹扫、通球扫线和注氮封存，在投用时必须进行清管和试压。埋地长输管道的清管和试压应分段进行，试压前清管次数不应小于两次，以开口端不再排出杂物为合格。

内腐蚀控制标准可参考《钢制管道内腐蚀控制规范》(GB/T 23258—2009)、《钢质管道和管道系统的内腐蚀控制准则(Control of Internal Corrosion in Steel Pipelines and Piping Systems)》(NACE SP0106-2018)、《钢质管道及储罐腐蚀评价标准：埋地钢质管道内腐蚀直接评价》(SY/T 0087.2—2012)。

4. 管道监检测与评价技术

在管道全生命周期内，需要对管道腐蚀相关参数进行监检测，获取管道腐蚀情况，从而分析评价管道的腐蚀风险和安全性，进而制定科学有效的管道腐蚀控制措施。

成品油管道的腐蚀监检测，一般是针对管道外防腐层漏点、阴极保护效果、管道本体损伤情况进行监检测。管道外防腐层和阴极保护的检测可一并进行，方法有交直流电位梯度检测法、密间隔检测法、交流电流衰减等。管道阴极保护效果监测主要通过阴极保护智能监测系统综合采集管道交直流电位、腐蚀速率、土壤特征等腐蚀相关信息，实时、连续监测阴极保护系统运行状态。

管道本体腐蚀缺陷监检测主要是针对管体壁厚损失的监检测。监测常采用的方法有超声导波在线监测法、试片法、电阻探针法、全周向腐蚀监测技术(FSM，又叫电指纹监测或区域特征法)等。管道企业一般采用漏磁内检测的方法进行内外腐蚀缺陷检测。管体腐蚀缺陷的检测方法还包括瞬变电磁检测技术、磁力层析检测技术、多频电磁检测等非开挖检测技术，以及三维激光扫描、C 扫描检测等开挖检测技术。

将这些监检测技术获取的数据用于管道风险评价和适用性评价，可为管道管理和维修维护策略提供支撑。

管道的腐蚀风险评价的主要方法有安全检查表、预先危害分析、危险和操作性分析等定性评价方法，肯特法、指标体系法等半定量方法，以及失效数据库、失效可能性分析等定量风险评价方法。开展腐蚀专项分析主要是为了筛选管道腐蚀高风险点，重点开展腐蚀控制，优化管理工作。

管道的适用性评价主要包括剩余强度评价和剩余寿命预测。通常分为体积型缺陷和裂纹型缺陷评价，对于腐蚀缺陷评价的方法已经比较成熟，国内外通常按照《基于风险的埋地钢质管道外损伤检验与评价》(GB/T 30582—2014)、《腐蚀管道剩余强度手册(Manual for Determining the Remaining Strength of Corroded Pipelines)》(ASME B31G-2012)、《油气管道腐蚀评价推荐标准(Corroded Pipelines)》(DNV RP-F101-2017)等标准进行评价。参考评价结果，对危害管道安全的腐蚀缺陷采取对应的修复措施。

5. 管道修复

管道修复是为了将腐蚀缺陷的影响减至最低限度，对防止管道腐蚀失效、保障管道安全运营十分重要。根据缺陷性质和严重程度，可采取的管体腐蚀缺陷修复技术有打磨、堆焊、补板、套筒修复、复合材料补强、机械夹具修复、带压开孔修复、换管等，详见《埋地钢质管道管体缺陷修复指南》(GB/T 36701—2018)。在完成金属缺陷修复后，还应对管道防腐层进行修复，保障管道本体及外防腐结构安全。

参考文献

[1] PHMSA. Incident Statistics. [2007-08-09] (2019-08-23). https://www.phmsa.dot.gov/hazmat-program-management-data-and-statistics/data-operations/incident-statistics.

[2] 田中山. 成品油管道运行与管理. 北京: 中国石化出版社, 2019.

[3] CIA. The World Factbook. [2007-05-09] (2020-05-09). https://www.cia.gov/the-world-factbook/field/pipelines.

[4] 林玉珍, 杨德钧. 腐蚀和腐蚀控制原理. 北京: 中国石化出版社, 2014.

[5] 赵麦群, 雷阿丽. 金属的腐蚀与防护. 北京: 国防工业出版社, 2002.

[6] 杨新勇, 蒋勇, 杨玉琴, 等. 塔河油田输油管道典型腐蚀与对策. 全面腐蚀控制, 2012, (10): 63-65.

[7] 贾恒磊, 赵春平, 汪浩, 等. 管线的氧浓差电池现象. 管道技术与设备, 2012, (3): 51-52.

[8] 李延伟, 李言涛, 王路遥, 等. 海底海泥区域管线钢腐蚀行为的研究现状及展望. 材料保护, 2012, (3): 56-58.

[9] 杜翠薇, 李晓刚, 刘智勇, 等. 管线钢交直流杂散电流腐蚀研究//2018 年全国腐蚀电化学及测试方法学术交流会, 北京, 2018.

[10] 刘宏伟, 徐大可, 吴亚楠, 等. 微生物生物膜下的钢铁材料腐蚀研究进展. 腐蚀科学与防护技术, 2015, 27(5): 409-418.

[11] 曹攀, 周婷婷, 白秀琴, 等. 深海环境中的材料腐蚀与防护研究进展. 中国腐蚀与防护学报, 2015, 35(1): 12-20.

[12] 张文毓. 国内外管道腐蚀与防护研究进展. 全面腐蚀控制, 2017, 31(12): 1-6.

[13] 隋冰, 刘刚, 李博, 等. 颗粒在起伏成品油管道中的沉积运移规律. 石油学报, 2016, 37(4): 523-530.

[14] 曾莉. 管道弯管段冲刷腐蚀机理与流体动力学特征. 武汉: 华中科技大学, 2017.
[15] 孙秋霞. 材料腐蚀与防护. 北京: 冶金工业出版社, 2001.
[16] Huang H B, Li Q M. Analysis of corrosion mechanism and protection technology of long-distance oil and gas pipeline. Adhesion, 2019, 40(11): 33-37.
[17] 冯庆善, 王婷, 秦长毅. 油气管道选材及焊接技术. 北京: 石油工业出版社, 2015.
[18] 刘智勇, 王长朋, 杜翠薇, 等. 外加电位对 X80 管线钢在鹰潭土壤模拟溶液中应力腐蚀行为的影响. 金属学报, 2011, (11): 1434-1439.
[19] Shi X, Xu D, Yan M, et al. Study on microbiologically influenced corrosion behavior of novel Cu-bearing pipeline steels. Acta Metallurgica Sinica, 2017, 53(2): 153.
[20] 石仁委, 龙媛媛. 油气管道防腐蚀工程. 北京: 中国石化出版社, 2014.

第 2 章 成品油管道防腐层保护技术

防腐层作为埋地管道腐蚀防护的第一道防线，它不仅可以避免金属管道与腐蚀性介质的直接接触，也可以有效减少外部机械应力对管道的损伤。从 20 世纪 30 年代开始，煤焦油瓷漆防腐层首次应用于埋地管道，随后经历了石油沥青、双层聚乙烯(2PE)、胶黏带、硬质聚氨酯泡沫塑料(黄夹克)保温层、FBE、双层熔结环氧粉末、3PE 防腐层和三层聚丙烯(3PP)防腐层等一系列的发展过程。熔结环氧粉末和三层聚乙烯防腐层具有较高的绝缘性和机械性能，同时对环境污染较小，在成品油管道中得到了广泛应用。但是在对成品油管道防腐层检测过程中发现，部分管道防腐层存在破损、剥离问题，甚至在局部位置出现大面积脱落的现象，导致管道本体发生严重的腐蚀。

2.1 成品油管道防腐层概述

我国成品油管道防腐层的应用从沥青类防腐层开始。20 世纪 70 年代，我国建成的第一条格拉线长输成品油管道就采用了石油沥青防腐层；随着时代的发展，胶黏带、FBE、3PE 等防腐材料相继在成品油管道防腐中得到应用；90 年代后期，FBE 和 3PE 防腐层已逐渐成为主流[1]。

2.1.1 成品油管道防腐层的选择原则

正确选择和使用防腐层，对管道的安全运行、使用寿命及降低维护成本都具有十分重要的意义。成品油管道防腐层的选取应遵循以下原则。

(1)一般原则：具备良好的电绝缘性、机械性和防潮防水性，附着力强，耐化学腐蚀和抗老化，耐微生物侵蚀，易于施工和修补。

(2)埋地管道防腐层：具有良好的耐土壤应力性能，并应与阴极保护相匹配；在低温环境下施工时应具备良好的低温施工性能。

(3)地上管道防腐层：应具备良好的耐候性。需要保温输送的成品油管道，应与保温层一并考虑。站场管道外防腐层宜按《石油天然气站场管道及设备外防腐层技术规范》(SY/T 7036—2016)执行，线路跨越管道外防腐层宜按《油气架空管道防腐保温技术标准》(SY/T 7347—2016)执行。

2.1.2 成品油管道常用的防腐层

1. 熔结环氧粉末防腐层

FBE 防腐层分为单层熔结环氧粉末防腐层和双层熔结环氧粉末防腐层，其最小厚度应符合表 2.1 和表 2.2 的规定。单层熔结环氧粉末防腐层为一次成膜结构，具有与钢管表面附着力强、耐化学腐蚀性和耐温性能好的优点，也具备很好的耐阴极剥离性、抗老化性、耐土壤应力等性能。但由于单层熔结环氧粉末防腐层较薄，抗尖锐物冲击力较差，易被冲击损坏，不适合用于石方段土壤环境。双层熔结环氧粉末防腐层由内、外两种环氧粉末涂料分别喷涂一次成膜而成，具有黏结性能强、使用温度范围宽、耐土壤应力和抗阴极剥离性能好的优点[2]。防腐层涂敷及质量检查应按照标准《钢质管道熔结环氧粉末外涂层技术规范》(SY/T 0315—2013) 相关要求进行。

表 2.1　单层熔结环氧粉末外防腐层厚度

防腐层等级	最小厚度/μm
普通级	300
加强级	400

表 2.2　双层熔结环氧粉末外防腐层厚度

<table>
<tr><th rowspan="2">防腐层等级</th><th colspan="3">最小厚度/μm</th></tr>
<tr><th>内层</th><th>外层</th><th>总厚度</th></tr>
<tr><td>普通级</td><td>250</td><td>350</td><td>600</td></tr>
<tr><td>加强级</td><td>300</td><td>500</td><td>800</td></tr>
</table>

为使熔结环氧粉末及防腐层更好地满足管道防腐要求，国外也出台了许多相关的标准。如加拿大《钢管熔结环氧外防腐层(Plant-Applied External Coating for Steel Pipe)》(CSA Z 245.20-2014)、国际标准《石油天然气工业：用于管道输送系统的埋地和水下管道的外防腐层 第二部分：单层熔结环氧粉末涂料(Petroleum and Natural Gas Industries-External Coatings for Buried or Submerged Pipelines Used in Pipeline Transportation Systems part 2: Single Layer Fusion-Bonded Epoxy Coatings)》(ISO 21809-2:2014) 等。其中加拿大标准影响力相对较大，其他标准都不同程度地参考或引用了该标准，加拿大标准与我国标准在涂料及防腐层性能指标方面的对比如表 2.3 和表 2.4 所示。

表 2.3　环氧粉末涂料的性能

<table>
<tr><th colspan="2" rowspan="3">检测项目</th><th colspan="3">SY/T 0315—2013</th><th colspan="2">CSAZ 245.20-2014</th></tr>
<tr><th rowspan="2">单层</th><th colspan="2">双层</th><th>单层①</th><th rowspan="2">多层</th></tr>
<tr><th>内层</th><th>外层</th><th>1A、1B</th></tr>
<tr><td colspan="2">外观</td><td>色泽均匀，无结块</td><td colspan="2">色泽均匀，无结块</td><td></td><td></td></tr>
<tr><td colspan="2">固化时间/min</td><td>≤2,a</td><td>≤2，a</td><td>≤1.5，a</td><td>a</td><td>a</td></tr>
<tr><td colspan="2">胶化时间/s</td><td>≤30，a</td><td>≤30，a</td><td>≤20，a</td><td>a(1±20%)</td><td>a</td></tr>
<tr><td rowspan="2">热特性</td><td>反应热 ΔH/(J/g)</td><td>≥45，a</td><td>≥45，a</td><td>≥45，a</td><td>a</td><td>a</td></tr>
<tr><td>玻璃化转变温度 T_g</td><td>≥最高使用温度+40℃</td><td>≥最高使用温度+40℃</td><td>≥最高使用温度+40℃</td><td>a</td><td>a</td></tr>
</table>

续表

检测项目	SY/T 0315—2013			CSAZ 245.20-2014	
	单层	双层		单层[1]	多层
		内层	外层	1A、1B	
不挥发物含量/%	≥99.4	≥99.4	≥99.4	≤0.5/0.6[2]	a
粒度分布/%	150μm 筛上粉末≤3.0 250μm 筛上粉末≤0.2	150μm 筛上粉末≤3.0 250μm 筛上粉末≤0.2	150μm 筛上粉末≤3.0 250μm 筛上粉末≤0.2	a	a
密度/(g/cm^3)	1.3～1.5，a±0.05	1.3～1.5，a±0.05	1.4～1.8，a±0.05	a±0.05	a±0.05
磁性物含量/%	≤0.002	≤0.002	≤0.002		

注：a 为符合粉末生产商给定值；①对于环氧粉末防腐层，体系 1A 的 T_g<110℃，体系 1B 的 T_g>110℃；②CSA Z 245.20-2014 标准中，测试项目为挥发物含量。

表 2.4　熔结环氧粉末防腐层涂装的性能

检测项目	SY/T 0315—2013		CSA Z 245.20-2014		
	单层	双层	单层		多层
			1A	1B	
抗弯曲性能	抗 2.5°弯曲，无裂纹	普通级抗 2°弯曲，无裂纹 加强级抗 2°弯曲，无裂纹	抗 3°弯曲，无裂纹	抗 2°弯曲，无裂纹	抗 2°弯曲，无裂纹
75℃，28d 附着力/级	1～3	1～3	1～3	1～3	1～3(75℃，24h)
95℃，28d 附着力/级					
耐阴极剥离(65℃,24h)/mm	≤8	≤8	≤11.5	≤11.5	≤11.5
耐阴极剥离(65℃,48h)/mm	≤6.5	≤6.5			
耐阴极剥离(65℃,28d)/mm	≤15	≤15	≤20	≤20	
抗冲击/J	1.5(−30℃)，无漏点	普通级 10(23℃)，无漏点 加强级 15(23℃)，无漏点	1.5，无漏点	1.5，无漏点	3，无漏点
界面孔隙率/级	1～4	1～4	1～4	1～4	1～4
断面孔隙率/级	1～4	1～4	1～4	1～4	1～4
界面杂质含量/%			≤30	≤30	≤30

注：建议国内相关标准增加对界面杂质含量的相关规定，增加对涂层长期高温阴极剥离试验要求，以保证涂层的长期黏结性能。

2. 聚乙烯防腐层

聚乙烯防腐层分为两层结构和三层结构两大类，防腐层涂敷及质量检查应按照 GB/T 23257—2017 中的规定进行。两层聚乙烯防腐层底层为胶黏剂，外层为聚乙烯，具有绝缘性好、吸水率低、机械强度高、坚韧耐磨、耐酸碱盐和微生物腐蚀、耐温度变化、材料充足等优点，且其价格较低；缺点是耐紫外线性能差，阳光下暴露时间过长易老化，其电流屏蔽作用不利于外加电流阴极保护，黏结性差，特别是表面处理不彻底时，易出现黏结失效[3]。

3PE 防腐层起源于 20 世纪 80 年代，由德国曼内斯曼公司与巴斯夫化学工业公司共同研制[4]，它的底层为环氧粉末，中间层为胶黏剂，表面层为聚乙烯，防腐层厚度如表 2.5 所示。3PE 防腐层因为环氧粉末与钢管表面结合牢固、高密度聚乙烯耐机械损伤强、两层之间特殊的胶层使三者之间结合牢固，从而实现防腐性能和机械性能的良好结合。穿越河流、铁路，以及公路等管道，一般采用加强级 3PE 防腐层。3PE 防腐层缺点是具有电流屏蔽作用，当防腐层发生破损后，会限制阴极保护作用的发挥，并且耐老化性能不佳。3PE 防腐层造价相对较高，在国外的应用主要在欧洲，美国应用较少。

表 2.5 聚乙烯防腐层厚度

<table>
<tr><th rowspan="2">钢管公称直径(DN)/mm</th><th rowspan="2">环氧防腐层/μm</th><th rowspan="2">胶黏剂层/μm</th><th colspan="2">防腐层最小厚度/mm</th></tr>
<tr><th>普通级(G)</th><th>加强级(S)</th></tr>
<tr><td>DN≤100</td><td rowspan="3">≥120</td><td rowspan="6">≥170</td><td>1.8</td><td>2.5</td></tr>
<tr><td>100<DN≤250</td><td>2.0</td><td>2.7</td></tr>
<tr><td>250<DN<500</td><td>2.2</td><td>2.9</td></tr>
<tr><td>500≤DN<800</td><td rowspan="3">≥150</td><td>2.5</td><td>3.2</td></tr>
<tr><td>800≤DN≤1200</td><td>3.0</td><td>3.7</td></tr>
<tr><td>DN>1200</td><td>3.3</td><td>4.2</td></tr>
</table>

注：不适用于二层聚乙烯防腐层。

表 2.6 是我国标准 GB/T 23257—2017 和国际标准《石油天然气工业：用于管道输送系统的埋地和水下管道的外防腐层 第一部分：聚烯烃防腐层(Petroleum and Natural Gas Industries-External Coatings for Buried or Submerged Pipelines Used in Pipeline Transportation systems part 1: Polyolefin Coatings)》(ISO 21809-1:2018)的防腐层性能对比表，可以看出，我国标准在防腐层的质量控制上更加严格。

表 2.6 GB/T 23257—2017 与 ISO 21809-1:2018 性能指标对比表

<table>
<tr><th colspan="2" rowspan="2"></th><th rowspan="2">GB/T 23257—2017</th><th colspan="2">ISO 21809-1:2018</th></tr>
<tr><th>A 级，上层材料：低密度聚乙烯(LDPE)</th><th>B 级，上层材料：中密度聚乙烯(MDPE)/高密度聚乙烯(HDPE)</th></tr>
<tr><td colspan="2" rowspan="2">工作温度/℃</td><td>常温型(N)：≤50</td><td rowspan="2">-20～40</td><td rowspan="2">-40～60</td></tr>
<tr><td>高温型(H)：≤70</td></tr>
<tr><td colspan="2" rowspan="2">环氧粉末防腐层</td><td rowspan="2">见 SY/T 0315—2013</td><td colspan="2">含水量≤0.6%(质量分数)</td></tr>
<tr><td colspan="2">玻璃化温度≥95℃，且在厂家规定范围内</td></tr>
<tr><td rowspan="4">胶黏剂</td><td>断裂伸长率/%</td><td>≥600</td><td colspan="2">≥600</td></tr>
<tr><td>拉伸强度/MPa</td><td>≥17</td><td>≥65</td><td>≥8</td></tr>
<tr><td>含水率/%</td><td>≤0.1</td><td colspan="2">≤0.05</td></tr>
<tr><td>维卡软化温度/℃</td><td>≥90</td><td>≥60</td><td>≥85</td></tr>
</table>

续表

		GB/T 23257—2017	ISO 21809-1:2018	
			A 级，上层材料：低密度聚乙烯(LDPE)	B 级，上层材料：中密度聚乙烯(MDPE)/高密度聚乙烯(HDPE)
聚乙烯	密度/(g/cm^3)	0.940～0.960	≥0.920	≥0.930
	断裂伸长率/%	≥600	≥600	
	拉伸强度/MPa	≥22	≥10	≥15
	维卡软化温度/℃	≥110	≥95	≥110
	含水率/%	≤0.1	≤0.05	
	氧化诱导期/min	≥30	210℃，≥30	
	耐环境应力开裂/h	≥1000	在 10%聚氧代乙烯(9)壬基苯基醚(igepal co-630)条件下测试，≥300	假如密度≥0.955 g/cm^3，且在10% igepal co-630 条件下测试，≥1000；在 100% igepal co-630 条件下测试，≥300

3. 三层聚丙烯防腐层

3PP 防腐层与 3PE 防腐层在生产和施工方面类似。3PP 防腐层由底层(熔结环氧粉末)、中间层(胶黏剂)和外层(聚丙烯)紧密结合构成，具有防腐性能优异，尤其在耐热、耐化学药品和抗机械损伤性能方面具有优势，故 3PP 防腐层能够满足对运行温度、耐土壤应力要求较高的油气管道的防腐，例如，在一些油气资源丰富但环境条件恶劣的国家(如伊拉克、苏丹和沙特阿拉伯等)[5-7]。3PP 防腐层在国内的应用相对较少[8]。

2.1.3　成品油管道的补口材料

补口通常是指对管道焊缝连接区域的管体进行防腐涂装的施工作业，也存在特殊部位的补口，例如，弯头、三通等管件的防腐涂装作业。成品油管道补口一般是在现场完成，因受作业环境和施工条件制约，补口质量难以得到有效保证，使补口成为管道防腐系统的薄弱环节。补口材料的选用一般遵循与管道防腐层“一致性”的原则，即选择与管道防腐层相同或相近、具有良好相容性的防腐材料及产品。成品油管道常用的补口材料有聚乙烯胶黏带、聚乙烯热收缩带、液体聚氨酯、环氧粉末、液体环氧涂料和黏弹体胶黏带等。

1. 聚乙烯胶黏带

聚乙烯胶黏带是以聚乙烯塑料薄片为基材、里层涂敷一层黏结剂(通常为丁基橡胶或改性沥青胶黏剂)而制成，黏结剂和聚乙烯复合的传统方式为涂胶，现代工艺为共挤成型。聚乙烯胶黏带可通过人工或机械缠绕到管道上，施工过程无需加热、操作方便，聚乙烯胶黏带与多种管体防腐层兼容，多用于采用聚乙烯、熔结环氧粉末防腐的管道补口。但该材料容易受施工环境影响，相较其他补口材料，黏结力较差，因此一般不用于定向钻穿越段、石方段管道。

2. 聚乙烯热收缩带

聚乙烯热收缩带补口通常采用“环氧底漆+辐射交联聚乙烯热收缩带”复合结构。辐射交联聚乙烯热收缩带采用各种辐射引发聚乙烯高分子长链之间的交联反应，使聚乙烯热收缩带具有较高的机械强度和耐热老化性能。此类补口材料还具备综合性能优异、与管体防腐层深度兼容、抗阴极剥离性能强和补口施工操作灵活等优点。凭借与三层聚乙烯防腐层高度一致的结构特性，聚乙烯热收缩带是目前管道建设中应用范围最广、数量最多的补口形式，广泛应用于采用三层结构聚乙烯、熔结环氧粉末防腐的管道补口。

聚乙烯热收缩带补口的密封性和黏结性是补口成败的决定因素，若热熔胶烘烤温度不够、烘烤不均匀或烘烤施工存在盲区，将造成聚乙烯热收缩带与钢管表面黏结不良，导致补口与防腐层搭接区的密封性差，土壤中的水分通过搭接边缘向里渗透，引起补口材料剥离脱落，补口防护失效。

针对这些问题，相关人员对聚乙烯热收缩材料配套胶黏剂、环氧底漆等材料进行改进，通过改良补口专用机具的性能使相关问题得到改善[9,10]。

3. 液体聚氨酯

液体聚氨酯补口的材料为由多元醇化合物和异氰酸酯(或其预聚物)组成的双组分涂料，可在较低温度下施工。液体聚氨酯补口材料具有良好的抗机械损伤性、持久的化学稳定性、牢固的黏结能力，无阴极保护屏蔽现象，能够有效弥补常规热收缩材料在低温施工方面的不足，并能与三层聚乙烯防腐层良好兼容，因此此种材料主要应用于三层聚乙烯防腐管道的补口。截至 2017 年[11]，全球累计液体聚氨酯补口数量已经超过了 200 万个[12]。目前，该补口形式的主要问题是原材料及工程费用偏高，且对专用设备的依赖程度较高。

4. 液体环氧涂料

液体环氧补口的材料是以低分子量改性液态环氧树脂为主要成膜成分的液态环氧涂料，其中添加活性稀释增韧剂实现无溶剂化，可快速固化，解决了热收缩套补口材料存在的安全隐患，同时具有涂装简单、修补容易、材料价格低、可流水作业和无阴极屏蔽等优点，在三层结构聚乙烯、环氧粉末防腐管道的补口中有较大规模应用。2003 年，国外的阿塞拜疆和格鲁吉亚管道工程是世界上首次大规模使用液体环氧涂料补口的案例[13]。目前国内也在逐步推广液体环氧涂料补口技术。

5. 环氧粉末

环氧粉末补口操作就是将熔结环氧粉末的工厂预制作业线搬到管道建设现场，用相同的工艺对补口区域进行环氧粉末喷涂。这类补口工艺的优点是粉末熔结充分，具有较好的黏结力，能够与管体防腐层良好兼容，一般应用在熔结环氧粉末防腐层管道的补口，但环氧粉末补口对现场喷涂条件和施工环境要求极为苛刻，对专用机具和工艺控制要求严格，而且施工成本也比较高。

6. 黏弹体胶黏带

黏弹体是一类具有冷流特性且永不固化的高分子聚合物，其对应力的响应兼具弹性固体和黏性流体的双重特性，将其复合在聚乙烯等基膜上即制成黏弹体胶黏带，由于黏弹体对被黏面的黏结力低，且自身的机械强度也较低，因此必须采用合适的外护层提升其整体性能[14]，根据管道敷设环境，可选用的外护层有聚氯乙烯(PVC)胶带、聚乙烯热收缩带和玻璃钢等。

黏弹体的冷流特性使其能够在补口区域实现良好的全覆盖黏结，有效阻断水汽和空气的侵入，实现良好的水密性和气密性。黏弹体的良好抗蠕变性能，使其能充分适应管道的敷设方式，在防腐层受到冲击、划伤等破坏时具有优异的自愈性。而且采用黏弹体进行补口时，对钢管表面处理要求不高，手工除锈后即可进行缠绕、保护等操作。在山岭隧道、水域穿越段等无法实施喷射除锈的管道补口，可选用黏弹体防腐胶带加外护层补口。

2.1.4　穿跨越管道防腐层

成品油管道遇障碍有穿越和跨越两种通过方式。成品油管道常用的穿越形式主要有开挖法穿越、顶管法穿越、定向钻法穿越、矿山隧道法穿越、盾构法穿越和沉管穿越等，其中定向钻穿越具有非开挖、施工周期短、对环境扰动小、穿越精度高和穿越距离长等优点，在我国成品油管道穿越等级公路、铁路及大中型水域的施工中得到广泛应用[15,16]。成品油管道常用的跨越方式有桁架跨越、拱桥跨越、悬索跨越、斜拉锁跨越 4 种方式。

1. 成品油管道穿越方式对防腐层的要求

除定向钻穿越外，其他穿越方式对防腐层的要求相对简单，在本节中不做详细介绍，有兴趣读者可参阅文献。

定向钻穿越对防腐层整体质量控制要求最严格，其要求防腐层具有较高的耐磨性、优异的黏结力、极低的吸水率及耐化学介质浸泡等优异性能。目前，国内外定向钻穿越管道中常用的防腐层主要有三层聚乙烯防腐层和双层熔结环氧粉末防腐层。为防止防腐层在回拖中过度损伤，需对防腐层外加保护措施，如外加环氧玻璃钢保护层、光固化保护套和帕罗特(Powercrete)防腐层等。

1) 三层聚乙烯防腐层

我国进行定向钻管道施工一般都采用加强处理的三层聚乙烯防腐层，补口采用定向钻穿越专用的带配套环氧底漆的辐射交联聚乙烯热缩带(套)，每一个补口位置前端再用半个聚乙烯热缩带(套)作为牺牲带[17]。三层聚乙烯防腐层适用于砂土、粉土、黏土、风化岩等软质岩土层，在回拖管道保护措施得当、泥浆配比合理且能够起到润滑孔壁的情况下，采用三层聚乙烯防腐层损失很小，能够成功穿越，但是孔中突起的砾石、卵石、砂岩会对相对柔软的三层聚乙烯防腐层造成划伤。因此，施工中有必要先进行一段试回拖，对回拖后管道防腐层进行评估，测试无漏点后方可进行正式回拖。

2) 双层熔结环氧粉末防腐层

双层熔结环氧粉末中，第一层基层厚度约 350μm，其主要目的是防腐，第二层厚度为 500～750μm，其主要目的为改善涂层表面的耐磨性。该材料常用于软土层、砂层或软性岩土(如页岩、泥岩)的定向钻穿越。对于复杂岩石地质条件下的定向钻穿越管道，一般会增加防护层结构。国外管道在进行硬岩地层穿越时，侧重选择双层熔结环氧粉末作为防腐层，在防腐层外再涂刷 1.5～2.0mm 厚的帕罗特防腐层作为防护层，基本可以满足回拖要求。

3) 环氧玻璃钢防护层

环氧玻璃钢钢防护层中含有玻璃纤维布和配套的定向钻穿越专用环氧胶黏剂，是三层聚乙烯防腐层常用的外部保护层，具有较强的耐磨损和耐划伤性能。定向钻穿越要求的环氧玻璃钢保护层结构至少为四胶三布(胶黏剂—玻璃布—胶黏剂—玻璃布—胶黏剂—玻璃布—胶黏剂)，保护层整体厚度不小于 1.2mm。安装完成后管道在常温下静置 48h，环氧胶黏剂固化。如果环境温度低于 5℃，应采取加热措施，保证环氧胶黏剂固化良好。环氧玻璃钢保护层主要适用于微风化、中风化、强风化岩层。

4) 光固化保护套

光固化保护套是在管道表面包裹一层光敏高分子树脂膜，这种膜能在紫外线照射下引发聚合反应，变得坚硬而光滑，形成具有较高力学性能的壳套。光固化保护套施工工序简单，前道工序完成后，即可立即做光固化保护套，不影响工期。另外，固化时间也比较合理，在自然光下仅需 20～120min 即可完成固化。

由于光固化保护套的机械性能优异，防水和绝缘效果好，可应用在地质情况复杂和地下结构坚硬的穿越环境，有效保证管道防腐层在回拖过程中不被破坏。

5) 帕罗特防腐层

帕罗特防腐层是一种以无溶剂环氧树脂为基础的双组分常温固化聚合物混凝土液体涂料，其施工工艺简单，可手工涂覆，也可采用高压无气热喷涂，机械性能、耐防腐性能和耐水汽渗透等性能优异。与单层熔结环氧粉末相比，当涂覆厚度达到 400μm 后，帕罗特防腐层的耐冲击性能是单层熔结环氧粉末的两倍或者数倍以上，而且帕罗特防腐层与裸钢、FBE 覆盖层的黏结性极佳，因此也常作为熔结环氧粉末层的保护层，适用于管道拖拉受损严重的山地及多石地区施工，在北美等地已有推广应用，我国长输油气管道在长庆、大港、天津等地穿越工程中也应用过帕罗特防腐层[18]。

2. 成品油管道跨越方式对防腐层的要求

成品油管道跨越工程多采用架空敷设，因此其表面防腐层应满足耐环境腐蚀，耐日晒、耐寒、抗紫外线等性能要求。架空非保温管道外防腐层宜采用单一结构的无溶剂聚脲防腐层或采用环氧富锌底漆、环氧云铁中间漆、脂肪族聚氨酯或交联氟碳面漆的复合结构防腐层，防腐层结构及厚度见表 2.7。在环境恶劣或有特殊要求的情况下，可适当增加防腐层厚度。若需要保温，外防腐层宜选用三层聚乙烯、熔结环氧粉末或无溶剂液态环氧涂料等类型，防腐层的结构、厚度应符合国家现行标准(GB/T 23257—2017)、(SY/T 0315—2013)或《埋地钢质管道液体环氧外防腐层技术标准》(SY/T 6854—2012)等规定。

表 2.7　架空非保温管道外防腐层结构及厚度

腐蚀介质	外防腐层类型	外防腐层结构	干膜厚度/μm
乡村大气、城市大气	复合结构防腐层	环氧富锌底漆	≥80
		环氧云铁中间漆	≥140
		脂肪族聚氨酯/交联氟碳面漆	≥100
工业大气、海洋大气	单一结构防腐层	无溶剂聚脲	≥600(普通级)
		无溶剂聚脲	≥800(加强级)

2.1.5　成品油管道新型防腐材料及技术

如今世界各国都十分重视对成品油管道腐蚀控制问题的研究，在管道外防腐层领域也取得了许多成果，各种新材料、新技术不断涌现。

1. 氧化聚合包覆防腐技术

氧化聚合包覆防腐技术(oxidation tape and covering system，OTC)由氧化聚合防蚀膏、氧化聚合防蚀带及外防护剂三层配套体系组成。该技术表面处理简单，柔软易贴合，结构位移追随性好，可以广泛适用于各种复杂形状和有震动、移动的结构、设备，绿色环保、无毒无污染，防腐寿命大于 30 年，被称为“可粘贴的重防腐涂料”。华南分公司从 2017 年开始，在深圳某成品油管道跨越段，采用了氧化聚合包覆防腐施工，有效解决了潮湿环境中异型结构件的防腐难题。

2. 喷涂聚脲防腐层

喷涂聚脲防腐层是近十年来新发展的防腐层，它打破了传统防腐层需要加热和缠绕的缺点，具有高弹性、高硬度和良好的防腐防水性能和力学性能。目前，国外许多油气管道防腐工程中都使用了聚脲防腐层，将其作为作新建管道和旧管道改造修复的防腐层，如印度尼西亚海湾石油公司天然气管道、美国阿拉斯加石油管道、俄罗斯西伯利亚管道等。国内多用于原油管道、煤气管道和供水管道防腐。

3. 改进的三层聚乙烯防腐层

陶氏化学公司于 2010 年开发出一种新型三层聚乙烯材料，它采用特有的聚乙烯层和新型黏结剂，具有极好的抗环境应力开裂和抗紫外线辐射的能力，并且有极强的热稳定性，能够有效防止目前防腐层易出现的聚乙烯层与熔结环氧粉末底层的黏结失效问题。

加拿大 Brederoshaw 公司开发了高效复合防腐层系统(HPCC)有效解决了黏结失效问题[19]，其中间黏结层是胶黏剂和一定浓度熔结环氧粉末的混合物，增加了黏结层与熔结环氧粉末底层和聚乙烯层的相容性，使三层结构紧密黏结。与三层聚乙烯防腐层相比，其最大的优势是解决了阴极保护屏蔽的难题，在抗冲击、抗老化、抗阴极剥离等方面亦有优势。到目前为止，HPCC防腐层成功应用于加拿大和美国的诸多成品油管道中。

4. 纳米改性材料防腐层

由于管道防腐所涉及的表面材料的性质由微观结构决定，纳米技术的出现与应用给管道防腐的发展带来巨大的机遇。研究表明，利用纳米技术对有机防腐层防腐材料进行改性，可有效提高其综合性能，特别是增加材料的机械强度、硬度、附着力，提高耐光性、抗老化性、耐候性等[20]。例如，纳米 TiO_2 粒子对紫外线有散射作用，加入这样的纳米材料可有效增强防腐层的抗紫外线能力，使耐老化性显著提高；纳米 SiO_2 粒子具有极强的活性，加入到涂料中可使防腐层的强度、韧性、延展性得到大幅度提高；纳米 $CaCO_3$ 可显著提高防腐层的附着力，耐洗刷、耐油污性，提高防腐层表面光洁度。因此，通过向涂料中加入适当的纳米粒子，能增加涂料的密封性，达到更好的防水、防腐效果，具有较好的发展前景。目前，这项技术还处于起步阶段，尚未有应用于成品油管道的案例。

2.2 防腐层失效模式与成因分析

防腐层能够长期稳定地发挥作用是决定管道安全运行的关键因素。防腐层失效会间接导致管道腐蚀，严重时甚至引起管道介质泄漏，对人员和管道运行安全都是严重的隐患。因此，正确认识防腐层的失效模式和成因对管道的运行和维护具有重要的意义。一般来讲，防腐层的失效形式可归纳成防腐层破损、防腐层老化和防腐层阴极剥离。

2.2.1 防腐层破损

防腐层的主要功能是阻挡腐蚀性介质与管道本体接触，所以防腐层必须连续、完整、无针孔。埋地管道事故的统计分析表明，在所有的埋地管道损伤事故中机械损伤占有的比重是最大的，因此防腐层的抗机械损伤性能是选择防腐层的重要因素。目前防腐层机械损伤成因可归纳成以下三点[21]。

1. 外界破坏

外界破坏包括人为因素破坏和自然环境破坏。例如，管道沿线的道路、沟渠或新管道的铺设与开挖工程等第三方施工造成的防腐层损伤；管道打孔盗油，导致的盗油阀附近管线外防腐层损伤[22]；因水毁、泥石流等地质灾害造成的管道防腐层损伤[23]。

2. 施工损伤

管道运输和施工过程中难免对防腐层造成磕碰、划伤等机械损伤。例如，管道在下沟、回填时防腐层容易被硬物划伤造成机械损伤；在定向钻穿越中，管道在回拖过程中与土壤或岩石发生激烈摩擦，导致防腐层破损或剥落。因此，在管道施工过程中，需采取必要的防腐层防护措施[24]。

3. 补口质量不达标

防腐层补口都是在施工现场进行，若材质不合适或施工工艺不当，未按照标准严格施工，会使补口出现密封不严、黏结不好等缺陷，使管道外防腐层被破坏。我国油气管道外腐蚀调研表明，补口质量差导致的防腐层失效是管道腐蚀的主要原因之一[25]。

2.2.2　防腐层老化

成品油管道服役一定年限后，受到外界环境条件的影响，防腐层不可避免会老化，导致防腐层化学稳定性逐渐丧失，物理性质也逐渐衰变。随着防腐层的老化，防腐层与钢管的黏接性、柔韧性、电绝缘性等性能下降，防腐层出现粉化、开裂和脱落等现象，最终导致防腐层失效[26]。常见的防腐层老化成因可归纳为以下四点。

1. 温度

高温是促进管道防腐层老化的一个重要因素。特别是对有机防腐层而言，随着温度升高，分子间的热运动加剧会导致某些高聚物发生降解，导致防腐材料中分子量降低，从而使防腐层的黏结性和机械强度降低。此外，温度的改变导致的防腐层膨胀或收缩也会加速防腐层的老化。

2. 光辐射

对于非埋地管道，大气环境中的光辐射是造成防腐层老化降解的主要因素。太阳光中的紫外线对绝大多数防腐层的聚合物化学键具有破坏作用，引发防腐层的光分解。同时，防腐层暴露于大气中时，氧气也会促进防腐层中聚合物的光氧化，造成防腐层中聚合物的主链断裂、过氧化物出现或产生亲水性小分子，最后使防腐层老化失效。

3. 水分

防腐层在生产、涂敷和运行过程中不可避免的会产生各种缺陷(孔隙、裂纹、夹杂等)，在管道服役过程中，水分只要存在于防腐层表面，便会通过缺陷渗入防腐层内。一方面，水分的渗入会加速防腐层体系内可溶性添加剂的溶解、析出和迁移，改变防腐层的力学性能；另一方面，在含水环境中，水进入防腐层内，使防腐层体积膨胀，在干燥环境中，防腐层失去部分水，表面收缩，经过干湿循环后，防腐层内部产生巨大的应力，当应力值累积到防腐层和基底结合强度临界值时，导致防腐层开裂和脱落现象。

4. 化学物质

管道敷设环境复杂，与管道防腐层接触的环境中，含有酸、碱、盐，还包括有机溶剂、有机酸、气体等化学物质。由于防腐层或多或少有透水性或透气性，若这些化学物质随水分渗透到防腐层内部，会和防腐层材料发生作用。如化学物质在水溶液中电离出半径小的离子，这些离子很容易通过防腐层缺陷扩散到金属基体与防腐层交界面，与金属基体发生反应，导致防腐层鼓泡、开裂，甚至脱落[27]。

2.2.3 防腐层剥离

为避免防腐层破损处，管道与腐蚀介质直接接触发生腐蚀破坏，管道一般会施加阴极保护。但若阴极保护电位超过管道防腐层的限制临界电位，也可能使破损防腐层因管体的阴极反应失去附着力，从与管道表面分离，这种现象称为防腐层的阴极剥离。

1. 防腐层阴极剥离机理

目前，国内外对防腐层阴极剥离机理的认识尚未统一，主流观点有以下五种[28]。

(1) 阴极反应产物 OH^-和防腐层的极性基团直接反应，使有机防腐层和金属间结合力降低导致阴极剥离。

(2) 阴极反应发生后为了保持电荷守恒，金属阳离子迁移至金属/防腐层界面和 OH^-结合形成的碱性氢氧化物在金属表面积聚发生体积膨胀，导致防腐层剥离。

(3) 氧化还原过程中产生的具有氧化活性的中间产物破坏防腐层-金属间的结合键，导致防腐层剥离。

(4) 金属表面预先存在的氧化物还原并溶解在碱性溶液中导致防腐层剥离。

(5) 金属界面处的高 pH 水溶液使防腐层发生位移而引起剥离。

2. 防腐层阴极剥离影响因素

防腐层发生阴极剥离的成因可以归纳成防腐层自身缺陷和环境因素的影响。

1) 防腐层自身缺陷

(1) 原材料质量。

原材料质量对防腐层的最终效果起到决定性作用。原材料中杂质和水分会影响防腐层外观和品质，因此选择防腐层的原材料时需要考虑材料的纯净性及合适的储存方式。同时，防腐层中部分材料质量不过关，如中间黏结剂和聚乙烯颗粒大小不均匀，受热时塑化不均，原材料中添加过多的回收料或廉价填充料，都会造成防腐层的防腐蚀效果下降[29]。

(2) 加工温度。

加工温度是保证防腐层黏结力的重要指标。以三层聚乙烯防腐层为例，当温度过高时，底层熔结环氧粉末固化速率快，粉末的熔化不充分导致成膜表面的均匀性差，导致防腐层和钢基体表面的黏结力减弱，温度持续升高，还可能导致防腐层焦化，失去保护作用。在涂敷胶黏剂时，因为钢表面温度过高，防腐层中的环氧层官能团可能发生过度消耗，导致环氧层和胶黏层无法正常黏合。当温度过低时，环氧粉末的固化速率偏低，环氧底层得不到充分固化同样会导致黏结性低。同时，由于钢管预热温度远高于水冷温度，巨大的温差及材料胀缩性差异导致钢管基材与防腐层结界面产生热残余应力，这同样会影响防腐层性能。

(3) 环氧层厚度。

随着环氧层厚度的增加，防腐层的延展性和弹性降低，剥离长度增大。同时，若防腐层在涂敷时厚度不均匀，也会大大影响防腐层的防护性能，增加防腐层剥离风险。

(4) 表面处理。

在防腐层涂敷前，需对钢管表面的油脂、污垢和附着物等进行清理，然后进行抛（喷）射除锈，抛丸喷射材料（又称磨料）的硬度、强度和形状对钢管表面的处理效果起到决定性的作用。除锈时，锚纹深度要达到 50～90μm，在较高的锚纹深度下，金属表面与环氧底层的结合点应足够多，使两者结合更牢固。

2) 环境因素

(1) 阴极保护电位。

当阴极保护电位正于最小保护电位时，由于电化学腐蚀反应的进行导致了防腐层的阴极剥离，剥离程度较小。当阴极保护电位负于析氢电位时，其阴极反应为 $2H_2O+2e^- \longrightarrow H_2+2OH^-$，析氢反应的存在将大大加剧环氧粉末的阴极剥离程度。阴极保护电位越负，析氢反应加剧，加速了阴极反应过程，使阴极剥离情况越严重。

(2) pH。

土壤环境的 pH 同样会影响防腐层的防腐性能，一般来说，防腐层在接近中性的环境中具有更好的防护性能。在碱性条件下，碱性越强，导致的剥离越严重。碱性土壤会溶解钢管表面与有机物结合的氧化物，导致防腐层黏结力失效，产生剥离。此外，碱性土壤中，防腐层易发生环氧底层的皂化分解反应，使其发生剥离而失效。

(3) 土壤含水率。

防腐层的吸水会影响其抗阴极剥离性能，防腐层吸水率越高，各项防腐性能均会下降。随着土壤含水率的增大，防腐层的剥离程度逐渐增大；当土壤含水达到饱和后，剥离程度基本不变。

(4) 生物破坏。

土壤中存在着各种微生物，会加速金属基体的腐蚀，从而导致防腐层的剥离；部分土壤微生物可以利用涂层中的成分进行生长代谢，直接破坏涂层。除了微生物以外，植物根系和某些啮齿类动物均会对防腐层产生破坏。

(5) 杂散电流。

杂散电流在防腐层缺陷处大量流入时，会引起阴极析氢，环境 pH 升高，从而导致防腐层劣化剥离。当防腐层破损面积较小时，杂散电流对剥离更具促进作用，此时杂散电流对管道的危害性更大。

防腐层失效会造成管道腐蚀，防腐层破损和剥离都是从漏点开始，因此检测管道防腐层漏点是日常防护的重要方式之一。

2.3 防腐层检测

无论新建管道还是在役管道，防腐层的检测都十分重要。通常新建管道、防腐层修复或防腐层大修后都需要对管道防腐层进行直接检测。但对于在役埋地管道，大面积开挖检查在大多数情况下是客观条件不允许的，因此在实际工作中应用较为广泛的防腐层外检测技术都是在非开挖条件下开展的。常用的管道非开挖检测设备有人体电容法（PEARSON）、交流电位梯度检测技术（ACVG）、交流电流衰减技术（PCM）、直流电位梯度检测技术(DCVG)和密间隔电位检测技术(CIPS)等。通过检测可以确定管道防腐层的缺陷位置和大小等。本节重点介绍非开挖防腐层检测技术。

2.3.1 管道防腐层直接检测

根据《油气长输管道工程施工及验收规范》(GB 50369—2014)第11.0.3条规定，防腐层不能存在漏涂、气泡、针孔等缺陷。新建或在役管道防腐层应进行电火花检漏，查找防腐层是否存在针孔、砂眼等缺陷，该方法使用仪器为电火花检测仪(图2.1)，又叫防腐层针孔检测仪。其检测原理为：金属表面防腐层过薄、露铁微孔处的电阻值和气隙密度都很小，当仪器的电压探针经过防腐层缺陷处时，会产生火花放电，给报警电路产生一个脉冲信号，报警器发出声光报警，达到防腐层检漏的目的。该仪器主要适用于新建管道防腐层质量的控制及在役管道防腐层修复或大修的质量控制。

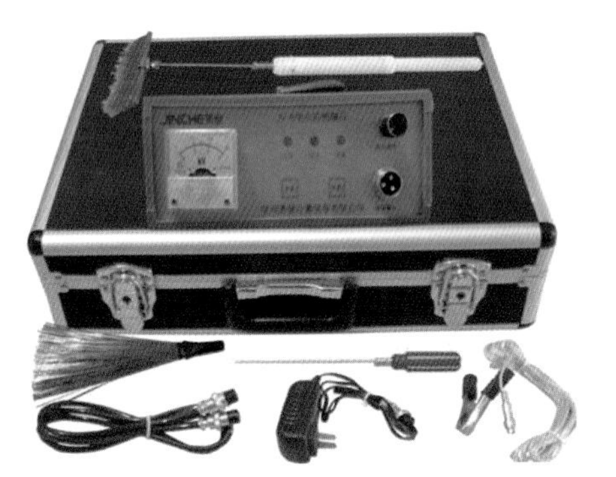

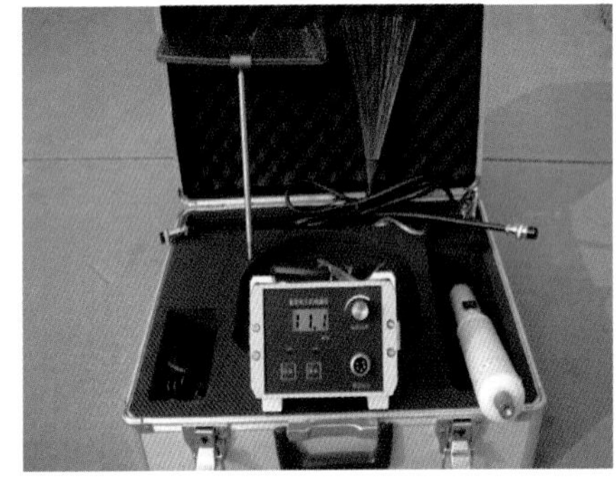

图2.1 电火花检测仪

2.3.2 埋地管道非开挖防腐层检测

1. 人体电容法

人体电容法也叫音频检漏法。音频检漏仪主要由发射机、寻管仪(探管仪)、接收系统及其配套的电源系统组成，如图2.2所示。检测原理为发射机向地下管道发送一个交流信号源，当地下管道防腐层破损时，该处金属部分与大地相短路，在漏点处形成电流

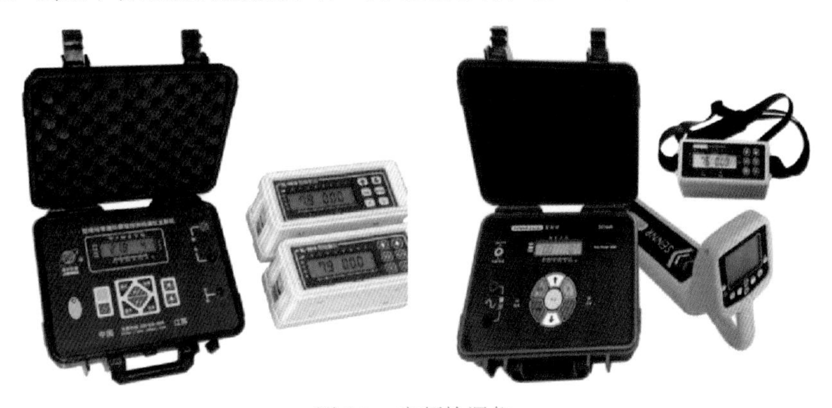

图2.2 音频检漏仪

回路，将产生的漏点信号向地面辐射，并在漏点正上方辐射信号最大，根据这一原理就可准确地找到防腐层漏点。

音频检漏法适用于一般地段的埋地管道防腐层检漏，不适用于露空管道、覆盖层导电性很差的管道、水下管道、套管内的管道和高压交流电线附近的埋地管道的防腐层检漏。该检测方法不但可以测量管道的走向、埋深，还可以检测防腐层漏点。由于其检测效率高，通常在年度检查的普查中得到较好应用。

(1)探测管道走向时，可以用两点一线法、探头转向法和一步一扫法进行管线常规探查，然后用采峰值法(图 2.3)和零值法(图 2.4)确定管线准确位置。

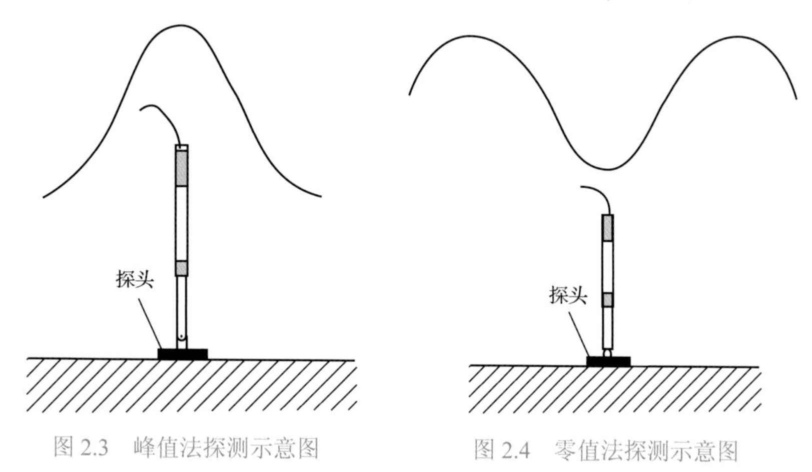

图 2.3　峰值法探测示意图　　　图 2.4　零值法探测示意图

(2)探测管道埋深时，可采用 45°法(图 2.5)，此外还有 70%探深法和 80%探深法。无论哪种探深方法，都必须保证探管测深时应选择单根管线直线段的中间，直线段的长

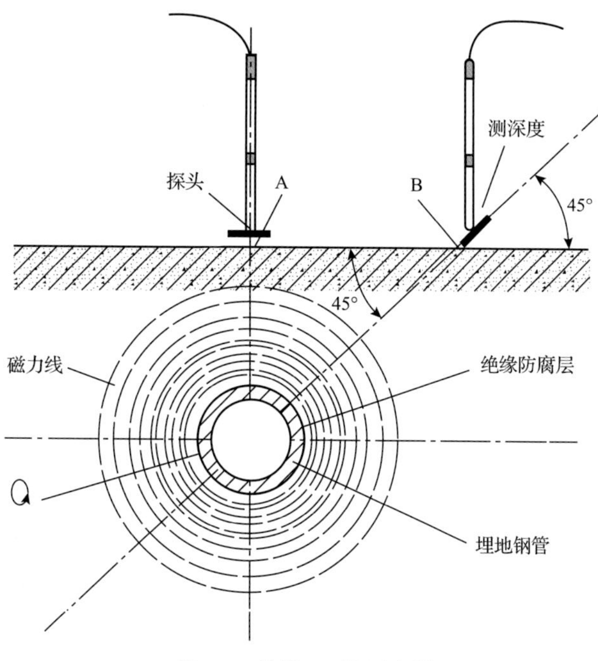

图 2.5　管道 45°法示意图

度要求是管道埋深的 5 倍以上，地面不平时要修正不平高度，在 45°向管道两边做与管道垂直方向移动探深，管位与两边最小的点距离不等时，说明中间定点有误差，用两边距离相加除以 2 作为平均深度。

(3) 查找防腐层漏点时，当地下管线被加入交变电流信号后，若在管道上存在防腐层破损，该信号电流就会在防腐层破损处泄漏入大地，在地底下的等电位分布是以破损点为中心呈立体球形分布(图 2.6)。当此信号到达地表以后，则以破损点正上方为中心呈同心圆形分布(图 2.7)，其周围电位分布呈等距离等电位。若两名检测人员站在离中心点等距离位置，接收机示值为零，表明两检测人员连线的中点处为防腐蚀漏点，此方法称为等距回零法。防腐层点状破损处泄漏电位在地表的分布特征如图 2.7 所示。人体电容法(纵向)检漏示意图如图 2.8 所示。

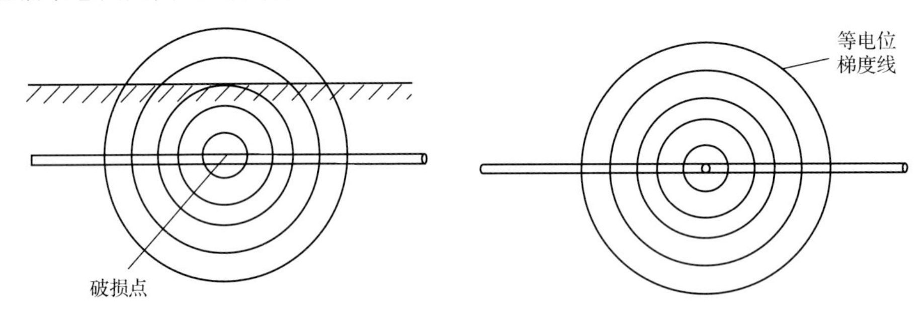

图 2.6　地下破损点电位梯度分布图　　　　图 2.7　地表等电位梯度平面图

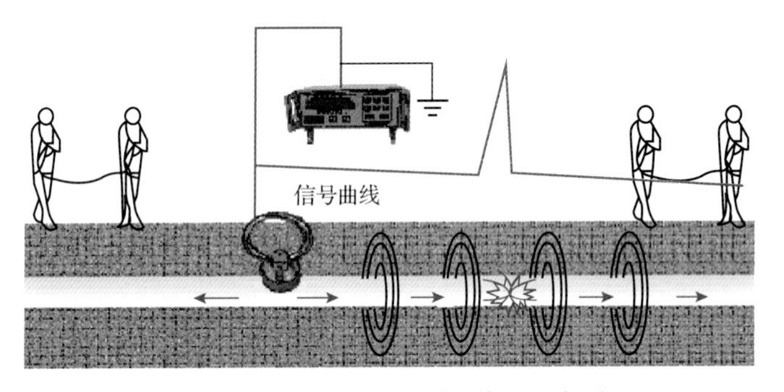

图 2.8　人体电容法(纵向)检漏示意图

该检测方法的优点是仪器探管、检漏可同步进行，方便快捷，成功率高。缺点是对检测人员的经验和配合度要求较高，当存在外部金属物或交流输电线路时，会对检测数据造成干扰，引起误判。

2. 交流电位梯度检测技术(ACVG)

ACVG 检测设备如图 2.9 所示。向管道中施加一个交流电流信号，当信号在管道中传播到防腐层破损点位置时，信号会向土壤中流失并形成以破损点为中心的电场，通过测量土壤中交流地电位梯度的变化，查找和定位管道防腐层破损点，从而能够找到破损点的位置[30]，其检测原理如图 2.10 所示。

该技术适用于交变磁场可穿透的覆盖层下的管道外防腐层的定位检测，但不适用于有钢套管、钢丝网加强的混凝土层的情况和存在高压交流输电线干扰的地区。另外，当

图 2.9　交流电位梯度检测仪

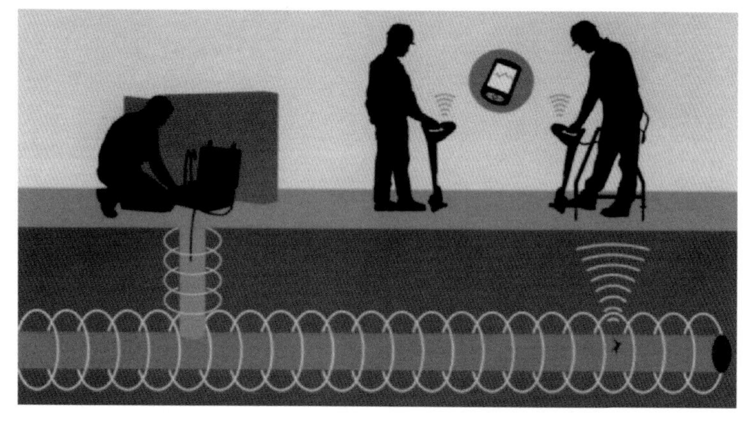

图 2.10　ACVG 检测原理示意图

交流电位差测量仪距离发射机较近或管道上方覆盖物导电性差时(如位于钢筋混凝土铺砌路面、沥青路面、冻土和含有大量岩石回填物下的管段)，会影响测量结果的准确性。

(1)管线的定位。将接收机选择与发射机相同的频率，在用谷值法对管线进行了追踪并确定目标管线的大致位置之后，用峰值法确定管线的准确位置。峰值法和谷值法检测示意图如图 2.11 和图 2.12 所示。频率越高，信号越容易感应到其他管线上，如不注意识别易造成追踪错误，而且信号的频率越高，信号传播的距离越短。

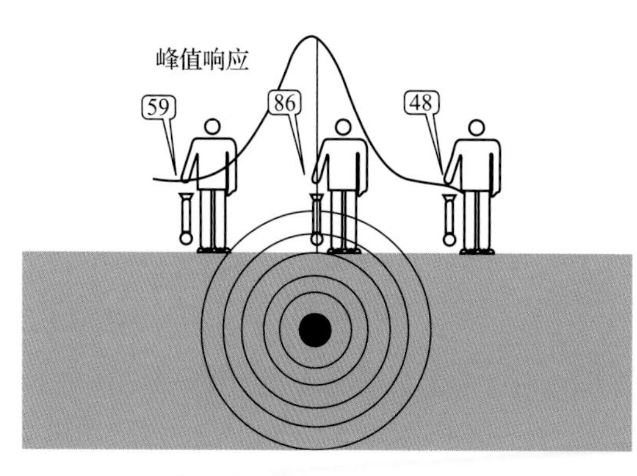

图 2.11　峰值法检测示意图

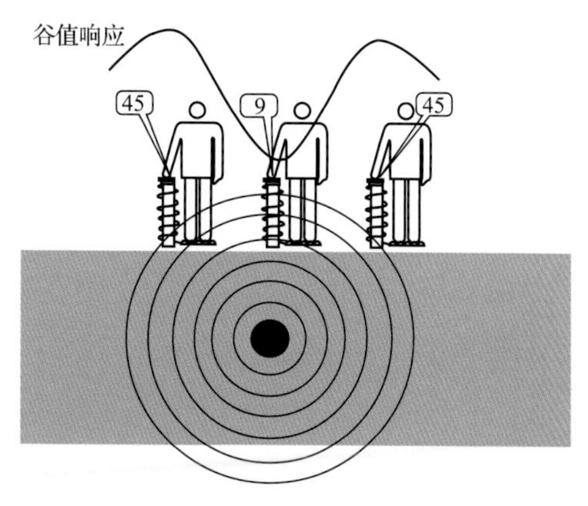

图 2.12　谷值法检测示意图

(2)管线埋深的测量。通常有两种方法：一种是直读法；另一种是70%法。管线埋设越深，直读误差越大。其探测范围一般在5m以内，当超过该范围时，不宜采用直读法测定埋深，此时采用70%法测量更接近管线的实际埋深。

直读法是将接收机调到峰值，通过埋深键在接收机屏幕上直接读出管道中线至地面的埋深，其测量原理和实际测量过程分别如图2.13和图2.14所示。图2.13中，E_t为顶部线圈的感应电动势；E_b为底部线圈的感应电动势；d为底部线圈到管道的距离(通常在测量时，仪器放在地表，d即为管道埋深)；x为线圈间距；I为管道中的电流。

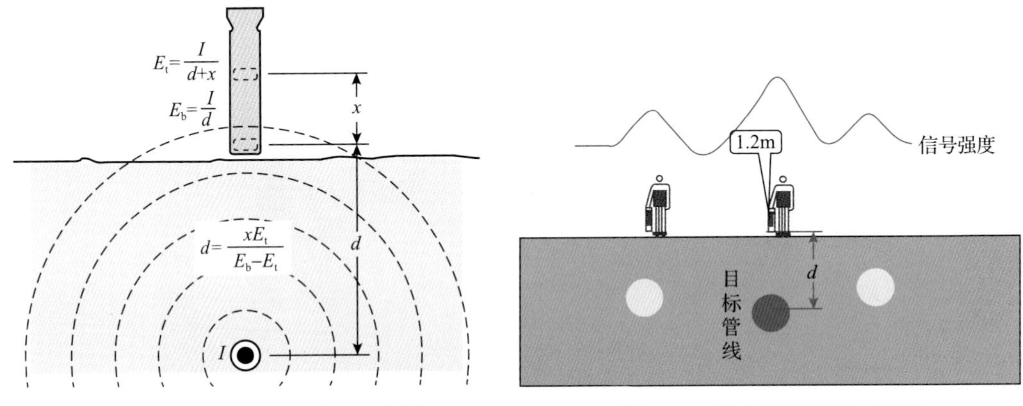

图2.13　测量埋深测量原理示意图　　　图2.14　测定管线埋深示意图

70%法是将接收机调到峰值，在管线中心位置读出最大值，如最大读数为80dB，则用它乘以0.7，为56dB，将接收机分别向两侧移动值屏幕显示值为56dB处，做好标记，测量所标记两点的距离即为管线的埋深，如图2.15所示。

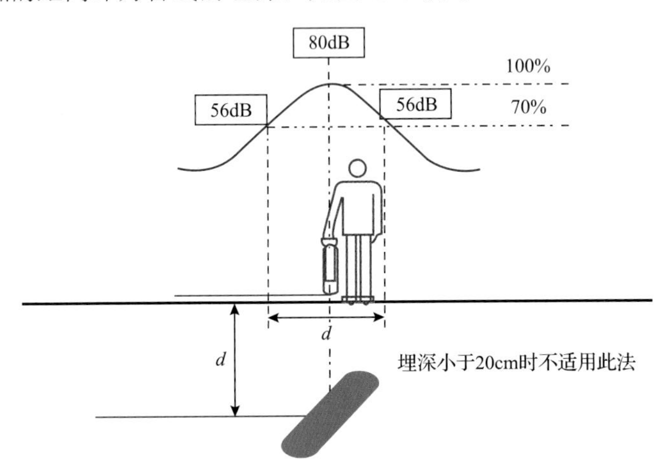

图2.15　测量管道埋深示意图

(3)查找防腐层漏点。由于防腐破损点存在的电流泄漏，A字架前后移动，电流方向在故障点的两侧会发生变化，如果在第一个位置电流指向前，而第二个位置电流指向后，就证明这两点间存在破损点，如图2.16所示。A字架前后移动过程中，信号强度值读数(dB值)增大，减小，又增大，然后逐渐减小。重新前后移动进行测量，找到箭头方向刚发生变化的位置，此时 dB 值读数最低，这时就可以确定故障点就在 A 字架中央正下方，如图 2.17 所示。

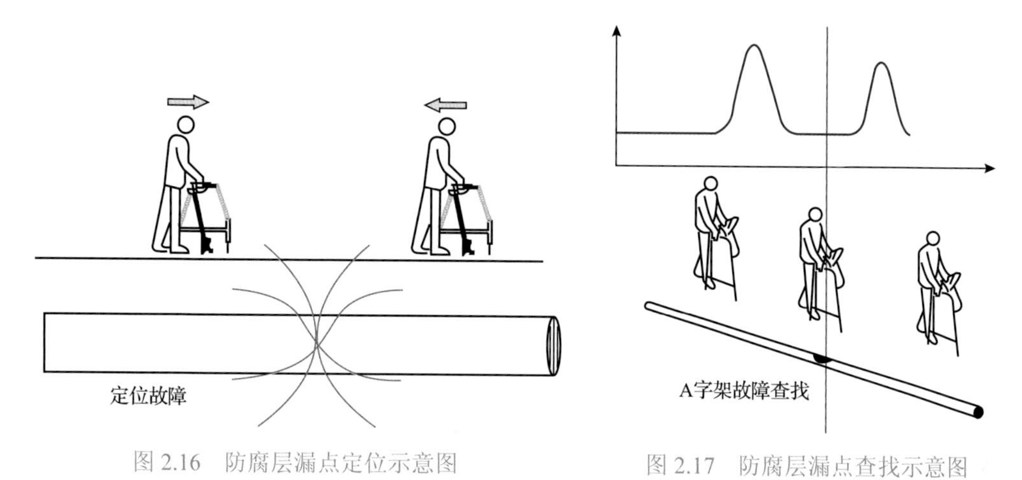

图 2.16　防腐层漏点定位示意图　　图 2.17　防腐层漏点查找示意图

ACVG 技术的优点是不需拖拉电缆，操作简单，破损点定位准确度高；其缺点是只能进行破损点定位，不能确定破损点的大小和形状[31]。其具体测量步骤可参考国家现行标准《埋地钢质管道腐蚀防护工程检验》(GB/T 19285—2014)。

3. 交流电流衰减技术(PCM)

PCM 也被称为交变电流梯度法或多频管中电流法，是现在最常用的防腐层检测技术之一(图 2.18)。其测量原理是在管道中某点通入一定频率的交流电信号，该信号随着距离的增加而呈指数衰减(图 2.19)，当该信号存在时，周围便可产生与电流大小呈正比的电磁场，通过检测该磁场可获得管内的电流衰减情况。因此当防腐层破损后，信号电流由破损点流入大地会产生电流和磁场异常衰减[32-35]。

在使用该技术检测时，当电流流经防腐层破损点时，附近电流衰减率值会突变增大。根据单点电源供电原理，在测得两个点之间电流衰减率之后，可以计算出两个测量点之间管道防腐层的平均绝缘电阻率 R_g 值。根据现行 GB/T 19285—2014 附录 K 规定，各防腐层电阻率与级别关系如表 2.8 所示。

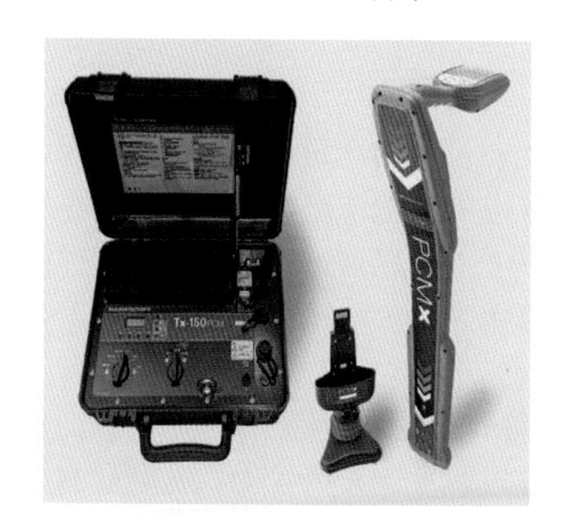

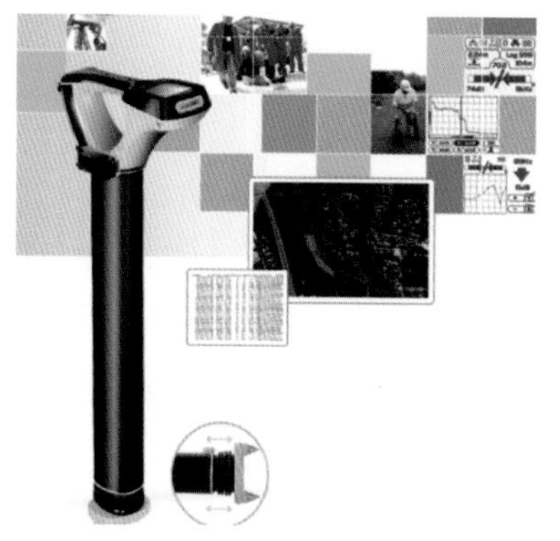

图 2.18　PCM 检测器

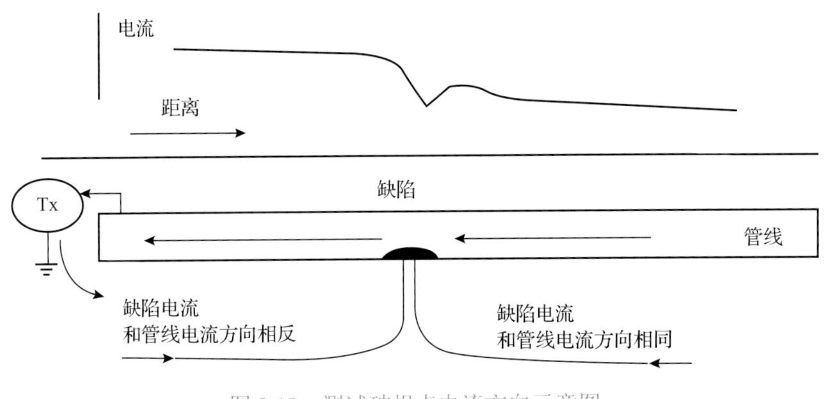

图 2.19 测试破损点电流方向示意图
Tx 表示 PCM-Tx 发射机，给管道施加电流信号

表 2.8 外防腐层电阻率 R_g 值分级评价 （单位：$k\Omega \cdot m^2$）

防腐类型	级别			
	1	2	3	4
三层聚乙烯防腐层	$R_g \geqslant 100$	$20 \leqslant R_g < 100$	$5 \leqslant R_g < 20$	$R_g < 5$
硬质聚氨酯泡沫防腐保温层和沥青防腐层	$R_g \geqslant 10$	$5 \leqslant R_g < 10$	$2 \leqslant R_g < 5$	$R_g < 2$

PCM 技术主要用于评价埋地管道外防腐层整体状况，亦可用于探查防腐层破损点位置。若需对管线进行定位和埋深检测时，其检测方法与交流电位梯度检测技术相同；若存在电流异常衰减段，则可认定存在电流的泄漏点。用该检测方法不易对防腐层漏点进行精确定位，往往与交流电位梯度检测技术相结合使用，利用 A 字架检验地表电位梯度，即可对防腐层漏点进行精确定位。

该检测技术的优点是检测方法简单，需要人员少，不受管线中支管的影响，可对任意长度的管道防腐层状况进行评估，从而可以分段评估防腐层的老化情况，且由于自带信号发射装置，也可检测未实施阴极保护的管道。缺点是受外界干扰(如平行、交叉的其他管道、高压线)影响比较大，发射机的功率要求较大，针对防腐层破损点精确定位存在局限性，不能确定较小的缺陷，防腐层缺陷判断对操作者的专业技能要求较高[32,33]。

4. 直流电位梯度检测技术(DCVG)

DCVG 是现在埋地管道常用的防腐层破损点位置和严重程度的检测技术之一，其工作原理是给管道加载一间断直流电信号，当管道中存在防腐层破损点时，在其周围的地面中会形成一个电位梯度场(土壤的 IR 降)。因此，可以通过管道地面上方的两个探地电极(通常为 $Cu/CuSO_4$ 电极)和与电极连接的万用表来检测电位梯度场，从而可以判断破损点的位置和严重程度[32,33,36](图 2.20)。

该检测技术用于埋地管道外防腐层破损点的检测和准确定位(图 2.21、图 2.22)。但该技术不适用于处于套管内防腐层破损点未被电解质淹没的管道、防腐层剥离未与外界电连通的管道的检测。

图 2.20　DCVG 测量仪

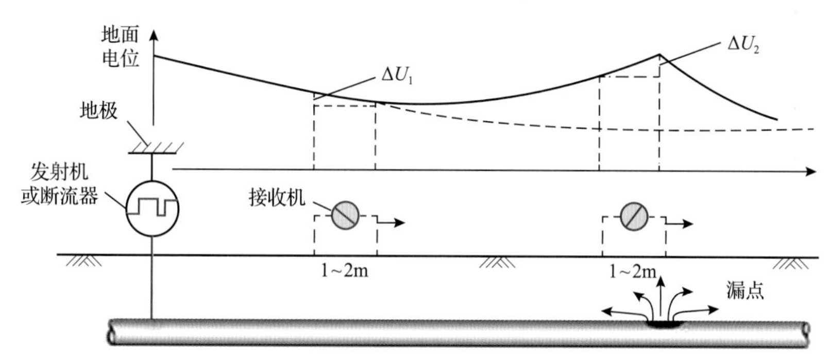

图 2.21　DCVG 检测破损点严重程度示意图

ΔU_1 和 ΔU_2 分别为两个探地电极间电位差

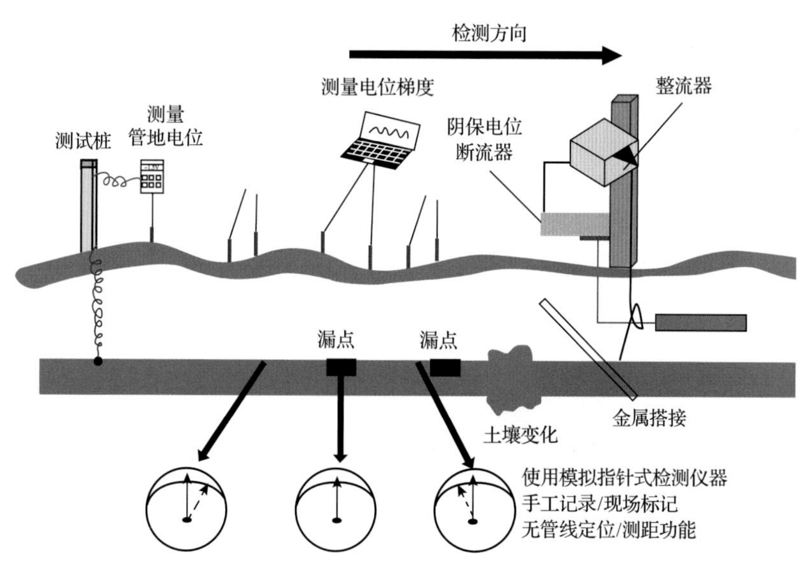

图 2.22　DCVG 防腐层破损点定位

使用该检测技术时，在确定的破损点位置处，利用该点的通电电位(E_{on})、断电电位(E_{off})、电位梯度($E_{G\text{-}on}$ 和 $E_{G\text{-}off}$)，可计算破损点的 IR%降(即百分比 IR 降)，进而对破损点的严重程度进行分级，具体分级标准如表 2.9 所示。该技术具体测量步骤可参考国家现行标准 GB/T 19285—2014。

表 2.9 破损点严重程度分级

	级别			
	1	2	3	4
IR 值/%	1～15	16～35	36～60	61～100

该检测技术的优点是可测量破损点形状、计算破损面积大小，受地貌的影响较小，缺陷定位精度高，设备操作简单，且由于采用了不对称信号，可判断管道是否有电流流入或流出，因而可以判断管道在防腐层破损点处是否有腐蚀在发生，并对缺陷点排序以确定修复顺序。缺点是需要沿线步行检测，测量劳动强度大，土壤电阻率高时测量结果不稳定，不能指示管道阴极保护效果，不能指示防腐层剥离，杂散电流、土壤电阻率等环境因素会引起一定的误差[32,33]。

5. 密间隔电位检测技术(CIPS)

CIPS 主要作用是对管道阴极保护系统的有效性进行全面评价，也可间接反映防腐层的状况，CIPS 检测设备如图 2.23 所示。其工作原理是在有阴极保护的管道上，将电位等压线(也叫漆包线)连接到管道的测试桩上，将一个参比电极置于地面，并与一块电压表相连，用于测量管地电位。将参比电极按一定间隔移动(一般检测 1～5m 测量一个点)，测得多组数据从而得到电位-距离分布，检测示意图如图 2.24 所示。测量结果包括两类管地电位：一类为通电电位；另二类为断电电位。通过分析电位沿管线变化的趋势，可以知道埋地管线防腐层的平均质量的优劣状况[32,33,37]。

该检测技术适用于保护电流可同步中断且周边活动较少、地势平坦地区的管道，不适用于保护电流不能同步中断(如存在多组牺牲阳极与待检管道直接相连、不可拆开，或待检管道的外部外加电流设备不能被中断)的管道。除此之外，当管道上方覆盖物导电性差或剥离防腐层下有绝缘物造成屏蔽的位置管段该技术也不适用。

该检测技术确定防腐层破损点是通过测量的管地电位来实现的，也可通过管地电位计算防腐层破损点的 IR%降来对防腐层破损的严重程度进行分级，其评价标准如表 2.8 所示。该技术具体测量方法可参考国家现行标准 GB/T 19285—2014。

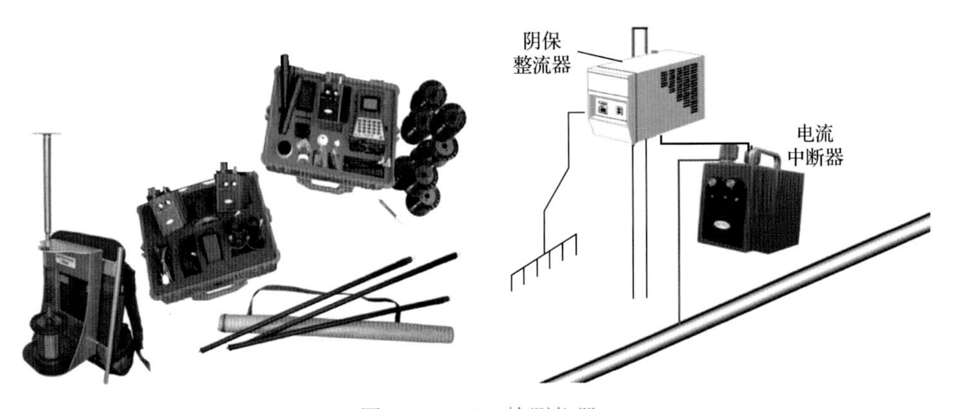

图 2.23 CIPS 检测仪器

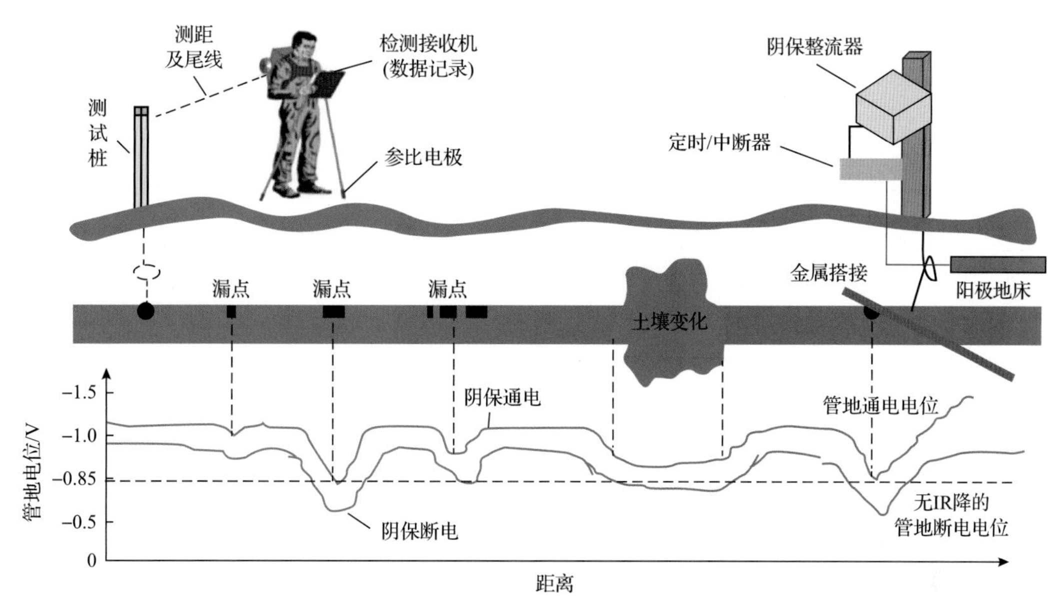

图 2.24 CIPS 检测示意图

该检测技术的优点是可定位缺陷的位置，定性评估防腐层状况，且该技术不仅可以检测防腐层，亦可用于阴极保护效果评价；缺点是检测速度慢，易受杂散电流、土壤性质和周边地面活动影响[32,33]。

某些时候，在进行防腐层质量检测的过程中，采用单一检测技术难以准确确定管道防腐层缺陷。因此，常采用 DCVG 与 CIPS 结合的方法，优势互补，更加有利于对防腐层综合状况进行全面检测。使用组合方法检测时，首先采用 CIPS 对管道进行普查，根据检测结果进行管道保护状况评价，对存在严重腐蚀的管段采用 DCVG 技术对防腐层破损点进行精确定位和评价。由于单独 DCVG 检测中检测点的管地电位是以测试相邻测试桩的电位来替代，而不是由检测点实际测得，当土壤电阻率改变很大时，会造成极大的误差。采用 DCVG 和 CIPS 组合测量，可以同时得到两种方法测量的检测点数据，不仅省时省力，而且两种数据综合解释，更有利于防腐层缺陷或保护效果的判别[37]。

2.4 防腐层修复技术

目前国内外埋地管道的外防腐层修复技术主要有聚乙烯热收缩带补伤修复、冷缠胶带补伤修复、黏弹体+外防护带补伤修复、液体环氧涂料补伤修复等技术。外防腐层修复施工宜主要考虑工艺和材料的选取，包括原防腐层类型、现场施工环境和工艺条件、管道工程寿命、在役管道运行工况及修复工程的经济性等因素。SY/T 5918—2017 中建议管道外防腐层修复材料还应具备以下特性：①与原管道防腐层有很好的黏结性；②施工方便；③机械强度满足要求；④防水和密封性能良好。表 2.10 是目前常用的防腐层修复材料及其修复工艺，修复材料使用时应进行性能检验。

表 2.10 常用管道防腐层修复材料及修复工艺

原防腐层类型	局部修复			连续修复
	缺陷直径不大于 30mm	缺陷直径大于 30mm	补口修复	
石油沥青、煤焦油瓷漆	石油沥青、煤焦油瓷漆、黏弹体+外防护带、聚烯烃胶黏带[1]	聚烯烃胶黏带、黏弹体+外防护带	黏弹体+外防护带、聚烯烃胶黏带	无溶剂液态环氧/聚氨酯、无溶剂环氧玻璃钢、聚烯烃胶黏带、黏弹体+外防护带
熔结环氧粉末、液体环氧涂料	无溶剂液体环氧、黏弹体+外防护带	无溶剂液体环氧、黏弹体+外防护带	无溶剂液体环氧、黏弹体+外防护带	
三层聚乙烯	黏弹体+外防护带[2]、热熔胶棒+补伤片[3]	黏弹体+外防护带、聚乙烯热收缩带、聚烯烃胶黏带	黏弹体+外防护带、无溶剂液体环氧+聚烯烃胶黏带、热收缩带	

注：①天然气管道常温段宜采用聚丙烯胶黏带；②外防护带包括聚烯烃胶黏带、聚乙烯热收缩带、无溶剂环氧玻璃钢等；③热熔胶棒+补伤片仅适用于热油管道。

2.4.1 聚乙烯热收缩带补伤修复技术

聚乙烯热收缩带补伤修复技术适用于山区石方段或受限制段沟下焊接的管道防腐层修复。但是在热收缩带修复应用过程中，烘烤温度控制非常重要，烘烤温度过低，部分热熔胶不能充分熔融；烘烤温度过高，热收缩带容易被“烤焦”，或出现搭接处变形、褶皱和位移。

为有效避免修复失效，业界对热收缩带修复施工工艺进行了改进。其中，针对环氧底漆漆膜不完整的问题，研发了干膜安装法，要求在保证环氧底漆干燥且完整的情况下，进行热收缩带安装。而对于加热温度不可控，导致热熔胶熔融不充分等现象，业界开发出红外加热装置和中频感应加热装置，并研制出相应的施工工艺。《油气管道工程钢质管道防腐层补口补伤技术规范》(Q/SY GJX 140—2012)集中体现了这些新型的修复工艺。

2.4.2 冷缠胶带补伤修复技术

冷缠胶带即聚烯烃胶黏带，由内外带复合而成，内带为丁基橡胶层，外带为具有一定强度的聚乙烯或聚丙烯保护层。目前，聚乙烯冷缠带在国内成品油管道中应用广泛，但对于成品油管道异型件的防腐施工，冷缠带无法保证完全贴合管体表面，易导致防腐层剥离，因此，目前该技术只在常规管段补伤修复时有应用。

2.4.3 黏弹体+外防护带补伤修复技术

将黏弹体胶带与抗剪性能优良的外保护带相组合，是在役埋地长输管道三层聚乙烯防腐层修复的主要可选方法之一，外防护带可采用聚乙烯热收缩带、环氧玻璃钢等，在戈壁、砾石段等土壤剪切力较大的地区应使用强度较高的玻璃钢外防护带等。黏弹体+外防护带补伤修复工程主要分为黏弹体胶带施工和外防护带安装两个部分，具体施工要求均满足 SY/T 5918—2017 的相关规定。对于直径大于 30mm 的管道外防腐层损伤，修复过程采用黏弹体防腐胶带+环包聚丙烯增强纤维胶带进行缠绕修复，修复应用效果良好。

同时施工过程中应注意，在包覆黏弹体前彻底清除管道表面水分，否则会使黏弹体与管道之间的黏结力下降，后期使用过程中容易失效。黏弹体的操作工艺简单，无需加热，受环境及人员技术水平影响较小，防腐年限可达 30 年以上，是一种管道防腐层修复的理想材料[38]。

2.4.4　液体环氧涂料补伤修复技术

液体环氧修复材料是以低分子量改性液态环氧树脂为主要成膜成分的液态涂料，通过活性稀释增韧剂的添加实现无溶剂化并提升柔韧性，属于快速固化双组分涂料，适用于埋地管道熔结环氧防腐层的补伤。这类涂料可在常温下刷涂，无需加热管道，施工过程环保、安全、经济，环境适用性强，但在环境潮湿或者温度比较低的情况下，环氧类防腐层需要长时间固化，施工效率降低。液体环氧修复涂料的涂敷应保证均匀、无漏涂、无气泡、无流挂，与原防腐层的搭接宽度应大于 50mm。

2.4.5　外防腐层修复新技术及其发展趋势

1. 外防腐层修复新技术

1) 液态聚氨酯涂料补伤修复技术

液态聚氨酯涂料修复是一种新型补伤修复技术。液态聚氨酯涂料固化时间短，能在低温下修复施工，可配成弹性体或刚性体，一次涂敷厚度可达 1.2mm，近年来开始应用于国内管道修复工程中。根据涂装操作的不同，液态聚氨酯的施工方式可分为喷涂型和刷涂型，目前采用较多的是无气喷涂和机械自动喷涂的作业方式。

2) 喷涂聚脲弹性体技术

聚脲弹性体使用端胺基聚醚和胺扩链剂作为活泼氢组分，活泼氢组分与异氰酸酯组分的反应活性极高，可在无催化剂和室温条件下瞬间完成反应。其中，异氰酸酯中存在非常活泼的 R—N═C═O 基团，在基材上的附着力强。

喷涂聚脲弹性体技术是为适应环保要求而研制开发的一种新型无溶剂、无污染的喷涂施工技术。该技术可通过改性聚脲材料，并采用低温喷涂设备，实现–20℃条件下的修复施工，可用于低温环境下管道三层聚乙烯防腐层的修复。

3) 复层矿脂包覆防腐蚀技术

复层矿脂包覆防腐蚀技术(PTC)由四层紧密相连的保护层组成，即矿脂防蚀膏、矿脂防蚀带、密封缓冲层和防蚀保护罩。其中矿脂防蚀膏、矿脂防蚀带是复层矿脂包覆防腐技术的核心部分，含有高效的缓蚀成分，能够有效地阻止腐蚀性介质对钢结构的侵蚀，并可带锈带水施工。复层矿脂包覆系列产品无有毒添加剂，对环境绿色友好，不造成任何污染。2017 年至今，华南分公司先后在贵阳站、东莞站、花都站、蒙自站等站点采用了 PTC 技术进行管道补口施工，采用“矿脂防蚀膏+矿脂防蚀带+外保护带”防腐体系(图 2.25)，其中外保护带一般采用厚度大于 0.5mm 的聚乙烯带。经开挖证明，PTC 技术应用效果良好。

(a) 涂膜矿脂防蚀膏

(b) 包覆矿脂防蚀带

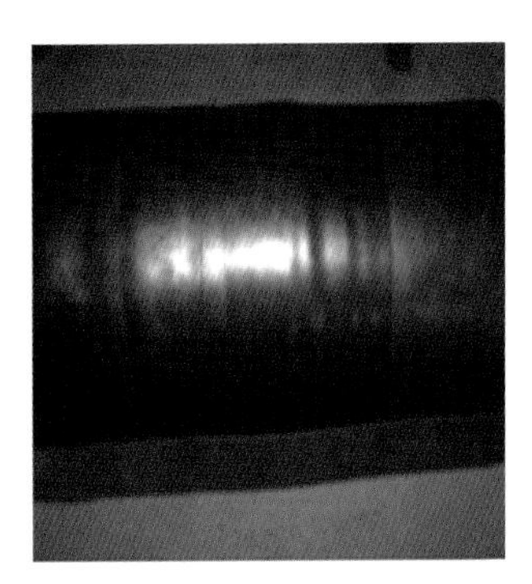

(c) 包覆完成

图 2.25 PTC 技术现场施工图

2. 外防腐层修复技术发展趋势

其他修复材料如液体聚氨酯的应用前景也十分广阔。由于外防腐层修复需综合考虑环境、性能、施工等要求，国际上主流的防腐层修复技术发展趋势是不断改进各种防腐层的结构组成，同时持续优化其施工工艺。例如，在材料改进方面，对热收缩材料热熔胶进行改性，以保证其黏结能力为前提，增加其流动性，改善施工效果；对配套底漆进行改性，提升防腐性能的同时强化与热收缩材料的黏结性能；对熔结环氧粉末表面进行改性，制成粗糙防腐层，有效预防在敷设、吊装、穿越等环节中钢管或外防腐层发生损伤。另一方面，各种修复形式都在提倡机械化、自动化施工，移动式中频加热机、液化石油气(LPG)催化燃烧红外补口加热机、环保型自动喷砂除锈设备、高压无气聚氨酯自动喷涂机等专用修复机具的研发、推广和应用，可以有效减少人为不确定性对修复质量的影响，保证修复质量的稳定。

参 考 文 献

[1] 胡士信，董旭. 我国管道防腐层技术现状. 油气储运, 2004, (7): 4-8,65-66.

[2] Ernest W, Klechkajr. Dual-powder FBE coatings used for directionally drilled Alaskan river crossings. Coatings & Linings, 2003, 42(6): 38-42.

[3] 王欣，王帅. 埋地输油管道防腐技术的探微. 化工管理, 2016(4): 134.

[4] 龚树鸣. 三层 PE 在中国的应用. 防腐保温技术, 2004, 4(4): 11-13.

[5] Lo C I, Sankar S A, Mediannikov O, et al. High-quality genome sequence and description of chryseobacterium senegalense sp. nov. New Microbes and New Infections, 2016, 10: 93-100.

[6] Sobczak L, Lang R W, Haider A. Polypropylene composites with natural fibers and wood- general mechanical property profiles. Composites Science and Technology, 2012, 72(5): 550-557.

[7] 张汝义，周振良. 国内管道应用 3PP 防腐涂层的可行性分析. 石油工程建设, 2006, 32(4): 46-48.

[8] 罗顺，任天斌. 管道防腐用 3 层结构聚丙烯涂层技术简介. 中国胶黏剂, 2016, 25(9): 52-56.

[9] 冯少广，罗京新，赵吉诗，等. 热熔胶黏剂结构差异对热收缩带剥离强度的影响. 油气储运, 2013, 32(2): 177-180.

[10] 龙斌，吕喜军，唐德渝，等. 环保型全自动管道喷砂除锈机的研制及应用. 石油工程建设, 2011, 37(6): 36-38.

[11] 那骥宇，赫连建峰，李爱贵，等. 管道外防腐补口技术发展和趋势. 石油工程建设, 2017, 43(2): 1-4.

[12] 许玉东，温和民，朱丽娜，等. 长输管道防腐补口新技术研究与应用. 新疆石油科技, 2013, 23(3): 59-60.

[13] 任立元，史航. 聚乙烯外防腐管线液体环氧补口技术的应用. 材料保护, 2007, 40(1): 62-64.

[14] 李俊中. 在役埋地管道 3PE 防腐层补口与补伤选材. 腐蚀与防护, 2014, 35(2): 65-67.

[15] 杨敬杰. 管道定向钻穿越河流施工风险控制. 油气储运, 2014, 3: 315-317.

[16] Williamson S, Jameson J. Design and coating selection considerations for successful completion of a horizontal directionally drilled (HDD) crossing//NACE-Corrosion 2000, Orlando, 2000.

[17] 霍峰, 王玮, 张文瑞, 等. 定向钻穿越管道外涂层应用现状与发展趋势. 油气储运, 2013, 9: 943-947.

[18] 任红英, 欧向波. 定向钻穿越防腐层保护方式的选择. 煤气与热力, 2016, 36(5): 30-33.

[19] 张贻刚, 韩文礼, 张彦军, 等. 长输管道 3PE 防腐蚀层失效分析//第十九届全国缓蚀剂学术讨论及应用技术经验交流会, 西安, 2016.

[20] Howell G R, Cheng Y F. Characterization of high performance composite coating for the northern pipeline application. Progress in Organic Coatings, 2007, 60: 148-152.

[21] 杨帆, 吕燕斌, 杨雪, 等. 浅谈有机防腐涂层耐老化性能检验试验方法. 全面腐蚀控制, 2016(5): 78-80.

[22] 葛海涛. 埋地钢质管道外防腐层的选择及应用探讨. 全面腐蚀控制, 2019(6): 92-93.

[23] 魏如鹏. 油田腐蚀老化管线的研究与防护. 中国石油石化, 2016(2): 120.

[24] 马孝亮, 张勇, 王冲, 等. 定向钻穿越中管道防腐层损伤探讨. 天然气与石油, 2013(05): 98-101.

[25] 乔军耳, 郭新萍. 全面分析管道三层 PE 防腐层缺陷(三): 表观质量缺陷. 全面腐蚀控制, 2009(4): 14-16.

[26] 刘亮. 埋地钢质燃气管道外防腐层损伤分析. 特种设备安全技术, 2019(3): 28-29.

[27] 李婷. 耐阴极剥离有机涂层的研究进展. 上海涂料, 2018, 56(4): 29-34.

[28] 乔军平, 郑卫京. 全面分析管道三层 PE 防腐层缺陷(四): 原材料缺陷. 全面腐蚀控制, 2009(4): 25-29.

[29] 车飞, 高海霞, 刘新鄂, 等. ACVG、DCVG 技术在输气管道外检测中的应用. 管道技术与设备, 2011(3): 51-53.

[30] 和宏伟, 白冬军, 冯文亮. 环境因素对 ACVG 法防腐层检测的影响. 煤气与热力, 2015(12): 81-85.

[31] 朱佳林, 侯元春, 薛华鑫. 埋地管道外防腐层检测技术综述. 全面腐蚀控制, 2013(12): 39-42.

[32] 朱宁, 李涛, 刘红祥, 等. 国内长输管道外检测技术现状综述. 石油化工自动化, 2019(5): 1-4.

[33] 巢栗苹. 用直流电位梯度法测量埋地管道防护层缺陷位置的模拟试验. 腐蚀与防护, 2008, 29(5): 257-263.

[34] 林武春. PCM+在长输管道外防腐层检测中的应用. 管道技术与设备, 2016, 138(2): 7-49.

[35] 陶友卓, 马廷霞, 李振军, 等. 埋地管道外防腐层补伤材料层次分析. 腐蚀科学与防护技术, 2019, 31(6): 603-608.

[36] 王学国, 赖永春. 油田埋地管道防腐层检测方法. 石油工程建设, 2010(4): 112-113.

[37] 张燃, 罗文华, 王毅辉, 等. DCVG+CIPS 外检测技术在两佛线的应用. 天然气工业, 2008, 28(9): 105-107.

[38] 梁飞华, 晋则胜, 黄凯亦. 黏弹体在油气管道及储运设备防腐中的应用研究. 北京石油化工学院学报, 2018, 26(4): 48-57.

第3章　阴极保护技术

阴极保护技术自1824年英国化学家Davy首次应用以来，已经成为埋地钢质管道等地下金属设施最经济有效的腐蚀控制措施，在船舶、海洋工程、石油石化、电力、水利等领域得到广泛应用。

地下或水下的金属结构通常涂覆防腐层，用来将金属与电解质环境隔离，良好的防腐层可以保护金属管道99%以上的外表面不受腐蚀。然而，完全理想的防腐层是不存在的，施工及运行过程中，由于机械破坏、热应力、土壤应力和老化等原因，外防腐层总会存在缺陷，导致防腐层缺陷处管体面临局部腐蚀风险。阴极保护可有效弥补防腐层薄弱点：一方面，可有效抑制防腐层破损点处的管体腐蚀；另一方面，防腐层又可大大减少阴极保护电流，改善保护电流分布，增大保护距离，使阴极保护更经济有效。阴极保护和防腐层联合应用，大大延长管道的使用寿命，是地下或水下管道最经济有效的腐蚀防护技术。一般而言，在成本方面，阴极保护所需费用约占管道工程投资1%，而可能因此成倍甚至几十倍地延长管道的服役寿命。

随着管道安全标准不断提高，社会监管日益严格，加之高压电网、城市轨道交通等基础设施建设发展迅速，交、直流杂散电流干扰越来越严重[1]，对阴极保护提出了许多新的科学问题和技术需求。近年来，油气输送站场的区域阴极保护技术、先进的分析计算与测量技术和传统的阴极保护相结合产生的阴极保护数值模拟计算技术、阴极保护监测与无线传输技术得到了较大的发展，大大提高了阴极保护设计和维护管理水平。

3.1　阴极保护技术概述

3.1.1　阴极保护的基本概念

埋地管道的腐蚀一般由发生氧化还原反应的电化学过程造成，由于金属的化学成分、组织结构或物理状态的不均匀性及环境介质的理化性质（离子浓度、含水量、含氧量等）的差异，导致腐蚀原电池的形成，腐蚀就发生在原电池的阳极部位。土壤、淡水中的金属腐蚀，氧去极化因素常起主导作用。

土壤环境中，金属的电极电位是表征金属表面电化学腐蚀状态的一个重要参数，电极电位是界面金属侧和溶液侧的电位差。金属表面有电流流入或流出时，电极失去原始平衡状态，造成电位向负或正方向移动，这种因电流流过而导致电极电位变化的现象称为电极的极化。金属发生阴极极化时，电位负移，腐蚀电池的阴阳极电位差减小，腐蚀速率降低，称为阴极保护效应。阴极保护就是利用阴极保护效应，通过施加一定阴极直流电流，使管道产生阴极极化，抑制腐蚀的阳极溶解过程，达到腐蚀控制的目的。

根据《埋地钢质管道阴极保护技术规范》（GB/T 21448—2017）规定，管道阴极保护的参数主要有自然腐蚀电位、最小保护电流密度和阴极保护电位等。

1. 自然腐蚀电位

自然腐蚀电位是金属埋入土壤(或浸在其他介质中)后，无外部电流影响时的对地电位。自然腐蚀电位体现了金属材料在服役环境中的电化学活性，自然腐蚀电位及阴极极化行为共同决定了阴极保护所需电流的大小，自然腐蚀电位同时又是阴极保护准则中重要的参考参数。自然腐蚀电位随着金属结构的材质、表面状况和土质状况(含氧、含水量)等因素不同而存在差异，带防腐层埋地管道的自然腐蚀电位一般在– 0.7～– 0.4V(CSE)(相对饱和 $Cu/CuSO_4$ 参比电极的电位)。

2. 最小保护电流密度

被保护金属管道达到充分保护时所需要的电流密度称为最小保护电流密度，其大小取决于被保护金属的种类、表面情况、防腐层质量及腐蚀介质的性质、组成和温度等。最小保护电流密度可采用裸管保护电流密度与防腐层破损率的乘积获得。表 3.1 所列数值可供阴极保护设计时参考。

表 3.1　防腐层管道阴极保护电流密度

防腐层类型	电流密度/(mA/m^2)	防腐层破损率/%	防腐层电阻率/($\Omega \cdot m^2$)
煤焦油瓷漆、沥青、环氧煤沥青防腐层	0.05～0.10	0.5～1.0	5000～10000
环氧粉末、胶带	0.01～0.05	0.1～0.5	50000
PE 防腐层(3PE、2PE)	0.01	0.10	100000

3. 阴极保护电位

最小保护电位(无 IR 降)是评价管道阴极保护有效性的重要指标。最小保护电位是指阴极保护时使金属腐蚀停止(或可忽略)时所需的电位，理论上是金属结构物的局部阴极极化到最活泼局部阳极的平衡电极电位。实际工程一般采用的最小保护电位是金属腐蚀速率降低到某一数值时的结构对地电位。如《埋地或水下金属管道系统外腐蚀控制(Control of External Corrosion on Underground or Submerged Metal)》(NACE SP0169-2013)中，规定最小保护电位为金属腐蚀速率降低到 0.025mm/a 时的电位；而《管道系统的阴极保护 第 1 部分：陆上管道(Cathodic Protection of Pipeline Systems Part 1: On-Land Pipelines)》(BS ISO 15589-1:2015)中规定的最小保护电位是金属腐蚀速率降低到 0.01mm/a 时的电位，国家标准 GB/T 21447—2018 和 GB/T 21448—2017 也使用了 0.01mm/a 的腐蚀速率指标。

阴极保护电位并非越负越好，电位过负不仅造成电能的浪费，更重要的是金属表面析氢还会导致金属的氢脆和防腐层阴极剥离，因此要对最负电位进行严格限制。最大保护电位取决于金属材料、腐蚀环境和防腐层三方面因素，其大小通常由试验确定。

3.1.2　阴极保护原理

在土壤等电解质环境中，阴极保护就是通过对金属施加阴极电流，使金属的电位向负方向移动(阴极极化)，抑制金属阳极溶解反应(失电子)。从热力学角度说，阴极保护就是通过对金属施加阴极电流使其由腐蚀区进入热力学稳定区。

阴极保护的电化学原理可用图 3.1 所示的 Evans 图表示。金属腐蚀体系的阴极和阳极平衡电极电位分别为 E_c 和 E_a，自然腐蚀电位为 E_{corr}。金属在没有外加电流的自然腐蚀状态下，局部阳极氧化反应与局部阴极还原反应的速度相等，对应腐蚀速率(腐蚀电流密度)为自腐蚀电流密度 i_{corr}。施加阴极保护电流(i_{cp})后，金属电位负向偏移，使金属腐蚀(阳极溶解电流)不断减小。例如，电位从自然腐蚀电位(E_{corr})负移到阴极保护电位(E_{cp})，相应金属腐蚀速率从 i_{corr} 下降到 i_{cp}。继续阴极极化到金属平衡电位 E_a 时，该金属净阳极电流等于零，即金属以平衡电极的交换电流密度速度不断溶解和沉积，并处于动态平衡，理论上金属腐蚀速率为零。

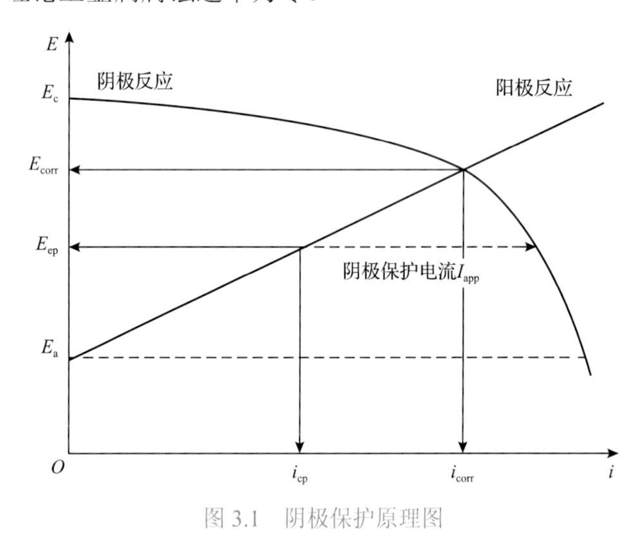

图 3.1 阴极保护原理图

3.1.3 阴极保护的基本方法

根据提供阴极电流的方式不同，阴极保护分为外加电流阴极保护法和牺牲阳极阴极保护法。

1. 外加电流阴极保护法

外加电流阴极保护法是采用外加直流电源向被保护金属通以阴极电流，使其阴极极化。被保护体与外加电源的负极相连，由外加电源通过与其正极相连的辅助阳极地床向被保护结构提供阴极保护电流，如图 3.2 所示。外加电流阴极保护系统由直流电源、辅助阳极地床、被保护管道、参比电极和连接电缆等组成。外加电流阴极保护主要应用在保护电流需求量较大或土壤电阻率较高的情况，如埋地长输管道和大型储罐等。典型的管道阴极保护系统如图 3.3 所示。

目前，外加电源主要采用恒电位仪或整流器，恒电位仪可以根据设定的保护电位来自动调整输出电压与电流。

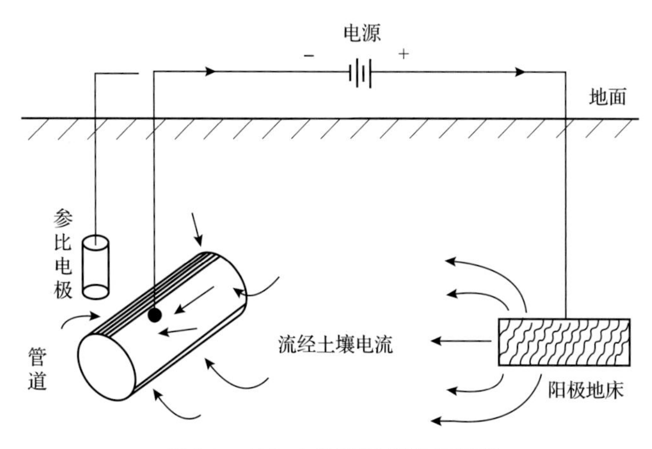

图 3.2 外加电流阴极保护原理图

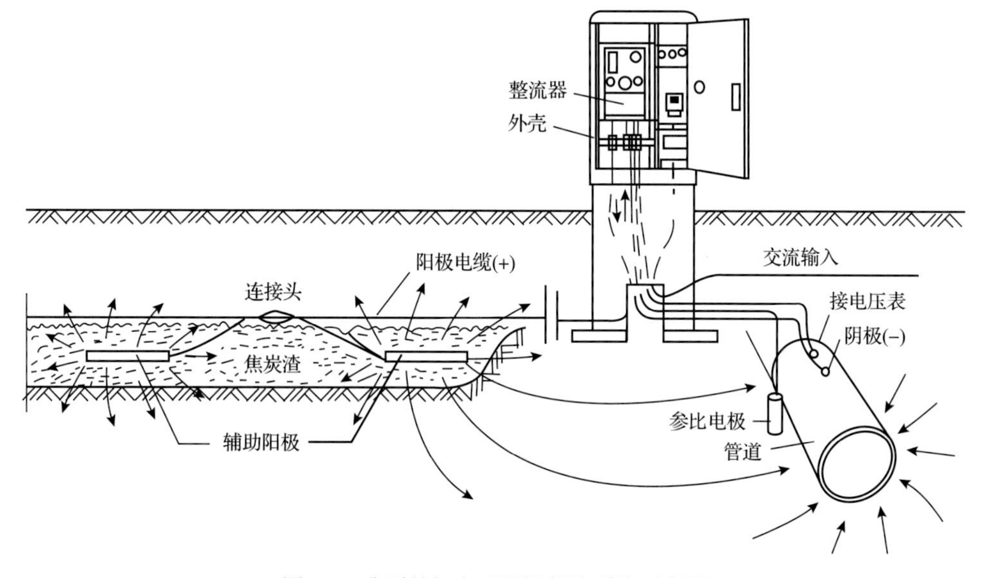

图 3.3 典型外加电流阴极保护系统示意图

针对辅助阳极的工作环境，结合实际工程的要求，理想的埋地用辅助阳极应当具有如下性能。

(1)良好的导电性能，工作电流密度大，极化小。

(2)在苛刻的环境中，有良好的化学和电化学稳定性，消耗率低，寿命长。

(3)机械性能好，不易损坏，便于加工制造，运输和安装。

(4)综合维护费用低。

辅助阳极材料有高硅铸铁、混合金属氧化物(MMO)、石墨、钢铁等，目前常用的是高硅铸铁和 MMO。其中，混合金属氧化物柔性阳极是目前在输油管道阴极保护工程中比较常用的一种。混合金属氧化物柔性阳极是用钛丝代替了导电聚合物，该阳极是将钛丝阳极每隔 10m 与电缆连接一次，并放置在填料带中，具有更好的机械强度，局部大电流输出，也不会造成阳极的损坏，电流分布更为均匀，克服了聚合物柔性阳极的缺点。

防腐层质量较差的管道及位于复杂管网或多地下金属管道区域内的管道可采用MMO柔性阳极，但不宜在含油污水和盐水中使用。

网状阳极是混合金属氧化物带状阳极与钛金属连接片垂直铺设、交叉点焊接组成的外加电流阴极保护辅助阳极。将该阳极网预埋在储罐基础中，为储罐底板提供保护电流。因此在成品油管道系统的站库中也具有其特殊的市场。

盐渍土、海滨土或酸性及含硫酸根离子较高的环境中，宜采用含铬高硅铸铁阳极。

地下管道外加电流阴极保护的辅助阳极通常并不直接埋在土壤中，而是在阳极周围填充碳质回填料而构成阳极地床。碳质回填料通常包括冶金焦炭、石油煅烧焦炭和石墨颗粒等。回填料的作用是降低阳极地床的接地电阻，延长阳极使用寿命。

为实现恒电位仪的电位反馈控制功能，需要在通电点设置参比电极。参比电极是进行阴极保护电位测量评估的重要组件。实际上，管地电位都是通过参比电极测得的电位。土壤及淡水环境中常用饱和 $Cu/CuSO_4$ 参比电极。海水环境中主要采用饱和氯化银参比电极(Ag/AgCl)或锌参比电极。

外加电流阴极保护系统的电源类型主要有：整流器、恒电位仪、太阳能电池、发电机、风力发电机、热点电池。在交流电源可以达到的地方，和其他外加电流电源相比，整流器无疑具有明显的经济性和操作优越性。对于阴极保护电源的要求是：具有恒电位输出、恒电流输出功能。现在的阴极保护电源还要求具有同步通断功能、数据远传、远控功能。出于安全方面的考虑，恒电位仪输出电压一般限定在 50V，如果必须提高输出电压，应对阳极地床位置进行安全防护，如用围栏围护或安装导电网、安全垫层等。

2. 牺牲阳极阴极保护法

牺牲阳极阴极保护是采用活泼金属或合金作为阳极，通过阳极自身腐蚀消耗向被保护管道提供阴极保护电流，引起阴极极化从而保护管道，其原理如图 3.4 所示。

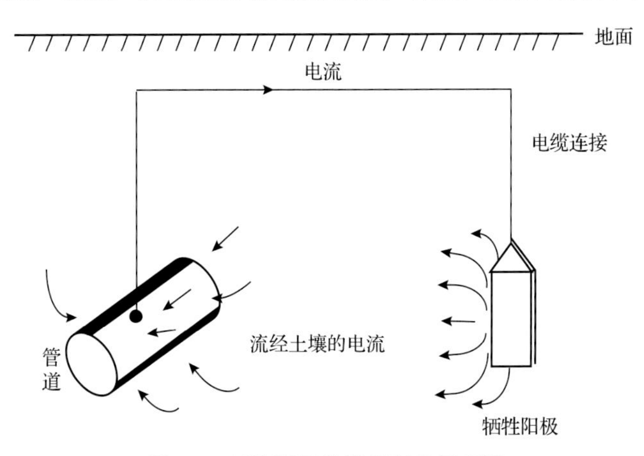

图 3.4　牺牲阳极的阴极保护原理图

1) 阳极材料

保护钢铁时常用的牺牲阳极材料分为：锌及锌合金、镁及镁合金、铝及铝合金三大系列。其中，锌阳极主要有纯 Zn、Zn-Al、Zn-Al-Cd 等系列；镁阳极有高纯 Mg、Mg-Mn、Mg-Al-Zn-Mn 等系列；纯铝因其强烈钝化倾向，很少直接用作牺牲阳极，一般采用 Al-Zn-Hg、Al-Zn-In 三元合金为基础，再添加第四或第五种成分。各种牺牲阳极的基本性能列于表 3.2。

表 3.2　三类牺牲阳极材料性能比较

阳极材料	比重/(g/cm^3)	开路电位/V(CSE)	理论电容量/(A·h/kg)	电流效率/%	实际电容量/(A·h/kg)
锌合金阳极	7.14	1.1	820	≥65	530
镁合金阳极	1.77	1.55	2210	≥50	1110
铝合金阳极	2.76	1.10～1.18	2500	92	

牺牲阳极的选择取决于环境类型和介质电阻率。锌合金用于低电阻率(＜15Ω·m)的土壤环境或海水环境；镁合金阳极用于高电阻率 20～75Ω·m 的土壤或淡水环境[2]；而铝合金易于钝化，很少用于土壤环境。水环境中，大于 15Ω·m 的高阻溶液中一般采用镁合金阳极，小于 1.5Ω·m 且含 Cl^-的低阻溶液采用铝合金阳极，中间电阻率溶液使用锌合金阳极。

锌合金电极电位为–1.1V(CSE)。温度高于 40℃时，锌合金阳极的开路电位正向偏移；高于 60℃时，可能发生极性逆转，使与其连接的管道成为阳极而加速腐蚀，故锌合金阳极不宜在温度高于 40℃的环境中使用。高电位镁合金阳极的开路电位约为–1.75V(CSE)；低电位镁合金阳极的开路电位约为–1.55V(CSE)。三种牺牲阳极的适用环境及注意事项汇总于表 3.3。

表 3.3　牺牲阳极材料适用性对比

	锌合金阳极	镁合金阳极	铝合金阳极
适用环境	纯锌用于电阻率小于 20Ω·m 的土壤或淡水环境[3]，锌合金多用于海水环境，环境温度应低于 40℃	电阻率 20～75Ω·m 的土壤或淡水环境	海水环境阴极保护
不适用环境	一般不用于电阻率大于 50Ω·m 的土壤环境	pH＜5 及海水中	Cl^-含量低的土壤及淡水环境
注意事项	需要填料；只有土壤中有足够的 Cl^-或 SO_4^{2-}时，才可以不加填料	需要填料；排流时，镁合金阳极表面电流密度不能超过 10A/m^2	不需要填料；咸水中，电流容量可能会降低到一半

实际工程中，一般采用块状的牺牲阳极，在特殊环境中，为减小接地电阻，改善电流分布特性，会采用带状镁合金阳极或锌合金阳极[3]。当阳极带沿管道铺设时，每隔一段距离就应该与管道连接一次。间距不应太大，因为随着阳极的消耗，截面积不断减小，阳极的电阻会逐步增大。为了减少沿阳极带的电压降，连接间隔一般不大于 152m[3]。

2) 回填料

如果将阳极直接埋入土壤，由于土壤的成分不均匀，会造成阳极钝化、阳极的不均匀腐蚀等。因此，牺牲阳极周围通常会埋设回填料，回填料可保持阳极周边土壤湿润，降低阳极接地电阻。回填料成分一般为石膏粉 75%、膨润土 20%、硫酸钠 5%。石膏粉用来提供硫酸根离子，避免钝化膜的形成；膨润土用来保持水分，增强和土壤的紧密性；

硫酸钠用来活化阳极表面，生成可溶性硫酸盐，降低填料电阻率，使阳极表面均匀腐蚀，提高阳极利用效率。由于纯锌阳极一般用于土壤电阻率低的环境中，所以，其填料中一般不使用硫酸钠。

3.1.4 两种阴极保护方式优缺点比较

一般而言，外加电流阴极保护法适用于长距离、大口径、防腐层质量较差或土壤电阻率较高的埋地管道的阴极保护；牺牲阳极法则多用于对短距离、小口径、防腐层质量较好或土壤电阻率较低的埋地管道提供阴极保护。长输管道通常采取以外加电流法为主，牺牲阳极法为辅的保护方式。两种阴极保护方式优缺点比较如表 3.4 所示。

表 3.4 两种阴极保护方式优缺点比较

阴极保护方法	优点	缺点
外加电流阴极保护	输出电流连续可调； 保护范围大； 不受环境电阻率影响； 工程越大越经济； 保护装置寿命长	需要外部电源； 对邻近金属管道干扰大； 维护管理工作量大
牺牲阳极阴极保护	不需要外部电源，安装简单； 对邻近金属管道干扰小； 工程量小，较为经济； 保护电流分布均匀，利用率高； 兼具很好的接地排流效果	高土壤电阻率地区电流输出偏低，保护范围较小； 保护电流不可调； 消耗有色金属

3.2 成品油管道的阴极保护设计与安装

长输管道一般采用外加电流保护，分设若干阴极保护站，特殊地质条件或环境采用牺牲阳极辅助保护。

3.2.1 外加电流阴极保护设计

外加电流阴极保护系统设计需要确定以下参数：防腐层绝缘性能、保护电流密度、土壤电阻率、设计寿命和保护电位等。

1. 阴极保护电流

阴极保护设计的第一步是计算管道所需保护电流。新建管道可参考类似地区已建管道的电流密度来计算新建结构的电流大小；对于已建管道，可采取馈电试验测量达到保护电位所需要电流值。阴极保护电流需求量与管道面积和最小保护电流密度有关。

阴极保护电流也可以按式(3.1)计算：

$$I = kSi_s \tag{3.1}$$

式中，I 为阴极保护电流，A；S 为被保护管道面积，m^2；i_s 为裸钢最小保护电流密度，A/m^2；k 为防腐层破损率，%。

2. 阳极地床接地电阻计算

外加电流常用的阳极有浅埋阳极和深井阳极。

浅埋阳极分为水平阳极和立式阳极。其中水平阳极以水平方向埋入一定深度的地层中，用回填料将整条阳极沟回填至规定高度，优点是安装土石方量小，易于施工；容易检查地床各部分的工作情况。立式阳极由一根或多根垂直埋入地中的阳极排列构成，阳极间距一般为 3m，电极间用电缆连接。相同尺寸的立式阳极与水平式阳极相比较而言，立式阳极地床的接地电阻小，全年的接地电阻变化小。

单支水平阳极接地电阻按式(3.2)计算：

$$R_{\mathrm{h}}=\frac{\rho_{土}}{2\pi L_{\mathrm{a}}}\ln\left(\frac{L_{\mathrm{a}}^{2}}{d'D_{\mathrm{a}}}\right),\qquad d'\ll L_{\mathrm{a}},\ D_{\mathrm{a}}\ll L_{\mathrm{a}} \tag{3.2}$$

单支立式阳极接地电阻计算按式(3.3)计算。

$$R_{\mathrm{a}}=\frac{\rho_{土}}{2\pi L_{\mathrm{a}}}\ln\left(\frac{2L_{\mathrm{a}}}{D_{\mathrm{a}}}\sqrt{\frac{4d'+3L_{\mathrm{a}}}{4d'+L_{\mathrm{a}}}}\right) \tag{3.3}$$

式(3.2)和式(3.3)中，R_{h}为单支水平阳极接地电阻，Ω；R_{a}为单支立式阳极接地电阻，Ω；$\rho_{土}$为土壤电阻率，Ω·m，土壤电阻率是阴极保护设计中的重要指标，它不仅影响阴极保护电流密度的选取，还决定阳极地床的数量及位置，其有两种方式获得：一是现场测试，二是利用现有的阴极保护系统进行估算；L_{a}为阳极长度(含填料)，m；D_{a}为阳极直径(含填料)，m；d'为阳极埋深(阳极体中间位置距地表面)，m。

深井阳极是深度在 15m 以下的竖直阳极，主要安装在表层土壤电阻率比较高且随着深度加深土壤电阻率减小的场合。其优点之一是阳极与被保护结构有一定距离，使保护电流的分布更加均匀，也会减小对其他埋地金属的腐蚀干扰。影响阳极接地电阻的主要因素是阳极井深度。依据 GB/T 21448—2017，深井阳极接地电阻按式(3.4)计算：

$$R_{\mathrm{v2}}=\frac{\rho_{土}}{2\pi L_{\mathrm{a}}}\ln\left(\frac{2L_{\mathrm{a}}}{D_{\mathrm{a}}}\right),\qquad d'\gg L_{\mathrm{a}} \tag{3.4}$$

式中，R_{v2}为深井阳极接地电阻，Ω。

阳极安装通常采用立式埋设，在沙质土、地下水位高、沼泽地可采用水平式埋设，在复杂的地理环境或地表土壤电阻率高的情况下采用深埋阳极。

阳极地床的接地电阻一般占系统电阻的 85%。如果恒电位仪输出电压 40V，电流 20A，则该系统的电阻为 2Ω；阳极地床的接地电阻为 2Ω×85%=1.7Ω。

3. 恒电位仪额定参数的选择

通常根据被保护管道所需要的保护电流，并考虑一定余量，来确定恒电位仪的额定输出电流。根据保护电流与阴极保护回路总电阻的乘积加上阴阳极之间的反电动势（一般取 2V），并考虑一定余量，来确定恒电位仪的额定输出电压。根据额定输出电流与额定输出电压的乘积来确定恒电位仪的额定输出功率。

4. 阳极地床与管道的最小间距计算

当阳极地床为单支阳极时，按式(3.5)计算相对于远地点地表的电位。

$$E_x = \frac{I_a \rho}{2\pi L_a} \ln\left(\frac{L_a + \sqrt{{L_a}^2 + x^2}}{x}\right) \tag{3.5}$$

式中，I_a 为阳极地床输出电流，A；E_x 为距离地床 x(m) 处的地电位，V；x 为与地床的距离，m。

当 $x \gg L_a$ 时，x 可由式(3.6)计算得到：

$$x = \frac{0.159 I_a \rho_{土}}{E_x} \tag{3.6}$$

根据现场实际情况，同时考虑阴极保护电流可能产生的变化，该数值仅作参考。

图 3.5 为阳极地床的电位梯度，给出了相对于无限远处电阻或电压降随阳极距离的变化，设计时可参考采用。

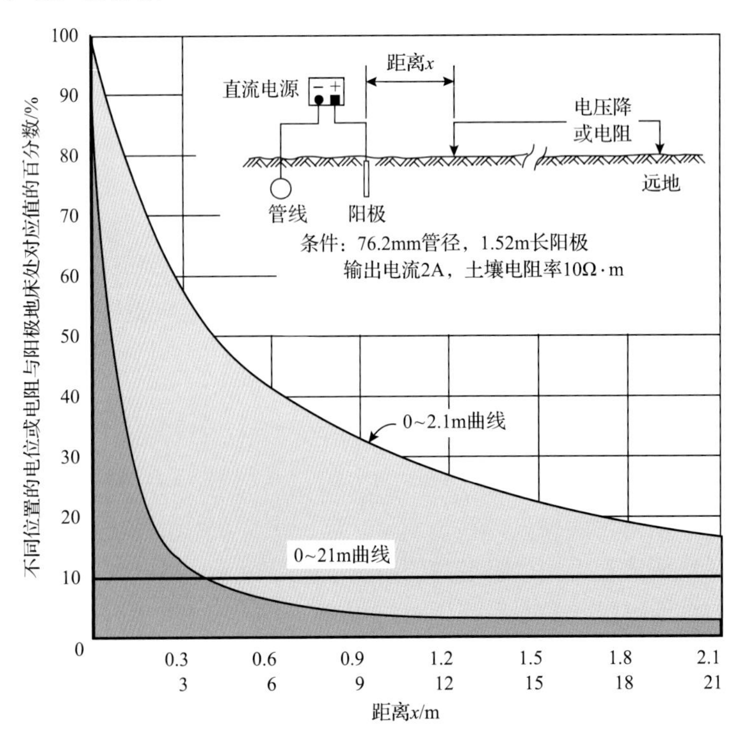

图 3.5　阳极地床的电位梯度

横坐标刻度 0～2.1 对应 0~2.1m 曲线，0～21 对应 0～21m 曲线

5. 管道保护长度计算

在阴极保护设计时，要计算一个阴极保护站所能保护管道的最大距离。由于通电点(汇流点)的电位不能太负，以免造成管道防腐层的剥离或高强度管材的氢致开裂。所以，一般都限定汇流点与保护末端断电电位不负于–1.2V(CSE)，不正于–0.85V(CSE)。因此，可按照式(3.7)和式(3.8)计算一个阴极保护站能够保护的最大长度：

$$R=\frac{\rho_{\mathrm{t}}}{\pi(D-\delta)\delta} \tag{3.7}$$

$$2L=\sqrt{\frac{8\Delta E}{\pi D i_{\mathrm{s}} R}} \tag{3.8}$$

式中，L 为单侧保护管道长度，m；ΔE 为极限保护电位与保护电位之差，V；D 为管道外径，mm；i_{s} 为保护电流密度，A/m^2；R 为管道线电阻，Ω/m；δ 为管道壁厚，mm；ρ_{t} 为管材电阻率，Ω·mm^2/m。

6. 阴极保护站设置

式(3.8)计算出的 $2L$ 即为理论阴极保护站的站间距，理论阴极保护站数目可由式(3.9)计算：

$$N=\frac{L_{\text{总}}}{2L}+1 \tag{3.9}$$

式中，N 为理论阴极保护站数目，个；$L_{\text{总}}$ 为被保护管道总长，m。

应根据阴极保护工艺计算，并考虑日后管道扩建及可能的杂散电流排流需求综合确定阴极保护站数目。

3.2.2　牺牲阳极阴极保护设计

牺牲阳极系统的典型应用是保护电流需求相对较低的场合。需要确定以下设计参数：防腐层绝缘性能、保护电流需求、土壤电阻率、牺牲阳极系统设计寿命等。

1. 阴极保护电流计算

牺牲阳极阴极保护电流需求与外加电流阴极保护电流的计算方法相同，具体参见3.2.1 节。

2. 阳极选择及需求量

1) 阳极选择

在土壤环境中，多使用镁合金阳极或纯锌及锌合金阳极。对于镁合金阳极，如果输出电流很小，其自身腐蚀就很严重，阳极电流效率降低。对于纯锌和锌合金阳极，使用环境温度不能高于40℃。铝合金阳极只能用于含氯离子环境中，如海水中的结构或原油储罐内的底板防护。

2）阳极输出电流和需求量

（1）阴极保护回路总电阻。

阳极接地电阻计算参考式（3.2）～式（3.4）。

管道接地电阻可通过式（3.10）计算：

$$R_s = \frac{E_{on} - E_{off}}{I} \tag{3.10}$$

式中，R_s为管道接地电阻，Ω；E_{on}为管道通电电位，V；E_{off}为管道断电电位，V。

导线电阻R_w很小，但也应予以考虑。可以参照导线产品参数，结合实际使用情况计算导线电阻。

回路总电阻计算可采用式（3.11）计算：

$$R_t = R_a + R_s + R_w \tag{3.11}$$

（2）阳极驱动电压。

牺牲阳极驱动电压为阳极与管道极化电位之差，设计时管道极化电位可采用–0.85V（CSE），阳极极化电位可根据阳极开路电位，并适当考虑阳极极化量来确定，一般高电位镁合金开路电位为–1.75V（CSE），低电位镁合金阳极开路电位为–1.55V（CSE）；锌合金阳极开路电位为–1.10V（CSE）。阳极极化量可考虑取0.05～0.1V（CSE）。

（3）牺牲阳极输出电流计算。

单支阳极输出电流为牺牲阳极驱动电压除以该阳极回路总电阻，如式（3.12）所示：

$$I_a' = \frac{\Delta U_a}{R_t} \tag{3.12}$$

式中，I_a'为单支阳极输出电流，A；ΔU_a为牺牲阳极驱动电压，V；R_t为阴极保护回路总电阻，Ω。

（4）阳极数量。

所需阳极数量用式（3.13）计算：

$$N_a = \frac{I_T}{I_a'} \tag{3.13}$$

式中，N_a为所需阳极数量；I_T为总电流需求，A。

通常均匀地沿着管道布置阳极，根据现场保护距离等因素统计最终阳极用量。

3. 根据阳极电容量核算阳极使用寿命

在以往的设计中，对于镁合金阳极的电流效率，一般按 50%计算，并没有考虑阳极的表面电流密度对其电流效率的影响。实际工作中，发现阳极的设计寿命经常会比实际寿命短很多。研究发现，当阳极表面电流密度低时，阳极的电流效率甚至会下降到 10%。所以，当根据阳极的几何尺寸及土壤电阻率计算得到阳极的输出电流后，应根据阳极的表面电流密度，综合阳极的实际电流效率，然后再计算阳极的使用寿命。当土壤电阻率超过 30Ω·m 时，阳极的实际电流效率远低于 50%。

根据阳极电流效率与表面电流密度的关系找到对应的阳极效率，如图 3.6 所示，进而根据式(3.14)计算需要阳极总重量：

$$W=\frac{I_A \times T \times 8766}{\eta \times Z \times Q} \tag{3.14}$$

式中，I_A 为总电流，A；T 为设计寿命，a；η 为电流效率，%；Z 为理论电容量，A·h/kg；Q 为阳极使用率，%；W 为阳极质量，kg。

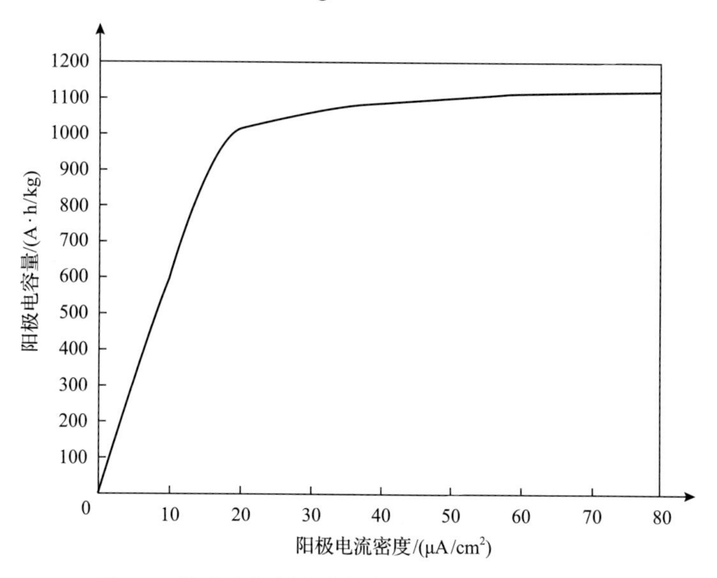

图 3.6　镁合金阳极电流效率与表面电流密度的关系

土壤电阻率决定阳极的输出电流，同时也影响镁合金阳极的电流效率。如果埋设在不同土壤电阻率的土壤中，阳极用量差异很明显，应根据实际情况计算。

4. 管道保护距离计算

牺牲阳极的阴极保护距离和外加电流阴极保护距离计算方法一致。需要指出的是，对于牺牲阳极的阴极保护，决定其保护范围的主要因素是阳极输出量，保护距离通常由阳极输出电流及管道保护电流密度确定，而不是通电点与保护末端的电位差。工程中牺牲阳极铺设间隔通常为 500m(距管道 3～5m)。

3.2.3 区域阴极保护设计

一般新建站场在施工设计时直接将阴极保护纳入设计范围，旧站场是否需要进行阴极保护需要进行必要确认。旧站场是否需要阴极保护主要依据下列因素：腐蚀调查，目测结果，相近环境中金属结构的测试结果，工程的设计和施工，埋地钢质管道、设备及储罐的运行状况及腐蚀状况，泄漏与维修记录，以及安全和经济方面的考虑。

1. 区域阴极保护设计的关键考虑因素

区域阴极保护就是将某一区域内的所有预保护对象作为一个整体进行阴极保护，依靠辅助阳极的合理布局、保护电流的自由分配，以及与相邻设备的电绝缘措施，使被保护对象处于规定的保护电位范围之内[4-7]。与常规阴极保护方法相比，区域阴极保护具有如下特点：①保护对象繁多、保护电流消耗大；②地下金属结构错综复杂，干扰和屏蔽问题突出；③阳极地床设计难度大；④后期调试整改工作量较大；⑤安全要求高。

1) 保护电流需求量的确定

保护电流需求量的准确确定是区域阴极保护设计成功的技术关键。目前阴极保护电流需求量的确定方法主要有经验估算法、实验室测量法与现场馈电试验法三种。

(1) 经验估算法。

经验估算法是根据设计经验，按照埋地构件防腐层状况来粗略选取阴极保护电流密度，将该值乘以结构的保护面积得到近似的电流需求，并将不同保护构件的保护电流需求加和得到总的保护电流需求量。采用该方法时，可根据相关标准的推荐值来选取阴极保护电流密度。

对于新建管道，可以根据防腐层绝缘特性参数来进行选取，常用的防腐层体积电阻率如表 3.5 所示。

表 3.5 常用防腐层体积电阻率

防腐层	体积电阻率/(Ω·m)
环氧煤沥青	$\geqslant 1\times10^{10}$
双层熔结环氧粉末	$\geqslant 1\times10^{13}$
熔结环氧粉末	$\geqslant 1\times10^{13}$
聚乙烯	$\geqslant 1\times10^{13}$
硬质聚氨酯泡沫塑料	$\geqslant 1\times10^{14}$
挤压三层聚乙烯	$\geqslant 1\times10^{15}$

根据《区域性阴极保护技术规范 第 1 部分：区域性阴极保护设计》(Q/SY 29.1—2002)，旧管道电流密度以实测值为依据，没有实测数据时，可按 1～10mA/m^2 选取。储罐底板阴极保护电流密度推荐值为：新建储罐为 1～5mA/m^2，已建储罐为 5～10mA/m^2。

(2) 实验室测量法。

实验室测量法是根据阴极保护极化理论，通过极化曲线测量来获得最小保护电流密度。通过极化曲线测量，可以得到金属阴极极化至–0.85V (CSE) 所对应的外加极化电流密度，即最小电流密度。

(3)现场馈电试验法。

现场馈电试验法即现场电流需求量测试实验法，通过在现场建立临时的保护站，预埋临时阳极地床，通电后测量被保护结构的电位，通过调整临时电源系统的输出电流和电压，直至建立起较理想的保护电位，然后根据测试实验的输出电流情况得到区域阴极保护电流需求量。对于电流需求确定难度较大的老旧站场，国内防腐工作者基于现场馈电试验法为保护电流需求量的确定和阳极分布提供重要参考。

2)接地系统对保护电流分布的影响

区域阴极保护中的一大难题是接地系统对保护电流分布和电流需求的影响。由于站场内庞大的接地系统会吸收大量的保护电流，造成电流需求量大，电位分布不均匀等问题。为了解决防腐和电气安全的矛盾，防腐工作者在接地材料选择、接地与管道的电连接方式等方面开展了大量探索[8-11]。北京科技大学、北京安科管道工程科技有限公司通过室内模拟试验和现场试验研究了接地材料对埋地金属管道阴极保护效果及电流需求量的影响[3]，为站场接地材料的选择提供了参考。考虑站场接地网与区域阴极保护系统的兼容性问题，采用与区域阴极保护相匹配的接地系统整改措施等具有建设性的尝试，即在埋地管道和接地网之间串接隔直流、通交流的装置，将通过接地系统的直流电流隔断，同时在故障、雷击等状态下具有电流导通功能[12]，实际应用中具体的隔直流装置的选择及性能参数的确定还有待进一步研究和实践。通过“阻直通交”的隔离装置将阴极保护系统与接地系统进行隔离的技术已经在国外成功应用[13]，在保证电气安全的同时，确保阴极保护的有效性。

3)阳极地床的优化

将站场内埋地管道与接地系统联合保护时，除需要充分考虑接地系统对保护电流分布的影响并合理选择接地材料外，选择合适的阳极地床形式并优化其分布也是非常关键的。数值模拟技术为区域阴极保护效果预测和阳极地床分布优化提供了重要的技术支撑。对于区域阴极保护中阳极地床形式的选择，已建站场补加区域阴极保护常采用深井阳极或浅埋分布式阳极地床，新建站场中常选择柔性阳极地床。近年来，基于MMO材质的第二代柔性阳极在国内新建站场中取得了大规模应用[14]。柔性阳极采用传统的沿管线全铺方式，但这种方式经济性差，为了减少经济投资，国内研究人员对柔性阳极间断敷设的可行性进行了初步探索，验证了阳极间断敷设的可行性。除敷设方式外，MMO阳极断缆也是区域阴极保护施工和运行管理中出现的比较棘手的问题。在现场敷设和服役过程中，由于不规范操作或不合理敷设方式常会导致阳极断开，使部分阳极段失效。但这种断线很难从阳极外表面观察到，在地表难以准确判断断点位置，针对这种情况，如何有效避免阳极断缆及断缆后如何快速查找断点位置有待进一步研究。

4)评估干扰

区域阴极保护的干扰是个复杂的问题，既有站内区域阴极保护系统与站外管道阴极保护系统的相互干扰，也有区域阴极保护系统与电气安全接地系统的相互干扰，甚至还应包括区域内被保护地下管网、装置、金属构件之间的相互干扰。关于与电气安全接地系统的相互干扰前面已经有所论述，此段仅简述与外管道阴极保护系统的相互干扰排除措施。不过需要说明的是，到目前为止，关于干扰的解决仍然处于探索试验阶段，没有权威性的结论，更没有非常彻底的现场解决方案。

站内埋地管道的区域阴极保护系统往往与站外管道在物理空间上距离较近，容易产生相互干扰。采用以下方法可以降低或排除站场区域阴极保护系统对站外管线的干扰[15-18]：①尽可能使站场阴极保护系统的阳极影响区远离站外阴极保护系统控制点；②根据站场内阴极保护系统的调试情况，对部分阳极进行电流输出限制；③站场阴极保护采用对外界干扰小的辅助阳极系统，如柔性阳极；④对站外干线近端进行密间隔电位测试，将站外干线阴极保护系统的控制点转移至不受干扰的位置；⑤对站外干线恒电位控制点进行处理，安装排流电极以降低或消除干扰电流引起的附加极化或去极化；⑥站外干线阴极保护系统采用恒电流控制；⑦对于小型厂站，可考虑纳入干线保护系统共同保护。

2. 区域阴极保护设计的流程

以下通过在用站场的实际案例来说明区域阴极保护设计的流程。

1)确定保护电流需求量

为了对区域性阴极保护电流需求及阳极地床位置进行初步判断，可利用站场内已有的干线恒电位仪装置，以接地钢钎作为临时性阳极地床，进行初步馈电试验。以某站场区域阴极保护设计为例，初步馈电试验选取了三个临时阳极位置点，如图 3.7 所示，试验数据如表 3.6 所示。

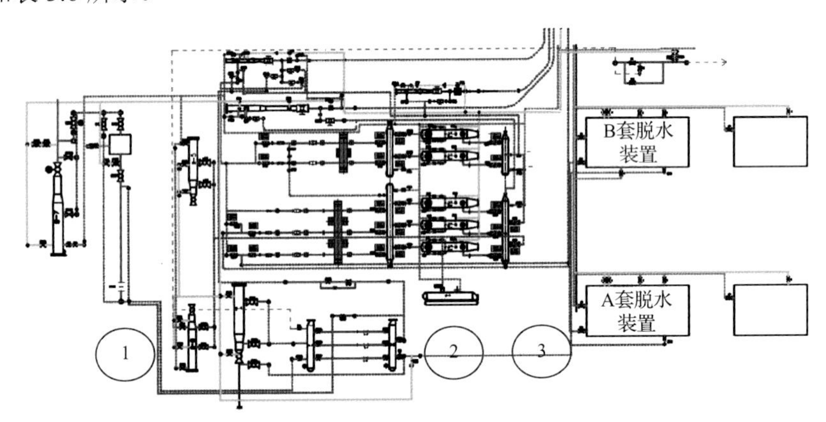

图 3.7 初步馈电试验临时阳极放置点

图中红色的线指管道；三个圈分别表示初步馈电试验的临时阳极位置点，序号表示位置的编号

表 3.6 初步馈电试验数据

	位置		
	1	2	3
测试用恒电位仪输出电压/V	35.0	38.1	37.0
测试用恒电位仪输出电流/A	0.4	0.4	0.1
控制电位/mV(CSE)	–938	–861	–697
回路电阻/Ω	87.5	95.2	370
试验时间/d	0.5	0.5	0.5

初步馈电试验数据表明1区、2区相对于3区更易达到阴极极化，说明要达到阴极保护要求，3区所需的保护电流远大于1区和2区。初步馈电试验只测试了0.5d，试验过程发现管道的极化电位随着时间仍在发生变化，极化未达稳定。

达到稳定极化需要一定的时间，稳定后的保护电流和初始电流也有一定的差异，为了进一步确定保护电流需求量，利用该站已有阳极进行详细的现场馈电实验。当全部阳极地床通电后，大约3d左右站内埋地管线的各测试点(图3.8)可达到较稳定的极化，极化电位测试结果表明整个站场内的埋地管线均处于保护范围内。达到稳定的极化后，所需的保护电流有所下降，初始馈电电流大约为稳定极化电流的1.5～3倍。

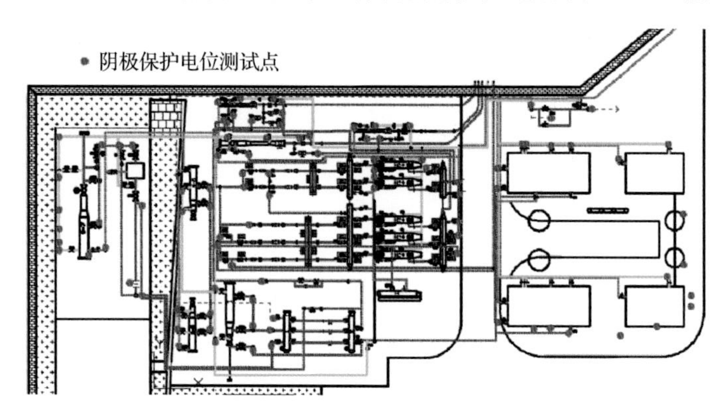

图3.8 阴极保护电位测试点的位置

通过总结多次现场试验结果，可以得到站场区域阴极保护电流需求量。现场馈电试验可按照以下试验步骤进行。

(1)准备测试仪器和相关材料。

馈电试验所需的仪器和材料包括供电电源、临时阳极材料、电缆材料、极化电位测试工具和电缆连接工具。

(2)在试验站场进行实地考察和基本参数测量。

实地考察包括查看站场埋地管线的分布情况，确定临时阳极地床的埋设位置，需要测量如下基本参数：①埋地金属构件的自然腐蚀电位；②站内绝缘法兰或绝缘接头的位置和绝缘性能，绝缘法兰/接头两侧的电位；③站内土壤电阻率的分布情况。

(3)临时阳极安装。

临时阳极安装包括阳极坑的开挖、阳极埋设、阳极电缆连接及原土回填等。

(4)阴极通电点安装。

采用机械连接方式将阴极电缆连接到埋地构件的地上部分，连接完成后测试电通，保证回路是电连通的。

(5)电位监测点安装。

将距离阳极地床最近的埋地管道位置作为电位监测位置，安放好参比电极、数字万用表等仪器，并连接好测量回路，用来监测阴极保护极化电位变化。

(6)电源安装。

将阳极和阴极电缆分别连接到电源的“+”“–”端，并在回路中串联同步断路器，连接好后，通电之前，对回路进行检查，确保连线正确。随后进行试运行，检查电路是否连通。

(7)通电试验。

打开电源，根据电位监测点的电位变化情况逐渐调大系统的输出电流，直到达到设定的控制电位(断电电位 1.2V)，记录此时电源的输出电压、输出电流。通电极化 1～3d 后，手持参比电极和数字万用表沿管道进行断电电位测试，记录通/断电电位数据和电源的输出电压、输出电流参数。

(8)临时阳极保护范围确定。

根据所测得的断电电位分布情况确定临时阳极的保护范围。

(9)保护电流确定。

根据所测得的断电电位及电源输出电流，据式(3.15)计算所需保护电流：

$$I_{\text{req}} = \frac{\Delta E_{\text{preq}} I_{\text{test}}}{\Delta E_{\text{ptest}}} \tag{3.15}$$

式中，I_{req} 为电流需要量，A；ΔE_{ptest} 为测试的极化电位值，V；ΔE_{preq} 为所要求的极化电位值，V。极化电位可取$\Delta E_{\text{off}} - \Delta E_{\text{corr}}$=0.85V–$\Delta E_{\text{off}}$，适用于–0.85V(CSE)极化电位判据，或取 100mV 适用于“100mV 极化电位”判据。

考虑到初始极化所需电流要比稳定极化电流大及防腐层随时间的老化，将计算得到的保护电流乘以 3～4 倍余量得到站内所需的保护电流。

(10)试验完成后场地恢复。

试验完成后注意首先关闭电源，拆除阳极和阴极电缆，取出临时阳极地床，埋设阳极附近恢复到以前状况，阴极通电点进行防腐处理。

2)基于数值模拟计算的设计

由于站场接地系统十分复杂，需要依靠数值模拟完成区域阴极保护设计。数值模拟过程分为两步：第一步是建模；第二步是阳极地床的优化。数值模拟建模过程，详见 3.4.2 节。

3)阳极地床的优化

阳极地床的优化包括阳极数量和位置优化。根据现场调查及馈电测试的结果，在该站内选择了 15 个潜在的阳极地床设置位置。利用数值模拟技术，计算并对比阳极地床的不同设置方案下的保护效果。

当在 1#、3#、4#、5#、6#、7#、8#、10#、11#、13#、14#等位置设置 11 组阳极地床时，可以得到如图 3.9 所示的站内所有埋地管线的电位分布。此时站内埋地管道阴极保护极化电位介于–1.2～–0.85V(CSE)，全部达到理想的阴极保护效果。

3.2.4 阴极保护系统的安装与调试

1. 电源设备的安装与调试

任何直流电源均可作为外加电流阴极保护的电源，我国常用的电源设备是恒电位仪。安装恒电位仪时，其安放位置周围 0.5m 内不应有其他物体，并预留足够空间用于设备接

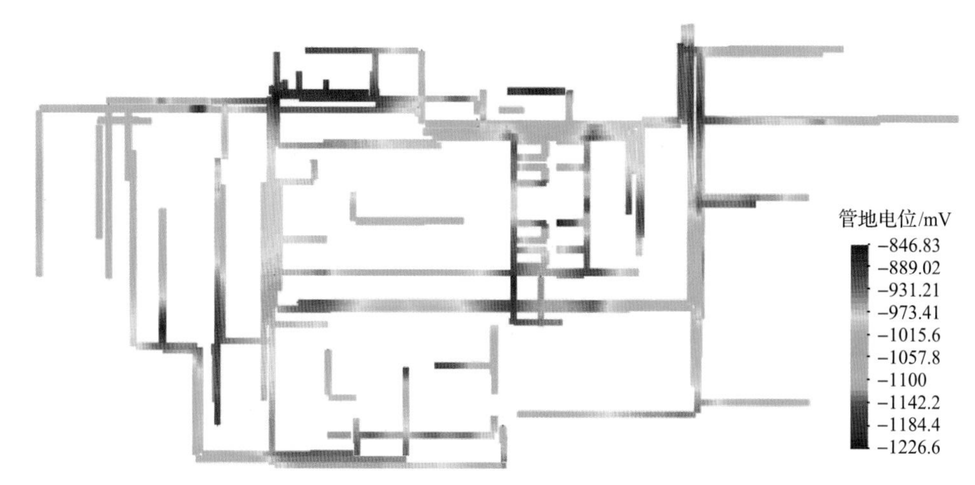

图 3.9　该站内设置 11 组阳极地床时埋地管道阴极保护电位分布

线、安装、检测与维护。接线时应检查电源是否符合恒电位仪的额定参数值。安装过程中，切忌将电源正负极接反。恒电位仪输出“正极”连接阳极地床，“负极”连接被保护结构，“零位”连接被保护结构，“参比电极”连接长效参比电极。由于阴极保护电流通过阳极流出，若阳极电缆绝缘层破损，电缆会迅速腐蚀并造成阳极地床与电缆断开，因此阳极电缆安装敷设时要严格检查，且确保绝缘密封完好。恒电位仪与阴极保护电缆的连接应符合设计要求，接线正确，电气接触导通良好，电缆应明确标识。设备安装到位后，机壳应接地良好。

恒电位仪通电前，应先测量管道的自然电位，阳极地床的电位和电阻。当设置电位负于管道的自然电位时，恒电位仪才有输出电流，恒电位仪输出电压、输出模式和稳流值等可随后调试。

2. 阳极地床的安装与测试

依据阴极保护站平面布置图，确定阳极地床的位置。阳极地床和被保护管道之间不能有其他埋地金属结构。阳极地床距保护管道垂直距离按设计与规范进行。辅助阳极地床应尽量选在土壤电阻率较低的位置，以有利于电流的输出。安装完毕，宜设置阳极电缆走向标志桩，并在阴极保护系统断电状态下测试阳极接地电阻。

对于浅埋阳极地床，施工前应检查阳极和电缆的情况，阳极不应有损伤和裂纹，接头处应密封牢固且完整，阳极电缆应完整无损。对于深井阳极地床，阳极地床的位置和数量应符合设计要求，施工安装过程中应保证电缆的松弛度，电缆不应承重。

3. 长效参比电极安装与测试

安装前，长效参比电极应在纯水或蒸馏水中浸泡 24h 以上，长效参比电极安装位置应距离管道 1m 左右，距离测试桩 1.5m 左右，引出电缆连接测试桩接线端。安装后可以用万用表测试长效参比电极和其他标准电极(铜/硫酸铜电极、饱和甘汞电极、饱和氯化银电极等)之间的电位差来校准长效参比电极，校对时，两只电极应尽量靠近。

4. 牺牲阳极安装与测试

与外加电流阴极保护系统的施工相比，牺牲阳极的安装比较简单。牺牲阳极的布局、位置和数量应符合规范要求。当采用非预包装牺牲阳极时，应除去牺牲阳极的所有防水包装材料，阳极周围应填充填包料，阳极应置于填包料中心位置，填包料应混合均匀并完整包覆阳极；当采用预包装牺牲阳极时，填包料应采用麻质或棉质布袋包装，不可采用化纤类包装袋。阳极就位后应浇水浸泡。电缆与阳极钢芯的连接宜采用焊接方式或铜管钳接方式，焊接处应防腐绝缘。

当几支阳极安装在一处时，阳极可直线排列以降低电阻。阳极可以与管道垂直，也可以与管道平行。当阳极与管道平行时，镁合金阳极与管道的距离宜不小于 1.5m；锌合金阳极与管道的距离宜不小于 1m，若空间允许间距最好达到 3m。带状纯锌和锌合金阳极适用于土壤电阻率较低处管道的阴极保护，锌带可以和管道同沟铺设，距离管道外壁大于 300mm，处于管沟底部。带状牺牲阳极在低温环境下施工时，应注意低温环境对带状阳极机械性能的影响。

5. 阴极保护系统投运

外加电流阴极保护系统投运后，应开展以下工作：若投运后管地电位发生正向偏移，应立即关机并检查阴阳极接线是否接反；调整阴极保护系统设置，使汇流点附近管地电位满足阴极保护准则要求；记录电源设备的输出电压与输出电流；监测汇流点的通电电位。

牺牲阳极系统投运后，应开展以下工作：所有牺牲阳极与管道连接后，应确保其正常工作，存在偏差时，应查找原因并采取措施；可通过在回路中串接可变电阻，调整牺牲阳极的输出电流；测量每组牺牲阳极的输出电流；测量管道通电电位。

测试桩处应测试并记录：阴极保护系统保护范围远端处的管道通电电位；关键测试桩处的管道通电电位；检查片处的管道通电电位与电流；外部临近构筑物对地电位变化情况；被跨接构筑物对地电位、跨接电缆的电流；绝缘接头电绝缘情况，金属套管、混凝土钢筋、接地系统与管道的绝缘情况。

6. 阴极保护有效性测试与调整

阴极保护系统投运且管道极化完成后，应对管地电位和电流进行测量。

电位测量宜包括以下内容：每个测试桩处的保护电位与交流电压，当保护电位或交流电压波动较大时，应采用数据记录仪在测试桩处进行 24h 连续监测并记录；每个测试桩处进行断电电位测试；在所有安装检查片或极化探头的测试桩处进行断电电位测试，当存在直流杂散电流干扰时，连续监测至少 24h 并记录数据。

电流测量宜包括以下内容：外加电流阴极保护系统的直流输出电流，包括每条阴极电缆流过的电流；每组牺牲阳极的输出电流；跨接电缆中直流电流的大小与方向、交流电流大小；直流排流设施中的直流电流大小，宜进行 24h 连续监测并记录数据；通过去耦隔直装置的直流与交流电流；极化探头或检查片中的直流与交流电流，当存在直流或交流杂散电流干扰时，宜进行 24h 连续监测并记录数据。

若管道未达到有效阴极保护时，应调整阴极保护系统参数，并重新测量，直到所有管段的管地电位均满足阴极保护准则的要求。

在有效性测试过程中发现管道受到直流杂散电流干扰影响时，应进行详细测试，评估测试结果后决定是否实施专项直流干扰防护设计。直流干扰防护应符合《埋地钢质管道直流干扰防护技术标准》(GB 50991—2014)的规定。

在有效性测试过程中发现管道交流干扰不符合《埋地钢质管道交流干扰防护技术标准》(GB/T 50698—2011)的规定时，应进行详细测试，通过调整交流干扰防护设施的安装位置或增加交流干扰防护设施，直至交流干扰满足规定。

阴极保护有效性测试与调整完成后，应编制测试与调整报告。

3.2.5　管道阴极保护常见问题

长输管道阴极保护常存在一些问题，影响阴极保护有效性。例如，阴极保护电源无输出或工作不稳定、长效参比电极失效、阀室阴极保护电流漏失等。从构成阴极保护系统的四个部分来看，除了土壤电解质外，阴极(被保护管道)、阳极(保护电源及阳极地床)及金属通路(连接阳极和阴极的电缆及接线等)均可能在服役过程中发生异常或故障。通过了解恒电位仪的运行状态及管道电位的测试结果，可以分析异常或故障情况的产生原因，并及时进行干预，确保阴极保护系统运行持续有效。

恒电位仪运行过程中出现的常见异常类型、异常原因、分析方法及对应处理建议，如表 3.7 所示。

表 3.7　恒电位仪常见异常类型、异常原因、分析方法及对应处理建议

异常现象	异常原因	分析方法	处理建议
恒电位仪无法启动	输入电源未接通	查看电源开关，测试电压	接通输入电源
	保险丝或保险管损坏	拆开查看是否损坏	更换保险丝或保险管
恒电位仪启动无显示	内部稳压电源故障	测试稳压电源电压	更换或修复
	显示板供电线路接触不良	检查显示供电线路	重新牢固插线
	显示板故障	观察是否显示及测试是否正常	更换显示板
恒电位仪启动自检正常，输出电压升至限制值，参比电位无变化	输出电流回路开路或虚接(无输出电流)	测试阳极和阴极侧电缆接地电阻是否为无穷大	修复电缆
	电位测量回路开路或虚接(有输出电流)	测试零位线接地电阻是否为无穷大，参比误差是否过大	修复电缆或更换参比电极
恒电位仪自检正常，输出电压和输出电流约同比增大或变小	电位测量回路异常	测试参比失效误差是否较大，零位接阴线接地电阻是否过大	修复电缆或更换长效参比电极
	保护对象发生变化	排查是否存在结构搭接、绝缘接头失效、防腐层变差或牺牲阳极	排查并修复
恒电位仪自检正常，输出电压增大，电流变化不大或减小	阳极损耗或存在气阻导致接地电阻增大	测试阳极接地电阻	建议降阻或接线排查或更换阳极
恒电位仪自检正常，无电压/电流输出，参比电位比控制电位负，声光报警 20s 后切换到恒流工作	控制电位设置偏正	检查控制电位设置值与目前保护对位进行对比	调整控制电位
	电位控制点受干扰	关闭恒电位仪，测试电位控制点处的保护电位是否为自然电位	更换参比电极位置或干扰排流

续表

异常现象	异常原因	分析方法	处理建议
恒电位仪自检正常，有输出电压，无输出电流，声光报警20s后转入恒电流状态，恒电流也无法工作	输出电流回路开路或虚接（无输出电流）	测试阳极和阴极侧电缆接地电阻是否为无穷大	修复电缆
故障现象同上，但仪器自检结果不正常	机内输出保险丝或保险管熔断	拆开机内输出保险丝或保险管查看是否熔断	更换保险管
仪器无法输出额定电流，到某一电流值仪器报警，控制电位比参比电位负，20s后转到恒流工作	限流值太小	查看比较板上设定的限流值	调节比较板有关参数将限流值放宽
	电流放大元 IC_6、IC_7 损坏	分别更换新模块查看效果	更换元 IC_6、IC_7 模块
输出电流、输出电压最大，电位显示超量程，报警20s后，转入恒流工作	比较器 IC_1 坏或阻抗变换器 IC_9 损坏	分别更换新模块查看效果	更换比较板上的 IC_1 或 IC_9

埋地管道电位异常及其可能原因、分析方法，对于阴极保护电位不达标的异常情况归类如表3.8所示，并对应提出检测方法及处理建议。

表3.8　管道电位异常类型、异常原因、分析方法及对应处理建议

异常类型	异常原因	分析方法	处理建议
整体管线欠保护[保护电位正于-0.85V(CSE)]	结构不易极化	测试土壤电阻率是否过大	采用100mV极化准则评价或选用电阻率相关标准评价
	系统输出不足	查看系统输出是否低于额定70%	尝试增大电流并再次检测评价
	绝缘接头性能降低	测试绝缘接头绝缘性	更换绝缘接头或增设阴极保护
	金属结构搭接	确认近期是否存在施工及可能的搭接位置，通过PCM等方法定位搭接处	修复搭接
	长效参比失效	使用便携式参比电极校准是否偏负	浇水处理或更换参比电极
局部管线欠保护[保护电位正于-0.85V(CSE)]	控制参比受干扰	关闭阴极保护系统测试控制参比处电位是否偏负	更换参比电极位置或排流
	局部结构不易极化	测试局部土壤电阻率是否过大	采用100mV极化准则评价或选用电阻率相关标准评价
	局部保护电流低	查看阳极地床分布	增大系统输出或局部增加阳极
	绝缘接头性能降低	如果欠保护的区域管线在绝缘接头附近，测试绝缘接头绝缘性	更换绝缘接头或增设阴极保护
	金属结构搭接或防腐层破损严重	确认近期是否存在施工及可能的搭接/漏点位置，通过PCM等方法定位搭接/漏点处	修复搭接或防腐层漏点
	杂散电流干扰	测试保护不足的区域是否存在杂散电流干扰	增设阳极或排流
整体管线过保护[保护电位负于-1.20V(CSE)]	系统输出过高	查看系统输出电流是否可继续调低	尝试降低电流并再次检测评价
	参比电极故障	使用便携式参比电极校准是否偏正	浇水处理或更换参比电极
	绝缘接头性能降低	测试绝缘接头绝缘性	更换绝缘接头或降低另一侧阴极保护系统输出电流
局部管线过保护[保护电位负于-1.20V(CSE)]	阳极距管线过近	查看过保护的局部管线所处的位置是否存在牺牲阳极和辅助阳极地床	调低系统输出，测试保护电位，确认是否存在过保护问题
	绝缘接头性能降低	如果过保护的区域管线在绝缘接头附近，测试绝缘接头绝缘性	更换绝缘接头或降低另一侧阴极保护系统输出电流
	杂散电流干扰	测试过保护的区域是否存在杂散电流干扰	增设排流等措施

3.3 阴极保护准则及测试方法

腐蚀速率是阴极保护有效性最直接的评价指标，但在管道运行维护过程中，由于测量方法的局限及数据测量误差等因素制约，腐蚀速率数据通常不易获取，业界广泛使用管道的极化电位的评价方法。极化电位是金属管体与电解质界面处的电位差，是消除由阴极保护电流或其他电流所引起的 IR 降后管道对电解质的电位。不同环境下的极化电位要求和测试方法不同。

3.3.1 无杂散电流干扰时阴极保护准则

阴极保护准则是用于没有杂散电流干扰时评价管道是否达到充分有效保护的判据标准。目前，国内外常用的涉及埋地管道阴极保护有效性的标准主要有国内的 GB/T 21448—2017，以及国际上认可度很高的 ISO 15589-1:2015 和 NACE SP0169-2013 等。目前普遍采用的阴极保护准则有最小极化电位准则、极化电位偏移准则和最大极化电位准则。

1. 一般阴极保护指标

1) 最小极化电位准则

一般土壤和水环境，管道无 IR 降阴极保护电位应为–0.85V(CSE)或更负；土壤电阻率 100～1000Ω·m 环境中，管道阴极保护电位宜负于–0.75V(CSE)；土壤电阻率大于 1000Ω·m 的环境中，阴极保护电位宜负于–0.65V(CSE)；含硫酸盐还原菌(SRB)的土壤或水环境中，管道阴极保护电位应为–0.95V(CSE)或更负。需要说明的是，在–0.65～–0.75V(CSE)电位范围内，管道处于高 pH SCC 的敏感区，应予注意。不同环境下碳钢无 IR 降阴极保护电位如表 3.9 所示。

表 3.9 不同环境下碳钢无 IR 降阴极保护电位

环境条件	自然电位 E_{corr}(参考值)/V	最小保护电位 E_V(无 IR 降)/V	限制临界电位(无 IR 降)/V
一般土壤和水环境	–0.65～–0.40	–0.85	E_1^a
40℃<T<60℃的土壤和水环境		E_p^b	E_1^a
T>60℃的土壤和水环境	–0.80～–0.50	–0.95	E_1^a
T<40℃，100<$\rho_{土}$<1000Ω·m 含氧的土壤和水环境	–0.50～–0.30	–0.75	E_1^a
T<40℃，$\rho_{土}$>1000Ω·m 含氧的土壤和水环境	–0.40～–0.20	–0.65	E_1^a
存在 SRB 腐蚀风险的缺氧土壤和水环境	–0.80～–0.65	–0.95	E_1^a

注：E_1^a：为避免氢脆，对屈服强度超过 550MPa(X80 及以上)的高强低合金钢和非合金钢，要根据文献或实验确定极限电位；E_p^b：温度处于 40℃≤T≤60℃时，根据 40℃和 60℃时的电位通过线性插值法确定。

2）极化电位偏移准则

阴极极化建立或衰减过程中，阴极极化或去极化电位差应大于100mV。管道受杂散电流干扰、高温情况或含SRB土壤中，不能采用100mV极化指标。

3）最大极化电位准则

阴极保护状态下管道的极限保护电位不能比–1.2V（CSE）更负。最大保护电位的限值一般根据防腐层及金属材质来确定，应以不损坏防腐层的黏结力及不造成高强度管道钢氢损伤为准。

2. 站场区域阴极保护指标

站场埋地结构复杂，当多种金属并存时，若采用锌包钢接地极，结构的初始电位可能比–0.85V（CSE）更负，此时进行断电电位测量实际上没有意义，应采用100mV去极化指标。站场内没有惰性金属接地极或惰性金属所占比例很小，应优先采用100mV阴极极化指标。采用–0.85V（CSE）指标需要的电流量大，容易对站外管道造成干扰。站场内区域保护时，通常将站内设施分成几个区，每个区用独立的阴极保护系统进行保护。

欧盟规范《复杂构造的阴极保护（Cathodic Protection of Complex Structures）》（BS EN 14505:2005）中，对于复杂结构的区域阴极保护指标，多采用通电电位的指标，具体有以下三个。

（1）离开设备基础或接地连接点处，通电电位比–1.20V（CSE）更负；靠近混凝土的设备设施或接地点处（0.5m），通电电位比–0.80V（CSE）更负。

（2）通电电位与初始电位之差大于300mV。

（3）当使用试片时，其断电电位与断电1h后的去极化电位之差大于100mV。

3.3.2 阴极保护参数测试方法

1. 管地电位测量

管地电位是反映管道阴极极化程度的关键参数，同时也是监视和控制阴极保护效果的重要指标。无阴极保护和杂散电流时，该值相当于金属自腐蚀电位，反映金属在环境中的腐蚀倾向；有阴极保护时，管地电位代表阴极保护程度。有杂散电流时，管地电位的变化是判断干扰程度的重要指标。地表参比法测试管地电位接线方式如图3.10所示。

1）通电电位

管道通电电位是极化电位与测量回路中所有电压降的和。埋地管道通电电位一般采用地表参比法测量：将参比电极放在管道顶部地面上，并确保参比电极和土壤电接触良好，采用高阻电压表直接测量管道测试导线和参比电极间的电位差。该法可用于测试桩处的定点测量，也可用于管道顶部的长距离闭路测量，测量所得的数据代表了正对参比电极处的管地电位。为保证管地电位测量的可靠性，所用电压表应是高内阻的，通常应大于100kΩ/V，灵敏度应小于被测电压值的5%。

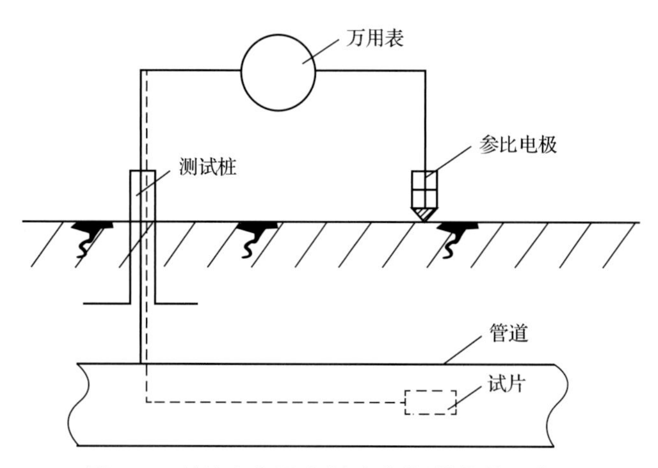

图 3.10　管地电位测试(地表参比法)接线示意图

2)断电电位

无论是外加电流阴极保护还是牺牲阳极阴极保护，最终判断管道阴极保护的指标是断电电位。测量断电电位前，应确认阴极保护正常运行，金属管道已充分极化。断电电位可通过瞬间断电法、试片断电法或极化探头法三种方式获得。工程中，通过这三种方法测得的断电电位值近似等于极化电位值。不存在杂散电流，且阴极保护电流便于同步中断时，常采用瞬间断电法；对有直流杂散电流或保护电流不能同步中断(多组牺牲阳极或其与管道直接相接，或存在不能被中断的外加电流设备)的管道需要采用试片断电法或极化探头法。

为了更精确地测得管地电位，尽可能地减少土壤电阻压降成分，可将参比电极尽量靠近被测管道表面，即近参比法。近参比法的测量要点是把饱和铜/硫酸铜参比电极(或测试探头)尽量靠近被测金属管道表面，如果被测表面带有良好的防腐层，参比电极对应处应是防腐层的破损点。极化探头是近参比法的典型应用。

(1)瞬间断电法。

对有直流杂散电流或保护电流不能同步中断(多组牺牲阳极或其与管道直接相接，或存在不能被中断的外加电流设备)的管道，本方法不适用。测量时，在所有电流能流入测量区间的阴极保护电源处安装电流同步断续器，并设置在合理的周期性通/断循环状态下同步运行，同步误差小于 0.1s。合理的通/断循环周期和断电时间设置原则：断电时间应尽可能短，以避免管道明显去极化，但又应有足够长的时间保证测量采集并在消除冲击电压影响后读数。为了避免管道明显去极化，断电期宜不大于 3s，典型的通/断周期设置为通电 12s，断电 3s。如果对冲击电压的影响存在怀疑，应使用脉冲示波器或高速记录仪对所测结果进行核实。

采用加强测量法(图 3.11)不仅能消除由保护电流所引起的 IR 降影响，同时也能消除由平衡电流引起的 IR 降影响。

《埋地或水下金属管道系统阴极保护准则的测量技术(Measurement Techniques Related to Criteria for Cathodic Protection on Underground or Submerged Metallic Piping Systems)》(NACE TM0497-2018)规定，测试断电电位需要具备以下条件：测试对象无接地保护装

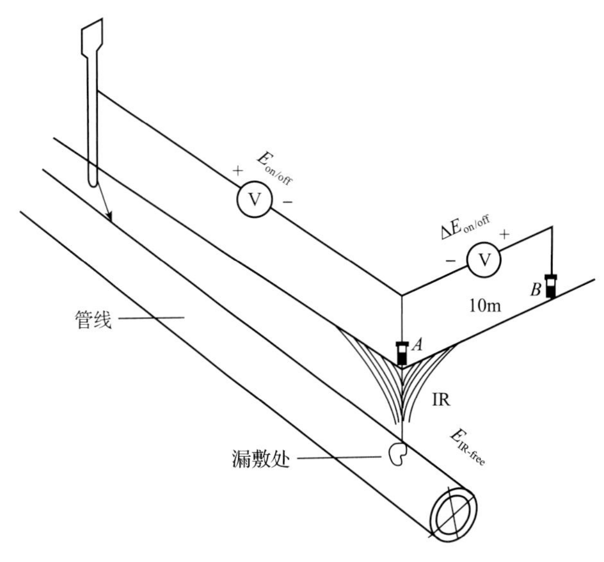

图 3.11 加强测量法消除 IR 降简图

$E_{on/off}$ 为通电/断电电位；$E_{IR\text{-}free}$ 为断电电位

置，无杂散电流影响，如有牺牲阳极也需同步断开。在实际应用中对电源设备、测试仪器要求较高，尤其对城市在役旧管道而言，由于其地下结构复杂，干扰问题突出，瞬间断电法在城市管道中应用受到限制。断电瞬间，管道电位会出现短暂的电涌(正向脉冲)，作用期一般为数百微秒，断电之后，管道电位立即下降，然后慢慢衰减，前面这一电位瞬间急落便是 IR 降。有关“瞬间”概念的数量级，取决于浓差极化的程度和可能产生扩散的速率，一般在砂质透气性土壤中为微秒级或更小。《埋地钢质管道阴极保护参数测量方法》(GB/T 21246—2007)要求将电源断电后 0.5～1.0s 的电位值作为断电电位值。在工程实际中，通常采集到的断电电位是断电 0.5s 后的电位，但由于读数时间与人工经验密切相关，一般建议采用数据记录仪采集断电电位数据，取脉冲时最负的电位作为断电电位。

现场测试评价阴极保护有效性的密间隔电位检测(CIPS)测试原理就是采用同步中断电流法测量管道断电电位的。CIPS 是近间距管对地电位测量方法。测量时，在阴极保护电源输出线上串接断流器，断流器以一定的周期断开或接通阴极保护电流。例如，在 1s 周期中 1/3 s 断开，2/3 s 接通。测量从一个阴极保护测试桩开始，将尾线接在桩上，与管道连通，检测人员手持探杖，沿管道每间隔一定距离测量一个点，记录下每个点的通/断电电位。这样就可以得到沿管道的管地电位的两条曲线，断电电位值是代表实际对金属表面施加的真实保护电位，根据–0.85V(CSE)保护电位准则，可判断某处阴极保护的实际效果。

(2)试片断电法。

当管道上安装有直流去耦合器时，或直接利用电源设备自身的通断功能时，直流去耦合器的电容充放电及电源设备的断电延迟对管道电位测量结果会产生影响。对于牺牲阳极阴极保护管道，要做到所有阳极同步通断几乎不可能。当管道上有杂散电流干扰时，传统的方法也无法测量到管道的断电电位，为此可使用试片断电法。在测试点处埋设材质、表面状态与管道相同的试片，通过电缆与管道连接，由管道的保护电流进行极化，试片处相当于管道防腐蚀层破损点。测量时，只需断开试片和管道的连接线，就可测得试片的断电电位，测量原理如图 3.12 所示。试片断电法避免了切断管道主保护电流及其他电连接的麻烦，且测试不受接地保护装置和牺牲阳极系统的影响。

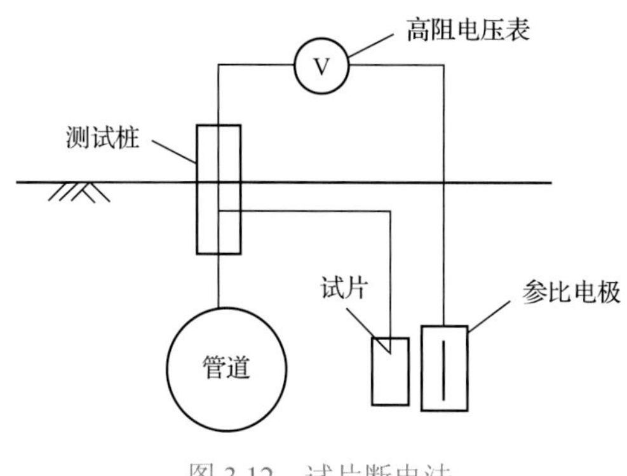

图 3.12　试片断电法

(3) 极化探头法。

极化测试探头是对极化试片的进一步发展，其基本原理与极化试片相同。测试探头是由极化试片、参比电极和电解质组成，外部用绝缘体隔离，只留一个多孔塞子(渗透膜)作为测量通路，可在一定程度上避免外界电流的干扰。试片材质与管道类似，平时试片与管道相连，极化程度与管道一致，测量时只需要断开极化试片和管道的连接即可得到所要的极化电位。极化探头适用于杂散电流区域内的电位测量。

探头断电法是在杂散电流存在情况下最常采用的日常检测方法。测量时，基于近参比法原理，将极化探头中的参比电极尽量靠近被测管道表面，对于有良好防腐层的管道，参比电极对应处应是防腐层的破损点，可以认为试片断电电位就是该处管道上类似大小防腐层破损点处的断电电位，从而尽可能减少土壤电阻压降成分，精确测得管地电位。

极化探头法的测量原理如图 3.13 所示，万用表正极接极化探头试片，负极接参比电极，将试片与管道断开后测量并记录相对于饱和铜/硫酸铜电极的断电电位(依据 GB/T 21246—2016)。

极化探头要埋设在与管道相同的环境中，不能使用回填料。安装探头时，探头可以竖直安装，也可以水平安装。水平安装的探头试片要背离管道，面朝外侧，尽量靠近管道安装。常用的极化探头试片面积有 50cm^2、18cm^2、10cm^2、6.5cm^2。对于新建 3PE 防腐的管道，建议选用试片面积为 10cm^2 或 6.5cm^2 的极化探头，对于老管道或沥青防腐的管道，可选用试片面积为 10cm^2 或 50cm^2 的极化探头。交流腐蚀监测时，选用 1.0cm^2 的极化探头。

3) 阴极极化电位偏移测量

极化值可通过测量极化形成或衰减来测得。采用极化形成法测量是在施加阴极保护之前，先测量金属管道的自然腐蚀电位，然后施加阴极保护电流，待金属管道充分极化后，进行断电电位测量。该方法适用于防腐层质量差或无防腐层的裸管道阴极保护效果的测试。通过管道极化衰减或极化形成来判定测试点处管道是否达到适当的阴极保护。管道阴极极化衰减的测量步骤如下。

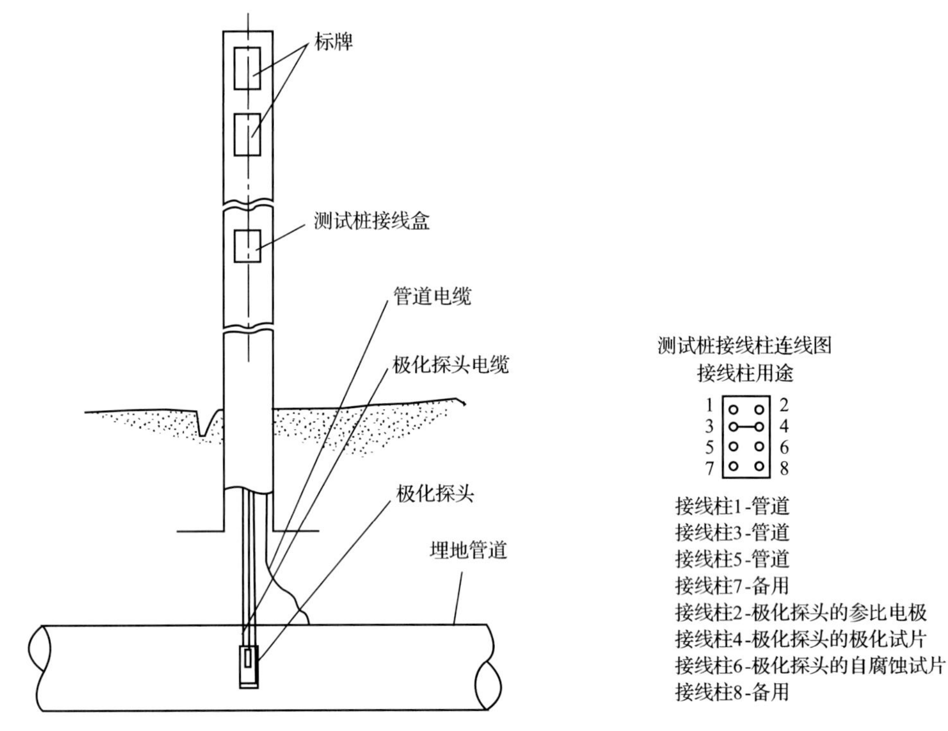

图 3.13 极化探头法测量原理图

测量时，在所有电流能流入测量区间的阴极保护电源处安装电流同步断续器，并设置在通/断循环状态下同步运行，同步误差小于 0.1s。将管道断电仅 0.5～1s 的断电电位作为计算极化衰减的基准电位。关闭可能影响测试点处管道的阴极保护电源，直至观察到出现至少 100mV 阴极去极化衰减或达到稳定的去极化水平，阴极极化衰减曲线如图 3.14 所示。上述两个电位之差(去极化电位与基准电位)，即为极化电位偏移值。

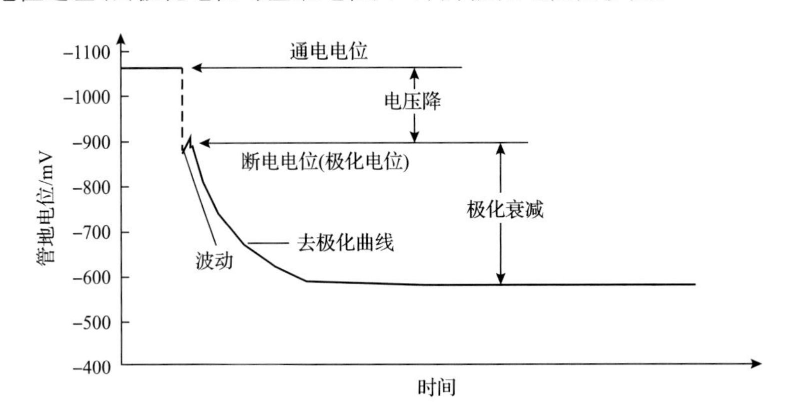

图 3.14 阴极极化衰减曲线图

管道阴极极化形成的测量步骤如下：测量并记录没有施加阴极保护电流时的管地自然电位，将此电位作为计算极化形成的基准电位；施加阴极保护电流，并确认保护管道已充分极化；测量时，在所有电流能流入测试区间的阴极保护电源处安装电流同步断续器，并设置在通/断循环状态下同步运行，同步误差小于 0.1s；测量并记录管地通电电位和断电电位，以及相对饱和铜/硫酸铜电极的极性；断电电位和自然电位之差就是形成的极化电位偏移值，阴极极化形成曲线如图 3.15 所示。

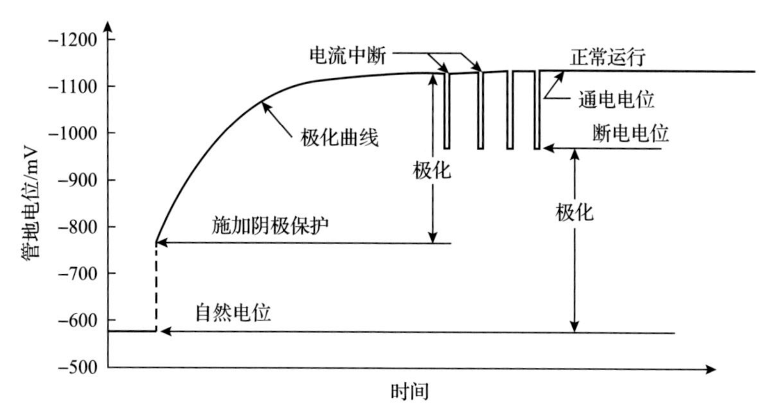

图 3.15　阴极极化形成曲线图

2. 电流测量

阴极保护中使用内阻小于被测回路总电阻 5%、灵敏度小于被测电流值 5%的低阻电流表来测量电流。电流测量不如电位测量那么普遍，但在以下情景十分必要。

1) 牺牲阳极输出电流

牺牲阳极输出电流可在输出回路串入标准电阻，测其两端电压计算得到；也可在回路中直接串入电流表测量。该数据是衡量牺牲阳极效率和工作状态的重要参数。

在牺牲阳极保护回路中串入一个标准电阻 R_N，通常选用阻值为 0.1Ω，精度 0.02 级的标准电阻，再用高阻电压表测取标准电阻两端的电压($\Delta U'$)，通过欧姆定律[式(3.16)]计算出牺牲阳极输出电流：

$$I_s = \frac{\Delta U'}{R_N} \tag{3.16}$$

式中，I_s 为牺牲阳极输出电流，mA；$\Delta U'$为标准电阻两端电压，mV；R_N 为标准电阻阻值，Ω。

2) 管中电流的测量

埋地管道管中电流可通过测量某一段管道的电压降 U_{ab}，并计算管段电阻[式(3.17)]，通过欧姆定律[式(3.18)]计算管内电流；也可以用补偿法直接用电流表测量。

$$R_{ab} = \frac{\rho_{ab} L_{ab}}{\pi(D-\delta)\delta} \tag{3.17}$$

$$I_t = \frac{U_{ab}}{R_{ab}} \tag{3.18}$$

式(3.17)和式(3.18)中，ρ_{ab}为该段管道电阻率，Ω·m；L_{ab}为管道长度，m；R_{ab}为 ab 两点间管段电阻，Ω；I_t为管内电流，A；U_{ab}为 ab 段电压差，V。

3. 土壤电阻率测量

土壤电阻率使用接地电阻测量仪，采用四极法进行测试，测量接线如图 3.16 所示。

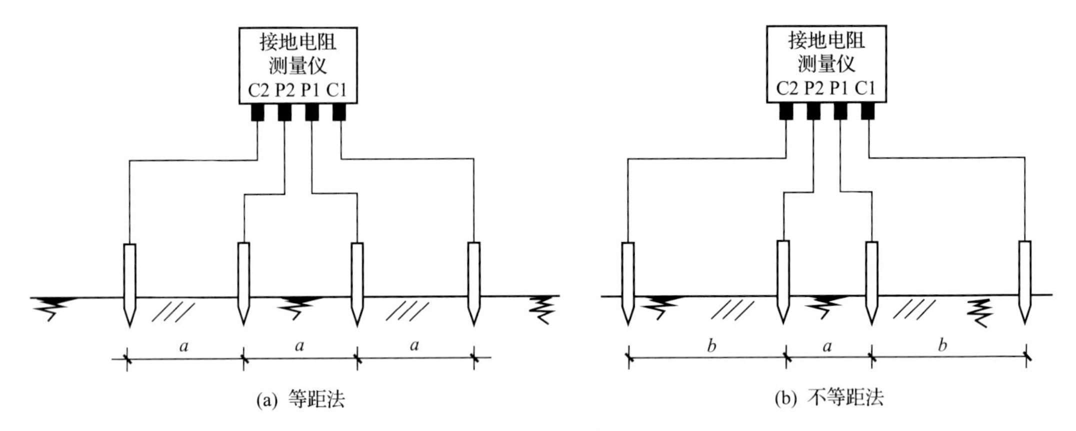

图 3.16 土壤电阻率测量图

1)等距法

等距法适用于平均土壤电阻率的测量，将测量仪的四个电极以等间距 a 布置在一条直线上，电极入土深度应小于 $a/20$。从地表至深度 a 的平均土壤电阻率按式(3.19)计算：

$$\rho_a = 2\pi a R_e \tag{3.19}$$

式中，ρ_a为从地表至深度 a 土层的平均电阻率，Ω·m；a 为相邻两电极之间的距离，m；R_e为接地电阻测量仪示值，Ω。

2)不等距法

不等距法主要用于测深不小于 20m 情况下的土壤电阻率测量。采用不等距法应先计算确定四个电极的间距，此时 $b>a$。通常情况下 a 可取 5～10m，b 值根据测深根据式(3.20)计算确定：

$$b = h - \frac{a}{2} \tag{3.20}$$

式中，b 为外侧电极与相邻电极之间的距离，m；h 为测深，m。

根据确定的间距将测量仪的四个电极布置在一条直线上，电极入土深度应小于 $a/20$。测量土壤电阻率值，如果土壤电阻率值小于零时，应加大 a 值并重新布置电极。测深 h 的平均土壤电阻率按式(3.21)计算：

$$\rho_a = \pi R\left(b + \frac{b^2}{a}\right) \tag{3.21}$$

3.4 管道阴极保护技术的数字化

智慧管道是在标准统一和管道数字化的基础上，通过“端+云+大数据”的体系架构集成管道全生命周期数据，提供智能分析和决策支持，实现管道的可视化、网络化、智能化管理。当前，我国正处于智慧管道建设的关键时期。随着中俄东线天然气管道工程的建成投产，我国智慧管道建设取得了新的进展和突破。阴极保护智能监测系统不仅是智慧管道建设的重要组成部分，同时，与智慧管道建设相结合，还可以利用其布点多、分布广、供电持续和传输及时的优势，融合地质灾害预警、安保视频监控等技术，作为智慧管道功能拓展的基础，进一步提高管道管理的智能化水平。

3.4.1 阴极保护智能监测技术

1. 阴极保护智能监测技术的发展历程

阴极保护智能监测技术是伴随着通信技术、网络技术和智能仪表技术的不断进步与发展而逐渐兴起的，自 20 世纪 90 年代初发展至今，这项技术的发展历程大致可分为 4 个阶段，如图 3.17 所示。第一阶段的技术需求主要是针对难以到达的关键位置的管道电位实现自动采集，作为现场人工检测方式的有效补充，其应用比较有限。在第二阶段，随着自动采集技术的进步，这项技术取得了规模化应用，监测设备采集数据的准确性与可信性大大提高，管道企业因此而减少了人工投入。过去 10 年是这项技术发展的第三阶段，智能监测设备的工作原理更复杂，所能够采集的数据种类更多，通信方式更加多样，在提高工程人员对埋地管道电位数据分析的时效性和准确性方面体现出了显著的优势。因此，国内外管道公司加大了对智能监测技术的应用，并致力于通过实时监测和预警的方式对管道的热点位置进行精准管理。在第三阶段，我国的油气管道企业借助数字化改造和完整性管理系统建设的进程，加强了对阴极保护系统的监测，并建立了阴极保护智能

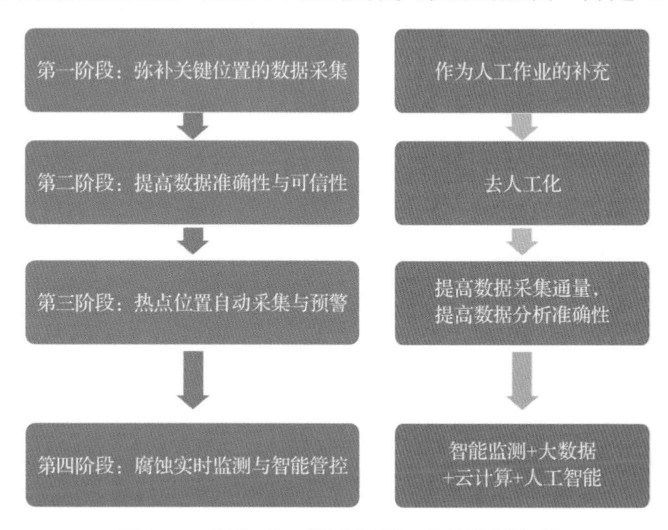

图 3.17 阴极保护智能监测技术的发展阶段

管理平台。当前是阴极保护智能监测技术发展的第四阶段，其主要驱动力来自工业物联网和人工智能技术。这一阶段的主要需求是深入挖掘大量监测数据中的有价值信息，建立计算模型，以便能够高效准确的辅助管理人员识别并预测管道运行过程中存在的腐蚀风险，自动诊断管道保护系统出现的故障，甚至实现低人工干预的智能管控。

2. 阴极保护智能监测系统架构

阴极保护智能监测系统的架构包括三层，即感知层、网络层和分析层(图 3.18)。

(1)感知层：以智能测试桩的形式设立于管道路由沿线，其内部安装自动采集仪。利用测试桩处布置的采集仪，配合长效参比、极化试片等埋地传感器，可以实现对阴极保护电位、交流电压、直流电流和土壤电阻率等相关参数的采集，经过 A/D 转换器，将模拟量转成数字量，将处理得到的数据进行临时存储或通过无线模块实时上传客户端软件管理平台。此外，这些数据采集设备还能够根据计算机或其他专用平台软硬件的系统要求实现灵活的、定制化的测量与采集。

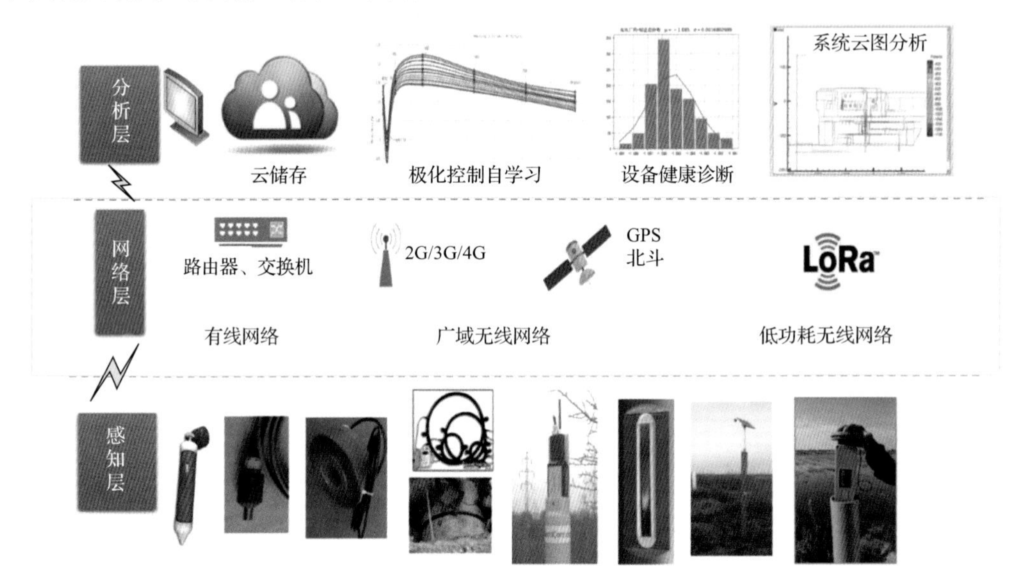

图 3.18 阴极保护智能监测系统架构

电位、电压、电流、温度、湿度、腐蚀速率、pH、土壤电阻率、氢脆等多参数监控

(2)网络层：数据传输网络的工作方式是双向的，一方面将采集仪采集得到的数据通过特定方式和固定协议传送给远端服务器系统并进行存储，另一方面可以将客户端发出的指令发送给采集仪，控制采集模块的工作方式。目前可以使用的无线数据传输系统包括移动通信网络、卫星通信和低功耗无线网络等，也可以使用管道沿线的伴行光纤实现有线数据传输。在阴极保护现场，充分利用目前的移动通信网络与远程计算机建立链接，将数据传输给远程管理平台，在线掌握阴极保护状态监测设备的工作状态，有效保证智能监测系统的可靠运行。

(3)分析层：即客户端管理平台的各项分析功能组件。通过接入的有线互联网络，计算机实现对远程数据的接收记录、处理和存储，并通过管理软件实现多项分析及管理功能。管理软件作为在线的阴极保护评价工具，能把从远程采集得到的阴极保护各项参数按照国家标准或国际标准进行判定、分析并给出预警。当系统发出预警时，根据当时情况，软件可指明故障原因、时间和地点，并将这些信息写入数据库，方便查阅和存档，为维修工作提供依据。管理软件还可以通过自学习和相关经验数据库的加入，能够实现对阴极保护各种故障的响应并提出合理的解决方案，满足阴极保护运行维护需要，降低管道腐蚀风险，保障管道安全运行的目的。另外，管理软件还集成了对采集仪的控制功能，可以远程设定采样频率，控制采集仪的休眠状态等。

通过阴极保护远程监测系统，管道运营商可以自定义阴极保护数据采集周期，便捷地评价阴极保护系统的运行有效性。适合于安装远程监控系统的位置包括阴极保护电源、牺牲阳极测试站、排流测试桩、跨接测试桩、绝缘接头测试桩及普通测试桩。

3. 阴极保护智能监测系统的优势

阴极保护智能监测系统在提升管道阴极保护管理方面展示出了多方面的优点。

(1) 持续实时地对阴极保护设备的运行状态进行监测并获取关键信息。

(2) 及时发现阴极保护设备的运行故障及保护效能下降。

(3) 极大地缩短故障定位、诊断及通知的时间延迟。

(4) 对整个系统或者关键热点位置实现远程监测其运行有效性。

(5) 有利于强化保护性能的长期知识积累。

(6) 便捷的远程优化或修改阴极保护运行参数。

(7) 部分减少或逐步取代定期现场检查数据工作。

(8) 运行维护成本的总体降低等。

阴极保护智能监测系统还有许多延伸应用的优势。新一代智能监测设备包含触发监测功能，采用该系统进行交直流干扰监测，当电位水平超过正常运行范围，可以自动触发密集采集模式，及时捕捉动态干扰信号；线路上多台采集设备同步采集通断电电位，有利于判断干扰的范围、强度和流入流出位置，确定高风险区并指导后期的排流设计等工作。将智能监测系统与腐蚀速率测试技术结合，可以实时监测腐蚀情况。如采用该系统进行区域阴极保护监测，可以及时确定欠保护位置和受干扰情况，并与恒电位仪控制系统结合，通过设计算法优化区域阴极保护的保护水平。如采用该系统对定向钻管段等特定位置进行监测，结合电流环或其他电流测试技术手段，可用于评价防腐层质量和穿越段管道的真实阴极保护水平。总之，采用智能采集系统将得到的海量数据与日常管理的难点、热点问题相结合，做好数据挖掘、分析和应用，是智能管道管理的发展方向之一。

4. 阴极保护智能监测系统的应用

阴极保护智能监测系统在我国成品油管道已经获得比较广泛的应用。集输管道和城市燃气管网近年来也加快了应用步伐。

总体来看，阴极保护智能监测系统在监测长输油气管道杂散电流干扰方面获得了较多的应用。因此智能测试桩在接近干扰源的位置分布相对密集，而在远离干扰源的位置则覆盖率较低。影响阴极保护智能监测系统应用的主要因素在于：恒电位仪与管道沿线测试桩的智能化程度仍不匹配，因此很多管道并未真正建立起具有自动调控和联动机制的阴极保护智能监测系统。对管道腐蚀速率本身的智能监测仍非常少，其智能监测的价值不能得到充分的体现；智能监测点在管道上的覆盖率偏低与智能监测系统收集的大量数据未充分挖掘利用并存，这些都在一定程度上限制了该系统作用的发挥。

3.4.2 阴极保护数值模拟技术

1. 数值模拟计算技术介绍

若阴极保护不当，会造成三种有害后果：其一是保护效果不理想，无法起到有效防腐目的；其二是超出保护电位区间，增大安全风险；其三是会引起杂散电流，造成其他设施腐蚀。

要解决上述问题，有两种方法：一是采用实验室模拟和现场模拟试验的方法，但费时、费钱、难度大；另一种方法是采用数值模拟预测。随着电化学和计算机技术的发展，采用数值模拟技术来获取被保护体表面的电位和电流分布，成为阴极保护领域中十分活跃的一个方面，并已在地下长输管道、海洋构件和近海石油平台等油气设施上得到了较好的应用。阴极保护效果的数值预测成为近年来阴极保护领域的热门发展方向。

利用数值计算方法，可以得到被保护管道表面的电位分布。20 世纪 60 年代，国外学者开始采用有限差分方法(finite differential method，FDM)、有限元法(finite element method，FEM)来计算腐蚀过程的电位和电流分布。FDM 和 FEM 的共同缺点是计算精度不高、计算量和数据准备量巨大。20 世纪 80 年代初，国外学者开始通过边界元法(boundary element method，BEM)来求解阴极保护电位分布问题。英国 BEASY 公司基于边界元法开发了世界上首套腐蚀及阴极保护模拟软件 BEASY，经过 30 多年的发展，软件的适用范围、计算精度和速度都在不断提升。近年来，国内外学者采用 BEASY 数值计算软件研究了储罐、长距离管道等阴极保护电位分布问题，Douglas 和 Mark[19]对采用不同阳极布置方式的地上储罐罐底阴极保护电位分布进行了模拟。Brichau 和 Deconinck[20]计算了考虑管道轴向电阻降时埋地管道的阴极保护电位分布。我国阴极保护数值模拟技术的研究始于 20 世纪 90 年代，中国科学院上海冶金研究所用 FEM 研究了钢质储罐底板外侧及带状阳极保护下埋地管道的阴极保护电位和电流分布。路民旭等[21]对阴极保护电位分布数值计算模型、带防腐层金属构件极化边界条件开展了理论研究和测试方法研究，开发了国内首套应用于阴极保护数值模拟计算的商业软件。数值模拟计算技术可应用于埋地管道阴极保护阳极地床分布的优化设计和有效性评价，其原理是利用数值计算方法，求解阴极保护系统数学模型。该数学模型一般由土壤环境中的电位分布描述方程(拉普拉斯方程)与边界条件组成。

综合考虑环境介质的不均匀性和埋地管道/土壤界面极化行为的复杂性，建立的阴极保护电位分布的三维数学模型[1]，如式(3.22)～式(3.26)所示：

$$\Omega:\frac{\partial}{\partial x}\left(\sigma\frac{\partial E}{\partial x}\right)+\frac{\partial}{\partial y}\left(\sigma\frac{\partial E}{\partial y}\right)+\frac{\partial}{\partial z}\left(\sigma\frac{\partial E}{\partial z}\right)=0 \tag{3.22}$$

$$\Gamma_A: \ \phi = \phi_A \text{或} \partial\phi / \partial n = i_a \tag{3.23}$$

$$\Gamma_I: \ \partial\phi / \partial n = 0 \tag{3.24}$$

$$\Gamma_C: \ \phi = \phi_{cathode} - \phi_{p/s} \tag{3.25}$$

$$\frac{\partial\phi}{\partial n} + \frac{i_{corr}}{\sigma}\left\{\frac{10^{\left(-\frac{\phi_{p/s}-E_{corr}}{b_c}\right)}}{1-\frac{i_{corr}}{i_L}\left[1-10^{\left(-\frac{\phi_{p/s}-E_{corr}}{b_c}\right)}\right]} - 10^{\left(\frac{\phi_{p/s}-E_{corr}}{b_a}\right)}\right\} = 0 \tag{3.26}$$

式(3.22)～式(3.26)中，Ω 为研究区域；σ 为土壤电导率；ϕ为土壤电位；Γ_A 为阳极边界；ϕ_A 为与阳极临近的土壤电位；i_a 为阳极处电流密度；Γ_I 为绝缘边界；Γ_C 为阴极边界；$\phi_{cathode}$ 为管道电位；$\phi_{p/s}$ 为管地电位(管道极化电位)；i_{corr} 为埋地管道自腐蚀电流密度；E_{corr} 为埋地管道自腐蚀电位；b_a、b_c 分别为埋地管道阳极、阴极反应的 Tafel 常数或直线斜率；i_L 为氧化还原反应的极限扩散电流密度；$\partial\phi/\partial n$ 为电位梯度。

阴极保护电位分布数值模拟方法应用于阴极保护设计，具有以下优势：①阴极保护效果预知性强，保护电位大小和分布一目了然；②阳极地床的位置和数量确定更具理论依据；③能够在模拟阶段充分预测干扰和屏蔽问题，并可通过在模拟中调整阳极地床分布来消除这些问题，减小实际施工中的调试和整改工作量。

埋地管道易受相邻的阴极保护系统、高压直流输电系统和地铁轨道交通系统等入地或泄漏直流杂散电流的干扰影响，采用数值模拟方法能够很好预测并评估干扰影响的规律及防护措施的效果。与单独的阴极保护电位分布数值模拟计算相比，在直流干扰的数值模拟中需要增加干扰源的描述方程(基于简化的电路模型和/或电位分布的描述方程)，边界条件基于实际工况可为恒电位、恒电流或电位与电流的关系。同时，每个独立的干扰源系统需满足电流平衡条件(即流入流出电流之和为零)。在实际模拟计算中，直流干扰问题与单一阴极保护系统的不同主要体现在由于本体电位差异导致边界条件处理方法的变化，因此而引入的未知参数可通过现场测量获得或利用快速插值迭代计算的方法得到。

由于阴极保护及直流干扰的实际问题较复杂，电位分布数值模拟的准确性要受多个因素的制约，其中最主要有以下两点：①几何模型的准确性，所建立的几何模型和实际的埋地构件分布越接近，计算结果越准确；②边界条件的准确性，要准确地给出计算的边界条件，需要弄清楚所有埋地构件表面的防腐层状况，并能给出不同表面状况的构件在土壤环境下的极化特性。但是对于某些区域，如埋地管网众多，建设时间不确定，管道表面状况差异较大，如果不能准确地掌握地下构件的分布情况和表面状况，就会影响计算结果的准确性。

2. 数值模拟计算技术案例

简单的站场区域阴极保护设计案例见案例一。由于复杂的接地系统将成为影响站场区域阴极保护效果的最主要因素之一。在设计站场区域阴极保护系统时，考虑阴极保护边界条件的同时，需要重点研究接地系统的影响，如案例二。

1) 案例一

对于 3.2.3 节中提到的站场区域阴极保护设计，在完成资料收集和现场测量后，可利用专用的阴极保护数值计算软件建模工具进行设计。主要包含工作如下：①建立保护区域的三维几何模型，所建立的三维模型要真实地再现所保护区域内各类埋地金属结构物的几何尺寸、分布和走向等几何特征及土壤的分布特征；②利用数值计算网格划分工具对所建立的三维几何模型进行网格划分，所有区域界面包括各类被保护结构表面及土壤区域界面均要根据几何尺寸和重要性进行合理的网格分布；③根据边界条件测试结果，利用建模工具对区域阴极保护模型中所涉及的阴极边界、阳极边界及土壤边界三类边界条件进行设置；④根据土壤电阻率的现场测量结果，利用建模工具对三维区域模型中的土壤物性进行设置；⑤在以上各部分设置完成后生成计算所需的模型文件。

按照以上步骤建立的该站场区域阴极保护数值计算模型，如图 3.19 所示。

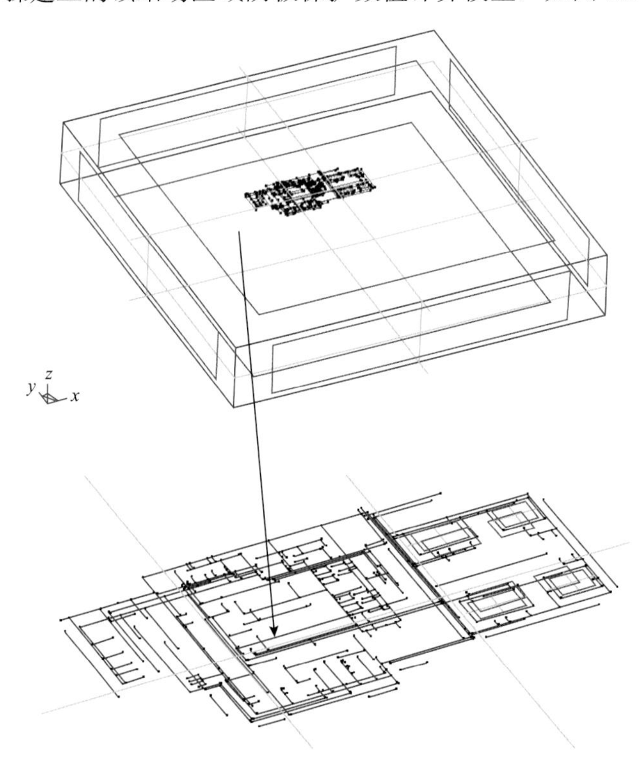

图 3.19 站场区域阴极保护系统几何模型

采用专用的阴极保护数值模拟计算软件对所建立的区域阴极保护几何模型进行边界元网格划分，划分网格如图 3.20 所示。

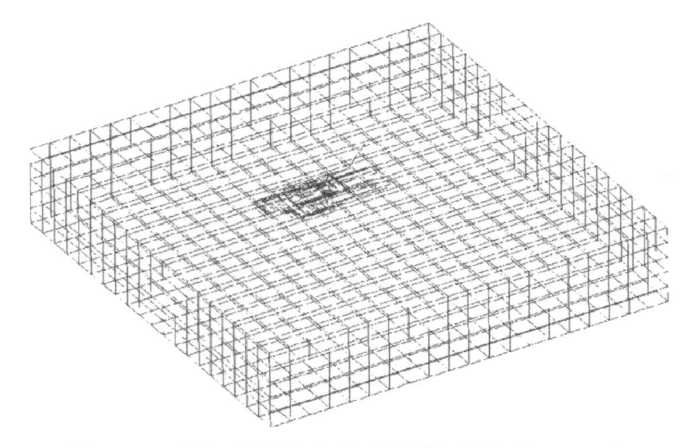

图 3.20　站场区域阴极保护数值模拟计算边界元网格

计算采用的阴极边界条件为沥青防腐层试样极化数据，所采用的阳极边界条件为辅助阳极电流密度边界，土壤电阻率取 20Ω·m。利用专用的边界元计算软件对所建立的区域阴极保护数学模型进行求解，可获得不同阴极保护方案下的保护效果。

2) 案例二

某油气站场内埋地结构复杂，有开排、清水和消防等各种管线和裸铜接地导线、裸铜垂直接地棒等。根据收集到的站场资料对全部管线和接地进行建模，如图 3.21 所示，图中绿色线为各类管线，黄色为接地铜导线。建模完成后，对所有结构物进行边界元的网格划分，如图 3.22 所示。

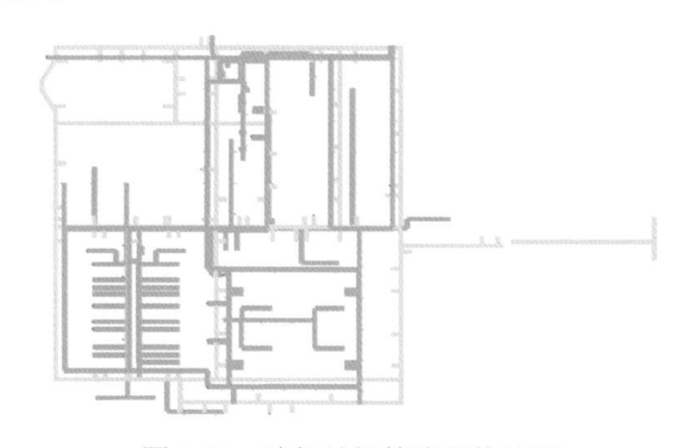

图 3.21　油气站场管线和接地图

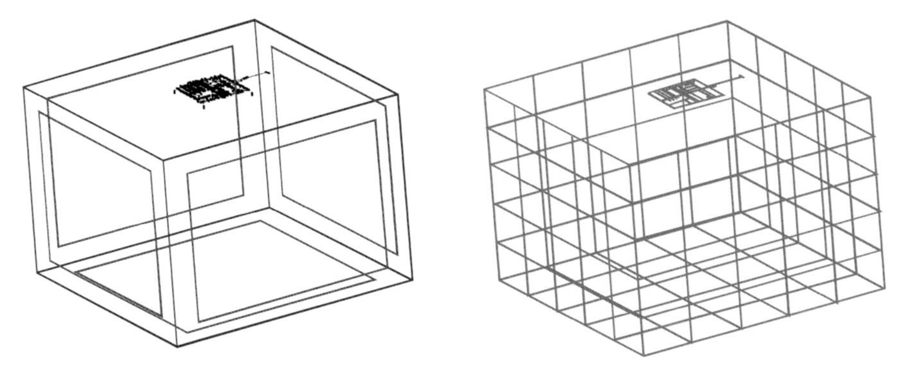

图 3.22　油气站场建模和网格划分

测试裸露工作面为 $1cm^2$ 的碳钢、锌和铜试样在站内土样中的极化曲线，据此得到数值模拟计算的边界条件如图 3.23 所示。

由于现有接地设计中未考虑接地金属材料对站场区域阴极保护系统的影响，接地与管线均为电连通状态，需要将接地与管线进行联合保护设计。以下分别尝试采用牺牲阳极(镁合金阳极)和外加电流阴极保护(柔性阳极、浅埋阳极、深井阳极)的方法进行优化设计。分别在各种阳极形式下进行阴极保护设计优化，得到管线满足标准要求的优化方案，保护效果如图 3.24 所示。

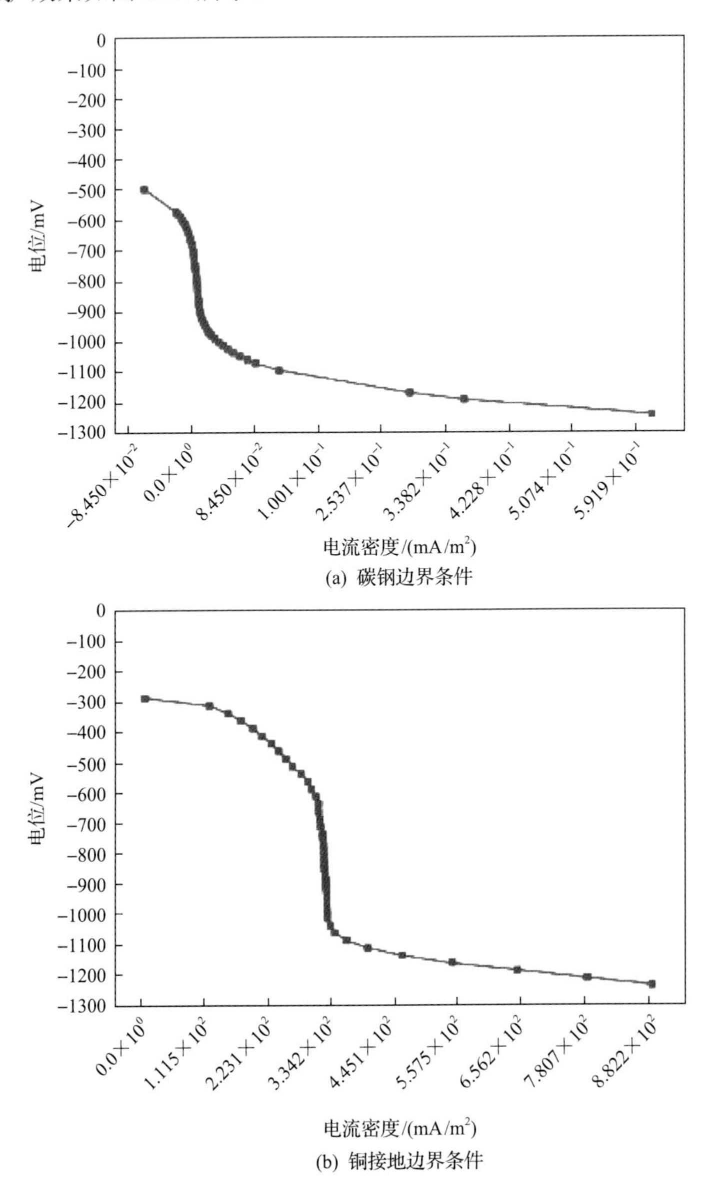

(a) 碳钢边界条件

(b) 铜接地边界条件

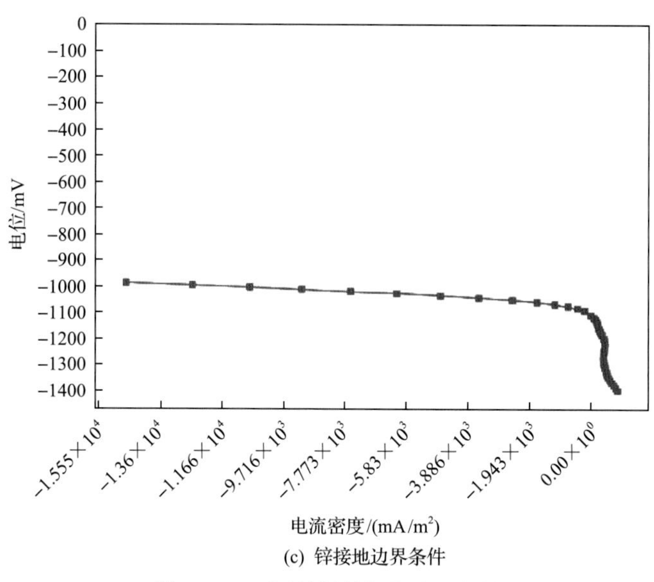

(c) 锌接地边界条件

图 3.23　不同材料的极化边界条件

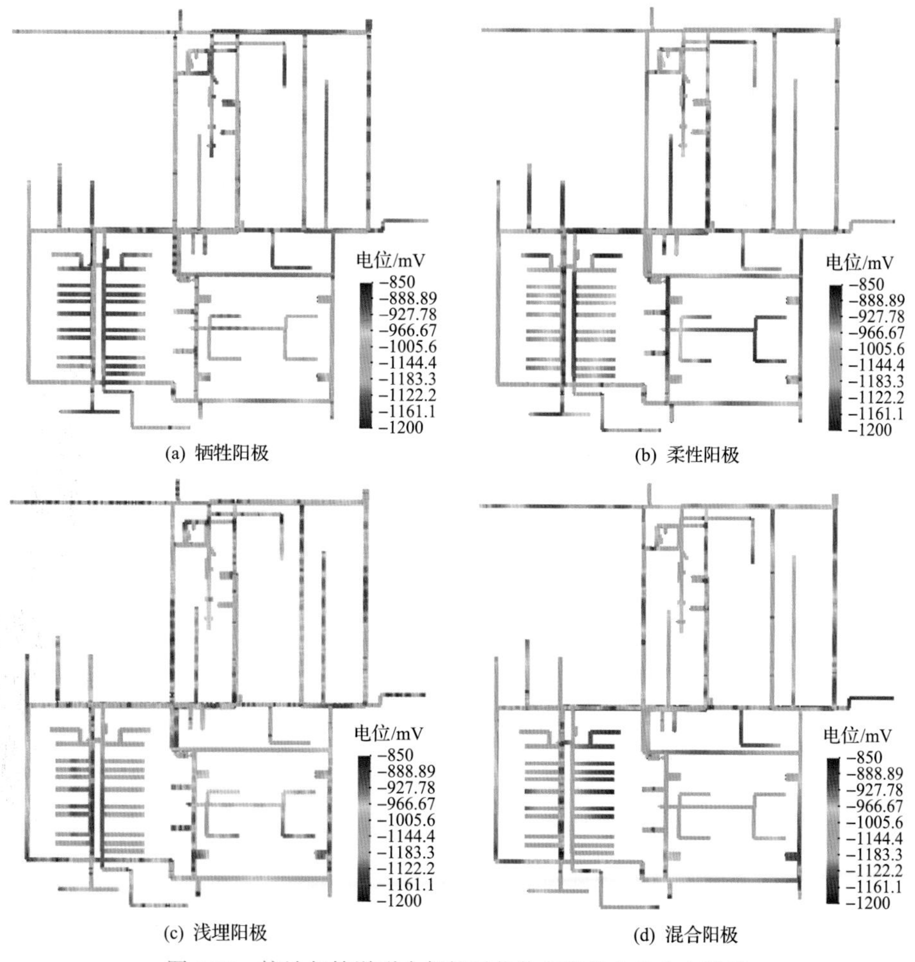

(a) 牺牲阳极　(b) 柔性阳极

(c) 浅埋阳极　(d) 混合阳极

图 3.24　接地与管道联合保护时优化方案的电位分布云图

如果接地与管线绝缘，或者不考虑接地影响的情况下，重新对各种阳极形式下的阴极保护设计进行优化，得到管线满足标准要求的优化方案，保护效果如图 3.25 所示。

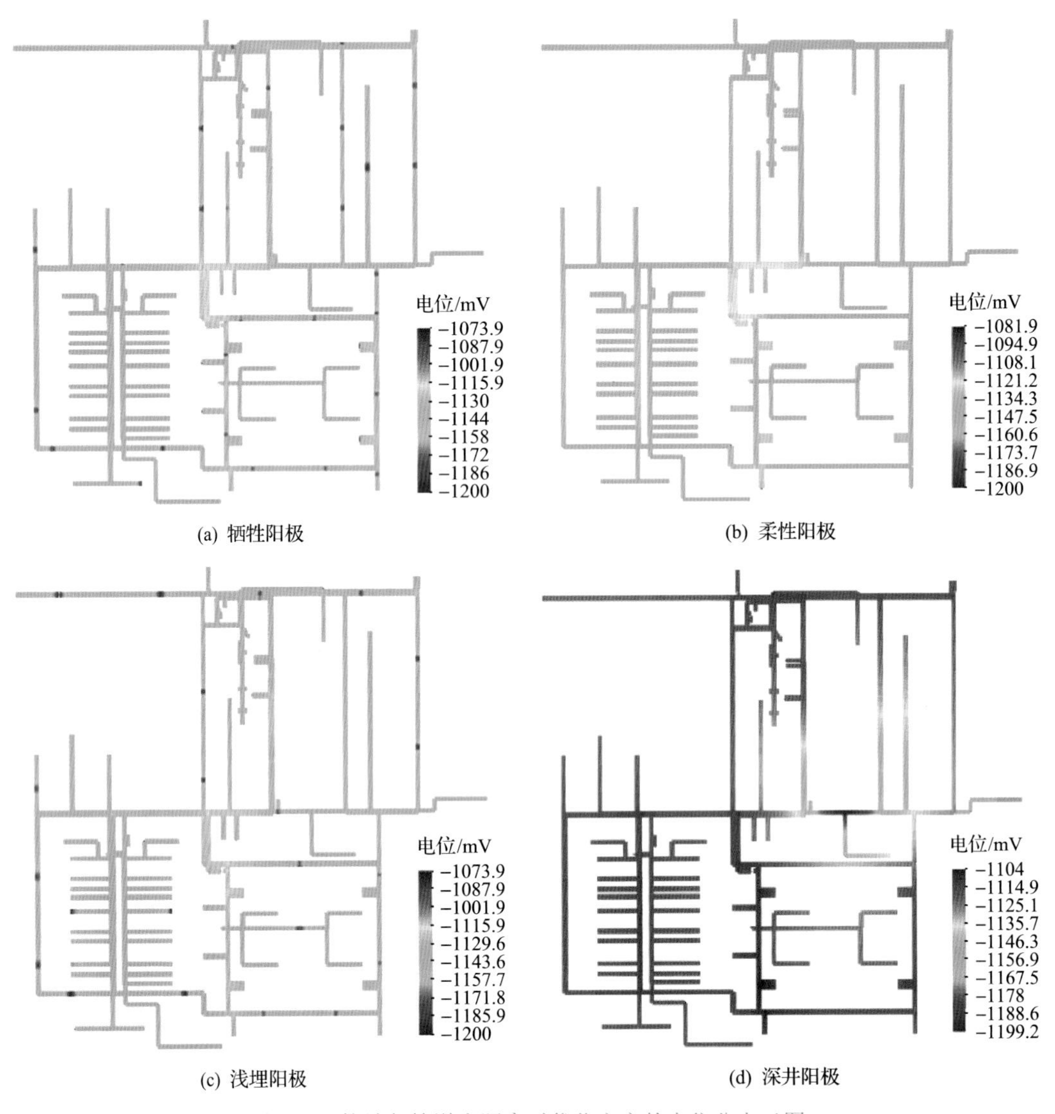

(a) 牺牲阳极　(b) 柔性阳极

(c) 浅埋阳极　(d) 深井阳极

图 3.25　接地与管道电隔离时优化方案的电位分布云图

根据上述优化方案，得到接地与管线在电连通及电绝缘不同情况下实现所有管道良好保护时使用的阳极数量和输出电流情况，如表 3.10 所示。对比结果表明，接地与管线进行联合保护时，单独采用深井阳极形式无法满足保护要求，仍需要在特定位置采用浅埋阳极形式。

以上计算结果表明，如果将管道与接地电隔离，则阴极保护设计优化方案的阳极用量和电流需求量都显著减少。由此可见，在区域阴极保护系统设计时，应慎重采用正电性接地材料，如铜或铜包钢，否则将给阴极保护设计带来困难，导致阳极用量大、电流需求高，危害埋地设施的安全运行。

表 3.10　不同阳极布置方式下的优化方案汇总

阳极类型	接地和管线联合保护		接地和管线电绝缘	
	阳极数量	输出电流/A	阳极数量	输出电流/A
镁合金阳极	1222 支	83.2	32 支	1.8
柔性阳极	6545m	80	4300m	1.8
浅埋阳极	518 支	80	28 支	1.8
深井阳极	19 支深井阳极+120 支浅埋阳极(混合阳极)	85	1 支	1.5

3.5　管道阴极保护热点问题

近年来，随着工业发展，管道服役环境日益复杂，杂散电流干扰日益严重。复杂土壤环境和杂散电流干扰下，管道阴极保护的设置、测试和评价面临的诸多技术和科学问题，已经成为国内外研究热点。以下列举杂散电流干扰、防腐层剥离等复杂服役环境中管道阴极保护的最新研究进展，并总结阴极保护技术的发展趋势。

3.5.1　杂散电流干扰下阴极保护准则

受动态或静态杂散电流影响，管地电位始终处于波动状态或偏离其自然状态，由于无法中断杂散电流，因此无法采用通断阴极保护电源的方法测量管道的极化电位，给阴极保护有效性判断带来困难。

与埋地管道阴极保护有效性评价标准不同，国内外对杂散电流干扰的评价标准数量较多而且差异较大，各行业协会及国家(或地区)的杂散电流干扰评价标准从更新频次、评价参数的选择、评价逻辑的设计和评价结论均有所不同。

国内外常用埋地管道阴极保护有效性评价标准及杂散电流干扰评价标准较多，表 3.11 列出了常见的 13 项。

表 3.11　国内外常用埋地管道阴极保评价标准

序号	标准号	标准类型	名称
1	GB/T 21448—2017	综合	埋地钢质管道阴极保护技术规范
2	BS ISO 15589-1:2015	综合	管道系统的阴极保护　第 1 部分：陆上管道(Cathodic Protection of Pipeline Systems Part 1: On-Land Pipelines)
3	NACE SP0169-2013	综合	埋地或水下金属管道系统外腐蚀控制(Control of External Corrosion on Underground or Submerged Metallic Piping Systems)
4	AS 2832.1-2015	综合	金属的阴极保护　第 1 部分：管道和电缆(Cathodic Protection of Metals Part 1: Pipes and Cables)
5	GB/T 50698—2011	交流	埋地钢质管道交流干扰防护技术标准
6	GB 50991—2014	直流	埋地钢质管道直流干扰防护技术标准
7	NACE SP0177-2019	交流	交流电流和雷电对金属结构和腐蚀控制系统的影响(Mitigation of Alternating Current and Lightning Effects on Metallic Structures and Corrosion Control Systems)

续表

序号	标准号	标准类型	名称
8	BS EN 15280-2013	交流	适合于埋地阴极保护管道交流腐蚀的可能性评估(Evaluation of A.C. Corrosion Likelihood of Buried Pipelines-Application to Cathodically Protected Pipelines)
9	BS EN 50162-2004	动态直流	直流系统中杂散电流引起的腐蚀防护(Protection Against Corrosion by Stray Current from Direct Current Systems)
10	BS EN 50122-2:2010	动态直流	轨道交通 地面装置 电气安全、接地和回流 第2部分：直流牵引系统杂散电流影响防治(Railway Applications-Fixed Installations-Electrical Safety, Earthing and the Return Circuit part 2: Provisions Against the Effects of Stray Currents Caused by d.c Traction Systems)
11	EN 12954:2017	综合	埋地或浸泡金属结构的阴极保护一般原则(General Principles of Cathodic Protection of Buried or Immersed Onshore Metallic Structures)
12	NACE SP21424-2018-SG	交流	阴极保护管道交流腐蚀：风险评估、缓解和监控(Alternating Current Corrosion on Cathodically Protected Pipelines: Risk Assessment, Mitigation and Monitoring)
13	BS ISO 18086-2019	交流	金属与合金的腐蚀 交流腐蚀的测定 保护标准(Corrosion of Metals and Alloys-Determination of AC Corrosion-Protection Criteria)

截至目前，上述仍在使用的标准中，共包括综合评价阴极保护及杂散电流干扰的标准共有5项(序号分别为1、2、3、4、11)，专项评价直流杂散电流干扰的标准共有3项(序号分别为6、9、10)，专项评价交流杂散电流干扰的标准共有5项(序号分别为5、7、8、12、13)。这些标准付诸实施的时间存在一定的先后顺序，其时间树关系如图3.26所示。

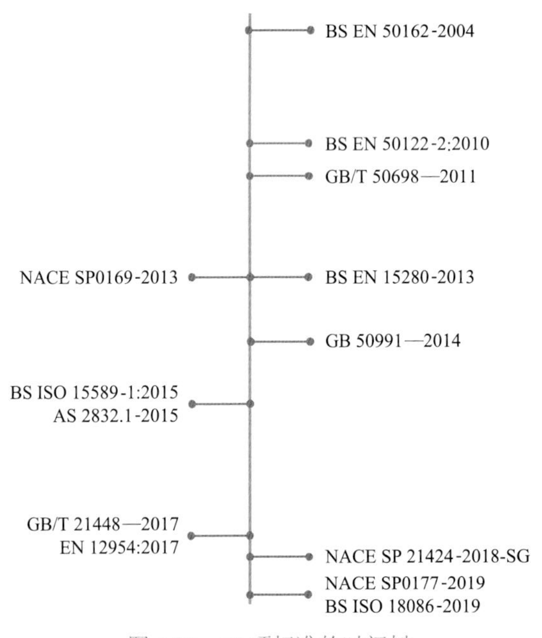

图3.26 13项标准的时间树

对国内外常用的13项埋地管道阴极保护有效性评价标准及杂散电流干扰评价标准进行调研，分析其相互引用关系可得出如下结论。

(1)国家标准GB/T 21448—2017的阴极保护评价准则与当前国际上普遍施行的标准

在时效性上基本一致，但对交流和直流杂散电流干扰评价所引用的相应的国家标准在内容上需要更新，以满足当前杂散电流干扰评价的需求。

(2)国际标准 ISO 15589-1:2015 中关于交流干扰评价所引用的标准《适合于埋地阴极保护管道交流腐蚀的可能性评估》(BS EN 15280-2013)与包括澳大利亚标准《金属的阴极保护 第 1 部分：管道和电缆》(AS 2832.1-2015)和《金属与合金的腐蚀 交流腐蚀的测定 保护标准》(BS ISO 18086-2019)在内的相应内容一致，可以用作当前国内评价交流干扰严重程度的参考标准。

(3)澳大利亚标准 AS 2832.1-2015 中关于牵引杂散电流干扰的评价准则未被 BS ISO 15589-1:2015 或 NACE SP0169-2013 引用，可见其适用性有待进一步研究或考察。同样，该标准也未对《直流系统中杂散电流引起的腐蚀防护》(BS EN 50162-2004)加以引用。因此，对于动态直流杂散电流干扰的评价方法，除了腐蚀速率控制指标外，业界关于采用“电位偏移比例”指标(AS 2832.1-2015)还是“最大流出电流比例”指标(BS EN 50162-2004)并未达成统一意见。鉴于 GB/T 50991—2014 在注释性附录里提到了澳大利亚标准，因此国内常采用该标准作为牵引杂散电流干扰的评价标准。

(4)《阴极保护管道交流腐蚀：风险评估、缓解和监控》(NACE SP 21424-2018-SG)交流腐蚀评价标准充分参考并引用了业界的多项评价标准，同样可以作为当前国内评价交流干扰严重程度的参考标准。

3.5.2 杂散电流干扰管线阴极保护有效性测试

1. 杂散电流干扰对阴极保护系统及管道电位测试的影响

杂散电流干扰不仅可能使埋地管道发生腐蚀，还会干扰阴极保护系统的正常运行：对于外加电流阴极保护系统，干扰会导致通电点的电位波动，干扰较大时，可能导致采用恒电位运行模式的恒电位仪无法正常运行；杂散电流干扰可能会使牺牲阳极发生极性逆转、降低牺牲阳极的电流效率，致使管道得不到有效保护。对交流干扰，除了会导致阴极保护电位发生波动，同时也会增大管道所需的阴极保护电流密度；过高的交流干扰电压会使牺牲阳极的性能下降，缩短其使用寿命，甚至会出现极性逆转现象[22]。杂散电流干扰使管地电位大幅波动，给管道阴极保护有效测试和评估带来较大的困难。

无论是施加阴极保护的管道还是未施加阴极保护的管道，交流干扰存在都会导致管道电位偏移。Ormellese 等[23]利用交流干扰模拟实验，研究了交流电对管道阴极保护电位测试的影响，结果表明，无阴极保护下，交流干扰的存在不会影响管道腐蚀电位的测试，此时参比电极与管道的间距对管道腐蚀电位的测试无明显影响；然而，有阴极保护下，交流电流的存在严重干扰了管道阴极保护电位的测试，且随着交流干扰的增强而越大。同时；作者指出，交流干扰下管道阴极保护电位的测试只能通过极化试片(或者极化探头)来完成。Allahkaram 和 Shamani[24]的研究也表明，交流干扰下管道通电电位 IR 降远远大于无交流干扰时的 IR 降，交流干扰下准确测得管道的阴极保护电位非常重要。

除了交流干扰会对管道电位测试产生影响外，固态去耦合、钳位式排流器等交流排流器也会对管道电位测试产生影响。李夏喜等[25]针对交流排流器对管道电位测试的影响进行了现场实验。结果表明，交流排流器的存在确实会对管道电位的测试产生影响，其影响大小与管道阴极保护水平、地床开路电位、交流排流器直流导通阈值电压及交流排流器两端交流电压降密切相关。现场测得某交流排流器直流导通阈值电压为–1.8～1.8V，排流地床开路电位为–0.2V，故当管道电位比–2V 更负或者比 1.6V 更正时，交流排流器会导通。现场试验时，测得该排流器两端交流电压为 2V，交流缓解前，管道阴极保护电位为–1.25V，故管道的交流/直流电位将在–3.35～0.75V 波动。因此，在一个交流电周期内，必然存在一个时间段使管道电位比–2V 要更负。在这段时间内，交流排流器将会导通直流，从而对测得的管道阴极保护电位造成影响。因此，在有交流排流管道上测试阴极保护电位时，需要注意交流排流器的影响，必要时需要摘除交流排流设施。

管道受静态杂散电流干扰时，只能进行 CIPS 通电电位检测，检测目的是寻找管地电位异常变化的管段，确定杂散电流的流入点和流出点。管道受动态直流杂散电流干扰时，可通过 CIPS 测量管地通电电位最大值、最小值和平均值，CIPS 断电电位测量意义不大。管道装有直流去耦合器交流排流接地时，直流去耦合器的充放电会影响 CIPS 测量数据。

此外，存在动态杂散电流时，地电位梯度较大，尤其是防腐层缺陷点附近，致使参比电极位置对测试结果影响非常大。即使直流杂散电流干扰很小，现场测试的管地电位也可能包含很大的 IR 降，这给管道电位测量和阴极保护的有效性评估带来了困难。

2. 杂散电流干扰下阴极保护测试技术

管道断电电位传统的测试需要同步中断外加电流电源，但是管道的服役环境越来越复杂，很多情况下无法完全断开外部电流设备。例如，牺牲阳极与管道直接相连、管道上安装有排流装置等情况下，管道无法与外加电流电源同步中断，管道断电法测试无法实施。在此背景下，试片法在管道断电电位测量和阴极保护有效性评价中又重新得到人们的关注，基于试片法原理的测试探头成为今后发展的方向。

试片模拟管道防腐层缺陷点，通过测试桩与管道连接，测量时，瞬时从管道上断开，这样就可以在不断开管道上所有电源的情况下进行断电电位测试。阴极保护试片是管道阴极保护有效性评价的最有效手段，试片应具有以下特点：与管道金属相同并表面状态一样；应足够小，以避免导致过量的阴极保护电流流失；埋深及回填状态与管道相同；表面要预处理，除去轧制氧化皮。但在实际应用过程中仍然存在众多问题，例如试片面积如何影响测试结果；对于特定的管道，选取多大面积的试片效果最佳。检查片面积大小影响所测管道的极化状态，实际应用中，试片面积须模拟管道表面有代表性的涂层缺陷面积。若试片面积过小，它与土壤的基础电阻和管道涂层缺陷处与土壤的接触电阻差异过大，无法代表管道实际保护状况；若试片面积过大，则可能导致结果失真(IR 降)，或者导致保护电流过度流失，改变管道阴极保护状态。阴极保护试片获得的电位有效性结果，只代表管道上涂层缺陷点面积小于试片面积的漏点满足保护要求，不能说明涂层缺陷点面积大于试片面积的涂层缺陷点保护是否充分。PRCI 的研究结果表明，试片面积为 9～50cm^2 时，其对断电电位影响不大，因此试片尺寸对阴极保护有效性评价不是很重要。还有研究指出，与涂层质量较好的管道相比，对于涂层质量欠佳或裸钢管道，应考虑使用较大的试片。

为了避免地下杂散电流对电位检测的干扰，同时避免极化探头漏液污染及失效问题，可以在测试桩附近埋设极化电位参比管。参比管由 PVC 等绝缘材料制成，包括填充土壤。测量时，将参比电极插入参比管中与土壤接触，测量试片的通电电位、断电电位。参比管屏蔽了地电位，减小了参比电极测量电位中 IR 降的影响。参比管测量极化电位的原理与极化探头相同，不同之处在于参比电极不埋地，而是采用便携式参比电极，避免了极化探头参比电极失效的问题。

3.5.3　防腐层剥离管道的阴极保护

服役过程中，在界面应力、析氢反应、微生物及植物根系等因素长期作用下，管道防腐层易失黏剥离失效。目前国内外均发现了 3PE 管线不同程度失黏剥离的案例。大量现场开挖调查表明[26]，防腐层剥离一般发生于环氧粉末层/管体界面，始于 FBE 与管体黏结力降低。目前研究分析表明，环氧层的黏结失效与环氧粉末材料品质及工厂预制工艺有关[27]。由于使用年限尚短，现场开挖发现防腐层破损点下剥离区周围存在锈痕，由此可判断，防腐层剥离后尚存抱紧力，地下水渗透剥离区的距离通常仅数厘米，剥离区管体表面尚未出现严重腐蚀迹象。图 3.27 为部分防腐层现场开挖调查发现的 3PE 防腐层剥离及剥离区管体的腐蚀现象。

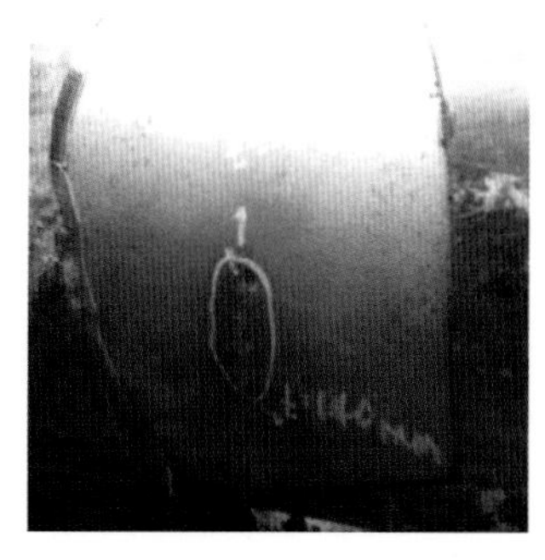

图 3.27　部分防腐层现场开挖调查发现的 3PE 防腐层剥离现象及剥离区管体的腐蚀现象

失黏防腐层会产生阴极保护电流屏蔽问题，防腐层下剥离区管壁得不到有效保护电流。2005 年，Argent 和 Norman[28]分析了 FBE 和 3PE 在管道上的适用性问题，指出冷缠带、热缩材料或 3PE 剥离后，会产生阴极保护电流屏蔽。阴极保护电流屏蔽的主要特征为：管道防腐层失黏，土壤水进入剥离防腐层下的管道表面；地表测得的管地电位仍处于保护电位范围；防腐层与管道之间介质的 pH 和化学成分均没有发生明显变化。3PE 剥离失效后屏蔽阴极保护电流，剥离防腐层下点蚀、应力腐蚀开裂(SCC)等腐蚀风险受到越来越多的关注。

PE 防腐层剥离后，地下土壤水及 CO_2 等腐蚀介质进入防腐层剥离区，在管体表面和剥离防腐层间形成近中性 pH 局部薄液膜环境；此外，3PE 防腐层与阴极保护系统缺少兼容性，3PE 剥离后屏蔽阴极保护电流，管体腐蚀可高达 0.7mm/a，NACE 建议的评估值为 0.4mm/a[《管道外腐蚀直接评价方法(Pipeline External Corrosion Direct Assessment Methodology)》(NACE RP 0502-2002)]。防腐层剥离可能引发管体点蚀、微生物腐蚀和应力腐蚀等不同形式的腐蚀，威胁管道安全运行。管道剥离防腐层下阴极保护屏蔽和剥离防腐层下腐蚀被认为是高绝缘性 3PE 防腐层管道的普遍问题。

防腐层破损点阴极保护水平除受施加电位影响外，还与防腐层失效模式和土壤电阻率等因素密切相关，阴极保护电流穿透剥离防腐层下的深度则与剥离缝隙形状及薄液介质电导率等有关。赵君等[26]及闫茂成等[29]利用缝隙模拟剥离防腐层下局部薄液环境(图 3.28)，由微电极技术测量缝隙内局部电位及 pH 的分布，研究了阴极保护电位、剥离区几何形状、溶液电导率及局部环境改变等因素对剥离区阴极保护效果的影响。图 3.29 为破损点处施加–1000mV 期间，缝内局部电位分布。施加阴极保护电位后，剥离区缝内产生了较

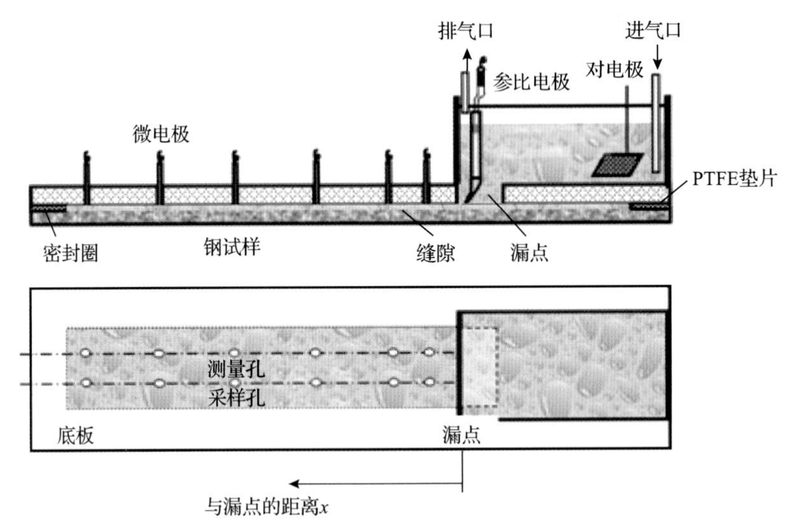

图 3.28 管线钢剥离防腐层下腐蚀模拟实验装置

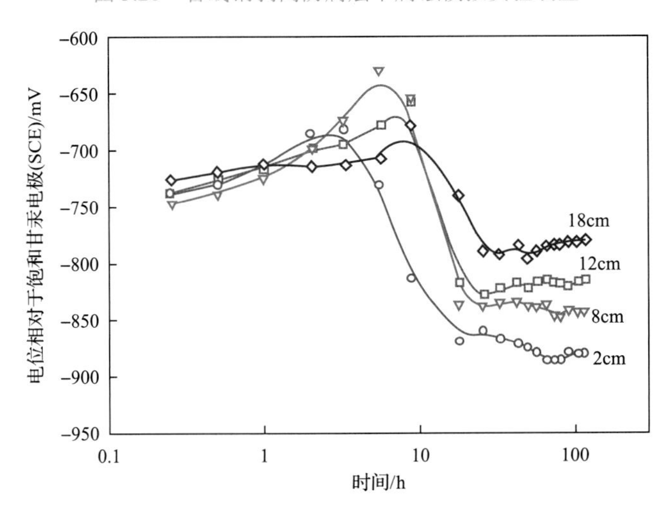

图 3.29 防腐层破损点处施加–1000mV 阴极保护电位时管道剥离区缝内局部电位分布规律

图中的数值为防腐层剥离区与破损漏点的距离

大的电位梯度，电位梯度随极化时间延长逐渐减小，该电位梯度主要集中在漏点附近。缝内电位距离漏点处–1000mV 和 20mm 处–870mV 随缝隙深度增加逐渐正移至缝底 180mm 处–780mV；漏点处–1000mV 已使整个剥离区得到了阴极保护。

以局部电位达到–0.85V(CSE)作为最小有效保护电位，几种试验溶液中各缝口保护电位下缝隙内有效保护深度 d_{CP} 如图 3.30 所示。不同溶液中的结果虽然差别较大，但均存在相同趋势：在一定电位下出现转折点，该电位大致对应钢在该溶液中的临界析氢电位。E_{CP} 正于析氢电位时，d_{CP} 随 E_{CP} 负移大幅增加；而 E_{CP} 负于析氢电位时，d_{CP} 随 E_{CP} 负移增幅不大，甚至降低。可见，无限制降低保护电位并不能有效提高缝隙深处的保护效果；相反，保护电位负于一定值时，缝口处钢析氢反应剧烈，缝口附近的 H_2 气泡阻隔阴极电流进入缝隙深处，降低了该处获得有效保护的可能性。故实际生产管理中应以控制析氢作为最负保护电位的标准。

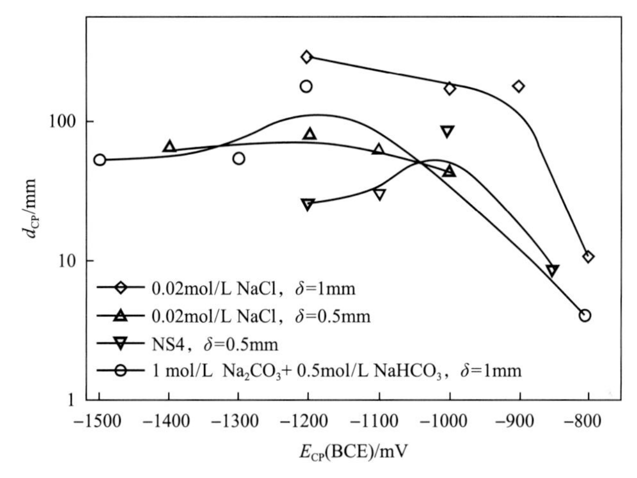

图 3.30　不同溶液中各阴极保护电位下缝隙内有效保护距离

土壤环境季节性干湿变化或地下水位变化也可引起防腐层破损点阴极保护水平变化。干旱季节土壤含水量降低，电阻率增加，可造成破损点处阴极保护屏蔽，防腐层破损点处无法获得有效阴极保护。

由于破损涂层渗透性、阴极保护电流密度和土壤(地下水)成分等的差异，涂层下最终会形成截然不同的局部环境。破损涂层下特定局部环境引发会引发管线外部应力腐蚀开裂(SCC)，这种形式的 SCC 分两种类型：高 pH SCC 和近中性 pH SCC。引发两种 SCC 的环境溶液是相关联的，都是由最初涂层缺陷下渗入的地表水变化而来的，阴极保护对 SCC 局部环境演化和形成有至关重要的影响。由于失效防腐层的屏蔽或较高的土壤电阻率，阴极保护电流若不能达到管道表面，低 pH 溶液则不会改变，其 pH 的范围为 5.5～7.5；若管道表面存在足量阴极保护电流，管道表面溶液中的 pH 会升高，并使其易吸收 CO_2，形成较高浓度的碳酸盐溶液，配合离子转移、高温蒸发作用等，就可能生成高 pH SCC 环境。现场挖掘发现，近中性 SCC 发生处环境溶液与地下水的差别较小[30]；而高 pH SCC 发生处环境溶液的组成和附近地下水明显不同，其主要特征是破损防腐层(尤其石油沥青防腐层或熔结环氧防腐层)下存在较高浓度的碳酸钠/碳酸氢钠溶液，有时出现碳酸钠和碳酸氢钠的白色晶体粉末[31, 32]。

参 考 文 献

[1] 杜艳霞, 路民旭. 阴极保护技术最新研究进展//中国国际管道会议, 廊坊, 2013.

[2] 齐公台, 郭稚弧, 林汉同. 腐蚀保护常用的几种牺牲阳极材料. 材料开发与应用, 2001, 16(1): 36-40.

[3] 冯洪臣. 管道阴极保护: 设计、安装和运营. 北京: 化学工业出版社, 2015.

[4] 火时中. 电化学保护. 北京: 化学工业出版社, 1988.

[5] 尤里克 H H, 瑞维亚 R W. 腐蚀与腐蚀控制: 腐蚀科学与腐蚀工程导论. 翁永基 译. 北京: 石油工业出版社, 1994.

[6] Ashworth V. The theory of cathodic protection and its relation to the electrochemical theory of corrosion. Cathodic Protecton, Theory and Practice, 1986: 13-30.

[7] 贝克曼 W V, 施文克 W, 普林兹 W. 阴极保护手册: 电化学保护的理论与实践. 胡士信, 王向农, 等译. 北京: 化学工业出版社, 2005.

[8] 宋曰海, 郭忠诚, 樊爱民, 等. 牺牲阳极材料的研究现状. 腐蚀科学与防护技术, 2004, 16(1): 24-28.

[9] 龙晋明, 郭忠诚, 韩夏云, 等. 牺牲阳极材料及其在金属防腐工程中的应用. 云南冶金, 2002, 31(3): 142-148.

[10] 郭炜, 文九巴, 马景灵, 等. 铝合金牺牲阳极材料的现状. 腐蚀与防护, 2008, 29(8): 495-498.

[11] 胡士信. 阴极保护工程手册. 北京: 化学工业出版社, 1998.

[12] 胡学文, 吴丽蓉, 许崇武, 等. 外加电流阴极保护用辅助阳极的研究现状及发展趋势. 腐性与防护, 2000, 21(12): 546-549.

[13] 梁旭魏, 吴中元, 孟宪级, 等. 油田区域性阴极保护计算机辅助优化设计研究. 天津纺织工学院学报, 1998, 17(5): 90-94.

[14] 支伟群. MMO/Ti 柔性阳极技术与应用——大型储罐阴极保护. 全面腐蚀控制, 2014, 28(9): 39-41, 64.

[15] 杜艳霞, 路民旭, 孙健民. 油气输送厂站阴极保护相关问题及解决方案. 煤气与热力, 2001, 31(11): 1-7.

[16] 葛艾天, 涂明跃. 区域性阴极保护在陕京管道厂站的应用. 腐蚀与防护, 2009, 30(5): 343-345.

[17] 胡士信, 熊信勇, 石薇, 等. 埋地钢质管道阴极保护真实电位的测量技术. 腐蚀与防护, 2005, 26(7): 297.

[18] 陈航. 长输油气管道工艺站场的区域性阴极保护. 腐蚀与防护, 2008, 29(8): 485-487.

[19] Douglas P R, Mark E O. A mathematical model for the cathodic protection of tank bottoms. Corrosion Science, 2005, 47: 849-868.

[20] Brichau F, Deconinck J. A numerical model for cathodic protection of buried pipes. Corrosion, 1994, 50(1): 39-49.

[21] 路民旭, 白真权, 赵新伟, 等. 油气采集储运中的腐蚀现状及典型案例. 腐蚀与防护, 2002, 23(3): 105-113.

[22] 唐德志, 杜艳霞, 路民旭. 埋地管道交流干扰有效检测技术及风险评价方法最新研究进展. 腐蚀科学与防护技术, 2018, 30(3): 311-318.

[23] Ormellese M, Goidanich S, Lazzari L. Effect of AC interference on cathodic protection monitoring. Corrosion Engineering Science. Technology, 2011, 46: 618.

[24] Allahkaram S R, Shamani R. A novel monitoring technique to define CP criteria for buried pipelines under AC corrosion condition. Iranian Journal of Material Science & Engineering, 2009, 6: 18.

[25] 李夏喜, 杜艳霞, 邢琳琳, 等. 四种交流排流器服役性能对比. 腐蚀与防护, 2017, 38: 228.

[26] 赵君, 闫茂成, 吴长访, 等. 干湿交替土壤环境中剥离涂层管线钢阴极保护有效性. 腐蚀科学与防护技术, 2018, 30(5): 508-512.

[27] 赵君, 罗鹏, 滕延平, 等. 管道三层 PE 防腐层现场应用调查与分析. 管道技术与设备, 2008, 6: 41-43.

[28] Argent C, Norman D. Fitness for purpose issues relating to FBE and three layer PE coatings//Corrosion 2005, NACE International, Houston, 2005.

[29] 闫茂成, 王俭秋, 柯伟, 等. 埋地管线剥离覆盖层下阴极保护的有效性. 中国腐蚀与防护学报, 2007, 27(5): 257-262.

[30] Parkins R N. A review of stress corrosion cracking of high pressure gas pipelines//NACE Corrosion, Orlando, 2000.

[31] 俞蓉溶, 蔡志章. 地下金属管道的腐蚀与防护. 北京: 石油工业出版社, 1998.

[32] Wilmott M, Erno B, Jack T, et al. The role of coatings in the development of corrosion and stress corrosion cracking on gas transmission pipelines//International Pipeline Conference, ASME, Calgary, 1998.

第4章 成品油管道杂散电流干扰与治理

管道受到的杂散电流干扰主要来源于用电、输电工程系统中的交、直流电流和大地中自然存在的地电流，以交流和直流干扰为主，具有多源性特征。目前已知主要的直流干扰源有直流轨道交通系统、高压直流输电系统、阴极保护系统、直流电焊机及大地电流等，主要的交流干扰源有交流输电线路及交流牵引电气化铁路等。随着高压长距离输电网络及配电网络越来越密集、电气化铁路网和城市直流轨道交通系统的不断建设，杂散电流干扰成为管道安全运行的重大威胁。杂散电流干扰腐蚀已成为成品油管道失效和破坏的主要原因之一。

4.1 管道杂散电流干扰概述

杂散电流在金属和电解质界面之间的流动可以产生不同的影响。对于受到杂散电流干扰的金属结构物而言，腐蚀破坏极有可能发生在电流流出区域。当电流从金属结构物流出至电解质(如土壤)时，通过氧化反应使电子电流转化为离子电流，即发生金属的腐蚀反应：$M \longrightarrow M^{n+}+ne^-$(对于钢质材料而言，$Fe \longrightarrow Fe^{2+}+2e^-$)。如果金属结构物施加了阴极保护，则杂散电流从该结构物流出时，可能不会引起腐蚀破坏，这取决于杂散电流和阴极保护电流的叠加效果。杂散电流从电解质流进金属结构物会使介质中的氧化态离子在界面处得到电子被还原，因而结构物上该位置会接受额外的电流。对于带有防腐层的结构物而言，这可能造成防腐层的阴极剥离；如果金属结构物是高强钢，则可能增加氢脆的风险。

为了解管道受杂散电流干扰腐蚀的程度，通常需要在管道沿线定期开展杂散电流干扰源调研，开展杂散电流干扰监检测，并对管道防腐层和管体腐蚀情况进行直接检查和评估。

4.1.1 交流和直流干扰源

管道受到的杂散电流干扰主要来源有以下几个方面。

1. 交流输电线路干扰

交流输电线路对埋地金属管道形成杂散电流干扰的方式主要是感应耦合和阻性耦合(容性耦合作用可以忽略)[1]，这两种方式在交流输电线路正常运行和故障状态下有明显的区别。

1)电力线路正常状态下的干扰

电力线路正常运行时，对金属管道的干扰方式为容性耦合和感应耦合，以感应耦合为主[2,3]。由于三相电力线路存在不对称性且三相线与管道之间的距离不完全相等，电力线路上交变的电流会在与其平行或相交的管道上产生感应电压[4-6]。另外，三相输电系统中的零序电流不总为零，且存在3、6、9次谐波分量，这会使管道上产生显著的感应电压，从而引起杂散电流干扰。

2)电力线路故障状态下的干扰

线路发生瞬间故障时，较大的短路电流除了存在于相线上之外，还可能沿杆塔或意外搭接物等结构流入大地。这种情况下，入地电流会在管道上产生阻性耦合干扰，而且由于相电位的瞬间不平衡，管道上短路点和并行段的两端会产生非常高的瞬时感应电压。电力线路故障时因短路而瞬间产生的总干扰电压比稳态干扰电压有效值高得多，干扰电压在短路点附近最高，并随着与短路点距离的增大而显著降低。

2. 直流输电工程干扰

目前，国内外研究普遍认为，高压直流输电系统对管道的直流干扰风险主要是由单极大地运行时大电流入地引起的。流进管道的杂散电流能够沿管壁传递相当长的路径，并在电流流出的地方对管道产生严重的危害[7,8]。我国高压长距离直流输电工程相比国外应用较多，已经发现了多起高压/特高压直流输电系统对管道干扰的实际案例。2013年，国家电网三峡—上海直流输电工程华新接地极单极运行期间，甬沪宁原油管道上测得的最大干扰电位为–2.5V(CSE)。浙苏成品油管道与腰泾、同里、廊下等接地极的垂直距离在10～30km不等，在这些接地极单极运行时，上百千米的成品油管道受到杂散电流干扰影响，管道通电电位正向持续偏移达+0.3V(CSE)，负向持续偏移达–3.0V(CSE)，而断电电位正向持续偏移达–0.2V(CSE)，负向持续偏移达–1.8V(CSE)，已明显偏离管道阴极保护准则所规定的保护电位范围。

3. 直流轨道交通系统的干扰

我国城市地铁的供电系统基本上是以直流牵引供电方式为主。直流牵引地铁系统的变电站将交流电变换为直流电，经由馈电线(接触网)向列车输送电流，并由车辆行走的钢轨作为回流线而返回电流。钢轨具有纵向电阻并承载电流，与大地之间并非完好绝缘，存在一定的过渡电阻，因此产生的电压降使钢轨具有对地电压，即钢轨电压。钢轨电压与过渡电阻的存在必然导致钢轨中的电流向大地中泄漏，产生杂散电流[9,10]。

4. 交流电气化铁路系统的干扰

架空接触网供电是电气化铁路常用的供电网路方式，接触网一般能提供25kV或以上的交流电。电力机车由接触网通过受电弓取电后，牵引电流经由钢轨和回流导线流回牵引变电所。当管道与接触网近距离平行或斜接近时，接触网中流动的交流电流会在导线周围产生交变磁场，管道在该交变磁场作用下产生感应干扰电压和电流。另外，还有一部分牵引电流则由钢轨泄漏至大地，并经由附近的管道返回牵引变电所，因此对管道造成阻性干扰。

5. 地磁场及磁暴引起的地磁干扰

地磁场由地球内部的稳定磁场和地球外部的变化磁场组成。稳定磁场产生的地磁感应电流非常微弱，影响有限，而变化磁场的存在，特别是太阳活动引起的磁暴会产生变化幅度较大的地磁感应电流，可能对各类长距离导电体造成显著影响。国外(特别是高纬度国家，如加拿大、芬兰等)对地磁感应电流干扰管道的现象开展了长期的观测、理论研究与预测，研究表明，当地磁场发生强烈扰动(磁暴)时，感应电场强度可以达到每千米几伏至几十伏[11,12]。2013 年 2 月，中国工程院启动了复杂电磁脉冲环境威胁的战略研究科技咨询项目，对电网和油气管网等基础设施的地磁暴危害进行了专题研究，结果表明，即使是遭受中小地磁暴的侵害，钢质油气管道的管地电位也会超过管道杂散电流干扰防护标准规定的限值[13]。可见，地磁感应电流引起的埋地管道杂散电流干扰腐蚀是一个不可忽视的因素。

6. 潮汐干扰

随着潮水涨落，海峡地带或海湾处在地磁场作用下会产生地电场，并在大地中产生可能干扰管道电位的杂散电流。沿海岸线敷设或距离海岸线较近的管道均可能受到潮汐干扰，受干扰管道的电位随时间缓慢而周期性地发生正向或负向偏移。与其他杂散电流干扰不同，受干扰管道各段电位波动趋势一致，杂散电流不存在固定流入和流出管道的位置。某管道公司自 2015 年开始致力于潮汐干扰研究，先后在日东线、泰青威和西二线赛里木湖段等管道上监测到了潮汐干扰引起的管道电位周期波动。利用频谱分析技术，发现潮汐干扰导致管道电位出现特征峰的周期为 12h，与潮汐活动的周期一致[14]。

7. 电焊、电解、电镀等直流用电装置的干扰

电焊、电解、电镀等直流用电装置在工作过程中，也会产生在大地中弥散流动的干扰电流。这些电流也会沿附近的管道回流到电焊机、电解槽、电镀作业的电源位置，从而在流出管道的位置产生杂散电流腐蚀[7]。

8. 其他管道阴极保护电流的干扰

外加电流阴极保护系统也是一种常见的杂散电流干扰来源。当与施加外加电流阴极保护的管道或外加电流阴极保护系统的辅助阳极靠近时，目标管道的阴极保护系统运行可能出现一定程度的扰动，并在局部管段发生保护电位偏移的情况。

4.1.2　交流和直流干扰的危害分析

无论交流或直流杂散电流干扰，其对金属造成的腐蚀破坏作用统称为杂散电流干扰腐蚀。近年来，随着能源、交通运输等行业的不断发展，越来越多的大型工业工程及交通运输网建成并投入使用，随之而来的杂散电流干扰问题在各行业间越来越普遍。国内外相关领域的工作者开展了大量研究和调研工作，逐渐明确了杂散电流干扰影响的危害及后果。

1. 交流干扰的危害

交流干扰对管道的危害主要有三方面：一是管道上较高的交流电压可能对操作人员的人身安全造成威胁，并可能损坏阴极保护设备及管道的附属设施；二是长期存在的交流电压可导致管道发生交流腐蚀；三是故障状态下的瞬时高电压可能击穿防腐层，甚至烧穿管壁。

早期人们认为交流腐蚀风险较低，由交流造成的腐蚀量只是由等量直流造成的腐蚀量的 0.5%～2%，当埋地金属结构物有阴极保护系统时，交流造成的腐蚀可忽略不计。然而，自 20 世纪 80 年代始，业界对交流腐蚀的认知发生了较大转变[15]。德国在调查一处交流腐蚀失效案例时发现，尽管阴极保护电流密度为 1.5～2A/m^2，通电电位达到–2.0～–1.8V(CSE)，却仍有很高的点蚀速率(NACE 05114)。法国在进行防腐层破损调查时，发现在具有较负的阴极保护电位[通电电位超过了–2.0V(CSE)]的聚乙烯防腐输气管道(平行于一条 400kV 高压输电线路)上存在 31 处交流腐蚀缺陷(NACE 05114)。自此，管道的交流干扰腐蚀问题引起了腐蚀研究者和管道运营方的关注。

2. 直流轨道交通系统直流干扰的危害

受直流轨道交通系统杂散电流的干扰影响，管道会发生电化学腐蚀。随着地铁运营年限增加，由钢轨泄漏至周围土壤中的杂散电流量会明显增大，管道腐蚀加速的可能性随之增加。地铁直流杂散电流具有动态特征，导致管地电位发生剧烈波动，给常规的阴极保护测试与有效性评估带来很大困扰。地铁直流杂散电流还会干扰阴极保护系统的正常运行(例如，阴极保护电源无法以恒电位模式正常输出，牺牲阳极加速消耗而提前失效)，导致管道得不到有效保护。

我国城市轨道交通的加速建设将对城市内各类埋地油、气、水、热等管网的安全运行造成持续的愈加严重的干扰影响。北京、上海、广州和深圳等多个城市的多条埋地管道上都检测到了地铁杂散电流的干扰，大大增加了管道的腐蚀风险。以深圳为例，深圳地铁对其沿线的埋地油气管道干扰电压高达数十伏，引起了高度关注，这些高干扰电压的形成与当地表层土壤电阻率低而下部电阻率高的结构密切相关。2018 年，深圳某公司在成品油管道的开挖验证过程中发现地铁杂散电流已造成一处缺陷的管壁腐蚀深度接近 50%，并立即通过换管对该腐蚀缺陷进行了修复，而这条管道仅仅投运了大约 8 年，远低于 30 年的设计使用寿命。

地铁杂散电流对管道造成腐蚀的问题在国外同样存在。目前，美国、加拿大、英国、俄罗斯、欧盟、日本、韩国和澳大利亚等国家或组织均开展了地铁杂散电流干扰问题的系统研究，涉及从杂散电流检测、干扰评价到防护措施等环节。我国的城市轨道交通网和埋地管网远比国际大多数城市复杂，埋地管网受到的动态直流杂散电流干扰也严重得多。

此外，地铁杂散电流也会引起其他埋地金属结构物(如化工产品输送管道、输水管道、给水管道、热力管道、通信电缆、铁路路轨本身、地铁盾构等)的腐蚀。因此，地方政府、管道企业和地铁方应当将降低地铁杂散电流的影响作为风险管控和隐患治理的共同关注点。

3. 高压直流输电接地极直流干扰危害

管道的高压直流干扰问题在国际上早有报道。例如，在加拿大、美国和巴西等地均发现了直流输电工程建成后导致管道受到高压直流故障电流影响的相关案例。2014年，美国腐蚀工程师协会(National Association of Corrosion Engineers，NACE)发布了一份有关高压直流干扰的技术报告(NACE 05114)，指出高压直流输电系统的接地极单极运行模式不仅对埋地油气管道的安全运行造成干扰，也会对其他埋地金属结构物造成电干扰。

高压直流系统对管道的直流干扰风险主要是由接地极单极运行时大电流入地引起的。路民旭教授团队通过大量的现场测试和研究表明[8]，高压直流干扰会对管道造成如下影响：一是由接地极输出电流的阳极放电，会造成管地电位的负向偏移，易导致防腐层发生阴极剥离且管道的氢脆风险增加；二是由接地极吸收电流的阴极放电，造成管道电位的正向偏移，导致管壁腐蚀减薄甚至穿孔；三是无论阳极放电还是阴极放电，过高的管地电位偏移导致设备损伤和人员安全风险增加。可见，高压直流系统对管道造成的直流干扰将给安全生产埋下隐患。

近年来，伴随着油气管网和高压直流输电网的迅猛发展，二者之间不可避免地出现了相互靠近相互影响的情况，这使我国高压直流输电系统对埋地长输管道及站内设备运行的电干扰问题日益严重。至今，在广东、云南、贵州、江苏、浙江、新疆、四川、内蒙古和宁夏等地均陆续发现了高压直流接地极对附近管道造成电干扰的现象，有些地区干扰电压甚至可以达到 300V，利用腐蚀监测试片在现场测得的等效均匀腐蚀速率高达0.5mm/d。这些高压直流干扰案例的分布地域很广，已成为一种普遍现象。

4. 地磁场、空间电磁波及潮汐干扰的危害

地磁场、空间电磁波及潮汐导致的杂散电流干扰，总体较弱，腐蚀危害相对较小。这类干扰引起的腐蚀后果与干扰源和管道的间距、持续时间及管道原有阴极保护的运行水平相关。如果干扰源的持续作用时间很短，对管道的阴极保护效果产生影响是有限的，不会造成管道腐蚀；如果持续时间较长或反复出现，就会影响管道阴极保护效果，如问题长期得不到解决则会导致管道发生腐蚀。

5. 电焊、电解、电镀等用电装置干扰的危害

电焊、电解、电镀等直流用电装置产生的杂散电流干扰一般瞬间强度较大，不仅会导致管道腐蚀，可能还会导致火灾爆炸事故的发生。如在输油管道维修时，如果电焊时用被维修油气管道作为搭接地线，就可能因为杂散电流而导致火灾爆炸。在绝缘接头(法兰)位置以及油品装卸时，这类杂散电流也会导致放电火花而引发着火爆炸事故。

4.2 管道的交流干扰

4.2.1 交流输电线路导致的干扰

1. 干扰机理

当管道与高压交流输电线路存在路由并行或者交叉时，输电线路通过三种可能的方式对管道产生干扰，即容性耦合、感应耦合及阻性耦合。

1)容性耦合

高压交流输电线路导线上施加有电压，其周围存在电场。当管道与架空高压输电线在公共走廊里相互靠近时，由于静电感应或容性耦合作用，附近管道上会感应出干扰电压。这种容性耦合产生的干扰在管道铺设阶段比较明显，而管道埋地后则显著减弱。在交流输电线下方铺设管道时，管节沿着管道路由放置在管沟边的垫木上准备焊接。在输电线与管节构成的相互作用系统中，输电线、管道和大地均可以看作是导电平板，而空气则可以看作是介电材料，位于交流输电线下面安置在垫木上的管节，可以由一个电容分压器电路来等效，该电路包括两个电容器与一个交流电源(图 4.1)。管节上将感应产生一定的对地电压，其大小取决于交流输电线的电压，即等效电路中的交流电源的电压大小。因此，在铺管或管道可能裸露在地面上进行施工或维修时，必须对管道进行分段接地，消除由容性耦合导致的干扰隐患。随着焊接管节长度的增加，管道下沟埋地，使管地电阻更低，管地电容更高，至此容性耦合产生的干扰便得以消除。

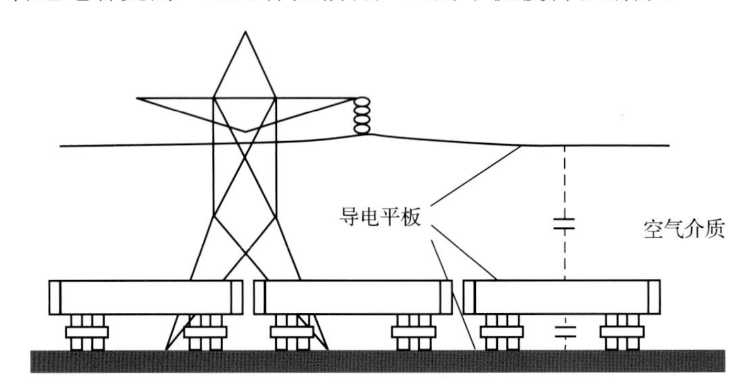

图 4.1 交流输电线路走廊内管道建设期间的容性耦合效应

2)感应耦合

输电线路中传输的交流电流会在导线周围产生交变磁场，该磁场同时存在于空气和大地中。当管道和交流输电线路接近时，交变磁场通过电磁感应，在管道上产生纵向电动势(图 4.2)。管道防腐层并非绝对绝缘，具有一定的导电性，因此管道与大地之间存在过渡电导，纵向电动势作用于管道与大地形成的回路，进一步产生纵向电流和泄漏电流。管道中感应产生的交流电流在排放至大地的部位产生管地交流电压，这种干扰机理即感应耦合，又称为电磁感应干扰。

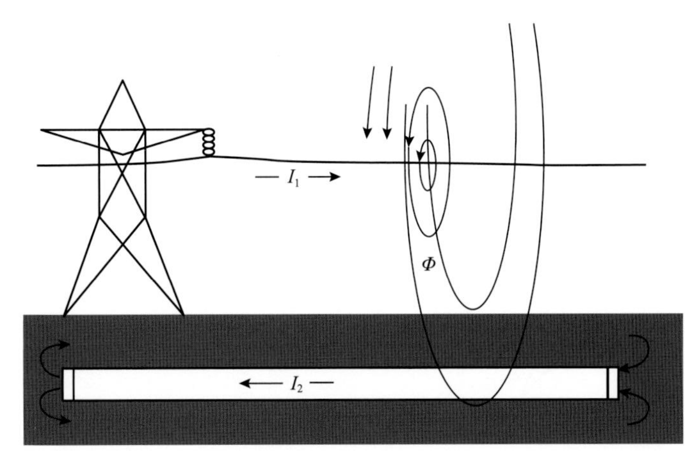

图 4.2　管道和架空交流输电线之间的感应耦合

I_1 为相导体中的传导电流；I_2 为管道中的感应电流；Φ 为感应磁场

电磁感应产生的管地交流电压和泄漏电流与多个因素有关，主要包括管道与输电线路的接近情况、输电线路电流的大小、输电系统的频率、管道防腐层电阻率、土壤电阻率和管道的纵向阻抗等。在三相交流架空输电系统中，即使三相电流相等，三相导线与管道之间的距离并不会完全相等，而且零序电流不总为零，因此感应耦合效应不可避免。

除了正常情况下输电线路会引起感应耦合外，故障条件也可以影响管道上电磁感应产生的电压和电流。尽管电力系统保护设施可在发生故障时快速将系统切断，一般在 0.5s 以内，这种时间极短的故障条件可以引起输电线电流增加及相之间的极大不平衡，从而会进一步增加感应的管道电压。

无论交流输电线路正常运行还是在故障状态下运行，均存在交流线路对管道的感应耦合影响。因此，按照感应耦合的时间效应可将交流干扰分为两种情况。

(1) 稳态持续干扰。高压输电线正常运行时，稳定的负载电流会使管道产生感应电压，一般的持续干扰电压为几伏到几百伏。由于这类干扰电压长期存在，在其作用下，可能导致管道产生交流腐蚀。对于采用牺牲阳极保护的管道，过高的交流电压会导致阳极性能下降，甚至出现极性反转，从而导致管道腐蚀加速。对于外加电流阴极保护的管道，交流干扰会影响长效参比电极测量电位的准确性，导致恒电位仪输出异常，甚至损坏阴极保护设备。

(2) 暂态瞬间干扰。电力系统发生故障或遭受雷击时会有很高的电流入地，由于故障电流的持续时间极短，所以称为瞬间干扰。瞬间干扰的主要危害是过高的瞬时感应电压会对人身安全构成严重威胁，同时可能导致管道防腐层被击穿。

3) 阻性耦合

极端天气(如雷电和大风)、输电线路异常(如绝缘体失效)或其他意外事件等均可导致高压输电线发生故障。当发生输电线与大地间短路或者输电线路故障时，阻性耦合便可能发生(图 4.3)。大量的交流电流通过铁塔流入土壤，在其周围形成一个很强的电场，土壤中的交流电流可以经防腐层而转移到管道上。转移到管道的故障电流量取决于大地中存在的并行路径的相对阻抗，其影响因素包括总故障电流量、故障杆塔与管道间距离、故障杆塔的对地阻抗及管道的对地阻抗等。防腐层破损点越多，介电强度越低，则转移到管道上的故障电流量越高。如果故障电流过大，可能产生电弧击毁管道防腐层和阴极保护设备，甚至会增加金属管道被直接烧穿的风险。

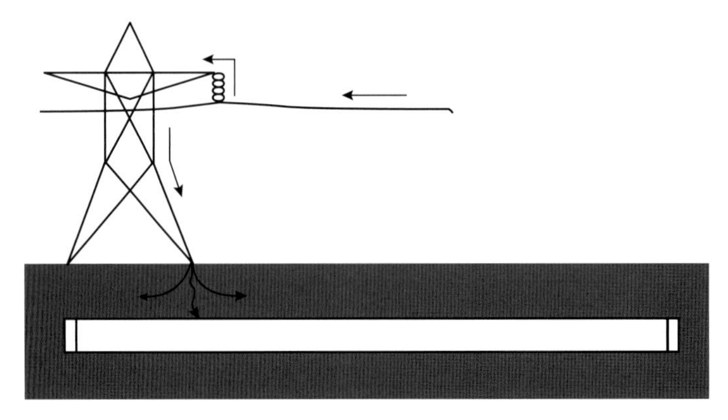

图 4.3 输电线-大地之间故障条件下的阻性耦合

2. 干扰规律

1) 感应交流电压的分布规律

交流输电线电流产生的电磁场会沿着管道产生一个纵向分布的电场，即纵向电场。三相交流输电线路在管道内产生的纵向电场可以通过式(4.1)进行计算：

$$E_{3\phi}=I_{\mathrm{A}}Z_{\mathrm{MA}}+I_{\mathrm{B}}Z_{\mathrm{MB}}+I_{\mathrm{C}}Z_{\mathrm{MC}}+I_{\mathrm{S1}}Z_{\mathrm{MS1}}+I_{\mathrm{S2}}Z_{\mathrm{MS2}} \tag{4.1}$$

式中，$E_{3\phi}$为三相交流输电线路在管道内产生的纵向电场；Z_{MA}、Z_{MB}、Z_{MC}分别为A、B、C相导体和管道之间的互阻抗；Z_{MS1}、Z_{MS2}分别为S1、S2屏蔽线和管道之间的互阻抗；I_{A}、I_{B}、I_{C}分别为A、B、C相导体中的电流；I_{S1}、I_{S2}分别为S1、S2屏蔽线中产生的感应电流。

管道沿线任意位置的感应交流电压可按照传输线模型[式(4.2)]进行计算：

$$U_x=\frac{E_0\left\{\left[Z_2(Z_1-Z_0)-Z_1(Z_2+Z_0)\mathrm{e}^{\Gamma L}\right]\mathrm{e}^{-\Gamma x}-\left[Z_1(Z_2-Z_0)-Z_2(Z_1+Z_0)\mathrm{e}^{\Gamma L}\right]\mathrm{e}^{\Gamma(x-L)}\right\}}{\Gamma\left[(Z_1+Z_0)(Z_2+Z_0)\mathrm{e}^{\Gamma L}-(Z_1-Z_0)(Z_2-Z_0)\mathrm{e}^{\Gamma L}\right]} \tag{4.2}$$

式中，E_0为纵向电场，V/m；L为管道长度，m；x为管道沿线任意位置的距离，m；Γ为管道传播常数，m^{-1}；Z_0为管道特征阻抗，Ω；Z_1和Z_2为管道终端阻抗，Ω。

根据式(4.1)和式(4.2)可知，输电线在管道上感应的电压与纵向电场的大小正相关。纵向电场正比于输电线周围的电磁场，因此也正比于输电线的相电流。此外，电磁场强度反比于到输电线的距离，因此纵向电场也随着与输电线距离的增加而减小。纵向电场还与输电导线在输电塔上的排列方式及各相导体之间的距离有关。一般来讲，纵向电场随各相导体的距离呈线性增加，这主要与各相导体产生的磁场间的抵消效应有关。正常情况下，三相输电电路运行时，每一相运载的电流大致相等。它们之间任何明显的不平衡都可能减小磁场间的抵消效应，从而引起纵向电场的增加，不平衡现象最极端的例子就是输电线路发生故障[①]。

土壤电阻率和屏蔽线也可以对纵向电场产生影响。一般来讲，随着土壤电阻率增加，沿管道产生的纵向电场会有所增加。当屏蔽线引入到输电线系统时，屏蔽线中感应产生的电流会产生一个对抗磁场，使管道的纵向电场有所减小。

纵向电场的分布决定着管道沿线感应交流电压的峰值大小和位置。对于纵向电场恒定的理想情况，交流电压沿管道呈线性分布，在末端为最大值，且两端极性相反。当管道的纵向阻抗比管道与大地之间的过渡阻抗低得多时，交流电压沿管道分布表现出这种线性特征。随着管道的长度增加，管道的纵向阻抗增加，管道对地的过渡阻抗相应减小；当纵向阻抗相对于过渡阻抗不再可忽略时，管道沿线的交流电压将表现为非线性特征。

从管道纵向阻抗和过渡阻抗的对比来讲，影响二者的多种因素均可以影响管道沿线感应电压的分布。这些因素包括管道沿线接地、支管、绝缘部件、路由转向、土壤电阻率及管道防腐层质量等，这些位置可认为是影响纵向阻抗和过渡阻抗的电不连续位置，往往是产生感应交流电压峰的地方。从干扰源的角度来讲，交流输电线发生路由转向、电路构型变化或相排列变化等情况时，也可以视为电不连续位置，同样可以产生显著的感应交流电压峰。

2）交流腐蚀的产生

当阴极保护管道上存在交流电压时，电流会在防腐层的缺陷处从管道表面流出。这部分泄漏的电流量取决于交流电压（驱动电压）的大小和缺陷处管道表面的阻抗。在交流电压的阳极半波期间，如果交流电压足够大，电流将离开金属表面，从而使界面处存在的氢和腐蚀产物（例如，被阴极保护电流还原的产物）发生氧化反应；如果 pH 足够高（大于 10），管道表面可被氧化形成氧化膜。在交流电压的阴极半波期间，除了阴极保护电流之外，管道表面流入的电流量有所增加，因此发生在金属表面上的阴极反应速率通常会增加，涉及的阴极反应包括氧气还原、氢的生成，以及氧化型腐蚀产物的还原并被转化为非保护性锈层。在随后的阳极和阴极周期中，新的氧化膜生长，氧化膜再次被还原后，锈层逐渐增厚，这便是交流腐蚀的氧化/还原机理，如图 4.4 所示。

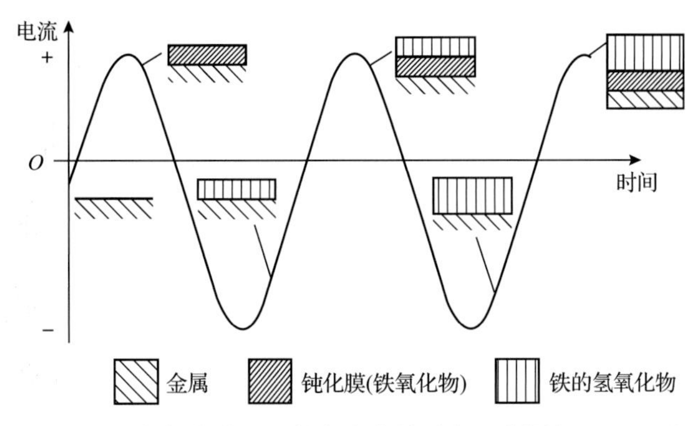

图 4.4　阴极保护作用下的交流腐蚀过程示意图（ISO 18086）

图中正弦曲线为防腐层缺陷处的交流电流

① CP Interference. NACE course manual. Houston: NACE International, 2012.

在交流腐蚀的氧化还原机理中，阳极和阴极半波周期过程发生的电化学反应如下[式(4.3)～式(4.5)为阳极反应，式(4.6)～式(4.8)为阴极反应]：

$$Fe \longrightarrow Fe^{2+}+2e^- \tag{4.3}$$

$$3Fe+4H_2O \longrightarrow Fe_3O_4+8H^++8e^- \tag{4.4}$$

$$Fe^{2+} \longleftrightarrow Fe^{3+}+e^- \tag{4.5}$$

$$2H^++2e^- \longrightarrow H_2 \tag{4.6}$$

$$2H_2O+O_2+4e^- \longrightarrow 4OH^- \tag{4.7}$$

$$2H_2O+2e^- \longrightarrow H_2+2OH^- \tag{4.8}$$

需要说明的是，式(4.4)在阳极半波周期内可生成 Fe_3O_4 膜。由于磁铁矿型氧化物具有导电性，其中包含的 Fe^{2+}和 Fe^{3+}可以发生式(4.5)所示的氧化还原反应，因此电荷转移的同时并未发生金属腐蚀。

阴极保护结构物表面交流腐蚀的机理仍存在很多争论，其中的一个焦点便是 pH 的影响[16,17]。在阴极保护条件下，管道表面可以发生析氢、吸氧或水的电解反应，这些阴极反应均使管道表面附近生成较多的 OH^-，导致 pH 升高。pH 升高可以降低土壤的离子电阻率，增大交流和直流电流密度，促进阴极反应的发生，加速管道的交流腐蚀[16-19]，属于自催化过程。相反，pH 升高也会使土壤中的碱土金属离子容易形成溶解度非常低的碳酸盐或固态氢氧化物，从而抑制 pH 升高，减缓管道的交流腐蚀。由此可见，交流腐蚀无疑是由多种过程相互影响的一种现象，这使其机理非常复杂。

3. 干扰检测方法

油气管道交流干扰检测主要包括交流干扰电压检测、交流干扰电流密度检测，以及附近干扰源调查等。为了对交流干扰造成的管道腐蚀风险进行评估，测试内容还应包括对管道阴极保护参数(电位及电流密度等)的测试及对土壤环境参数(土壤电阻率等)的测试。

1) 交流干扰电压测试方法

管道交流干扰电压的测量依目的而有所不同。短期测量可使用交流电压表，长期测量则应使用数据记录仪。具体测量步骤如图 4.5 所示：①将交流电压表或记录仪与管道及参比电极相连接；②将电压表调至适宜的量程上，记录测量值和测量时间。数据处理过程：①测量点干扰电压的最大值和最小值，可从已记录的各次测量值中直接选择，平均值按式(4.9)计算；②绘制出测量点的电压-时间曲线图；③绘制出干扰管段的平均干扰电压-距离曲线图，即干扰电压分布曲线图。

$$U_\mathrm{p}=\frac{\sum_{i=1}^{n}U_i}{n} \tag{4.9}$$

式中，U_p 为测量时间段内测量点交流干扰电压有效值的平均值，V；$\sum_{i=1}^{n}U_i$ 为测量时间段内测量点交流干扰电压有效值的总和，V；n 为测量时间段内读数的总次数。

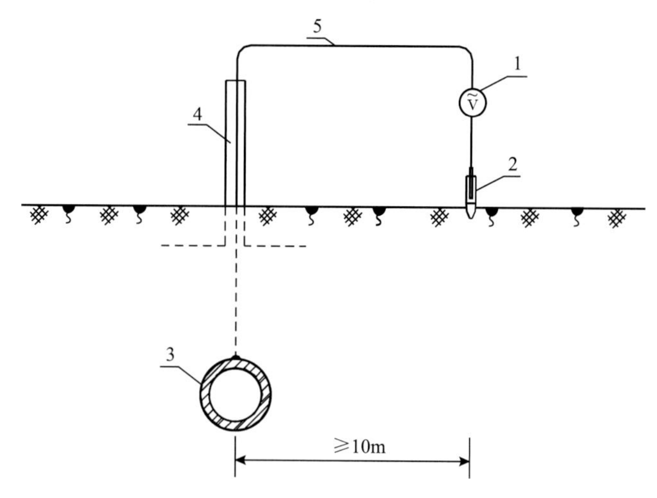

图 4.5　管道交流干扰电压测量接线图

1.交流电压表；2.参比电极；3.埋地管道；4.测试桩；5.测试导线

2）交流电流密度测量

交流电流密度的测量需要用到测试试片。测试试片的使用方法：①在进行详细测试时，可使用裸露面积为 1cm^2 的测试试片，将试片埋设在靠近管道的土壤中，并通过测量电缆与管道电连通；②测试试片与管道的净距约 0.5m，在使用多个测试试片平行样时相互间的间距约 3m。测试试片除裸露面积为 1cm^2 的金属表面外，其余部位应做好防腐绝缘，其制备应符合国家现行标准《埋地钢质检查片应用技术规范》（SY/T 0029—2012）的有关规定。

交流电流密度的测量步骤：①将交流电流表串入回路与管道及测试试片相连接，接线方式如图 4.6 所示；②将交流电流表调至适宜的量程，记录测量值和测量时间。

将直接测量获得的交流电流值(I_{AC})除以检查片裸露面积即为交流电流密度值(J_{AC})。

交流电流密度的测量也可以通过在回路中串入合适的定值电阻，并记录电阻两端的电压降从而计算得到。值得一提的是，当交流干扰呈现动态波动特征时，采用数据记录仪可以实现自动长时间记录测量数据。数据记录仪具有高精度的多个测量通路，可以同时测量并记录管道通电电位、试片断电电位、感应交流电压、直流电流及交流电流等电参数。为了捕捉并量化动态干扰的波动特征，数据记录仪可以设置达到秒级的采样频率。

在开展管道交流干扰检测作业时，通过测试交流干扰电压，对管道的干扰情况进行普查。根据普查结果，结合检测管道不同地段的情况选择沿线测试重要区段点，特别是管道-输电线路并行段内的电不连续位置(如路由变化、线路变相等)及存在明显干扰源的区域(如变压器入地点、动力设备附近、高压线跨越处等位置)进行杂散电流干扰专项调

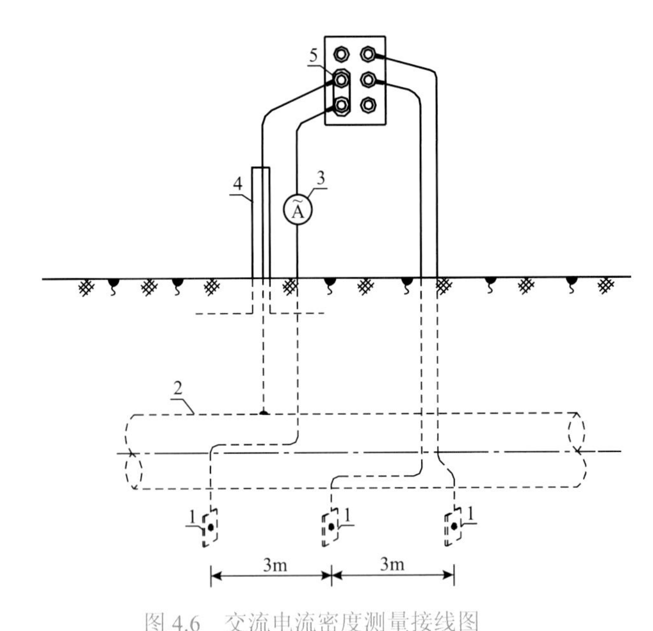

图 4.6 交流电流密度测量接线图

1.测试试片；2.埋地钢质管道；3.交流电流表；4.测试桩；5.铜质连接片

查。在专项调查阶段，对管道上存在显著持续交流干扰电压的区域，测试交流电流密度；对交流干扰电压剧烈波动或交流干扰严重管段，应当进行典型运行时段（如 24h）的交流干扰电压和交流电流密度的监测。

4. 评价判据

关于管道交流干扰严重程度的评价，目前国内外不同国家或行业颁布的标准所采用的判据并不相同。下面将分别介绍不同标准的评价判据。

1）《埋地钢质管道交流干扰防护技术标准》（GB/T 50698—2011）

该标准基于管道腐蚀风险的考虑，对管道交流干扰判别做出如下规定：当管道上的交流干扰电压不高于 4V 时，可不采取交流干扰防护措施；当干扰电压高于 4V 时，应采用交流电流密度进行评估，交流电流密度可按式（4.10）计算：

$$i_{\mathrm{AC}} = \frac{8U}{\rho_{\pm}\pi d_{\mathrm{b}}} \tag{4.10}$$

式中，i_{AC} 为评估的交流电流密度，A/m²；U 为交流干扰电压有效值的平均值，V；$\rho_{\pm}$ 为土壤电阻率，应取交流干扰电压测试时，测试点处与管道埋深相同的土壤电阻率实测值，Ω·m；d_{b} 为破损点直径，按发生交流腐蚀最严重考虑，取 0.0113m。

管道受交流干扰的程度可按表 4.1 的判断指标来判定。根据上述指标的判定结果，当交流干扰程度判定为“强”时，应采取交流干扰防护措施；判定为“中”时，宜采取交流干扰防护措施；判定为“弱”时，可不采取交流干扰防护措施。

表 4.1　交流干扰程度的判断指标

	不同交流干扰程度		
	弱	中	强
交流电流密度/(A/m²)	＜30	30～100	＞100

同时，该标准还指出，在交流干扰区域的管道上宜安装腐蚀检查片(裸露面积宜为 1cm²)，以测量交流电流密度的结果对交流腐蚀及防护效果进行评价。

2)《金属及合金腐蚀—交流腐蚀的确定—保护准则》(BS ISO 18086-2019)

该标准在第 7 部分给出了“可接受的交流干扰”的评价准则，推荐按照以下目标通过降低管道交流电压和电流密度来实现交流腐蚀控制。

第一步，确保交流有效电压值降低到 15V 以下，该电压值取某时段内(如 24h)测量值的平均值。第二步，为了有效控制交流腐蚀，在满足阴极保护电位准则之外，还应该满足下列条件之一：①在 1cm² 试片上测得的代表性时段内的交流电流密度低于 30A/m²；②如果交流电流密度大于 30A/m²，在 1cm² 试片上测得的代表性时段内的平均阴极电流密度低于 1A/m²；③在代表性时段内交流电流密度与直流电流密度的比值应低于 5(电流密度比值介于 3～5 表明交流腐蚀风险低，但是为了将腐蚀风险降至最低，建议将电流密度比值维持在 3 以下)。

该标准在其附录 E 中给出了另外一种等效的准则，考虑了直流电位对交流干扰的影响。该准则使用通电电位、交流电压、交流和直流电流密度等作为评价参数，分两种不同的情形设定了交流腐蚀风险的安全区域，即图 4.7 所示的情形一“阴极保护电位较负的情况”和图 4.8 所示的情形二“阴极保护电位较正的情况”。

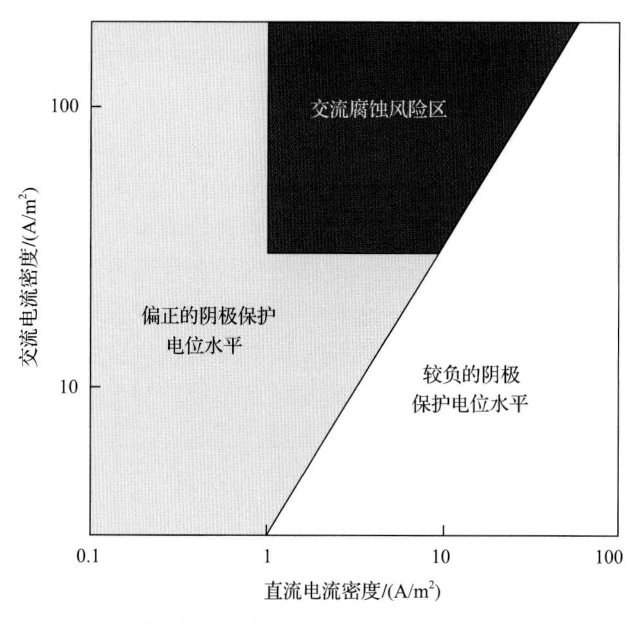

图 4.7　交/直流电流密度与交流腐蚀可能性之间的关系(情形一)

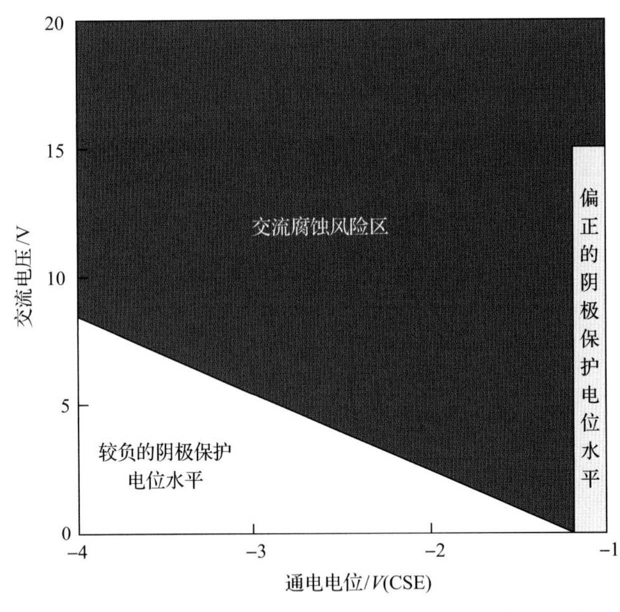

图 4.8 通电电位、交流电压及交流腐蚀可能性之间的关系(情形二)

3)《阴极保护管道交流腐蚀：风险识别、缓解及监测》(NACE SP21424-2018-SG)

该标准第 6 部分针对交流干扰的评价准则进行了专门介绍，涉及多个不同评价指标，包括腐蚀速率、电流密度、交流电压及阴极极化水平等。该评价准则指出，有效的交流腐蚀控制应满足标准 NACE SP0169-2013 的外腐蚀控制指标，即小于 0.025mm/a。对于电流密度控制目标而言，该标准要求：①当直流电流密度超过 $1A/m^2$ 时，交流电流密度的时间加权平均值不应超过 $30A/m^2$；②当直流电流密度不超过 $1A/m^2$ 时，交流电流密度的时间加权平均值不应超过 $100A/m^2$；③交流和直流电流密度应采用在裸露面积 $1cm^2$ 试片上测得的值。值得一提的是，该标准对交流电压限值的要求不再是一个固定数，而是对应满足上述电流密度要求的电压水平。

上面提到的国内外标准均推荐使用交流电流密度对交流腐蚀风险进行判断。因此，可靠的交流电流密度数据将决定对交流腐蚀风险的评价结果。防腐层缺陷处的交流电流密度根本上是由管道上的感应交流电压和缺陷处的局部接地电阻(即扩散电阻)决定的。扩散电阻与局部土壤电阻率密切相关，值得一提的是，阴极保护电流的电化学过程会引起局部土壤电阻率的变化。例如，随着阴极保护电流引起防腐层缺陷处 pH 的升高，局部土壤环境可以出现不同的变化：碱土金属离子可形成溶解度相对较低的氢氧化物或钙盐沉积物，导致扩散电阻可显著增加几个数量级，而碱性阳离子可促使形成高度可溶的吸湿性氢氧化物，导致扩散电阻较低。这些现象已经得到了现场经验的直接验证。国家标准中的经验公式计算方法无法反映扩散电阻变化对交流电流密度的影响，而且土壤电阻率和交流电压测量本身包含的误差可能导致计算结果可信度较低。因此，推荐在对交流腐蚀风险进行评价时，采用试片法直接测量交流电流密度。

5. 治理措施

管道服役阶段的交流干扰主要是由阻性耦合和感应耦合导致的，因此本节介绍的交流干扰缓解措施主要针对这两种机制。目前，国内外针对交流干扰缓解的设计目标旨在实现两重目标：一是降低安全电压；二是降低交流腐蚀风险。所采取的措施主要包括增加管道和干扰源之间的距离，安装电压梯度控制接地垫、绝缘接头(法兰)及排流地床等。

(1)增加管道和干扰源之间的距离。增加管道和干扰源接地体之间的距离，可有效降低交流干扰电压。GB/T 50698—2011 中规定，埋地管道与高压交流输电线路的距离应符合以下条件：在开阔地区，埋地管道与高压交流输电线路杆塔基脚间控制的最小距离不宜小于杆塔高度；在路径受限地区，埋地管道与交流输电系统的各种接地装置之间的最小水平距离一般情况下不宜小于表 4.2 的规定。

表 4.2 管道与交流干扰源接地体之间的安全距离

	电压等级		
	≤220kV	330kV	500kV
铁塔或电杆接地安全距离/m	5.0	6.0	7.5

满足上述安全距离要求可以有效地控制交流输电系统故障条件下对埋地管道的干扰风险，但仍可能引起埋地管道的交流腐蚀、防腐层击穿以及人身安全等问题。

(2)安装电压梯度控制接地垫。电压梯度控制接地垫一般为埋在地表下的矩形或者圆形裸导体结构，各导体之间相互连接和排列的方式一般有两种：指数排列和线性排列，其中指数排列的电压控制效果较好。埋设安装时，最外围导体要比接地垫内部导体的埋深稍大，以减小接地垫边界处的跨步电压。导体材料一般选择锌或镀锌材料，通过固态去耦合装置与管道相连。

电压梯度控制接地垫的尺寸应比所要保护区域的面积稍大，以确保被保护区域内的人身安全。埋置深度和地表覆盖层的电阻率应由干扰程度、土壤结构和邻近结构物引起的影响等因素来确定。在安装接地垫时，往往会在地表铺设一层干净、排水良好的砾石层，以有效减小跨步电压和接触电压。

(3)绝缘接头。在交流干扰缓解方面，绝缘接头的使用减小了管道的电连续长度，从而减小了管道上的感应交流电压值，但这种方法会使绝缘接头两端的电压差增大，存在安全隐患。在实际应用中一般仍需对绝缘接头两端进行接地保护或直接在绝缘接头两端跨接固态去耦合器。

(4)排流地床。排流地床是在管道沿线干扰严重位置设置的接地地床，目的是降低管道与其附近土壤之间的电压差。在稳态干扰下，排流地床可以提升土壤电位，降低管地电位差，从而减小交流干扰电压及接触电压；在故障情况下，入地的强电流引起周围大地电位瞬间升高，排流地床可以将附近的管道电位抬高，使管道防腐层周围的电位差大大降低，从而保护管道防腐层或本体不因地下电弧而损伤。排流地床的形式可以是沿管道近距离铺设的一条或两条裸露的带状导体，在铺设条件受限部位也可以选择集中接地网，材料一般选择锌带或镀锌扁钢，并通过固态去耦合器或极化电池等装置与管道连接起来。

对管道进行交流缓解时，应在管道和接地体之间采取隔离直流电流的措施，以防止阴极保护电流的流失。目前，在交流干扰缓解系统中，国内外普遍使用钳位式排流器、固态去耦合器及等电位连接器，其中以固态去耦合器应用最为广泛。

固态去耦合器是一种有效的隔直流通交流装置，不仅可以对管道设施及阴极保护系统的设备进行防浪涌保护，还可以有效阻止杂散电流的流入。这种装置对接地体材料没有特别的限制，只要其接地电阻符合要求即可。

固态去耦合器(图 4.9)由电容、晶闸管、电感和浪涌保护器等不同的电气元件构成。正常情况下，交流感应电流从电容性元件流过；故障电流从半导体闸流器流过；雷电引起的强电流从浪涌保护器流过，电感元件可以防止雷电对电容和半导体闸流器的损害。去耦合器具有一定的直流阈值电压，当导流方向的电压超过该阈值时，直流阻挡打开，设备自动切换到短路模式，提供直流过压保护。当直流过压保护完成后，设备再自动切换到阻直流模式。当电压低于阈值电压时，允许交流电流通过而不允许直流电流通过。当电力系统发生故障或雷击时，设备再次处于短路状态，当故障排除后，去耦合器又自动恢复到隔直流通交流模式。

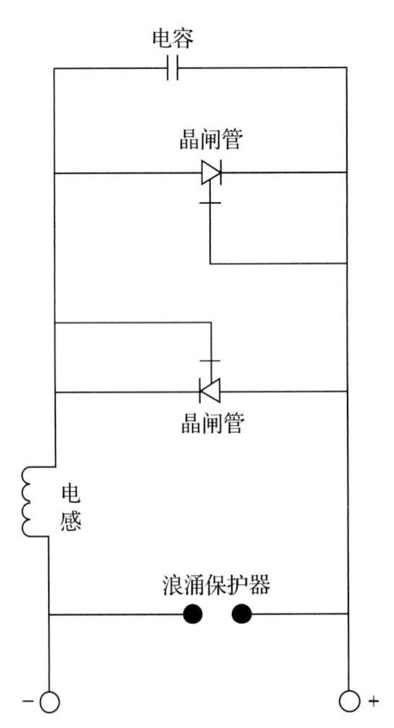

图 4.9 固态去耦合器的电路示意图

(5) 阴极保护。近年来，随着对交流腐蚀机理研究的深入，业界越来越意识到阴极保护作为交流干扰有效防护措施的重要性。阴极保护的交流腐蚀缓解效果，主要与管道表面的阴极极化作用有关，包括来自阴极保护系统的保护电流和来自外源直流干扰电流相叠加的阴极极化作用。最新的研究结果发现[16-18]，在阴极极化导致电位较负的情况下，即便较低的交流电流密度也会使管道存在一定的腐蚀风险。因此，在交流腐蚀风险较高的区域，应当对受干扰管道的保护电位水平加以限制，以避免较负的电位引起交流腐蚀加速。基于这些考虑，BS ISO 18086-2019 在提到“通过调整阴极保护水平缓解管道交流腐蚀风险”时，要求在受干扰位置对管道的阴极保护水平进行调整应确保满足交流和直流电流密度的比例要求。NACE SP21424-2018-SG 标准同样提出了相应的缓解措施要求：①合理调整并优化阴极保护输出，确保交流干扰管段的保护电流均匀分布，以便有效控制交流腐蚀风险，在优化交流干扰管段阴极保护效果时，应当避免部分管道阴极保护不足而部分管道阴极保护过量的情况出现；②当交流干扰管段同时存在直流干扰影响时，应在管道的直流干扰阳极区和阴极区采取合理的直流干扰防护措施，对直流电流密度加以控制，以便有效控制交流腐蚀风险。

4.2.2　交流电气化铁路系统导致的干扰

1. 干扰机理

交流电气化铁路的电力牵引供电回路采用接触网-钢轨(大地)方式，属于不平衡供电系统。这种不平衡供电系统将对周围空间产生电场和磁场，对铁路沿线各种弱电设施存在电磁干扰影响。与高压交流输电线类似，交流电气化铁路对管道产生干扰的机理也存在三种方式：容性耦合、阻性耦合和感应耦合。

容性耦合干扰仅存在于管道放置于地面且与大地绝缘时。当管道埋入地下后，电气化铁路对钢质管道的容性耦合干扰可以忽略不计，只存在一定程度的阻性耦合干扰和感应耦合干扰(图 4.10)。

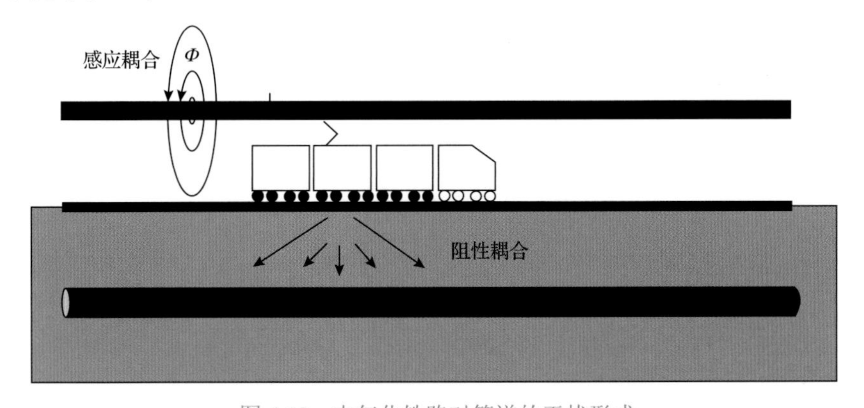

图 4.10　电气化铁路对管道的干扰形式

阻性耦合干扰是通过地电场对管道造成的影响。由于交流电气化铁路钢轨与大地间存在过渡电阻，机车负荷电流经钢轨回流时，电流经钢轨泄漏进入大地，造成泄流点及其周围大地电位升高。同时泄漏电流经管道防腐层进入管体，造成管道电位升高。流入管道的杂散电流和管道自身较高的电位对管道自身阴极保护系统的正常工作造成干扰，导致管道表面发生阴极去极化反应，严重时可能会损坏保护设备，增加管道的腐蚀风险。

感应耦合干扰即电磁干扰影响。交流电流在导体线路中传输时，会在导线周围空间产生交变的感应磁场。临近交流电气化铁路区域铺设的金属管道，在交变磁场的作用下会产生感应电动势。我国电气化铁路采用单相工频 25kV 交流供电制式，运用钢轨和大地作为回流路径，故电气化牵引供电系统是一个不对称高压供电系统，无论正常状态和故障状态时，周围均存在感应磁场，使邻近金属管道产生感应电压。

2. 干扰规律

交流电气化铁路正常运行时，其对附近管道产生交流干扰的影响，干扰程度与机车的运行频次、载荷量等有着很大的关系，其干扰幅度是动态变化的。图 4.11 为某高速铁路附近管道交流干扰电压的时间曲线，可见曲线有明显波动的尖峰，且变化剧烈，属于动态交流干扰。这种动态交流干扰的间歇性特点与列车系统的工作模式有关。当管道处在交流电气化铁路附近时，白天车次较为频繁，列车经过时电力系统会有较大的负载电流，而且电流随列车的位置、列车重量及列车运行状态(如启停、加减速等)的变化而变化，电压变化幅度可从几伏到几千伏。在夜间高铁运行频次较低时，则动态干扰产生的电压尖峰大部分时间内消失。

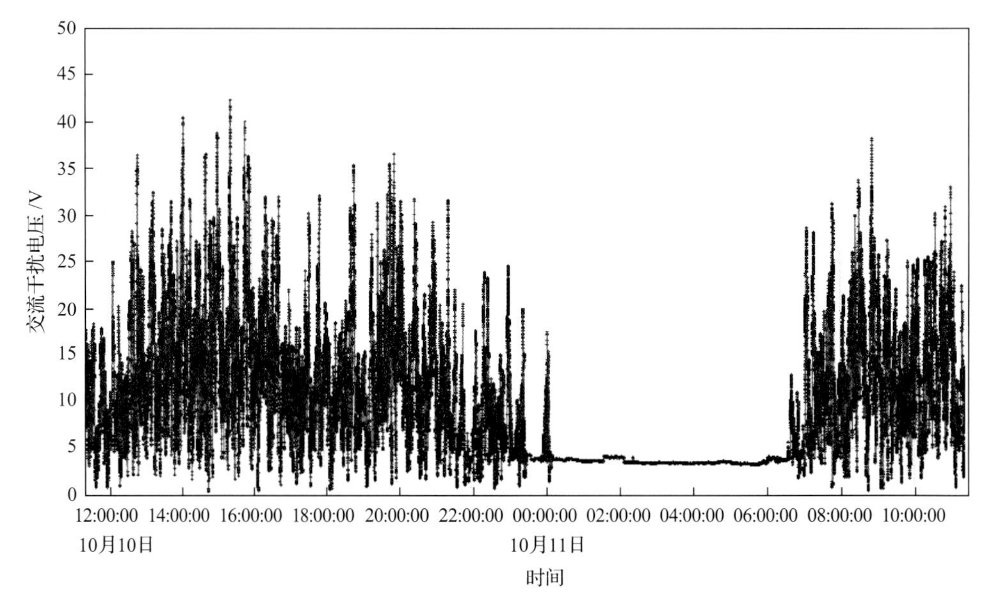

图 4.11 某高速铁路附近管道交流干扰电压-时间曲线

目前，交流电气化铁路对管道的交流干扰研究较少。通过室内模拟实验研究发现，平行条件下管地电位偏移程度随着铁路与管道平行间距的增大而减小，交叉条件下管地电位偏移程度随着铁路与管道交叉角(在锐角部分)的增大而减小，泄漏点和回流点附近处管地电位偏移程度最大。研究发现，与铁路平行接近的管道所受干扰要明显强于与铁路交叉分布的管道。现场测试发现平行段内不同位置电位分布不平衡，干扰电位沿管段呈现两端高、中间低的特点。当干扰源的负荷增大，且与管道的平行间距减小时，平行段管道受交流干扰的程度则变强。交叉段管道的交流干扰相对较弱，其干扰程度与所在位置、干扰负荷及交越点路基的高度等因素有关。同时，在同一个铁路供电区间内，干扰负荷相近，此时平行长度较长的管段所受干扰要强于长度较短的管段[20]。

当前的研究主要集中在电气化铁路并行间距、并行距离和交叉角度等物理因素对管道的影响规律探讨，涉及的影响因素有限。在各种耦合干扰情况下管道的交流干扰程度与多种参数有关，例如，正常或故障状态下的牵引电流、管道防腐层类型及质量、管道直径和土壤电阻率等。现有的研究表明，电气化铁路产生的动态交流电流会引起管道的交流腐蚀风险及阴极保护参数的波动，其干扰机制及腐蚀机理仍不明确，但已发现管道交流腐蚀的发生与单个工频周期内交流电流密度波形特征有关，例如，存在极性反转、与工频波形一致和具有较小的波形畸变系数[21]。此外，电气化铁路动态交流干扰对管道的腐蚀行为(如腐蚀速率和腐蚀形貌等)有何影响，以及管道的安全运行是否存在风险，如何评估这些风险等仍待进一步研究。

3. 检测方法

调查管道的交流电气化铁路干扰状况时，根据不同管段的实际情况，选择沿线重要区段开展干扰专项调查与测试，特别是在有明显干扰源的区域，如牵引变电站、铁路高架桥墩下、铁路与管道跨越处等位置。对于交流干扰电压剧烈波动或交流干扰严重管段，进行24h交流干扰电压监测，并且监测其交流干扰电流密度。交流干扰电压和电流密度的监测往往采用高频数据记录仪来完成，详细的检测步骤见4.2.1节中的第3部分。

4. 评价判据

国内外均无专门针对电气化铁路动态交流干扰的判断指标，其交流干扰的判别可参考已有比较成熟的稳态交流干扰判断指标。GB/T 50698—2011、BS ISO 18086-2019和NACE SP21424-2018-SG等标准均明确了其适用范围包括交流牵引系统对埋地管道造成的干扰，详细内容见4.2.1节中第4部分。

5. 治理措施

交流电气化铁路对管道产生干扰的机理与交流输电线路类似，因此针对这类干扰可采取的治理措施也与之相仿。在管道运行阶段，目前国内外采用的主要措施包括[22]：

1) 增加屏蔽

在电气化铁路与管道间加设屏蔽措施，可以使电气化铁路对管道的阻性耦合干扰降低。该方法主要用于确定的干扰电流集中流入管道的部位，目的在于阻断杂散电流流入管道，从而降低干扰程度。《高压交流电力牵引系统、高压交流供电系统产生的电磁干扰对管道的影响(Effects of Electromagnetic Interference on Pipelines Caused by High Voltage AC Electric Traction Systems and/or High Voltage AC Power Supply Systems)》(BS EN 50443-2011)中提出，在受阻性耦合干扰的管段可以采用增设屏蔽措施，屏蔽物铺设在管道附近，无须与管道连接。

2) 接地防护

接地防护是通过安装接地地床来对交流干扰进行缓解，以消除交流干扰电压对人身及设备的危害。接地防护一般分为直接接地防护、牺牲阳极防护、钳位排流防护和固态去耦合器接地防护等。对于与电气化铁路平行，两端对地不绝缘且无阴极保护的管道，在受影响区可采取直接接地排流措施；对于两端对地绝缘且有阴极保护的管道，可增设极性排流缓解措施（牺牲阳极极性防护、钳位排流防护或固态去耦合器接地防护等）。在制定干扰防护措施时，应在干扰调查测试结果的基础上充分考虑阴极保护效果的影响，选择适用的接地方式，以避免管地电位过负而加速交流腐蚀的风险。对于交叉穿越铁路以阻性耦合干扰为主的管道，应局部改善防腐层绝缘条件后增设缓解措施。

4.3 管道的直流干扰

4.3.1 高压直流输电接地极直流干扰

1. 干扰机理

高压直流输电是利用稳定的直流电进行电力传输的一种高电压、大功率、远距离的输电技术，因具有线路造价低、传输功耗小和运行稳定性高等优点，在长距离电能传输过程中得到了广泛的应用。高压直流输电系统可以在很大的空间范围内对埋地长输管道及站内设备造成干扰，这与其运行模式密不可分。高压直流输电系统运行方式主要有双极运行方式、单极大地回路运行方式和单极金属回路运行方式[23]。正常情况下为双极运行方式[图 4.12(a)]，该模式下极Ⅰ、极Ⅱ回路电流数值上基本相等但方向相反，即使设备整流运行的差异导致极Ⅰ和极Ⅱ间存在一定的不平衡电流，通常该不平衡电流应控制在输送电流的1%以内。由于接地极往往特意设置在远离其他公共设施的区域，较小的不平衡电流通常不会对地下金属结构物造成明显的杂散电流干扰。另外，不平衡电流的大小与管道阴极保护电流数量级相当，即使对管道造成干扰影响，其干扰强度相对较弱，比较容易得到控制。

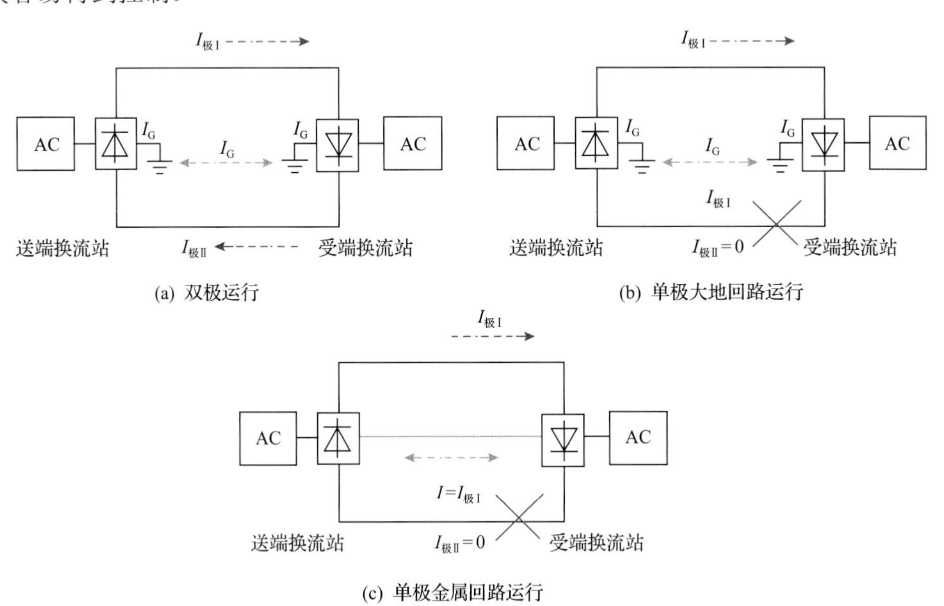

图 4.12 高压直流不同运行方式原理图

AC 为交流电流；$I_{极Ⅰ}$为极Ⅰ回路的输送电流；$I_{极Ⅱ}$为极Ⅱ回路的输送电流；I_G为接地极入地电流；I为单极金属回路中的返回电流

在投运初期、年度检修或出现故障排查时，高压直流输电系统往往切换为单极大地回路运行[图 4.12(b)]，输送电流通过接地极流入大地形成闭合回路，大量电流通过大地回流，会在两侧接地极周围极大程度地抬升或降低地电势，对附近的金属管道及构筑物造成显著的杂散电流干扰[8]。高压直流接地极的尺寸往往很大，直径范围可达千米级，而且当接地极通过几百甚至上千安电流时，即使在距离较远的区域所产生的地电势梯度还是较高。尽管高压直流输电系统只有较短时间是在单极大地回路模式下运行，随着时间累积，仍会在管道上引起严重的腐蚀风险。为了降低单极大地回路运行方式对自身电力设施及外源结构物造成的潜在威胁，有时也会采用专用的金属回路来实现单极运行[图 4.12(c)]，电流不经过大地回流，而是通过一根金属电缆线回流。这种运行模式下不会在大地中产生任何杂散电流，但会增加电网的投资，因此未被更广泛地采用[8,23]。

高压直流接地极单极大地回路对管道造成干扰最直接的体现是管地电位发生偏移(图 4.13)。假定该图中的电位-时间曲线来自靠近送端接地极的管道，在 1、2 和 4 对应的时间段内，管道电位的负向偏移是由送端接地极向大地中注入电流引起的，称为阳极运行模式；而在 3 和 5 对应的时间段内，电位的正向偏移是由送端接地极从大地中吸收电流引起的，称为阴极运行模式[24,25]。值得注意的是，由于接地极产生的杂散电流大小和流向往往不同，管道上观测到的正向电位偏移和负向电位偏移的幅度往往并不相等，这与阴极极化和阳极极化的反应特征有关[26]。

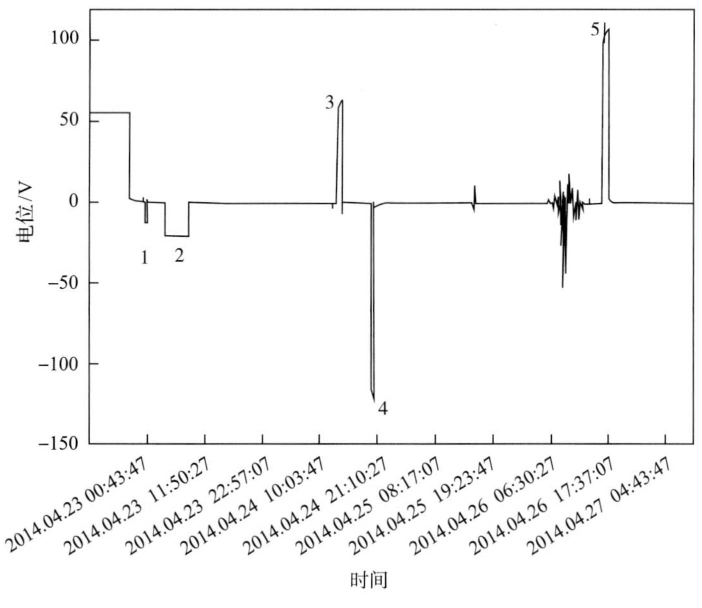

图 4.13　高压直流系统接地极单极大地回路干扰时管道的电位-时间变化

2. 干扰规律

高压直流输电系统在周期性或不定期的单极大地回路时，直流电流沿着高压直流送端和受端接地极之间的大地路径传导。这种运行模式下，埋地长输管道处于接地极入地电流形成的地电势梯度场中。与接地极单极运行的极性有关，一部分电流被处于地电势较高区域内的管道及其接地设施所吸收，并沿着管道进行较长距离传输，接着在地电势较低的区域内排放至大地中[27]。本质上来讲，根据管道所处的位置和高压直流接地极单极运行极性的不同，长输管道的不同管段可以吸收、传导或释放接地极的入地电流[26]。由于杂散电流过大，比管道自身的阴极保护系统电流可能存在数量级差异，管道的对地电位在其路由沿线不同的位置相应地发生了不同程度的偏移[8](图 4.14)。当与管道接近的高压直流接地极以阳极模式运行时(即向大地中释放电流)，来自接地极的杂散电流由位于其附近区域的管道所吸收，管地电位发生负向偏移；然后在远离接地极的位置从管道中重新排入大地，管地电位则发生正向偏移。相反，当高压直流接地极在管道附近以阴极模式运行时(即从大地中吸收电流)，杂散电流在远离接地极的区域由管道所吸收，管地电位发生负向偏移；而在接地极附近的管道中重新排入大地，管地电位则正向偏移。

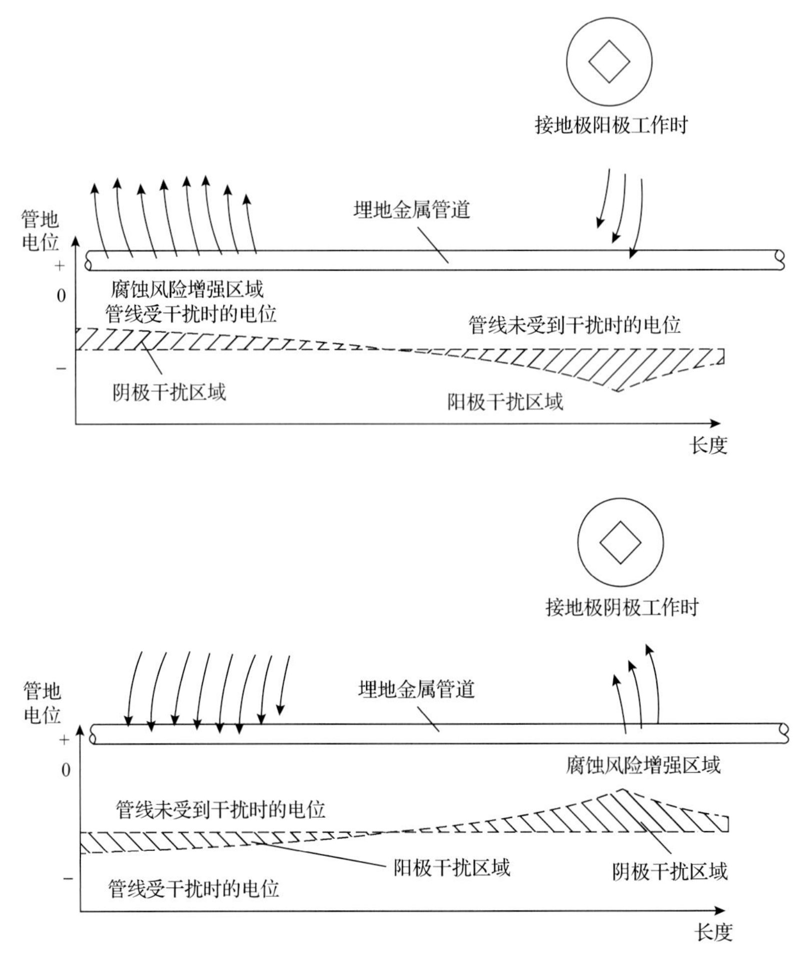

图 4.14 接地极阳极运行和阴极运行对管道造成的干扰影响示意图

高压直流接地极单极大地回路运行对管道造成的干扰程度及影响范围与多个因素有

关，包括接地极的入地电流大小、管道防腐层质量、电连续性长度、与接地极的垂直间距，及接地极和管道沿线的土壤环境等。通过大量的现场干扰监测数据结合仿真计算方法[28,29]，已得到上述因素对高压直流干扰的影响规律如下。

(1) 接地极入地电流。当管道和土壤环境条件保持一致时，管道干扰水平与接地极入地电流大小呈正相关关系。接地极单极大地回路运行时，入地电流越大，对附近管道干扰电位的偏移影响越明显，而发生电位偏移的管段长度则不会变化。

(2) 防腐层质量。当管道长度较短时，防腐层类型和质量对管道所受干扰影响较小。随着管道长度增加，干扰影响相应增大。防腐层质量越好，管道的干扰范围越大。

(3) 管道电连续性长度。当管道纵向无任何绝缘部件时，随着管道长度的增加，靠近直流接地极位置处管道干扰升高，远离接地极处干扰降低。管道纵向长度越长，干扰距离越大。

(4) 管道与接地极的间距。随着接地极与管道间垂直距离的增加，管道受接地极干扰的电位偏移幅度相应减小，但发生电位偏移的管段范围变化不大。

(5) 土壤特性。上层土壤电阻率低、下层土壤电阻率高的结构可以产生比较高的干扰电压；相反，上层土壤电阻率高、下层土壤电阻率低的结构产生的干扰电压则较低。结构均匀土壤环境中，土壤电阻率越高，接地极对管道造成的干扰越大。

3. 检测方法

高压直流接地极单极大地回路运行在管道上造成的干扰具有偶发性、不可预知性、难捕捉和影响范围广的特点，因此，通过现场逐桩测试管道电位的方法，几乎无法实现对高压直流干扰影响范围和程度的检测。

阴极保护智能监测技术可用于监测管道受到高压直流接地极单极运行干扰的范围和强度。为了确保监测结果能够对管道的受干扰程度进行有效评估，应当在管道沿线的特定位置安装智能监测设备。这些特定位置通常包括靠近接地极的管道、两端远离接地极的管道、绝缘接头位置和管道沿线存在接地的位置等。靠近接地极的管道受干扰时电位偏移较大，监测间距可密集设置，如每 1～5km 一处。为了监测接地极单极运行对管道干扰的影响范围，在远离接地极的管道上也应该设置监测点，监测间距可增加至 5～10km。高压直流接地极单极运行时，管道电连续段范围内设置的所有智能监测点将在同一时刻发生电位偏移，而且靠近接地极管道的电位偏移方向与两端远离接地极管道的电位偏移方向恰好相反。

除智能监测技术外，管道高压直流干扰的影响范围和程度还可以利用数值模拟计算技术进行全面评估。如图 4.15 所示，数值模拟计算评估的步骤：①首先收集受干扰管道、高压直流输电系统和环境等信息；②利用数值仿真计算软件构建三维模型，对模型进行离散网格划分，利用边界元法或有限元法结合相应的边界条件求解电场传导方程，得到各个离散网格的电学参数，如电位、电流密度等；③与现场远程监测的电位数据进行对比，调整并优化仿真计算模型；④利用腐蚀电化学原理计算管道的干扰电位分布，并根据相应的标准对干扰造成的腐蚀风险进行评估。

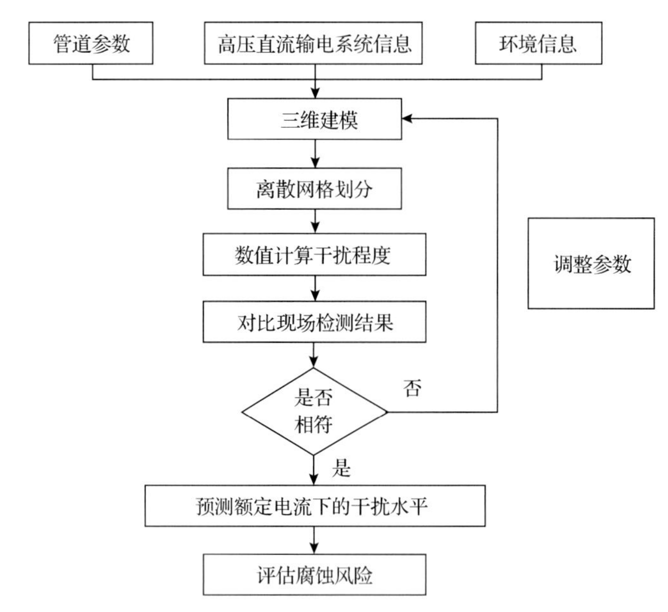

图 4.15 埋地管道高压直流干扰的数值模拟计算评估方法

4. 评价判据

目前，国内外仍没有专门针对高压直流接地极单极运行对管道干扰影响的评判指标。高压直流接地极干扰本质上仍是直流干扰，因此，可以按照阴极保护评价准则对这类干扰的严重程度及干扰防护措施的有效性进行评价，可参考的国内外标准包括 GB/T 21448—2017、GB 50991—2014、ISO 15589-1:2015、NACE SP0169-2013、BS EN 50162-2004、AS 2832.1-2015 等。这些标准对干扰期间管道电位的要求均相同，即应确保无 IR 降电位介于最小保护电位和限制临界电位之间，但对干扰期间管道腐蚀速率的要求则略有差异，GB/T 21448—2017 和 ISO 15589-1:2015 标准要求腐蚀速率应控制在 0.01mm/a 之下，而 NACE SP0169-2013 标准对腐蚀速率的控制指标放宽至 0.0254mm/a，AS 2832.1-2015 标准对采用电阻探针法得到的腐蚀速率的控制指标则严格至 0.005mm/a。

5. 治理措施

目前，国内外就高压直流输电系统接地极对管道干扰问题的治理措施尚未形成系统成熟的规范性指导。这些仍是该领域未来的研究热点方向及趋势。管道的高压直流干扰治理可以参考现行标准中推荐的常见直流杂散电流干扰治理方法，包括排流保护、阴极保护、防腐层修复、绝缘隔离、屏蔽、路由避让、从源头减少排放(如设计双极输电系统等)、在干扰源和受影响结构之间采取合适的电阻连接等[30]。这些标准均提出，对直流干扰的治理应该从设计阶段开始考虑。然而，干扰源和管道之间的安全距离受到多个因素的复杂影响，往往难以确定。研究人员通过仿真计算研究了接地极电流干扰下影响防护距离的因素，结果发现土壤电阻率和管道防腐层类型对管道防护距离的影响较大，而极化效应引起的局部土壤 pH 变化几乎不改变管道的防护距离[31]。随着管网或电网新建工程路由选取的限制，可以预见，安全距离难以满足将导致管道干扰防护的难度增加，这将是管道安全运行所面临的一个长期矛盾。

国外已报道的高压直流干扰案例干扰较弱，采用常规的恒电位控制的外加电流阴极保护系统或在干扰关键部位增设牺牲阳极便可以实现有效的防护。因此，国外的高压直流干扰问题远不如我国当前普遍存在的干扰情况这么急迫。从目前的研究进展和管道企业已经积累的经验来看[32,33]，管道系统的高压直流干扰治理是一项综合任务。适用于运营阶段的管道线路干扰治理措施包括采用外加电流阴极保护系统、局部增设牺牲阳极、对管道分段绝缘、沿线干扰严重管段敷设锌带接地、增加强制排流措施，以及这些方案中一种或多种的组合(图 4.16)。这些方法中，锌带接地排流措施对缓解管道电位的正向和负向偏移均有效，是适用于已建管道的常见措施。分段隔离措施能够限制干扰影响范围，并可减小管道电位正向和负向偏移，分段隔离点宜选择在干扰电压的正偏移与负偏移之差的中间位置。分段隔离措施在已建管道上的适用性比较受限，可利用管道停输的整改换管或检修期进行改造。

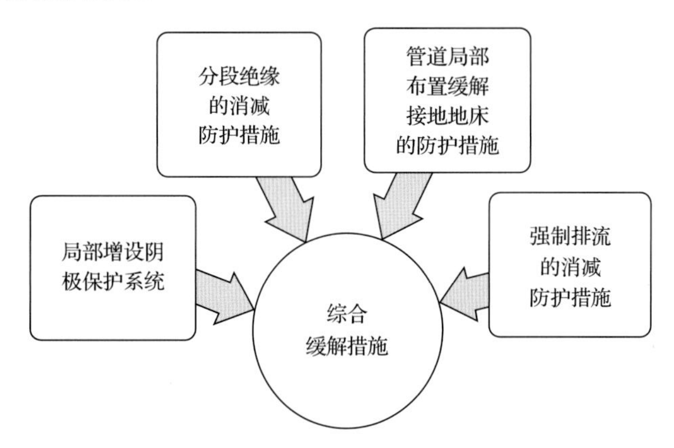

图 4.16　管道运营阶段可用的高压直流干扰防护措施

高压直流干扰治理绝不应忽视各方的协同。国外对不同行业之间相互干扰的协调比较重视，许多国家都有干扰协调机构[32]。例如，美国根据各州的情况，设有电业委员会、电业协调委员会及腐蚀控制协调委员会。这些协调机构可组织相关方就干扰治理的各项内容进行商讨。我国目前尚无此类协调机构，导致不同行业、不同权属部门之间出现干扰问题时相互协调困难。为此，管网和电网双方的运营单位应当建立联络、信息共享机制，尤其在高压直流输电系统单极大地运行期间加强协调沟通，共同保障安全。

近年来，在国家能源局的积极推动下，直流输电与油气管道相互影响问题的有关工作事项已经取得了一定的进展①。

(1) 优化直流接地极极址选择和油气管道规划选址。电力企业在直流输电工程前期规划阶段，应收集极址周围一定范围内(原则上不少于 50km，必要时可进一步扩大)油气管道情况并进行相互影响评估，选择对油气管道没有影响或影响较小的地址作为极址；油气企业在油气管道工程前期规划阶段，应收集管道周围一定范围内(原则上不少于 50km，

① 国家能源局综合司. 国家能源局综合司关于做好直流输电与油气管道相互影响问题有关工作的通知. 2018.

必要时可进一步扩大）直流接地极情况并进行相互影响评估，选择不受直流入地电流影响或影响较小的路径作为工程路径。

（2）对于在运直流输电线路和油气管道设施，应在地方能源管理等相关部门的统一协调指导下，组织开展直流输电与油气管道相互影响问题排查，对于存在相互影响问题的情况，可在协商一致的基础上，采取强化管道本体保护、油气管道改线或接地极迁址等措施，消除或降低相互影响。

（3）在采取以上措施后仍无法避免相互影响问题的地区，电力企业应在满足电网安全稳定运行要求的前提下控制直流入地电流。

（4）在采取直流入地电流控制措施后，仍无法满足油气管道运行安全要求的地方，能源管理等有关部门应协调指导有关企业根据实际情况采用进一步控制直流入地电流和强化管道本体保护，直至采取强制性的油气管道改线或接地极迁址等措施，确保直流输电与油气管道的运行安全。

（5）存在直流输电与油气管道相互影响问题的地区，有关油气和电力企业应健全完善相关机制，进一步加强信息沟通和协调联动，油气企业应健全并完善相关地区的现场作业安全防护规范，减少人身伤害风险，同时应加强对有关油气管道运行情况的监测预警，及时发现管道运行中出现的腐蚀、氢脆等问题，并为后续研究工作积累实测数据等。

4.3.2 城市轨道交通动态直流干扰

杂散电流导致的腐蚀问题几乎伴随着直流电气化铁路的出现而出现。早在1888年，美国里士满市第一条商业电气化铁道投运的同时，就已经发现了电气化铁道附近的地下铸铁水管和电缆被严重腐蚀[①]。此后，直流牵引系统产生的杂散电流问题便得到了持续关注。更进一步的现场调查发现，来自直流运输系统并作用于地下结构物的杂散电流活动是不稳定的，从电流和电位的幅度来看是动态的，表明这些杂散电流通常会逆转方向，因此这种现象被描述为埋地结构物受到了动态电流干扰。动态杂散电流几乎可以对城市范围及其周边的大多数埋地结构物造成干扰影响，例如，流经建筑物钢筋时引起发热、破坏结构的强度，对弱电信道造成干扰等。由于这类杂散电流的大小和流向是随机的，因此给包括管道在内的各个行业开展全面防护工作带来了相当大的难度。

随着我国城市各项基础设施的建设，城市规模不断扩大，作为便捷运输系统的城市地铁轨道交通网与原本分布在城市周边的油气管道设施发生路由并行或交叉的情况越来越多。调查发现，我国在上海、苏州、深圳和北京等城市已经发现地铁干扰造成了很严重的管道腐蚀案例。可见，地铁对油气管道的动态直流干扰将是能源输送系统的一个重大威胁。

1. 干扰机理

国内外地铁轨道交通普遍采取走行轨道回流的直流牵引供电方式。牵引变电站提供地铁机车运行所需的直流电，通过接触网取流，并经过走行轨道回流到牵引变电站的负极，形成一个闭合回路。钢轨安装于混凝土轨枕上（早期使用枕木），由于运营环境、经

---

① CP Interference. NACE course manual. Houston: NACE International, 2012.

济性及施工质量控制等多方面因素的影响，走行轨道不可能完全与大地绝缘，而是与附近的土壤存在一定的接触。从本质上来讲，整个轨道网便可看作是通过土壤在整个长度上实现了接地[27]。因此，部分牵引电流将泄漏至道床及其周围土壤介质中，形成杂散电流，再沿地下的隧道、油气输送管道及其他公用事业设施，甚至大型建筑物地基等金属经由土壤回流到变电站(图 4.17)。在杂散电流从埋地管道的防腐层破损点流入管道金属的部位(图 4.17 中的 *A* 点)，过度的阴极反应可能引起防腐层发生阴极剥离，并在管体局部强度较高的部位导致氢脆敏感性增加；在杂散电流从埋地管道流出管道的部位(图 4.17 中的 *B* 点)，将直接导致管体发生腐蚀。

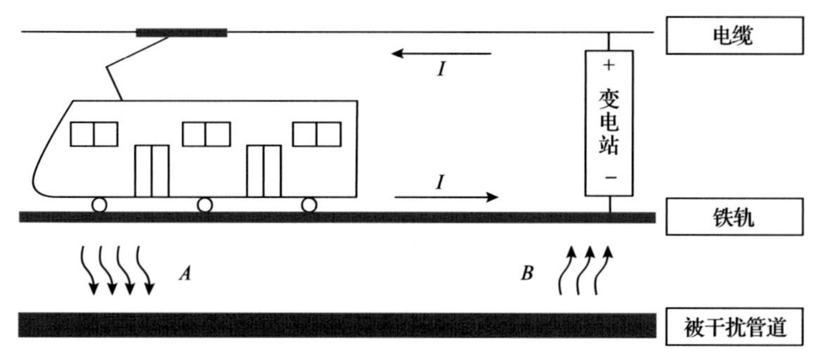

图 4.17 地铁杂散电流的产生及对埋地管道的干扰原理示意图[34]

据统计，地铁运行过程中约有 5%～10%的牵引电流泄漏于土壤中成为杂散电流[27]，以 1500V 直流供电地铁系统为例，牵引电流约 2000～3000A，则由轨道泄漏的杂散电流约为 100～300A。相比于埋地管道单个阴极保护系统的电流需求，多数在几个安培，杂散电流量高了一到两个数量级。因此埋地管道将受到地铁杂散电流的显著干扰。

牵引电流从轨道泄漏进入土壤，成为大地中的杂散电流。除了轨道接地这个客观条件之外，地铁轨道系统中还存在其他的可以增加杂散电流的产生因素如下。

(1)地铁轨道系统通过不断监测结构钢筋电位以确定是否启动自身排流系统工作，当监测到被保护的金属结构极化电位超出安全范围时，启动排流，杂散电流通过收集网回收至牵引变电所负极。由于杂散电流在被收集的同时会导致更多的杂散电流泄漏，因此排流系统无法从根本上解决牵引电流泄漏问题。

(2)钢轨作为牵引回流的主体并且对地绝缘安装，在正常运营时会产生钢轨对地电位。为了保护乘客安全，车站内安装钢轨电位限制器。钢轨电位过高时，该装置即闭合，使钢轨接地，导致杂散电流大量泄漏，直到自动或人工复位为止。

(3)地铁车辆段/停车场主要用于地铁列车的停放、维护和检修等，其库外咽喉区的轨道对地过渡电阻要小于正线区段，而部分库内轨道的钢轨则通过接地极直接接地。地铁运行期间，为了防止正线电流经车辆段/停车场内的钢轨流入大地形成杂散电流，通常将单向导通装置并联安装于正线与车辆段/停车场之间的轨道绝缘节两侧，以保证牵引回流的单方向流通。但实际上，单向导通装置的工作状态以及机车出入车场，均可能导致咽喉区轨道和/或库内接地极成为杂散电流的吸收或排放区域，对附近的管道造成严重干扰。

因此，在调查管道动态直流干扰的影响范围和严重程度时，往往需要对杂散电流可能流入或流出管道的位置进行重点关注。

2. 干扰规律

来自地铁牵引系统的杂散电流的大小和分布与多个因素有关。从管道系统来看，影响因素包括防腐层质量、阴极保护效果、绝缘接头位置及其性能等；从地铁系统来看，影响因素包括变电所的位置、馈电区段、负荷分担状态、负荷电流、回归线电阻，以及钢轨对地过渡电阻等。另外，土壤电阻率也是重要的影响因素。

地铁杂散电流的大小不仅在一天当中的不同时刻存在变化，而且与机车的加速或减速状态有关。对于管道而言，更需要关注的是杂散电流流入的位置在随着机车沿钢轨运行而不断发生变化。因此，在管道上连续记录管地电位时，其电位呈现随机的动态波动特征(图 4.18)。在连续记录 24h 的管地电位时间分布图上，可明显观察到杂散电流对电位干扰的典型特征为白天的早高峰和晚高峰时段电位波动剧烈，其他时段电位波动减轻，深夜地铁停运时段电位波动消失[35]①。

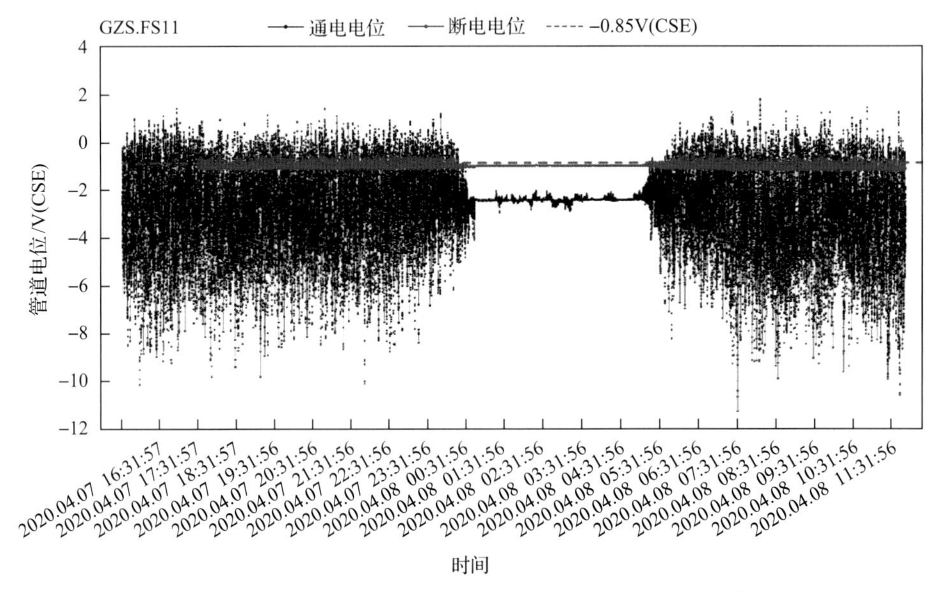

图 4.18 地铁动态直流干扰下典型的管道电位-时间变化曲线

管道在地铁牵引系统杂散电流的作用下存在一定的干扰规律，可以从管地电位的波动特征进行判断。了解地铁杂散电流对管道的干扰规律，可以为制定干扰防护措施提供重要依据。从典型工况的 24h 电位监测结果来看，管道沿线不同位置电位的波动幅度(包括最正偏移值和最负偏移值)、平均值、正向偏移与负向偏移的比例等往往不同。这些特征参数反映了管道特定位置受到地铁杂散电流干扰的严重程度。通过对比多个位置同步监测的管道电位的波形，可以分析某一时刻管道沿线杂散电流的流入段和流出段，即分别找出管道沿线的阴极干扰区和阳极干扰区。由图 4.19 所示某时刻管道和轨道对地电位的里程分布曲线可知(BS EN 50162-2004)，机车所在位置牵引电流从轨道泄漏至大地，轨道电位正向偏移，而管道吸收杂散电流，电位负向偏移；在牵引变电站附近，杂散电

① CP Interference. NACE course manual. Houston: NACE International, 2012.

流从管道流回至轨道并最终回到负极，管道电位正向偏移，而轨道电位负向偏移。因此，在牵引变电站附近的管道处于阳极干扰区，而远离牵引变电站的管道则处于阴极干扰区。随着机车运行而处于轨道的不同位置，则管道上的阳极干扰区和阴极干扰区存在一定范围的动态变化。

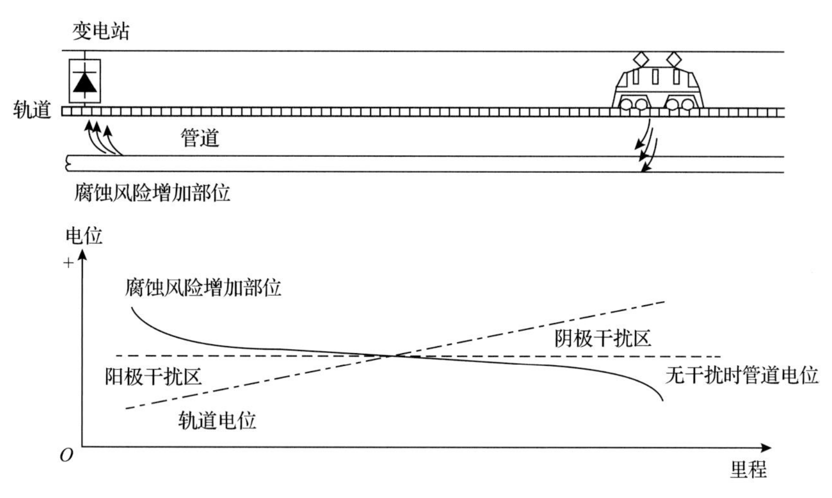

图 4.19　地铁杂散电流对管道的阳极干扰和阴极干扰

地铁杂散电流干扰的强度与管道至地铁线路的距离和并行长度有关。以某成品油管道的地铁干扰检测结果为例(图 4.20)，从管道沿线 20 个测试桩的管道通电电位最值和平均值的里程分布图可以看出，该管道沿线存在两处电位波动显著严重的位置，分别位于测试桩 TP033 和 TP045。TP033 位于与一条地铁线路并行段间距(大约 1.8km)最近的位置，而 TP045 是与另一条地铁线路交叉位置距离最近的测试桩。远离这两个测试桩位置，管道与地铁线路的距离逐渐增加，管道干扰电位的波动则出现变小的趋势。可见，距离地铁线路越近，管道干扰电位的波动幅度越大，管道受到的动态干扰强度及相应的腐蚀风险更高。

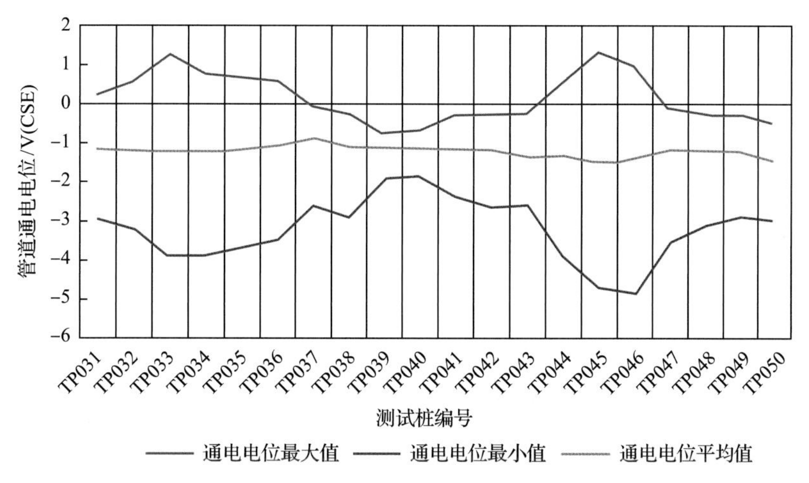

图 4.20　某成品油管道受地铁杂散电流干扰的电位里程分布曲线

与多条地铁线路相互靠近或交叉时，管道的动态杂散电流干扰通常呈现出多源的复杂特点。这种情况下，通过对典型时段内记录的管道和轨道电位-时间变化曲线进行傅里叶变换，可以将电位-时间曲线转换成谱密度曲线，并进而分析管道的杂散电流干扰规律。如图 4.21 所示，将某成品油管道沿线三个不同测试桩位置及附近地铁轨道同时间段的波动电位转化为相应的谱密度曲线，6#和 3#测试桩管道电位的谱密度峰对应的周期与轨道电位的周期相同，而且相对强度基本一致；相反，53#测试桩管道电位谱密度曲线中出现了新的谱峰，而且强特征峰的强度大大减弱。由此可以判断，6#和 3#测试桩附近的管段受到的干扰主要来自该地铁线路的杂散电流，而在管道下游的 53#测试桩处，其他干扰源(另外一条地铁线路)对管道的影响开始逐渐占据主要作用。

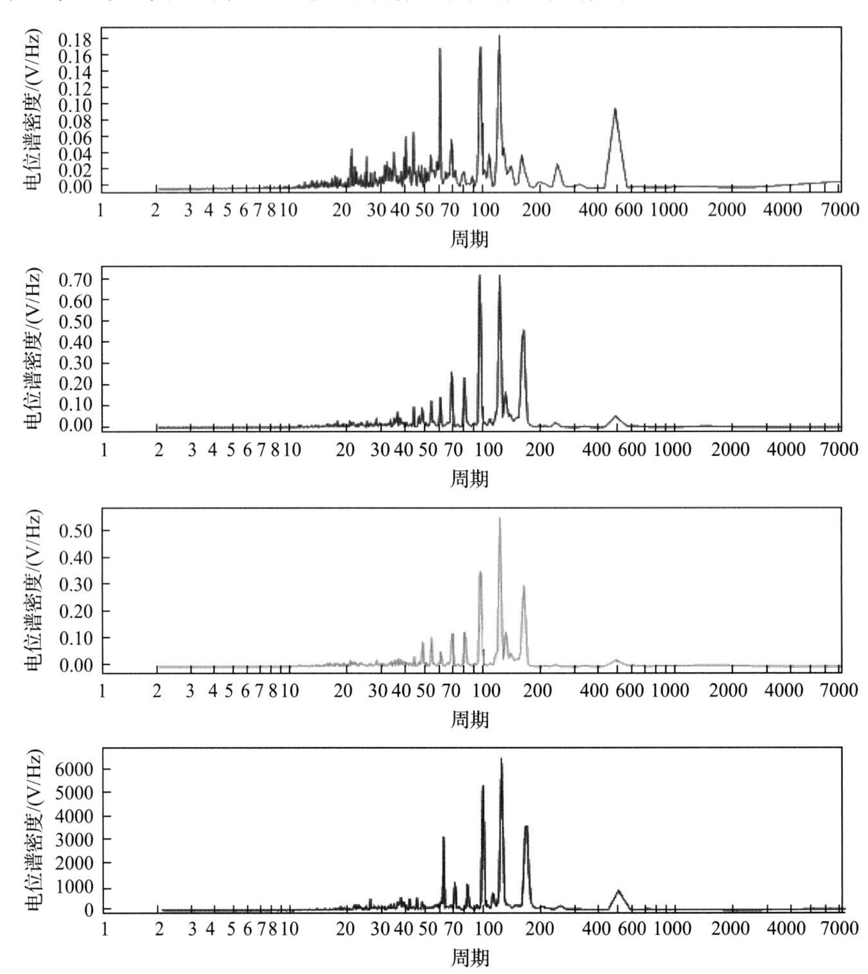

图 4.21 管道沿线不同位置同时间段的波动电位谱密度曲线

从上到下分别为测试桩编号 53#、6#、3#和轨道

尽管杂散电流流入管道的位置在不断变化，但从管道再流出的位置通常总是靠近牵引变电站。因此，在调查地铁杂散电流对管道的干扰规律时，往往需要从牵引变电站附近开始沿着轨道线路进行排查。根据管道与地铁轨道系统的相对位置关系，需要重点排

查杂散电流干扰的管道位置，至少包括轨道与管道路由交叉位置，轨道与管道路由长距离并行段，牵引变电站附近管段，车辆段/停车场附近管段，轨道沿线杂散电流排流装置附近管段，轨道沿线钢轨电位限制器附近管段，以及轨道沿线接地装置附近管段。

3. 检测方法

检测杂散电流的方法因干扰电流源类型和结构物类型而异。一般来说，常见的检测物理量包括电位和电流。对于动态的杂散电流来说，这些测量值会随时间发生变化。具体的电位和电流测量项包括管地电位、管轨电压、管中电流、大地中的杂散电流和地电位梯度等。

动态杂散电流可以很方便地通过管地电位和/或管中电流测试来进行测定。采用一个固定位置的、与土壤接触的参比电极，就可以通过管地电位随时间的变化来说明动态杂散电流的存在。管地电位的变化能够反映出杂散电流的流入或流出规律，以及管道的腐蚀风险高低。就动态杂散电流干扰而言，利用数据记录仪连续记录 24h 内管地电位随时间的变化是很有必要的，便于获得足够的信息来判断动态杂散电流的影响规律。实际测量过程中，由于杂散电流的影响，无法采用常规的瞬间断电法测试真实的极化电位，因此，往往需要埋设试片或探头，并连续记录断电电位。

当管道路由与地铁轨道并行或距离比较接近时，可以设法测量管道与轨道之间的电压差。将该电压差和管地电位联合起来进行分析，可以判断管道上杂散电流可能的电流流入点和流出点，从而可以确定最佳的排流点。

为了全面分析动态杂散电流干扰对管道的影响范围和程度，可以在管道沿线不同位置同步测试管中电流，并与电位建立回归关系，这种方法称为 β 测试法[①]。由于在管道沿线测试管中电流对设备和工程配合要求较高，因此，更可行的 β 测试法可以通过建立管地电位和轨地电位来实现。这种同时记录管道沿线不同位置管地电位和轨地电位的做法，需要管道运营方和地铁交通运营方联合完成，因此也称之为相互协同测试。在分析获得的电位测试结果时，将管地电位 $V_{p/s}$ 相对于轨地电位 $V_{r/s}$ 进行绘图，并拟合方程如式(4.11)所示：

$$E_{p/s} = \alpha + \frac{\Delta E_{p/s}}{\Delta E_{r/s}} E_{r/s} = \alpha + \beta E_{r/s} \tag{4.11}$$

式中，$E_{p/s}$ 为管地电位；$E_{r/s}$ 为轨地电位；β 为斜率，$\beta = \Delta E_{p/s} / \Delta E_{r/s}$；$\alpha$ 为线性回归函数的截距。

如果管地电位与轨地电位呈线性关系，则可以认为该测试位置管道电位的波动与所测轨道泄漏的杂散电流因素有关。按照这种分析，只需要简单地在管道的不同部位记录管地电位(图 4.22)，并将这些管地电位数据相对轨地电位进行线性回归，分析得到的 β 曲线即可。β 曲线的斜率越陡，表明管道在该位置吸收或排放的电流越大，斜率的正负变化表明了杂散电流的流向。若 β 曲线的斜率为零，表明所测管段已超出轨道泄漏杂散

① CP Interference. NACE course manual. Houston: NACE International, 2012.

电流的影响范围。如果管地电位与轨地电位间未呈线性关系，表明被测管道与轨道之间不构成相互干扰关系。

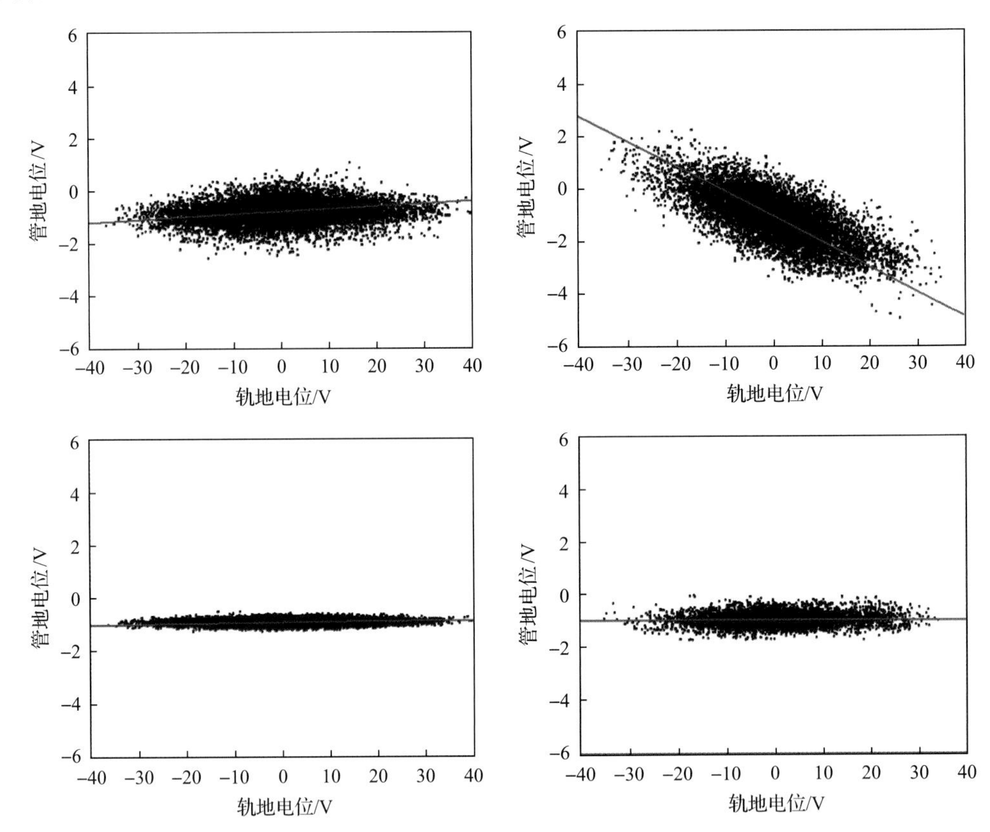

图 4.22 某成品油管道沿线不同测试桩位置管地电位与交叉位置处轨道对地电位的回归关系图

4. 评价判据

关于管道动态直流干扰严重程度的评价，目前国内外不同国家或行业颁布的标准所采用的判据并不相同。

1)《埋地钢质管道直流干扰防护技术标准》(GB 50991—2014)

该标准第 5 部分“直流干扰的识别与评价”一节中给出了用于直流干扰识别的地电位梯度指标，针对无阴极保护管道直流干扰评价的管地电位偏移(相对于自然电位)指标，以及针对阴极保护管道的最小保护电位要求指标。该标准在条文说明部分提到了澳大利亚标准 AS 2832.1—2015，供使用者参考。

2)《直流系统中杂散电流引起腐蚀的防护》(BS EN 50162-2004)

其评价指标分别针对“阳极干扰”和“阴极干扰”两种情况进行规定。关于阳极干扰，该标准规定了无阴极保护管道在杂散电流干扰下管地电位正向偏移的最大允许值，该最大值与土壤电阻率有关；而对于阴极保护管道，则将阴极保护准则要求作为杂散电流干扰程度是否可接受的评价标准。关于阴极干扰，本标准同样按照阴极保护准则要求作为评价标准，即极化电位不能比限制临界电位更负。

该标准附录 D 给出了采用探针或试片法对施加阴极保护管道的动态杂散电流干扰评价的方法，概括如下。

持续 24h 测试并记录探针的电流，获得阴极保护电流和杂散电流的净值。将管道不受动态杂散电流干扰时(如夜间干扰源停止运行时)的探针电流定义为 100%(即基准值)，代表与管道阴极保护相应的电流水平，即图 4.23 中的 A 时段。接着，在连续记录的探针电流时间曲线上找到电流降幅最大(即电位偏移最正)时刻所在的 1h，即图 4.23 中的 B 时段，定义为最差时段。参照表 4.3 第一列给定的百分数值，对最差时段内探针电流相对于基准电流值的百分数分布进行相应的累积时间统计。如果累积时间超过相应的最大可接受值，则表明存在高腐蚀风险，评价结果可以按照图 4.24 来展示。

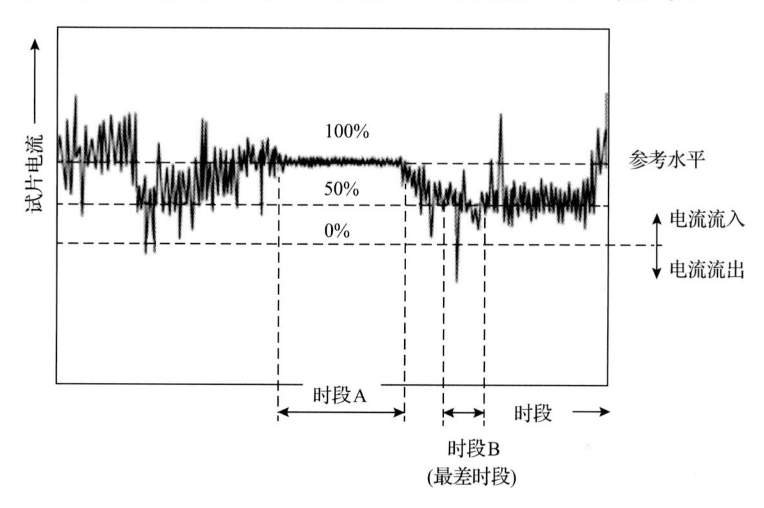

图 4.23　探针电流时间变化曲线示意图

表 4.3　地铁杂散电流干扰评价表-电流标准

探针电流 (相对基准值的百分数)/%	最大可接受的时段值	
	按最差时段的百分数计/%	按最差时段内的秒数计/s
＞70	无限制	
＜70	40	1440
＜60	20	720
＜50	10	360
＜40	5	180
＜30	2	72
＜20	1	36
＜10	0.5	18
＜0	0.1	3.6

注：上述给定数值是基于十年的实践经验确定的，如果无 IR 极化电位比保护电位偏负较多(如 250mV)，则依据该表的评价标准可能过高估计腐蚀风险。

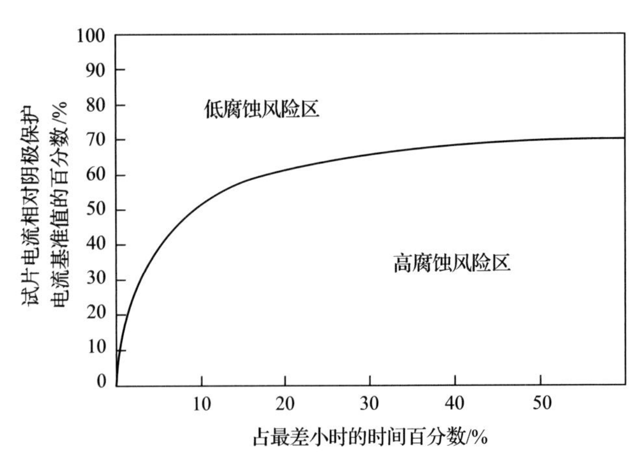

图 4.24 电流标准评价表的示意图(BS EN 50162-2004)

3)《金属阴极保护 第 1 部分：管道和电缆》(AS 2832.1-2015)

该标准针对牵引系统杂散电流干扰给出了明确的评价指标，目前应用较为广泛。其中主要评价指标如下。

在要求结构物根据该准则评价牵引电流的影响时，必须记录足够长时间的电位以确保包含最大程度的杂散电流的影响。这个时间段包括静息期、早晚用电高峰，通常为 24h，一般不少于 20h。如果用数据记录仪检测电位，采样频率至少为 4 次/min。

受牵引电流(地铁等)影响的结构物的保护准则根据结构物极化时间不同而异。

(1)短时间极化的构筑物。

防腐层性能良好的构筑物或已证实对杂散电流的响应为快速极化和去极化的构筑物，应遵循以下准则：①电位正于保护准则的时间不应超过测试时间的 5%；②电位正于保护准则+50mV(即对钢铁构筑物电位为–800mV)的时间不应超过测试时间的 2%；③电位应正于保护准则+100mV(即对钢铁构筑物电位为–750mV)的时间不应超过测试时间的 1%；④电位正于保护准则+850mV(即对钢铁构筑物电位为 0mV)的时间不应超过测试时间的 0.2%。

如果结构物的电位分布不符合上述情况，其电位波动情况表现为较长的阴极区间内存在间歇性相对较短的阳极偏移，而且通过其他包括电阻探针、试片或腐蚀速率历史数据等可表明结构物保护状况良好，则只要电位正于保护准则的时间不超过测试时间的 5%，也可认为结构物得到了保护。

(2)长时间极化的构筑物。

对于防腐层性能较差的构筑物或对杂散电流的响应为缓慢极化和去极化的构筑物，其电位正于保护准则的时间不应超过测试时间的 5%，而且电位正向偏移的时间应较短并在其间存在负向偏移分布。

就管道动态直流干扰评价的标准而言，目前国内外使用的上述所列的评价准则并不一致。对动态直流杂散电流干扰的评价方法，除了腐蚀速率控制指标外，关于采用“电位偏移比例”指标(AS 2832.1-2015)或“最大流出电流比例”指标(BS EN 50162-2004)

仍未达成统一意见。在实际使用过程中发现，这些标准的评判结果往往比较保守，而且电位偏移比例与实测腐蚀速率之间仍缺乏显著的相关性。因此，目前管道行业正试图通过开展系统的研究工作，建立动态直流干扰表征参数与腐蚀速率之间的关系，以期为设计合理的评价标准提供理论依据。

5. 治理措施

直流牵引系统在管道上造成的动态杂散电流干扰主要特点表现为干扰影响范围大，干扰强度的分布和状态复杂多变。因此，在治理这类杂散电流干扰时，很难有一个普遍适用的方法，但是可以遵循如下原则。

(1) 路由避让。

(2) 协调干扰系统减小杂散电流输出。

(3) 在管道上合适的位置安装绝缘部件。

(4) 在受影响的关键部位修复管道防腐层。

(5) 在管道上干扰严重的位置施加阴极保护。

(6) 在管道上受干扰位置增加排流地床进行局部强化保护。

动态杂散电流干扰防护常采用排流法作为最主要的方法。为了确保地床的排流效果，我国防腐工程人员在总结干扰影响防护实践经验基础上，提出了“综合治理”的概念、“共同防护”的原则。“综合治理”是指在动态直流杂散电流干扰影响的防护中，应采取以排流法为主，其他方法为辅的综合治理方法，包括防腐层维修、更换，管道分段绝缘以增大电阻，必要或有可能时协调地铁运行单位采取减少杂散电流排放的措施。“共同防护”原则包括两个方面的含义：一是将处于同一个干扰区域内的所有被干扰埋地结构物(即使归属不同)作为一个防护系统共同采取防护；二是将产生杂散电流的干扰源方也纳入保护体系中进行共同防护[36]。

1) 排流保护法

排流保护有多种方式，其中接地排流、强制接地排流和极性排流是三种常用的方式(BS EN 50162-2004)[34,35]。这些排流保护方式的简要原理、特点和适用范围如表 4.4 所示。

表 4.4　常用排流保护方式简介(J14819-2019)

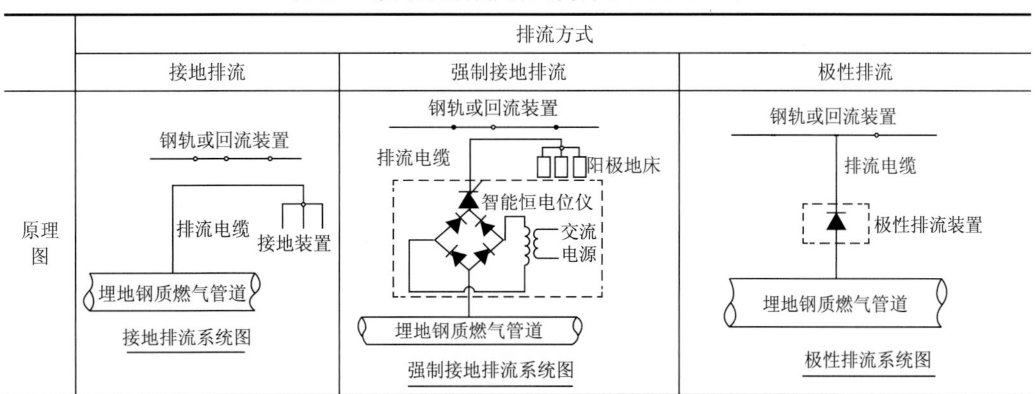

	排流方式		
	接地排流	强制接地排流	极性排流
原理图	接地排流系统图	强制接地排流系统图	极性排流系统图

续表

	排流方式		
	接地排流	强制接地排流	极性排流
使用范围	适用用于管道阳极区较稳定、干扰程度较小、且无法直接向轨道或回流装置排流的场合	适用于干扰程度严重、管道涂层良好、干扰源和管道的距离过大或轨道交通系统无法提供连接端子、极性排流不合适，或隔离段需要永久提供阴性保护的场合	适用于管道阳极区不稳定的场合。被干扰管道与轨道交通系统的负母排连接具备条件，轨道交通侧和管道侧相互协调
主要技术要求	①电缆与接地装置连接应通过测试桩连接；②接地装置宜采用牺牲阳极材料	①设计电气指标，额定排流电流 $I_n \leqslant$ 50A，额定冲击耐受电压≥2.0kV；②恒电位仪具有自动调节功能，信号可远传	①极性排流装置利用二极管正向导通反向截止的特性，实现杂散电流的排放；②极性排流装置具有防水及防腐的特性；③额定排流电流 $I_n \leqslant 50$A；额定冲击耐受电压≥2.0kV

2) 阴极保护

作为干扰防护措施的阴极保护系统可采用以下两种方式：①利用现有阴极保护系统，调整其运行参数以适应干扰防护的需要；②增设外加电流阴极保护系统。增设的外加电流阴极保护系统应设置在被干扰管道的阳极区，其辅助阳极地床距管道不小于 20m。如果在管地电位正负交变的场合使用牺牲阳极时，应在管道与牺牲阳极之间串接单向导通电气元件。

3) 防腐层修复

管道防腐层缺陷点会成为杂散电流流入和流出的通道，修复防腐层缺陷可减少管道内的杂散电流。处于干扰区域的管道应定期进行防腐层质量及绝缘性能检测，以便及时发现防腐层缺陷，并及时修复，降低管道的杂散电流干扰强度。

4) 绝缘隔离

在被干扰管道上安装绝缘装置，可以通过增大被干扰管道回路电阻来减少管道的杂散电流干扰强度，并缩短干扰范围。对于干扰复杂且采取其他干扰防护措施后无法有效缓解干扰的管段，可通过绝缘装置将其从整条管道中隔离出来，便于单独采取针对性措施。采用绝缘隔离措施后应特别注意电绝缘装置两端可能形成新的干扰点。

4.4 交流和直流干扰治理案例

4.4.1 丹麦哥本哈根市交流干扰排流案例

Nielsen 等[37]在评估某管道交流腐蚀风险的过程中，发现该管道上同时存在的直流干扰对交流腐蚀有一定的促进作用，提出通过采取合理的直流排流措施可以确保交流腐蚀防护的效果。

1. 管道及干扰源概况

丹麦哥本哈根市郊一个输配管网系统总长 66km，运行压力 1.9MPa。如图 4.25 所示，该管网沿线存在多条高压输电线与其路由相互并行或交叉，可引起交流干扰。另外其沿线还存在两条直流牵引地铁线(北线和南线)，对管道造成动态直流干扰。管网和杂散电流干扰源构成了复杂的相互作用系统，管道的安全运行受到复杂杂散电流干扰的影响。

管道沿线埋设的电阻型(eletric resistance，ER)腐蚀速率探头监测结果表明，杂散电流干扰导致了较高的腐蚀速率，特别是在管道与地铁轨道交叉的位置(点 *C*)。

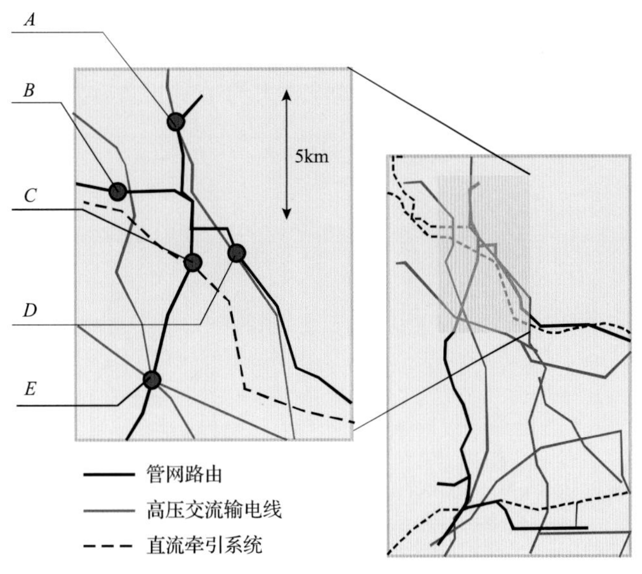

图 4.25 市郊管网与交流、直流杂散电流干扰源的相互位置关系

2. 管道干扰测试与分析

现场测试时，在图 4.25 中 *C* 点发现了典型的交直流混合干扰情况。图 4.26 显示了数据记录仪在 *C* 点获得的交流电压和交流电流密度的测试结果。可以明显看出，从午夜开始连续约 6h 的时间范围内交流电压峰值最高可达 12～13V，这与夜间输电线路输电量升高的情况相对应。试片交流电流密度随着交流电压的变化出现相同的趋势，最高可达 $420A/m^2$，可见该点存在很高的交流腐蚀风险。这两者之间关联的参数即试片周围的扩散电阻，可以反映 *C* 点试片周围局部土壤环境的变化。

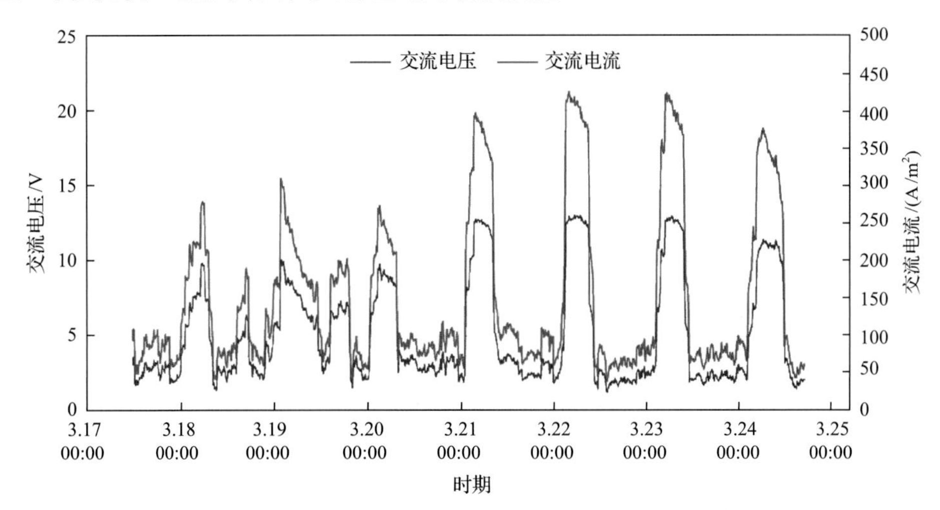

图 4.26 管网 *C* 点测试的交流电压和交流电流密度的时间曲线

图 4.27 显示了试片交、直流电流密度随时间的变化曲线，同时也显示了试片上监测的腐蚀速率。由图可知，在直流牵引系统运行的时间段内，直流杂散电流存在显著的波动。从夜间大约 1 点开始，直流干扰停止，并保持静息直到早晨 6 点。对比图 4.27 中几个参数的时间同步性可以发现，在交、直流混合干扰的情况下，试片腐蚀速率在夜间随着交流电流密度的增加而增加，但是在直流干扰停止大约 1～2h 之后显著下降。

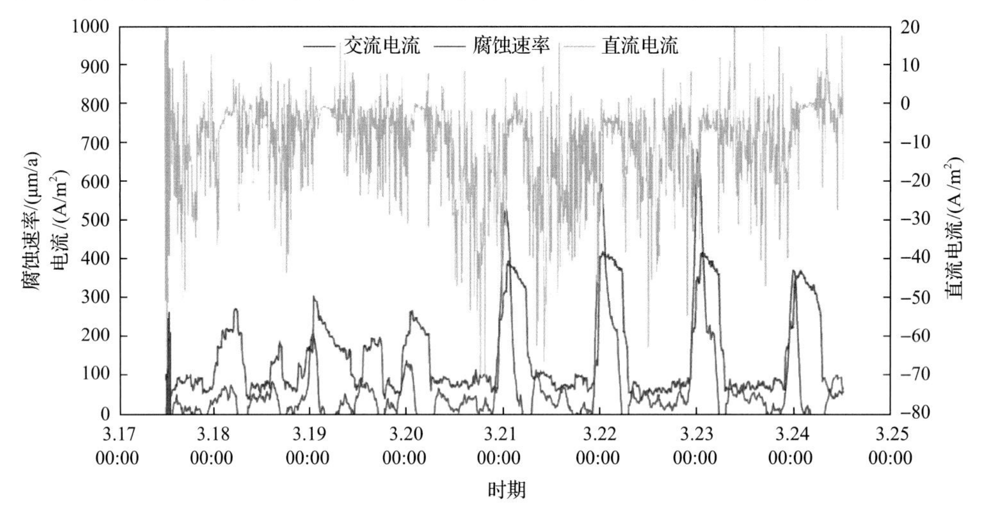

图 4.27 管网 C 点测试的交、直流电流密度和腐蚀速率的时间曲线

对于这种存在交流和直流混合干扰的情况，现场调研发现的结果引起了管道工程师的高度关注。根据腐蚀电化学原理分析可推测，直流干扰阴极反应生成的阴极电荷在防腐层缺陷周围可形成足够的碱性环境，从而在叠加了足够的交流干扰的情况下，可以诱发产生腐蚀。图 4.28 是 2005 年 3 月 22 日和 23 日两天时间内数据记录仪采集的交直流电流和腐蚀速率的时间变化曲线，可以观察到在午夜之前交流干扰开始增加时，腐蚀速率同样开始增加，而当直流干扰随着夜间机车停运而逐渐减弱时，腐蚀速率同样开始降低。正是由于直流干扰引起的碱性条件减弱，使交流干扰引起的腐蚀速率出现下降趋势。

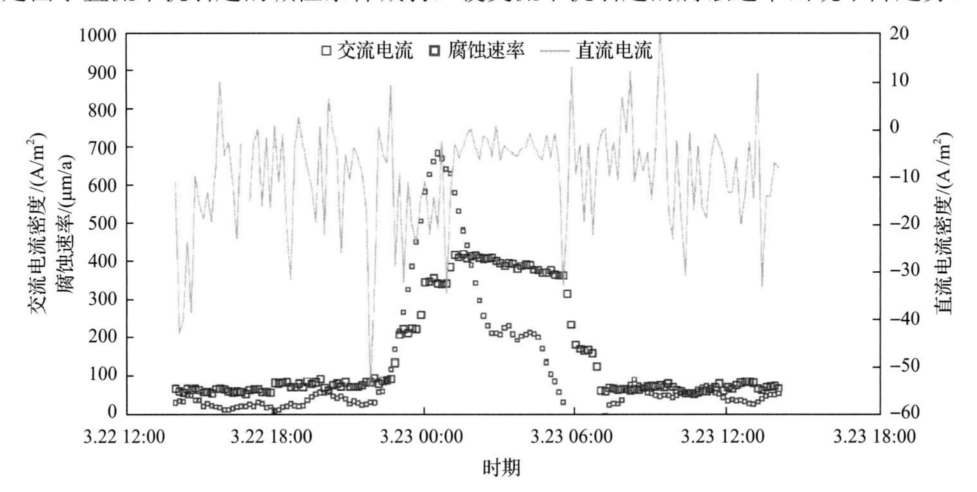

图 4.28 试片交流电流、直流电流和腐蚀速率的时间变化曲线

3. 缓解方案的选择与考虑

管道上的交流干扰相对比较容易缓解，仅通过固态去耦合器+接地地床的方式即可实现。但是在交直流混合干扰的情况下，为了进一步降低交流电压在管道上引起的腐蚀风险，则可能需要更大投入。这种情况下，通过调节阴极保护水平也可以控制交流腐蚀，但是必须注意，调节阴极保护水平时，不应造成在白天干扰情况下直流腐蚀风险增加。因此，最佳的做法应当是跟踪直流干扰源的运行情况，并通过减小直流干扰水平来降低交流腐蚀的风险。从管道沿线电流调查的结果来看，在管道电位发生正向偏移时管中电流的方向经测试确定为图 4.29 所示的方向，直流干扰的起源并不是与直流牵引系统交叉的位置 *C*，而是在该点更往南的位置。进一步调研发现，南线的直流牵引系统的确是引起腐蚀风险的主要原因，应当采取措施降低南线直流牵引系统引起的直流干扰，从而进一步有效控制管道交流腐蚀风险的发展。

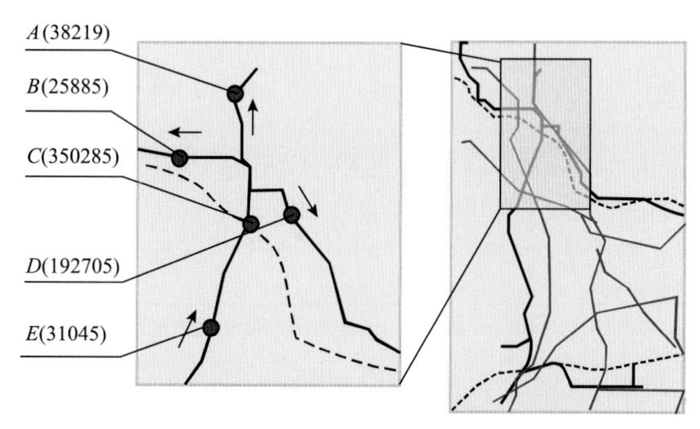

图 4.29 试片电位发生正向偏移时管中电流的方向
括号中的数据为相应管道的里程编号

近年来，国内管道上同时存在交流和直流干扰的情况逐渐引起了业界的关注，这则案例对这类混合干扰风险的管控具有一定的启示意义。当管道上存在交、直流杂散电流共同干扰时，在选取缓解方案时应考虑：①交流腐蚀缓解措施的一个重要目标是控制管道极化电位不能过负；②选择极性排流或其他对负向电位不加控制的方式进行直流干扰缓解，在同时存在交流干扰时是不可取的，可能增加交流腐蚀风险。

4.4.2 深圳市动态直流干扰治理案例

1. 管道及干扰源概况

深圳市某成品油管道位置如图 4.30 所示，管道设计压力为 9.5MPa，全长 76.1km。管道材质为 X52 钢，防腐层类型为单层 FBE 或双层熔结环氧树脂 DPS。管道在 A、C、E 三处设置了外加电流阴极保护系统。管道与深圳地铁(3 号、5 号、4 号、7 号、1 号、11 号共六条地铁线)存在多处并行及交叉，全线均可检测到动态直流杂散电流干扰引起的电位波动。

除与地铁线平行或交叉外，管段 PM016+840 至 PM028+234 靠近龙岗线横岗车辆段，管段 PM039+540 至 PM060+880 靠近塘朗车辆段和深云车辆段。

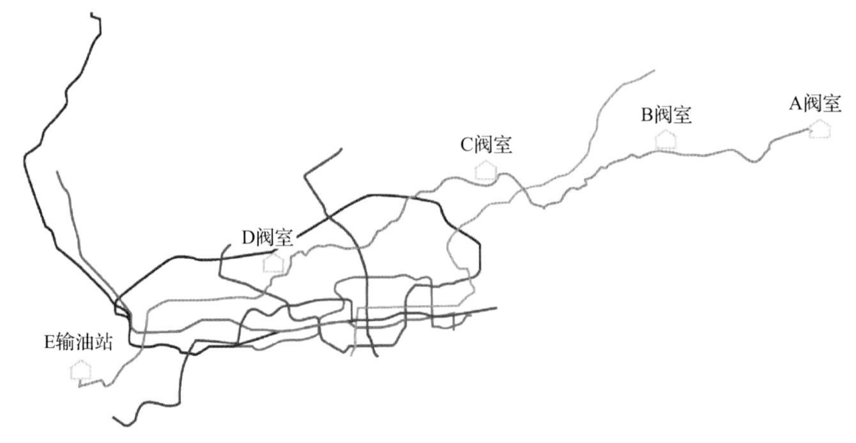

图 4.30 管道走向与地铁相对位置示意图(绿色线为管道)

2. 干扰检测结果

2017 年对管道的干扰情况进行了初步检测，全线的通电电位波动情况如图 4.31 所示。数据显示管道全线的 24h 通电电位最大波动范围达到了–17.1～+14.5V(CSE)，通电电位最负值在 PM023+300 测试桩，最正值在 PM050+565 测试桩。

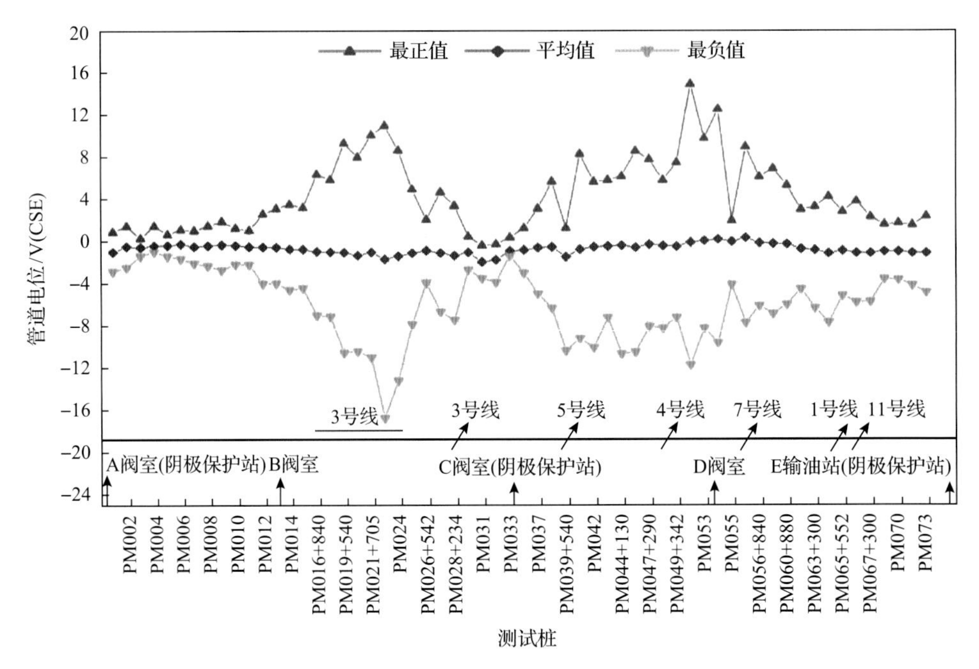

图 4.31 2017 年初步测试管道 24 h 通电电位分布图

利用试片法测试全线的极化电位，结果如图 4.32 所示，管道极化电位最正为–0.2V(CSE)，最负值为–1.494V(CSE)。全线只有靠近 3 个阴极保护站附近的管段断电电位满足标准要求的最小保护电位，其他管道均存在断电电位值正于最小保护电位的时段，部分干扰严重位置断电电位的最正值正于自然电位，存在较大的腐蚀风险。夜间地铁停运时，全线的管道通、断电电位的测试结果如图 4.33 所示，数据显示管道在夜间未受地铁干扰时，电位比较稳定，且断电电位负于最小保护电位，能够达到有效的阴极保护。

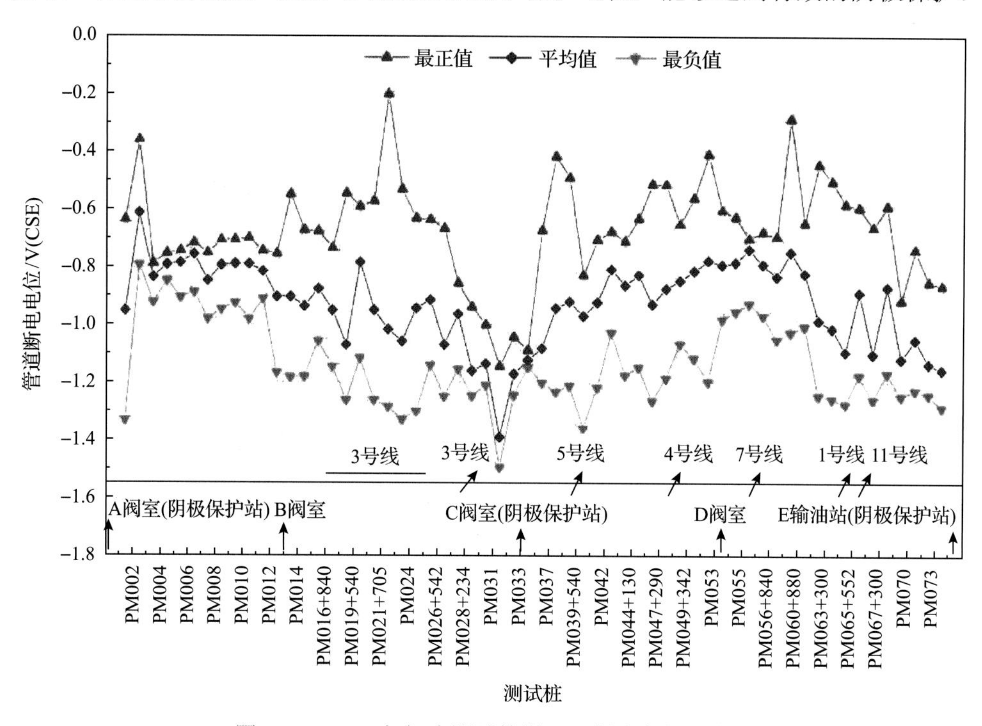

图 4.32 2017 年初步测试管道 24h 断电电位分布图

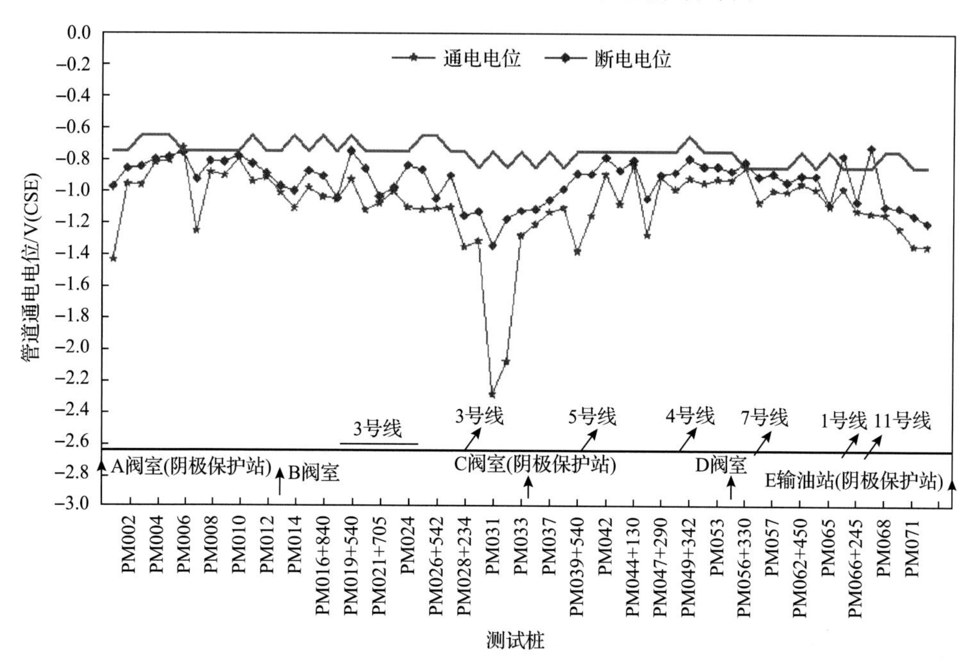

图 4.33 2017 年初步测试管道夜间通、断电电位分布图

通过对 24h 断电电位正于保护准则的比例进行统计分析，根据 AS 2832.1—2015 评价管道在地铁杂散电流情况下是否处于欠保护状态，统计结果如图 4.34 所示。结果显示全线约有 33km 管道处于欠保护状态，分别为 PM006、PM008 至 PM010、PM013、PM018、PM021、PM037 至 PM063、PM065 和 PM067 等测试桩所在的管段。

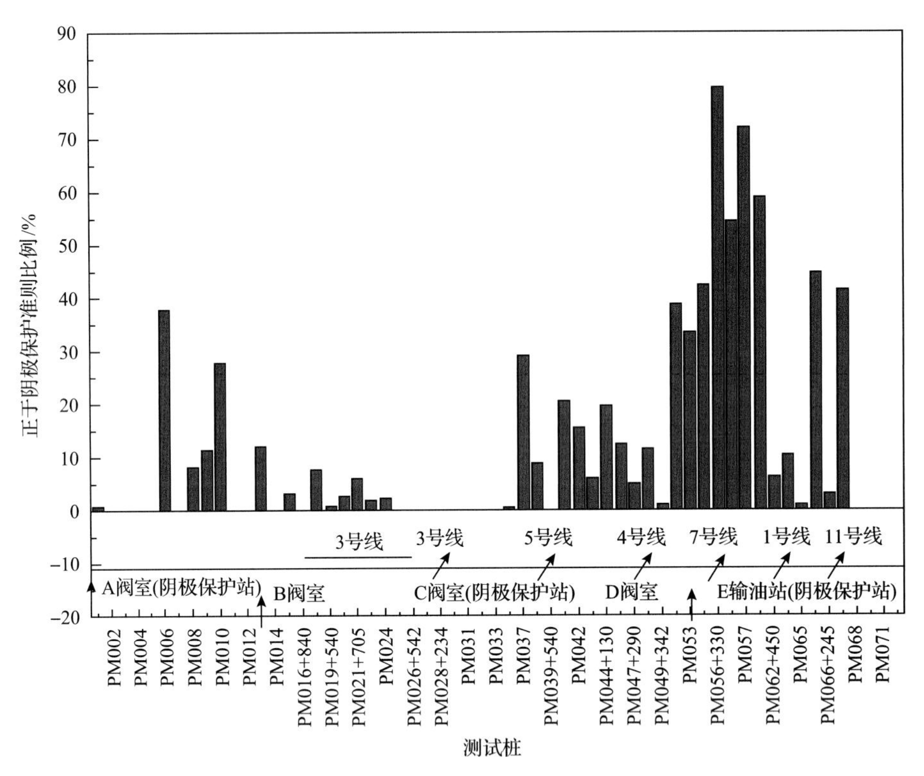

图 4.34　2017 年初步测试管道 24h 断电电位正于保护准则比例图

3. 管道干扰与腐蚀缺陷的对应情况

2016 年，华南分公司对该管道进行漏磁金属损失内检测，共检测出 1373 外部金属损失。从图 4.35 可以看出，外壁的金属损失分布集中在 70～90km 里程的范围内，最密集的管道里程为 75～86km，与地铁干扰造成严重欠保护的管段 PM037 至 PM063 重合，在其他管道保护良好的管段外部金属损失点相对较少。

4. 干扰治理措施及效果

1）优化现有阴极保护系统输出

为了降低该管道杂散电流干扰造成的腐蚀风险，对阴极保护系统进行优化或改造：①将 A 阀室和 E 油库恒电位仪更换为智能抗干扰恒电位仪，保证恒电位仪在杂散电流干扰下能够正常运行；②在 C 阀室和 D 阀室的接地和管道之间安装等电位连接器，减少杂散电流通过接地网流入或流出管道系统；③A 阀室恒电位仪原来保护 4 条管道，优化后，A 阀室恒电位仪只保护该管道。上述措施实施完成后，该管道全线阴极保护达标率有所提高，如图 4.36 所示，但在 PM042 测试桩前后及 PM054 测试桩前后仍有较长距离管道阴极保护电位达不到标准要求。

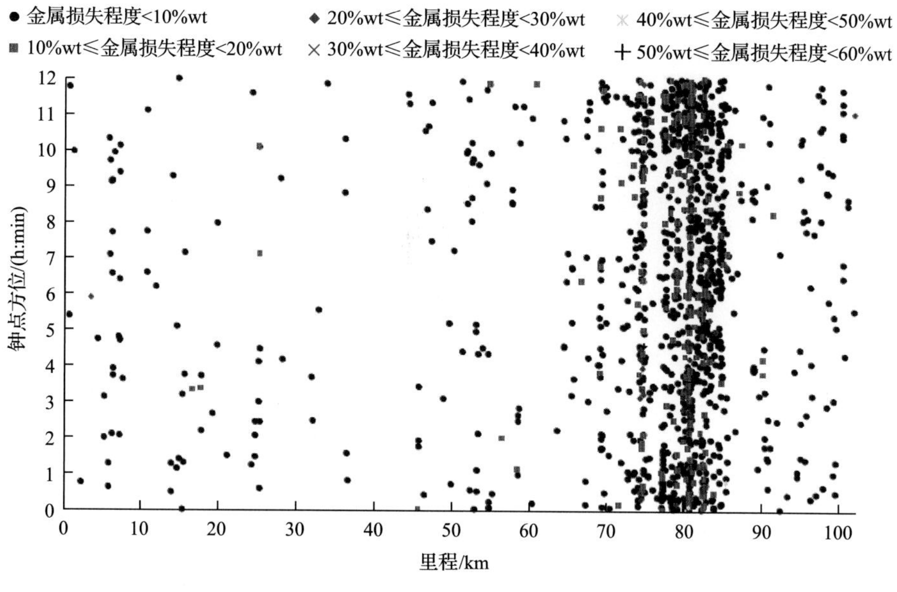

图 4.35　管道外壁金属损失分布图

wt 表示壁厚

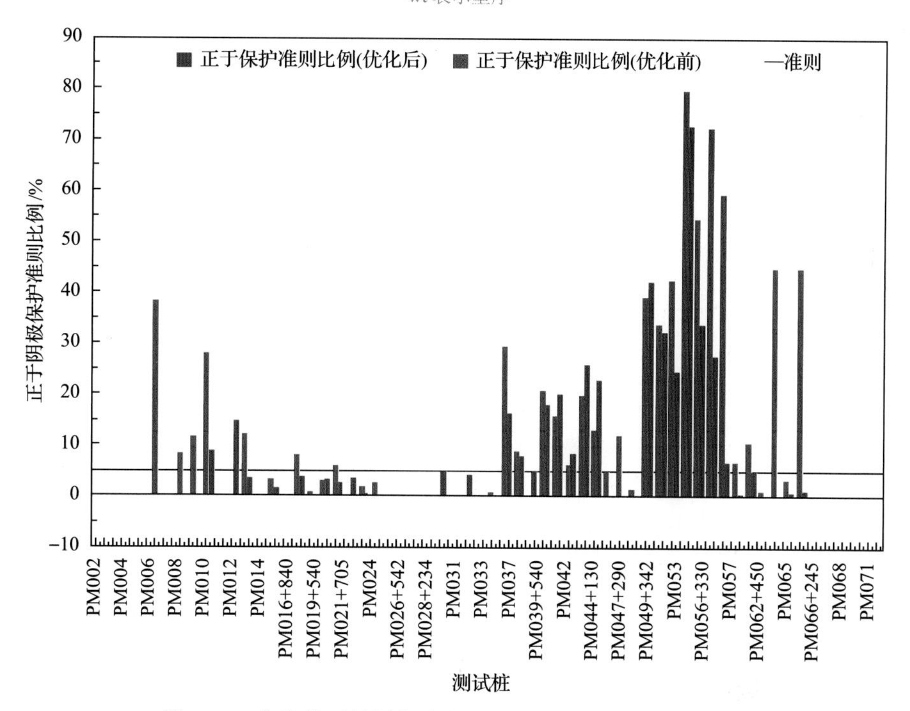

图 4.36　优化前后管道断电电位正于保护准则比例对比图

2) 增设强制排流站

为了确定排流站的输出电流大小及排流站的有效保护范围，先后在 *D* 点、PM044 测试桩+130 位置、PM056+330 位置进行强制排流馈电实验。以下以 D 阀室的馈电实验为例介绍试验过程。

D 阀室馈电试验采用 60V/30A 便携式恒电位仪作为临时电源，100 支镀锌钢管制作临时阳极地床，临时地床与管道垂直距离约为 75m(图 4.37 中的红色线条)，通过和其他临时地床并联，此次馈电试验的回路电阻达到 2Ω。

图 4.37 D 阀室馈电试验临时地床与管道相对位置图

在 D 阀室馈入 3A、5A 和 7A 电流时，只有馈电点位置管道电位有明显的负向偏移，而且在离阀室最近的两个测试桩 PM053 和 PM054+510 位置没有明显的效果。馈入 15A 电流时(图 4.38)，在干扰严重的管段内仍有 PM040、PM042、PM054、PM056 的位置的断电电位正于保护准则的比例高于 5%，处于欠保护状态，但整体的断电电位均负向偏移明显，多数位置电位正于保护准则的比例可控制在 5%范围内。

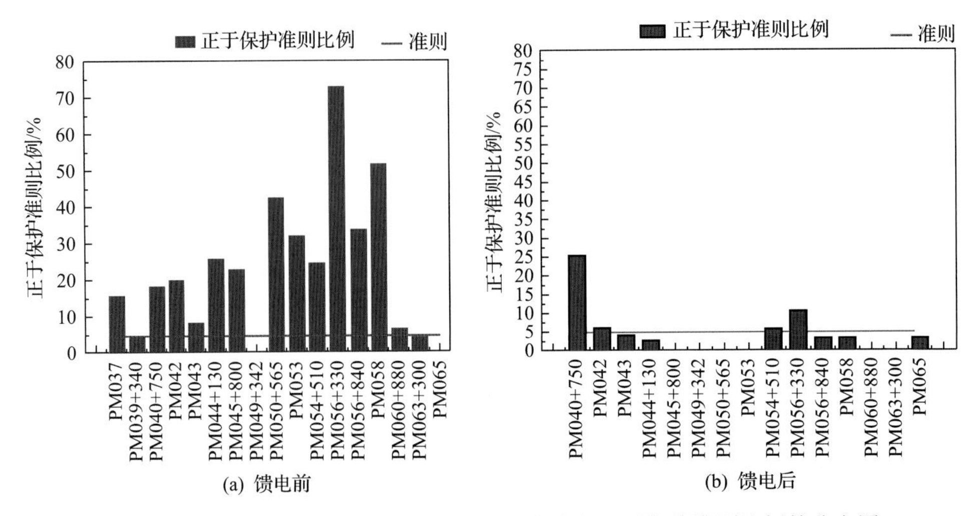

图 4.38 馈入电流 15A 前后检测点位置断电电位正于保护准则比例的分布图

在 D 阀室位置馈入 20A 电流时，干扰严重的管段内只有 PM040、PM042 位置管道断电电位正于保护准则比例仍高于 5%，仍处于欠保护状态，但整体的断电电位均负向偏移明显，其他部分位置正于保护准则的比例均可控制在 5%范围内(图 4.39)。

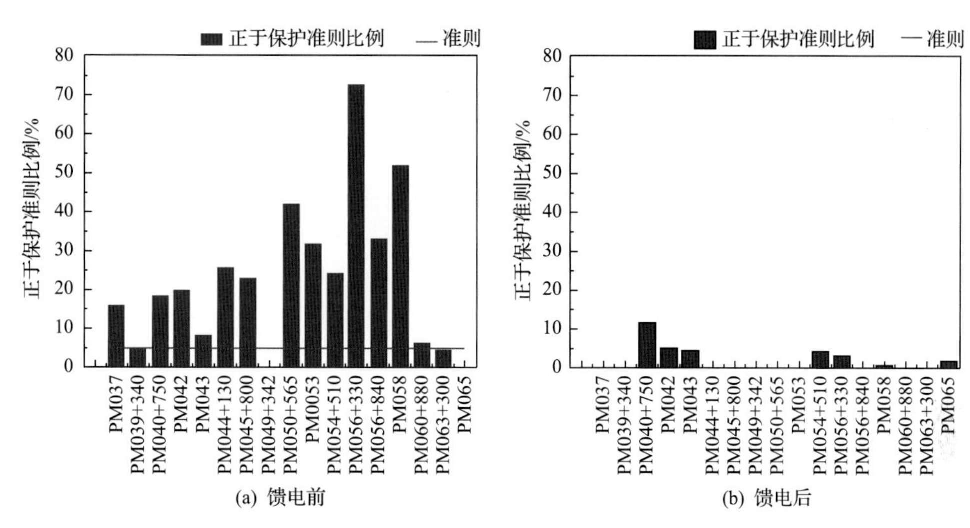

图 4.39 馈入电流 20A 前后检测点位置断电电位正于保护准则比例分布图

在 D 阀室馈电试验过程中，馈入 15A 和 20A 电流时，通电点位置的通电电位和断电电位均过负。馈入 15A 电流时，通电电位平均值达到–22V，断电电位平均值达到–2.05V；馈入 20A 电流时，通电电位的平均值达到–33V，断电电位的平均值达到–2.3V。通电点处电位明显偏负的原因，可能是由于 D 阀室附近土壤电阻率较高等原因造成的。为了使全线的电位更加均衡，需要结合干扰源地铁的运行情况及长期干扰趋势监测跟踪结果的考虑，视情况进一步优化排流站的工作输出或采取其他有效的排流措施，以实现该管段的全面干扰防护。

3) 强制排流的保护效果

该案例进一步通过腐蚀速率监测技术对直流干扰治理措施建设完成前后的效果进行了对比。表 4.5 显示了 PM045+480(与地铁线路交叉的位置)、PM049+342(靠近地铁车辆段的位置)和 PM054+510(靠近地铁车辆段的位置)这三处干扰最严重位置的干扰防护效果对比，表中给出了腐蚀速率和保护电位正向偏移(相对于–0.85V(CSE)的保护准则)比例两个维度。

表 4.5 干扰最严重三个位置在干扰治理措施建设完成前后的效果对比

测试位置	腐蚀速率/(mm/a)		正于保护准则[–0.85V(CSE)]比例/%		位置描述
	治理前	治理后	治理前	治理后	
PM045+480	0.211	0.007	79.8	1.37	与地铁交叉点
PM049+342	0.058	0.004	34.31	0.78	靠近地铁车辆段
PM054+510	0.15	<0.01	24.28	7.88	靠近地铁车辆段

从对比结果来看，在管道测试点 PM045+480 和 PM049+342 位置，干扰防护措施实施后获得的电位正向偏移比例大幅降低，表明管道电位正向波动的幅值及正向波动超出保护准则的频次大幅减少，从测试的腐蚀速率结果来看，分别从防护措施实施前的 0.211mm/a 和 0.058mm/a（均未满足国标要求的“＜0.01mm/a”）减小为防护措施实施后的 0.007mm/a 和 0.004mm/a，满足保护要求。对于管道测试点 PM054+510 位置的测试结果而言，与该测试点位置的土壤电阻率偏高有关，干扰防护措施实施后获得的电位正向偏移[相对于–0.85V（CSE）的保护准则]比例有所降低，但 7.88%的比例仍高于 5%，而腐蚀速率则从防护措施实施前的 0.15mm/a 降低为防护措施实施后的不足 0.01mm/a，符合 GB/T 21448—2017 的保护要求。

4.4.3 交流和直流干扰的智能监测案例

1. 交流干扰的智能监测

如图 4.40 所示，某 500kV 高压交流输电线路在我国华东区域与某输油管道发生路由交叉 2 次，并存在长距离路由平行，平行段大约 10km，最宽平行间距 400m，最小平行间距不足 100m。

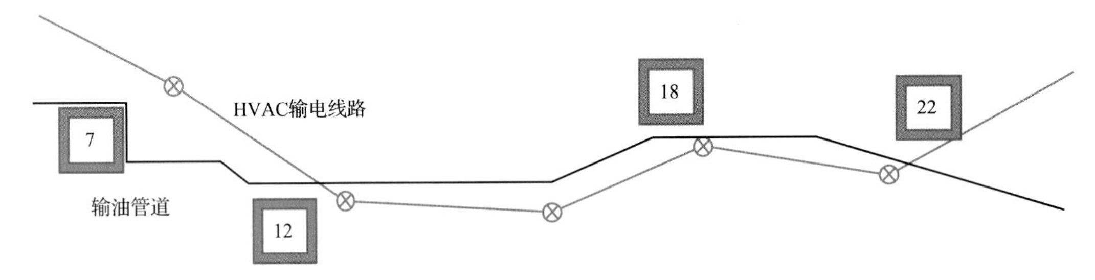

图 4.40 某输油管道与 500kV 高压交流输电线路的路由关系示意图

巡线检测发现该管道在个别测试桩处交流电压可高达 25V，存在较高的交流干扰风险。为了掌握该管道的阴极保护效果及杂散电流干扰严重程度，在管道沿线特定位置安装了智能监测设备，并设置采集频率为 6 次/h。从管道沿线各监测点的监测结果（图 4.41）可知，该管道的交流电压在一段时间内表现为以天为单位的近似正弦周期性波动特点，每天不同时刻的干扰电压存在变化。这种干扰特点与用电负载的变化有关，属于稳态的感应干扰。该管道沿线 7 个测试桩位置的交流电压超过 GB/T 50698—2011 规定的 4V，特别是在 12#、18#和 22#测试桩监测到的稳态交流电压分别达到了 29.52V、39.78V 和 35.51V，甚至超过了《特低电压（ELV）限值》（GB/T 3805—2008）规定的人体安全电压限值。这种情况下，不仅现场作业期间工作人员应采取安全防护措施，而且应当进一步采用交流电流密度标准对管道的交流腐蚀风险进行评估。

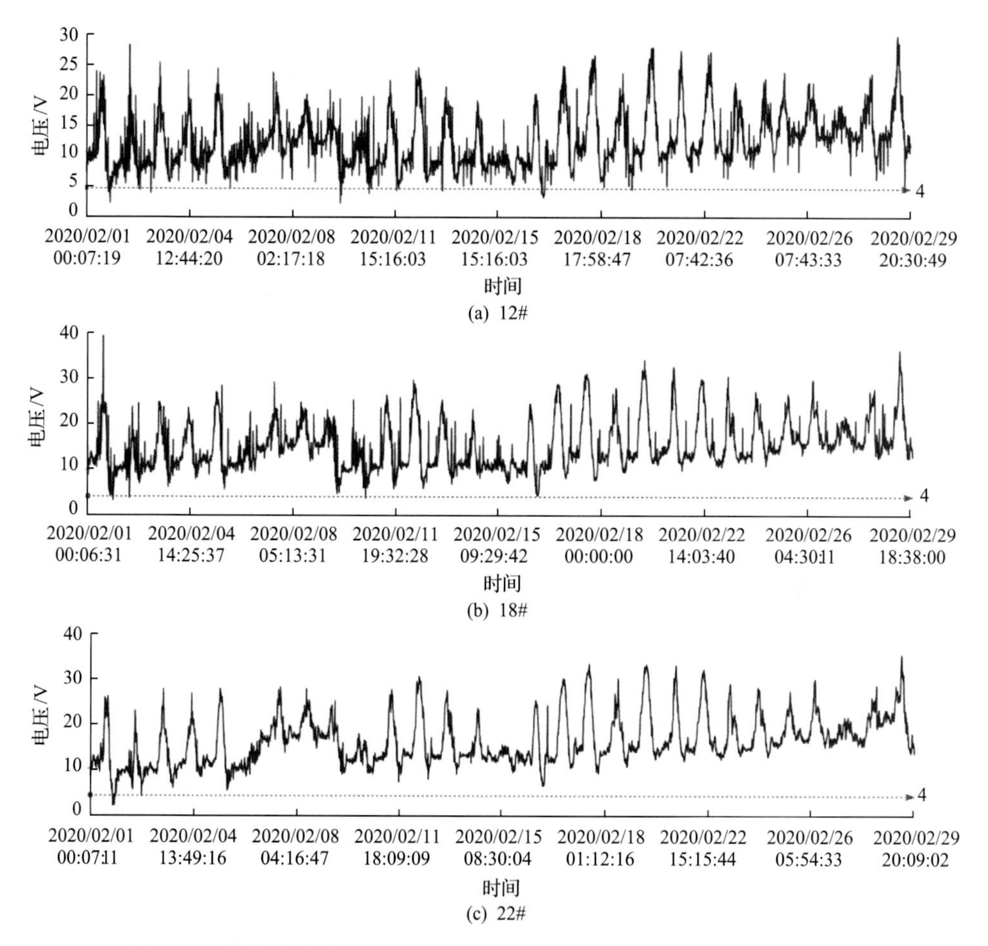

图 4.41　某输油管道沿线不同测试桩 2020 年 2 月的交流干扰监测结果图

从智能监测设备传回的交流电流密度结果来看，测试桩 12#、18#和 22#的稳态交流电流密度分别达到了 197.49A/m^2、163.45A/m^2 和 201.15A/m^2，均超过了 100A/m^2，按照 GB/T 50698—2011 的评价准则，该管道发生交流腐蚀的风险很高，应尽快采取适当的防护措施。另外，该管道沿线还存在其他 4 个监测点的稳态交流电流密度未达到 100A/m^2，按照当前的监测结果评价，属于中等交流腐蚀风险。但是，在进入夏季用电高峰时，高压交流输电线路功率变大，对该管段的交流干扰影响将会增大，会增加管道的交流腐蚀风险，而且进入雨季时管道沿线土壤电阻率变小，同样会加剧交流腐蚀风险。

2. 直流干扰的智能监测

为了监测某高压直流接地极对最短垂直距离约 12km 的某成品油管道的干扰，在管道沿线设置了多处电位监测点，监测结果如图 4.42 所示。在 2017 年 6 月 10 日 16:02 至 6 月 11 日 1:16 和 6 月 11 日 7:19 至 8:30 这两个时间段内，其中 4 个电位监测点的电位分别同时发生了显著的正向和负向偏移。由此可以判断这两个时间段内该管道受到两次接地极单极运行的干扰，且放电极性相反。另外，通过在管道沿线布设的电位远程监控系统还可以对管道的高压直流干扰频次和干扰时长进行长期跟踪。

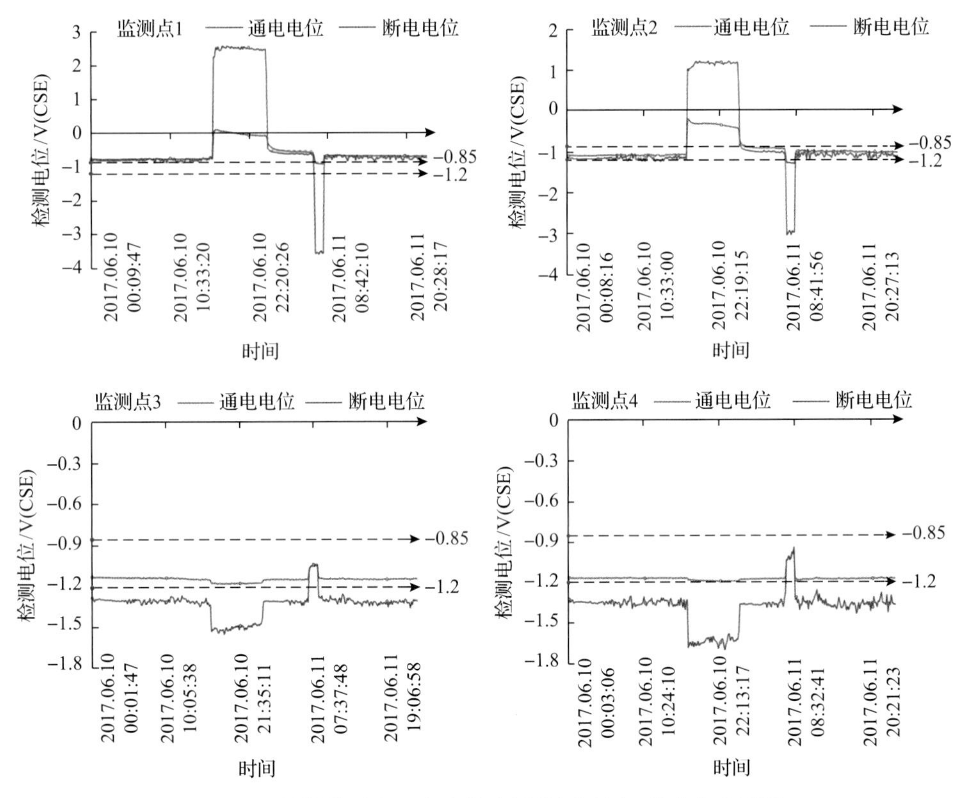

图 4.42　某管道受高压直流接地极单极运行干扰电位监测图

鉴于成品油管道往往经由城市近郊，且城市地铁交通网的杂散电流干扰范围较大，智能监测技术在管道动态直流干扰监测方面有广泛应用。以珠三角成品油管道为例，管道沿线多处位置受到不同城市轨道交通系统的动态干扰。2018 年，在这条管道沿线动态直流干扰导致腐蚀风险较高的位置安装了智能监测设备，实现了在用户端的管理平台上对这条管道受干扰情况的实时监测。图 4.43 为该管道沿线三个监测点的电位监测结果的时间变化曲线。

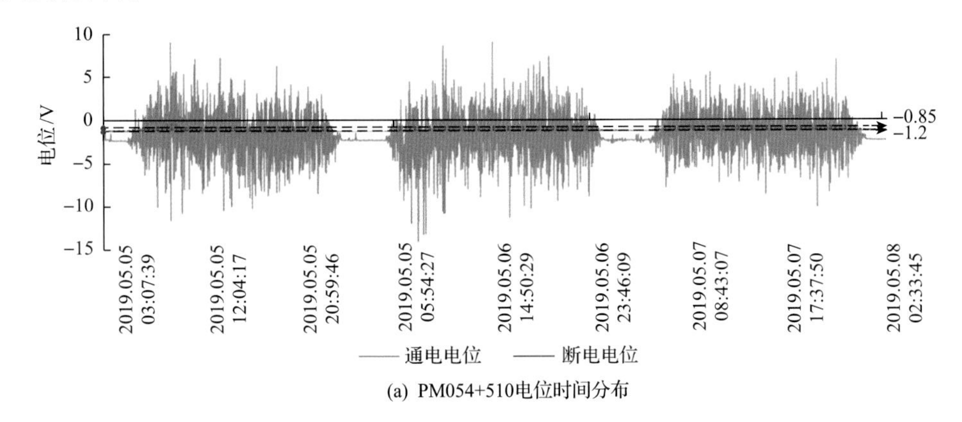

(a) PM054+510电位时间分布

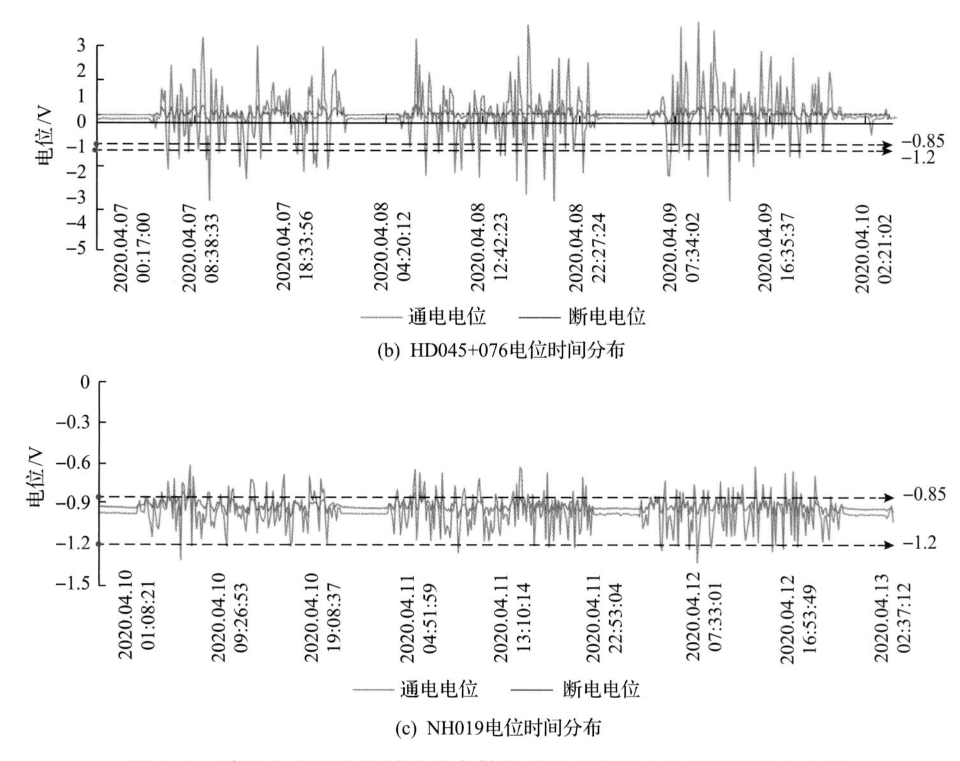

(b) HD045+076电位时间分布

(c) NH019电位时间分布

图 4.43　珠三角成品油管道地铁杂散电流干扰监测电位的时间变化曲线

从智能监测设备传回的电位数据来看，测试桩 PM054+510 所在位置与深圳地铁的一个车辆段较近，可以监测到管道通电电位的波动幅度达到−15～+10V，断电电位在地铁运行时段内同样波动明显。已在该监测点附近专门增加了外加电流阴极保护站对受干扰管段进行保护。由于该监测点所在管段的干扰程度在整条管道上最为严重，因此，智能监测技术的应用可以对其干扰趋势的变化和保护措施的有效性进行实时监测，并在发生异常时及时进行预警，启动修复工作。测试桩 HD045+076 所在位置与东莞地铁轨道存在交叉，监测到管道通电电位的波动幅度达到−4～+3V；测试桩 NH019 位于与广州地铁轨道存在长距离并行的管段，监测到管道通电电位的波动幅度约为−1.2～−0.6V；这两个监测点的管道断电电位在地铁运行时段内同样存在波动，且正向波动的最大值已超出保护电位范围，因此通过连续监测管道电位的波动情况，可以及时掌握这些关键位置管道的动态干扰变化，并长期跟踪干扰腐蚀风险的发展。

参考文献

[1] 石仁委. 天然气管道安全与管理. 北京: 中国石化出版社, 2015.

[2] 陈亮. 苏南成品油管道交流杂散电流干扰检测及防护措施. 石油天然气工业, 2015, 36(8): 779-783.

[3] 苏俊华, 高立群, 冯仲文, 等. 埋地钢质管道交流干扰及缓解研究. 腐蚀与防护, 2011, 32(7): 551-554.

[4] 吴燕. 输电线路正常运行时对埋地金属管道的电磁影响研究. 保定: 华北电力大学, 2010.

[5] 唐剑. 电力线路对邻近并行埋地金属管道电磁干扰影响的研究. 保定: 华北电力大学, 2005.

[6] 李其生, 唐明贵, 孙才华, 等. 1000kV 特高压输电线路对地下油气管线的影响. 电力建设, 2011, 32(2): 10-12.

[7] 石仁委. 油气管道隐患排查与治理. 北京: 中国石化出版社, 2017.

[8] 秦润之, 杜艳霞, 姜子涛, 等. 高压直流输电系统对埋地金属管道的干扰研究现状. 腐蚀科学与防护技术, 2016, 28(3): 263-268.

[9] 石仁委, 卢明昌. 油气管道腐蚀控制工程. 北京: 中国石化出版社, 2017.

[10] 陈志光, 秦朝葵, 张扬竣. 轨道交通杂散电流腐蚀研究现状. 世界科技研究与发展, 2010, 32(4): 497-500.

[11] 马晓冰, Ferguson I J, 孔祥儒, 等. 地磁感应电流(GIC)的作用与评估. 地球物理学报, 2005, (6): 69-74.

[12] 李家龙, 胡黎花, 王培金. 地磁感应电流对管道影响研究现状. 天津科技, 2016, 43(7): 5-8.

[13] 刘连光, 张鹏飞, 王开让, 等. 地磁暴侵害油气管道的管地电位效应. 电工技术学报, 2016, 31(9): 68-74.

[14] 邹德龙. 潮汐能对管道阴极保护系统的影响//互联网思维与传统防腐蚀领域技术的碰撞, 上海, 2016.

[15] 孟凡星, 张亚萍, 张佳磊. 埋地金属管道杂散电流腐蚀影响因素的研究. 应用物理, 2019, 9(5): 250-258.

[16] Junker A, Nielson L, Moller P. AC corrosion and the Pourbaix diagram//CeoCor Conference, Stratford-upon-Avon, 2018.

[17] Junker-Holst A, Nielsen L. Effect of coating fault geometry and orientation in AC corrosion of buried pipelines-Laboratory experiments. CeoCor Conference, Ljubljana, 2016.

[18] Junker-Holst A, Nielsen L. Monitoring of pH evolution at a coating defect of a cathodically protected steel subject to an AC perturbation. CeoCor Conference, Luxembourg, 2017.

[19] Revie R W. Oil and Aas Pipelines, Integrity and Safety Handbook. New Jersey: John Wiley & Sons, 2015.

[20] 李自力, 孙云峰, 陈绍凯, 等. 交流电气化铁路杂散电流对埋地管道电位影响规律. 腐蚀与防护, 2011, 32(3): 177-181.

[21] Kajiyama F, Requirements of coupon AC current density affecting AC corrosion of buried steel pipelines. NACE Conference, Dallas, 2015.

[22] 李伟, 杜艳霞, 路民旭, 等. 电气化铁路对埋地管道交流干扰的研究进展. 中国腐蚀与防护学报, 2016, 36(5): 381-388.

[23] 金东琦. 上海高压直流输电系统对天然气主干网的影响. 上海煤气, 2017, (6): 3-11.

[24] 谢辉春, 宋晓兵. 交流输电线路对埋地金属管道稳态干扰的影响规律. 电网与清洁能源, 2010, 26(5): 22-26.

[25] 孙建桄, 曹国飞, 路民旭, 等. 高压直流输电系统接地极对西气东输管道的影响. 腐蚀与防护, 2017, 38(8): 631-636.

[26] Chen S, Lu Y, Cui W, et al. Corrosion control and facility safety industrial technology advancements in China. Petrovietnam Journal, 2018, 10: 63-68.

[27] von Baeckmann W, Schwenk W, Prinz W. Handbook of Cathodic Corrosion Protection. Oxford: Gulf Professional Publishing, 1997.

[28] 曹国飞, 王修云, 姜子涛, 等. 高压直流接地极对埋地管道的电流干扰及人身安全距离. 天然气工业, 2019, 39(3): 125-132.

[29] 秦润之, 杜艳霞, 路民旭, 等. 高压直流干扰下 X80 钢在广东土壤中的干扰参数变化规律及腐蚀行为研究. 金属学报, 2018, 54(6): 886-894.

[30] 程明, 唐强, 魏德军, 等. 高压直流接地极干扰区埋地钢制油气管道的综合防护. 集输与加工, 2015, 35(9): 105-111.

[31] 曹方圆, 白锋. 直流接地极电流干扰下埋地金属管道防护距离影响因素研究. 高压电器, 2019, 55(5): 136-143.

[32] 蒋卡克, 葛彩刚. 高压直流输电接地极对埋地管道的干扰及防护措施研究. 石油化工腐蚀与防护, 2019, 36(5): 13-19.

[33] 顾清林, 曹国飞, 路民旭, 等, 拟建±1100kV 特高压直流接地极对埋地管道影响及预防措施研究//亚太国际管道会议, 青岛, 2017.

[34] 田中山. 成品油管道运行与管理. 北京: 中国石化出版社, 2019.

[35] Nagai T, Yamanaka H, Nishikawa A, et al. Influence of anodic current on CP conditions of buried steel pipeline under cathodic protection//NACE Conference, New Orleans, 2017.

[36] 路民旭, 张雷, 杜艳霞. 油气工业的腐蚀与控制. 北京: 化学工业出版社, 2015.

[37] Nielsen L, Baumgarten B, Cohn P, et al. A field study of line currents and corrosion rate measurements in a pipeline critically interfered with AC and DC stray currents. The 9th CEOCOR Annual Conference, Belgium, 2006.

第 5 章　成品油管道内腐蚀及减缓措施

成品油管道存在一定的内腐蚀风险，可能造成管道穿孔漏油事故。从成品油管道内腐蚀发生的原因来看，主要有两类：一类是溶解氧引起的腐蚀；另一类是微生物引起的腐蚀。从腐蚀形态来看，主要是以点蚀为主的局部腐蚀，有时也会发生溃疡状腐蚀。

5.1　成品油管道内腐蚀特点与机理

5.1.1　成品油管道内腐蚀特点

成品油管道的内腐蚀具有以下特点。

(1) 成品油管道内腐蚀多与水积聚有关。成品油管道内部的水主要来自新建、改造施工过程中的残留水(水压试验、水联运)，以及管输油品中所含的微量水。水积聚位置与液相流速、管道倾角、油品密度和油品黏度等相关，由于油水密度差较大、黏度差较小，同等压力下油相的爬坡能力比水相强，可能出现油相已越过高点而水相沿管道下壁逆流的现象[1]，从而在管道内部形成积水，成为内腐蚀易发点。此外，投产前试压用水可能来自河水或其他地表水，若水中含盐量高，则电导率增大，腐蚀更易进行。

(2) 成品油管道内腐蚀多为垢下腐蚀。目前，成品油管道中的腐蚀以垢下的局部腐蚀(点蚀)为主，而均匀腐蚀、冲刷腐蚀等较轻微。成品油管道内固体杂质的沉积是导致垢下腐蚀的主要原因。杂质来源主要包括水联运期间带来的杂质、腐蚀产物及细菌等微生物代谢产物等。这些杂质在管道内沉积，形成多孔垢层，吸附油品中的微量水分，形成了电化学腐蚀微环境，造成管壁腐蚀。另外，被腐蚀后的管道内壁粗糙度增大，使杂质更易于附着，有利于垢的形成与集聚，因此腐蚀和结垢是相互影响和促进的。垢下的局部环境也会促进厌氧微生物的繁殖。

(3) 成品油管道内腐蚀与微生物密切相关。成品油管道水联运、油品接收过程中不可避免地将细菌等微生物及其生长所需的营养物质带入管道系统中，管道中的水分、适宜的温度、成品油及添加剂等碳源和养分，给微生物的生长和繁殖创造了条件。成品油运输过程中管道容易产生沉积物的地方常伴随着微生物菌落的附着和生长，微生物腐蚀是造成成品油管道内腐蚀的重要原因之一。

由此可见，沉积水是成品油管道内腐蚀发生与发展的必要条件，氧气、沉积物和微生物等各类因素协同作用共同促进了管道内腐蚀，腐蚀形态一般为点蚀。

5.1.2　点蚀机理与影响因素

1. 点蚀机理

成品油管道内腐蚀的主要形态是点蚀，这种腐蚀又被称为小孔腐蚀或孔蚀，是一种集中于金属表面很小范围内，并向纵深方向发展深入到金属内部的腐蚀形式。虽然点蚀造成的质量损失很小，但对碳钢管道的危害很大，而且目前还难以通过有效的检测方法对其可能产生的部位及腐蚀的程度做出预测，具有一定的隐蔽性，不易被发现。此外，点蚀还容易诱导管道应力腐蚀和腐蚀疲劳的发生，一旦发生穿孔或破裂，成品油泄漏，可能引起火灾甚至爆炸，造成严重的财产损失甚至人员伤亡。因此，它是一种破坏性较大的局部腐蚀。

金属表面的点蚀孔口多数有腐蚀产物覆盖，少数无覆盖物呈开放式。蚀孔通常沿着重力方向发展，故多在管道底部出现，且蚀孔一旦形成会自动向深处加速发展。碳钢在表面有腐蚀产物或垢层覆盖时，易发生点蚀，其腐蚀机理是孔内 pH 降低和氯离子浓度升高的酸化自催化过程。

1) 碳钢中非金属夹杂物引起的点蚀

碳钢中存在着一些夹杂物，如氧化物夹杂、硫化物夹杂等，这些夹杂作为独立相存在于钢中，加大了钢中组织和电化学位的不均匀性，易成为点蚀形核点。以硫化物夹杂为例，其主要是 MnS、CaS 复合夹杂，对碳钢点蚀孔的形成和发展起到很大的促进作用。碳钢表面上的硫化物夹杂相对于金属基体电位较正，是阴极。当点蚀发生时，碳钢基体与硫化物夹杂的过渡区电位最负，Cl^-、S^{2-}等侵蚀性离子在此处吸附促进点蚀向基体一侧发展。点蚀孔内的自催化酸化作用会导致硫化物(如 MnS)溶解[2]，见式(5.1)和式(5.2)：

$$MnS + 4H_2O \longrightarrow Mn^{2+} + SO_4^{2-} + 8H^+ + 8e^- \tag{5.1}$$

$$MnS + 2H^+ \longrightarrow H_2S + Mn^{2+} \tag{5.2}$$

硫化物夹杂的溶解使碳钢基体暴露在腐蚀介质中，同时产生酸性的 H_2S 溶液加速铁基体的阳极溶解，如图 5.1 所示。蚀孔形成后，蚀孔内 Fe 溶解形成 Fe^{2+}[式(5.3)]，孔内发生的阳极溶解反应可表示为

$$Fe \longrightarrow Fe^{2+} + 2e^- \tag{5.3}$$

在含 O_2 的介质中，孔外发生的阴极反应见式(5.4)：

$$O_2 + 2H_2O + 4e^- \longrightarrow 4OH^- \tag{5.4}$$

孔口处由于 pH 增高，Fe^{2+}按照式(5.5)和式(5.6)产生二次反应：

$$Fe^{2+} + 2OH^- \longrightarrow Fe(OH)_2 \tag{5.5}$$

$$2Fe(OH)_2 + H_2O + \frac{1}{2}O_2 \longrightarrow 2Fe(OH)_3 \tag{5.6}$$

反应形成的 $Fe(OH)_3$ 沉积在孔口。随着腐蚀的进行，蚀孔外 pH 逐渐升高，水中可溶性盐如 $Ca(HCO_3)_2$ 将转为 $CaCO_3$ 沉淀。锈层与垢层一起在蚀孔外堆积，逐渐形成闭塞电池，阻碍了孔内外离子的迁移。闭塞电池形成之后，溶解氧更不易扩散进入孔内，在

孔内外构成氧浓差电池。蚀孔内的 Fe^{2+}不易向外扩散，造成孔内 Fe^{2+}浓度不断增加，为保持电中性，孔外 Cl^-向孔内迁移，造成孔内 Cl^-浓度增高，进而诱发 Fe^{2+}的水解反应，pH 降低。介质受重力影响，蚀孔不断向深处发展，严重时蚀孔贯穿整个金属断面。

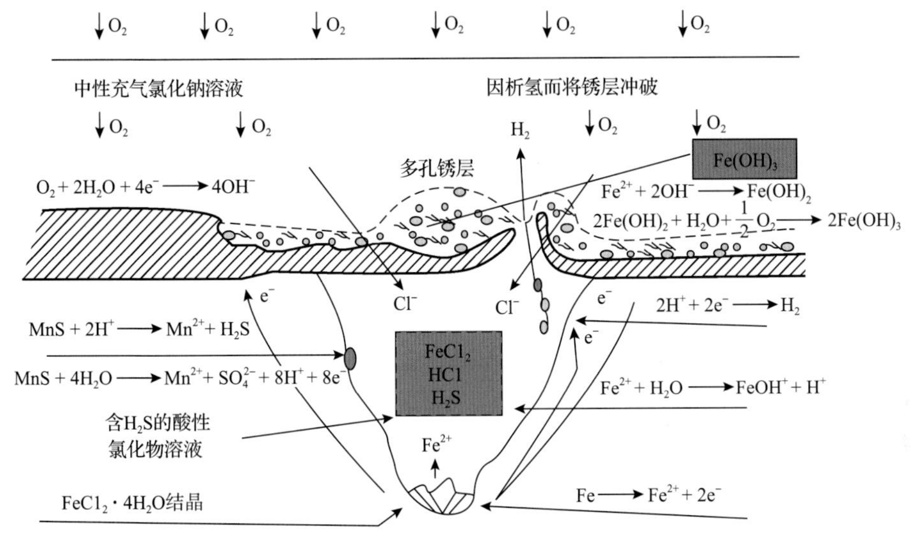

图 5.1　硫化物夹杂引起的碳钢点蚀机理示意图

2) 沉积物引起的点蚀

成品油管道内往往存在沉积物，这些沉积物从组成上大致可分成三类：第一类是水联运期间带来的杂质，如黏土、泥沙等；第二类为腐蚀产物，如 Fe_2O_3、Fe_3O_4、FeOOH、$FeCO_3$ 及 FeS 等；第三类为细菌等微生物及其分泌黏液混合形成的凝胶状沉积物。这三类沉积物有可能单独出现，也有可能同时出现，主要取决于具体环境。

碳钢表面产生这些沉积物后，沉积物层本身的微孔和与金属间的缝隙都会成为腐蚀发生的通道，从而产生沉积物下的腐蚀。如图 5.2 所示[3]，当沉积物层覆盖在金属表面局部区域后，沉积物下会形成较闭塞的微环境，在沉积物层阻碍作用下，沉积物层内外形成氧浓差电池，沉积物下封闭区金属为阳极，发生阳极溶解。由于沉积物层的阴离子选择性，闭塞区内 Cl^-不断积累，进而诱发 Fe^{2+}水解，溶液 pH 降低，加速了沉积物层下金属的腐蚀。

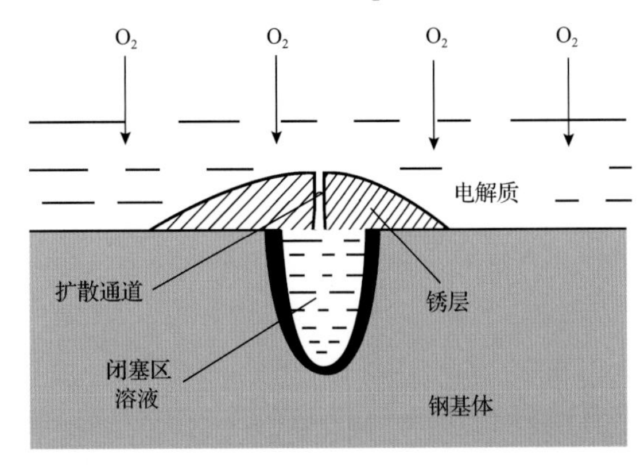

图 5.2　沉积物引起的碳钢点蚀机理示意图[3]

此外，碳钢表面的腐蚀产物也会导致沉积物层下发生电偶腐蚀。碳钢表面 Fe_2O_3、Fe_3O_4、FeOOH、$FeCO_3$和 FeS 等腐蚀产物一般具有一定的导电能力，电位较正，可作为阴极，腐蚀产物下的碳钢基体作为阳极，二者组成电偶对，加速了基体的腐蚀。

2. 点蚀影响因素

1) 介质流速

当介质流速大于管道底部积液排出所需速度时，介质流速越大，积液和沉积物越易被介质携走，局部腐蚀倾向越低。

2) 介质离子

水介质中存在着各种离子，如 HCO_3^-、Cl^-、S^{2-}和 SO_4^{2-}等，这些离子对碳钢腐蚀有不同的影响。

(1) HCO_3^-的影响。HCO_3^-是水溶液中经常存在的一种离子，其含量在不同地区有高有低。室温下，碳钢在 HCO_3^-浓度低于 0.2mol/L 时处于活化状态，超过该浓度时处于弱钝化状态，点蚀敏感性增加，当溶液中存在 Cl^-时容易产生点蚀。

(2) Cl^-的影响。成品油管道底部积水中 Cl^-浓度的高低可能与管道试压期间所用水的水质有关。Cl^-浓度越高，越易产生点蚀。在 0.2mol/L $NaHCO_3$溶液中，Cl^-浓度越高，点蚀电位和再钝化电位越低，即点蚀越易发生和发展(图 5.3)。

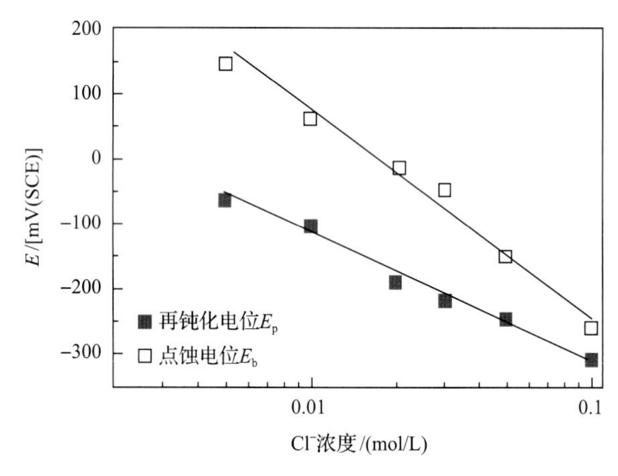

图 5.3 Cl^-浓度对点蚀电位和再钝化电位的影响

再钝化电位是指当电流密度又恢复到钝态电流密度时所对应的电位；点蚀电位是指在钝化金属表面引起点状腐蚀的最低电位

(3) S^{2-}的影响。成品油管道内检测到的 S^{2-}主要来源于硫酸盐还原菌(SRB)对硫酸根离子的还原[4]。SRB 能够将水中的硫酸根离子还原为 S^{2-}，从而在管道表面形成一层硫化亚铁膜，这层膜往往疏松、多孔，不具有保护性，因此 S^{2-}存在时，碳钢容易发生点蚀。

3) 缓蚀性离子

覆盖在点蚀孔上面的膜层，有可能疏松、多孔。介质中若加入一些缓蚀性离子，这些离子会进入点蚀闭塞区，改变闭塞区内溶液的 pH，从而影响点蚀发生和发展。比较典型且能够明显影响点蚀发展的缓蚀性离子有 MoO_4^{2-}、$Cr_2O_7^{2-}$、VO_4^{3-}、PO_4^{3-}和 NO_2^-等。

下面只简单讨论 MoO_4^{2-}和 $Cr_2O_7^{2-}$的作用[5]。

(1) MoO_4^{2-}能够抑制碳钢点蚀的成核和发展，添加 MoO_4^{2-}后点蚀电位和再钝化电位正移(图 5.4)，其原因是溶液 pH<6 时，MoO_4^{2-}会与 H^+发生离子聚合反应，消耗了点蚀闭塞区内的 H^+，进而使溶液 pH 升高，抑制了点蚀发展。

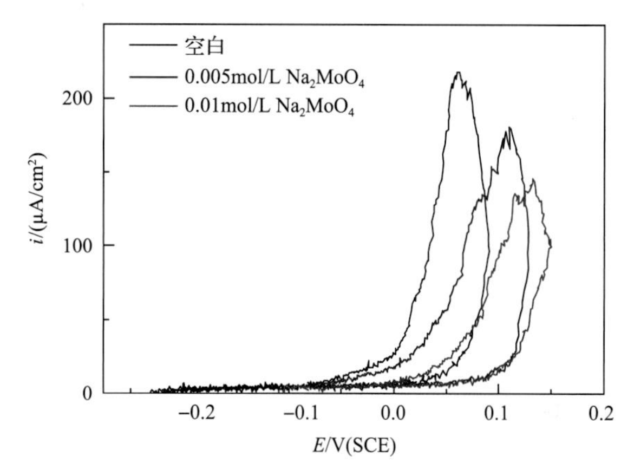

图 5.4　MoO_4^{2-}对碳钢在 0.2mol/L $NaHCO_3$+0.01mol/L NaCl 溶液中极化曲线的影响

SCE 指饱和甘汞电极

(2) $Cr_2O_7^{2-}$能强烈促进碳钢的钝化，抑制点蚀成核，但是一旦点蚀成核后，会促进碳钢点蚀的发展(图 5.5)。其原因在是 $Cr_2O_7^{2-}$进入点蚀孔后，能够将孔内的 Fe^{2+}氧化为 Fe^{3+}，并产生 Cr^{3+}；而 Fe^{3+}和 Cr^{3+}会消耗溶液中的 OH^-，导致溶液 pH 降低，进而促进点蚀发展。

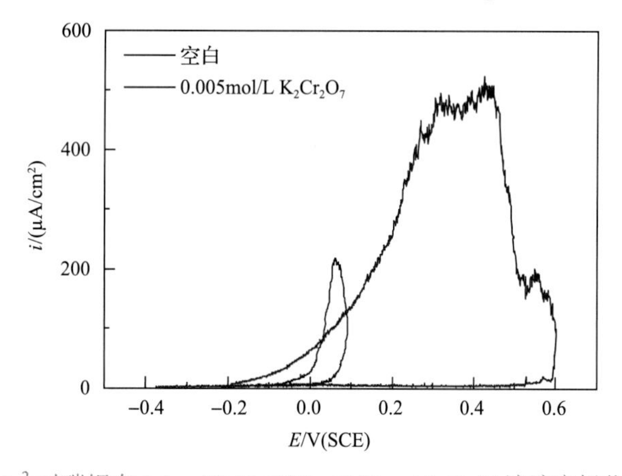

图 5.5　$Cr_2O_7^{2-}$对碳钢在 0.2mol/L $NaHCO_3$+0.01mol/L NaCl 溶液中极化曲线的影响

5.1.3　溶解氧腐蚀机理与影响因素

1. 溶解氧腐蚀机理

成品油管道在新建、改造施工和运行过程中不可避免地带入溶解氧，可能引起较严重的内腐蚀。碳钢在这些环境中的腐蚀过程，其阳极过程是铁溶解变成铁离子，阴极过程主要是氧的去极化。

氧的去极化过程主要由以下几个基本步骤组成。

(1)溶液中的溶解氧向碳钢表面传输。

(2)氧吸附在碳钢表面。

(3)吸附氧在碳钢表面获得电子进行以下还原反应。

形成半价氧离子：

$$O_2 + e^- \longrightarrow O_2^- \tag{5.7}$$

形成二氧化一氢离子：

$$O_2^- + H_2O + e^- \longrightarrow HO_2^- + OH^- \tag{5.8}$$

形成氢氧根离子：

$$HO_2^- + H_2O + 2e^- \longrightarrow 3OH^- \text{或} HO_2^- \longrightarrow \frac{1}{2}O_2 + OH^- \tag{5.9}$$

很多情况下，O_2向碳钢表面的传输往往受到很大的阻滞作用，因此，碳钢的氧腐蚀主要由氧的去极化步骤决定。

2. 影响因素

氧腐蚀的影响因素主要如下所示。

(1)溶解氧浓度的影响。溶解氧的浓度对腐蚀速率有较大影响，当溶液中存在微量氧(0.05ppm)时，腐蚀速率为几乎没有氧存在时的2倍多。随着氧浓度的升高，腐蚀速率逐渐增大(表5.1)。

表5.1 不同含氧量时碳钢的腐蚀速率

	氧含量				
	<0.01ppm	0.05ppm	0.3ppm	0.6ppm	0.8ppm
腐蚀速率/(mm/a)	0.010	0.022	0.035	0.039	0.065

(2)溶液流速的影响。通常情况下，碳钢的腐蚀速率由氧的极限扩散电流密度所决定，此时增加流速，会促进碳钢的腐蚀。

(3)温度的影响。温度上升，既增大了氧的传输速度，又增大了氧的离子化过程，使腐蚀速率加快。

5.1.4 微生物腐蚀机理与影响因素

近年来，微生物导致的管道腐蚀问题引起了广泛关注和重视。微生物种类繁多，可以在严苛的环境中生存，其生长的必要条件包括水分、营养物质和温度等。微生物可以利用多种化学物质，并将其作为营养来源，促进自身的增殖[6,7]。成品油管道中通常存在着多种微生物，如西南某成品油管道内部沉积物中检出10门17纲85属[8]。成品油中的烃类物质会为微生物的生长提供营养物质。低分子量的烃类对微生物细胞膜具有溶解性，不利于微生物的生长，而长链烃类可作为微生物生长所需要的碳源。一般微生物优先选择利用 C_{10}～C_{18} 碳链的烃类[9]，这是柴油中微生物繁殖污染比汽油中更普遍的原因。

成品油管道内部最为常见的微生物是SRB[10]，SRB 以 SO_4^{2-} 为电子受体氧化有机物，利用有机物作为碳源和电子供体维持其生命所必需的能量[11]，通过分泌胞外聚合物形成生物膜黏附于金属表面，加速材料的腐蚀。在 SO_4^{2-} 匮乏的环境中，转而利用 Fe^{3+}、Mn^{4+} 及 H_2 等作为末端电子受体，进行胞外呼吸，维持生存代谢，促进碳钢腐蚀。据报道，含 SRB 环境中碳钢的点蚀速率高达 0.7～7.4mm/a[12]。

1. 微生物腐蚀机理

国内外对微生物的腐蚀机理进行了大量研究，其中主要包括阴极去极化机理、生物催化阴极硫酸盐还原机理、代谢产物腐蚀机理和浓差电池机理等。

1) 阴极去极化机理

阴极去极化机理是由 von Wolzogen Kuhr 和 van der Flugt[13]最早提出的，包括铁失去电子发生阳极溶解、阴极氢得到电子发生阴极还原和硫酸盐被微生物还原三个过程(图 5.6)。厌氧微生物能够分泌氢化酶，在阴极区消耗氢，同时将硫酸盐还原成硫化氢，微生物活动起到了阴极去极化剂的作用，加速了金属的腐蚀。在阴极氢去极化的过程中，微生物分泌的氢化酶活性的高低是微生物腐蚀速率的重要影响因素。

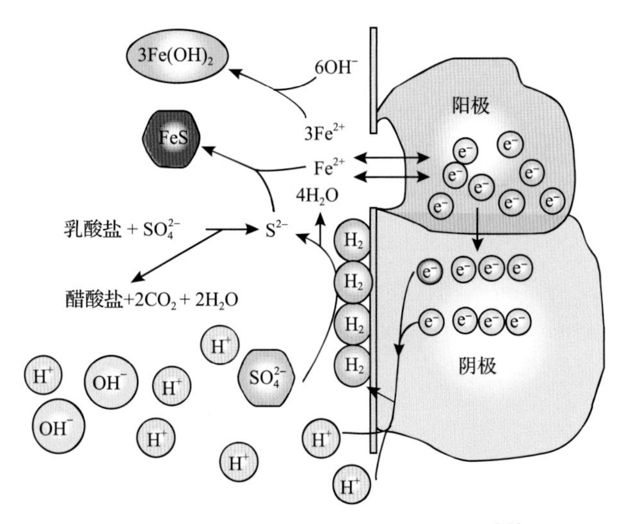

图 5.6　阴极去极化理论的腐蚀机理图[13]

2) 生物催化阴极硫酸盐还原机理

在阴极去极化理论的基础上又发展出了生物催化阴极硫酸盐还原机理[14]。该机理认为，当所处的环境中有充足的有机碳源时，微生物能够优先利用有机碳源作为电子供体，其细胞整体作为电子受体，并在细胞内进行有机碳源的氧化反应和硫酸盐的还原反应，构成氧化还原反应对。

受生物膜和细胞外多聚物的影响，环境中的有机碳源较难扩散至金属表面的微生物膜内。这种情况下，微生物将铁作为电子供体，并通过铁的腐蚀获取其生命活动所需的能量，铁的氧化和硫酸盐还原构成了氧化还原反应对。此时，铁作为电子供体，硫酸盐通过腺苷酰硫酸(APS)途径进入微生物的细胞质内，在微生物体内多种酶的生物催化条件下促进硫酸盐还原。

以乳酸作为营养物质为例，上述两种环境下的微生物新陈代谢过程对比如图 5.7 所示。从图中能够看出，在营养物质充足时，电子供体乳酸的氧化和电子受体硫酸盐的还原都在微生物内部发生；而在营养物质匮乏时，铁作为电子供体的氧化反应发生在微生物体外，金属阳极溶解所释放的电子穿过导电性腐蚀产物传递至微生物体内，在微生物体内利用特有的电子转移链(细胞色素 C3 和黄素蛋白等)将电子逐级传递，最终将硫酸盐还原。

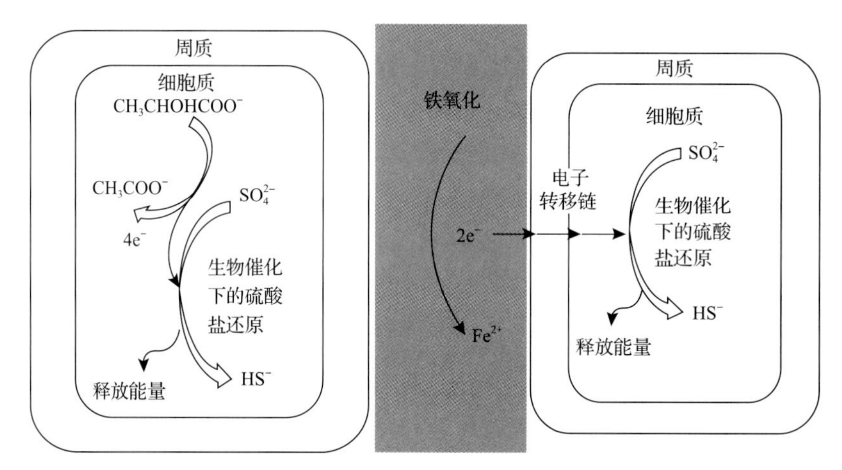

图 5.7 微生物分别以乳酸和铁为电子供体的新陈代谢对比图[14]

3) 代谢产物腐蚀机理

大多数微生物的代谢产物内都含有一定浓度的有机酸，有机酸在生物膜下积聚，能够对金属产生较强的侵蚀性[15]。在生物膜下点蚀形核处积聚的这类有机酸能够成为点蚀形成及其持续增长的推动力。微生物代谢也能产生 H_2S，导致金属发生腐蚀。Romero 等[16]研究发现，生物膜中的微生物含量达到 10^8cfu/cm^2 时，可以产生足够浓度的 H_2S，在金属表面产生点蚀。

4) 浓差电池机理

微生物活动过程中会产生以生物大分子为主的大量生物膜黏附在金属表面[11]。生物膜分布对金属表面腐蚀电化学特性产生影响，其主要机理是浓差电池机理[17,18]。该机理认为，金属表面生物膜的存在影响了溶液中腐蚀性介质向金属表面迁移，导致被生物膜和腐蚀产物覆盖的表面具有较负的电极电位，成为阳极区，而未被生物膜和腐蚀产物覆盖的区域作为阴极区，形成局部电池，造成点蚀。生物膜的覆盖同样阻碍了微生物代谢产物向外部扩散，因此加速了点蚀向金属基体内部扩展。

2. 影响因素

1) 碳源(电子供体)

碳源对微生物至关重要，为其新陈代谢过程提供电子。微生物普遍使用的碳源包括挥发性脂肪酸(如乙酸、丙酸、丁酸、乳酸)、醇类(如乙醇、丙醇等)和糖类(葡萄糖)等。氢原子也可作为电子供体，为微生物的生长提供电子。成品油管道中以上碳源浓度普遍偏低，硫酸盐还原菌等微生物处于碳源饥饿状态，转为使用铁为电子供体，具有较强的腐蚀性。

2)溶解氧

溶解氧对厌氧性微生物的活性有直接影响。溶解氧是耗氧型微生物的电子受体，对厌氧型微生物的生长有抑制作用。溶解氧对兼性厌氧微生物的影响相对较小。当溶解氧存在时，兼性厌氧微生物虽然生物体征不活跃，但依然可以存活。例如，硫酸盐还原菌能够耐受 4.5mg/L 的环境溶解氧浓度，但在 9.0mg/L 的高溶解氧环境下不能生长。由于溶解氧的作用，耗氧型微生物常位于生物菌落的外围，厌氧型细菌则位于生物膜的内侧。

3)pH

pH 是微生物生长的重要因子。一般微生物生长的 pH 都处在中性偏碱性的范围内，与其长期生长的环境 pH 相一致。不同种类的微生物可在 pH 为 5.0～9.5 的范围内生存。

4)盐度

盐度对微生物的影响是通过水中渗透压的变化来影响透过细胞膜的物质运输过程。盐度过高会引起细胞质壁分离，造成细胞脱水死亡。

5)温度

微生物的适宜生长温度范围为 30～40℃，然而其存活温度为–5～75℃，具有芽孢的菌种也可以耐受 80℃甚至更高的温度。以硫酸盐还原菌为例，海洋硫酸盐还原菌多属于低温菌，大部分陆生硫酸盐还原菌是中温菌，而嗜热硫酸盐还原菌则适于在 55～75℃的温度中生长，特殊菌生长温度甚至可达 70～85℃。

环境中存在的其他因子也能够影响微生物的生命过程。以硫酸盐还原菌为例，其在含有 Fe^{2+}离子的培养基中生长得更好，因为 Fe^{2+}离子是硫酸盐还原菌细胞中各种酶(如细胞色素酶、铁还原酶、红素还原酶、过氧化氢酶等)的活性基成分；硫酸盐还原菌的代谢产物硫化氢对其生长也有影响，一般当硫化氢浓度达到 16mmol/L 时就会抑制硫酸盐还原菌的生长。

5.2　成品油管道内腐蚀减缓措施

成品油管道的内腐蚀控制应从管道的设计和建设阶段开始考虑，并贯穿管道运行的整个生命周期。成品油管道内腐蚀减缓措施主要包括内防腐层、清管及加注缓蚀剂/杀菌剂等，并应做好管道内油品和杂质的取样分析及内腐蚀在线监检测。

5.2.1　标准推荐做法

依据 GB/T 23258—2009、SY/T 0087.2—2012、NACE SP0106-2018 等标准，在成品油管道的运行实践中，成品油管道内腐蚀的控制方法按照运行阶段主要包括以下内容。

1. 设计和建设阶段

(1) 变径设计。采用可以使流体在变径点处作平滑水力过渡的大小头来实现，减少设置盲法兰、盲管段、支管、接头等构成的死端。

(2) 内防腐材料选择。设计阶段要对输送介质进行评价，选择合适的内防腐材料。

(3) 建设过程中要杜绝管道内形成残留水，同时，应尽量缩短水压试验时间，水压试验后严格进行清管和干燥处理。建议输油管道在建设完成后尽快投产，若不能及时投产，管道存放时两端应密闭，防止进水。

(4) 水压试验和水联运应尽量选择在温暖的季节进行，有利于在投油过程中油品快速携走管内的残留水。

(5) 在水联运期间可选择加入缓蚀剂/杀菌剂。

(6) 该阶段提出流速控制和间歇流控制的设计指标和参数。

2. 运行阶段

(1) 油品的含水量和含氧量控制。可采用分离、脱水工艺，降低管输介质含水量；考虑脱氧，降低管输介质的含氧量达到允许水平，同时避免空气在管输过程中进入管道。

(2) 定期开展监检测。定期开展腐蚀监测和内检测，针对内腐蚀严重部位采取换管或其他修复措施。

(3) 定期清管。

(4) 定期开展取样和化学分析，根据分析结果可考虑加入缓蚀剂/杀菌剂。

5.2.2 内防腐层

20 世纪，国际上已经将涂层技术应用到成品油管道，采用适当的方法将附着在钢管表面的油、油脂及任何其他杂质清除干净后涂敷防腐层，不仅延长了管道使用寿命 2～4 倍，且显著改善了成品油的流动性。成品油质量控制比较严格，尤其输送航煤的管道。若内防腐层随清管、内检测作业时脱落，可能影响油品质量，因此对防腐层材料的选择极其关键。管道内防腐层技术优点：一是减阻和提高输送量；二是防止施工期间管道内壁的大气腐蚀；三是减少维修量，延长管道和阀门寿命；四是改善清管效果，减少过滤器的清洗；五是降低管道的综合投资。中国石化鲁—皖(淄博—宿州)管道青岛至周村成品油管道采用了环氧粉末涂料，起到了良好的防腐和减阻效果[19]。

5.2.3 清管

成品油管道需要定期清管，减缓管道垢下腐蚀、微生物腐蚀和摩阻，延长管道使用寿命。同时，在清管期间可检查管道内部结构有无变形、有无严重腐蚀和堵塞等，预防和减少事故发生，确保油品输送质量[20]。

清管器的工作原理如图 5.8 所示。清管器依靠自身皮碗的过盈量与管道内壁充分接触，清管器前后形成相对独立的压力空间，并依靠前后介质的压力差驱动清管器运动。清管从原理上分为物理清管和化学清管，成品油管道主要采取物理清管。清管前期运行主要依靠皮碗的过盈量对管壁产生摩擦、刮削作用，用于剥离垢层或使其破碎；清管后期随着运行距离的增加，皮碗的过盈量将逐步减少，密封逐渐变差，主要依靠皮碗圆周泄漏的介质产生的冲刷力对附着于管壁的垢层及剥离的污垢进行冲刷和粉化，借助流体介质的搅拌力将污垢悬浮分散并清除。

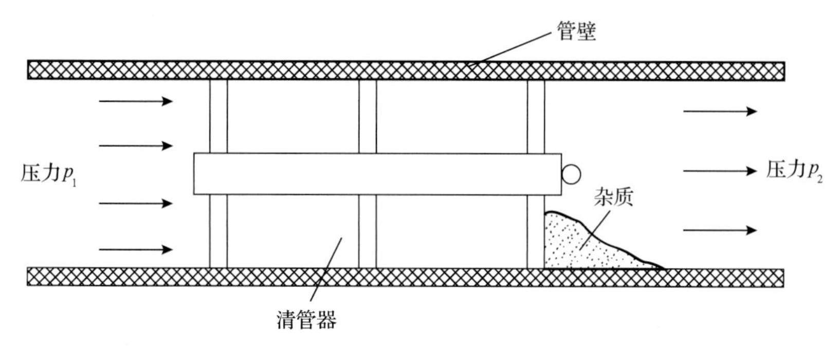

图 5.8　清管器工作原理示意图

清管应本着循序渐进，安全稳健的总体原则，清管器的发送次序按清管器清管能力从小到大依次发送，逐步清除管道内的杂质。根据成品油管道杂质的特点，目前常用的成品油管道清管器主要有聚氨酯泡沫清管器、皮碗清管器、直板清管器、机械测径清管器和磁力钢刷清管器等。

关于清管频次，国内标准无明确规定。《成品油管道运行规范》（SY/T 6695—2014）中指出“根据管道运行和油品质量检测情况安排成品油管道清管作业”，中国石化、中国石油等管道企业会根据清出物的重量来选择清管频次，一般每季度清管一次。

5.2.4　加注缓蚀剂/杀菌剂

缓蚀剂/杀菌剂防腐技术具有操作方便、见效快、投资少等优点，在石油天然气开采、集输过程中得到了大量的应用。成品油管道可以在试压期间加入缓蚀剂/杀菌剂，降低试压水对管道的腐蚀性；也可以选择在运营期加注，此时一般可采用间歇加注，且最好是在清管时，在两个清管器之间用泵注入，添加剂随清管器流经整个管道，可充分与输送流体混合，但运营期加注要考虑添加剂对油品质量的影响。相比之下，在试压期间添加缓蚀剂/杀菌剂可有效改善试压用水水质，减缓管道内腐蚀，且操作流程简单，对油品质量影响小。

1. 加注缓蚀剂

缓蚀剂是一种以适当的浓度和形式存在于环境(介质)中，可以有效防止或减缓腐蚀的化学物质或几种化学物质的混合物。输油管道常用的缓蚀剂为吸附型缓蚀剂，即在管道内壁吸附形成一层缓蚀剂膜，将管道内壁与腐蚀介质隔开，从而减缓腐蚀。吸附膜型缓蚀剂种类繁多，如咪唑啉、胺类及吡啶季铵盐等。当金属表面较光洁时，其吸附成膜效果较理想；当金属表面有腐蚀产物或垢时，其成膜效果不佳。如 5.1 节所述，成品油管道的内腐蚀通常发生在有积液的位置和沉积物的底部，沉积物的存在阻碍了缓蚀剂在

3）电阻探针

电阻探针法是通过测量被腐蚀的测量元件电阻的变化来求得管道的腐蚀速率。该方法不受腐蚀介质限制，在气相和液相(电解质或非电解质)，甚至固相中都能应用，可实现实时连续测量和连续记录。电阻探针法与挂片失重法相比，响应速度较快，测试周期短。但是一般情况下，电阻法不能测量出管道的局部腐蚀，对于低腐蚀速率的腐蚀环境，测量结果响应的时间往往比较慢，当腐蚀产物是导体或半导体时，测量结果误差较大。

4）场指纹技术

场指纹技术(field signature method，FSM)是一种无损的腐蚀监测方法，由一系列固定几何尺寸的监测探头点焊在被监测管道的外表上，对这些探头通以一定的直流电使各探针周围形成相应的电场强度或电力线分布。当监测部位发生腐蚀时，监测部位的电场强度或电力线会发生改变，进而影响监测探头间电位差的变化。将电位差进行适当的解析，根据电位差的变化可以判断管道壁厚的减薄。该方法最大的优点是不用将测量元件暴露在工艺介质中，所以不存在工艺介质对监测元件的腐蚀损耗问题和介质腐蚀泄漏的问题，能实现输油管道的局部内腐蚀监测。

关于内腐蚀检测方法将在第 7 章中详细论述。

5.3 成品油管道内腐蚀案例

某成品油管道于 2005 年建造，全长 80km，管径 Φ457mm×7.1mm，管道统一采用 X60 等级的钢管，防腐层为 3PE。最大设计压力 9.2MPa，最大操作压力 8.4MPa，管内运送介质为汽油和柴油。

5.3.1 成品油管道内腐蚀检测

2017 年，该管道开展了漏磁内检测，检测结果如图 5.10 和图 5.11 所示。该管段内腐蚀情况比较严重，平均每千米存在 470 处内腐蚀缺陷。内腐蚀集中分布在检测里程 1km 附近、检测里程 38km 附近及检测里程 70～80km。

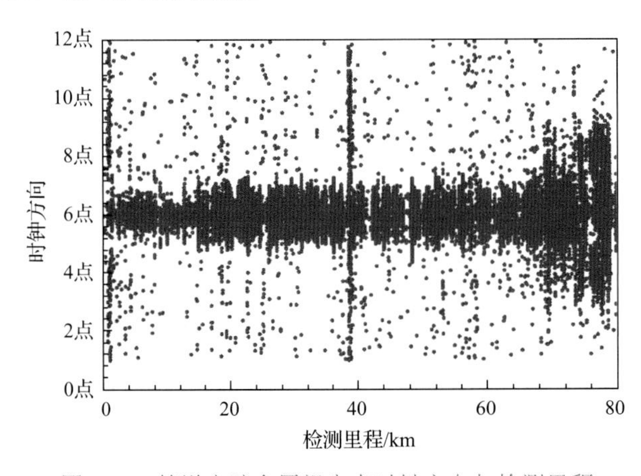

图 5.10 管道内壁金属损失点时钟方向与检测里程

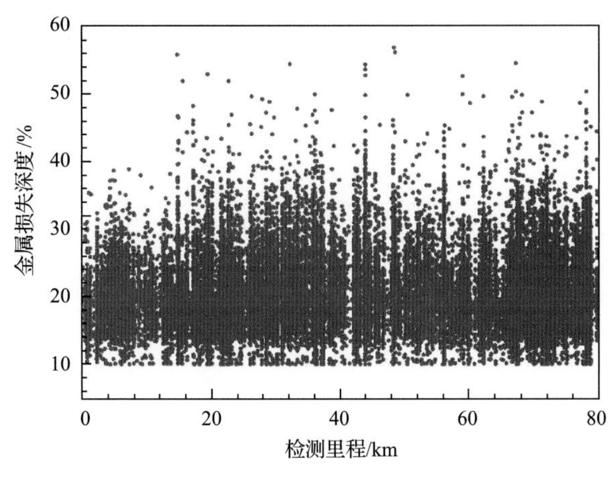

图 5.11　管道内壁金属损失深度与检测里程

图 5.12 是该管道 78km（进站前 1.8km）处，因内腐蚀所替换下来的螺旋焊缝直管段内腐蚀形貌。由开挖验证结果可知，该管段内腐蚀点较为集中，且位于管道时钟方向 5:00～7:00 方位，除内腐蚀区域外，管体其他区域内壁较为光洁，局部存在锈蚀；内腐蚀区域最深的腐蚀坑深约 3.39mm。

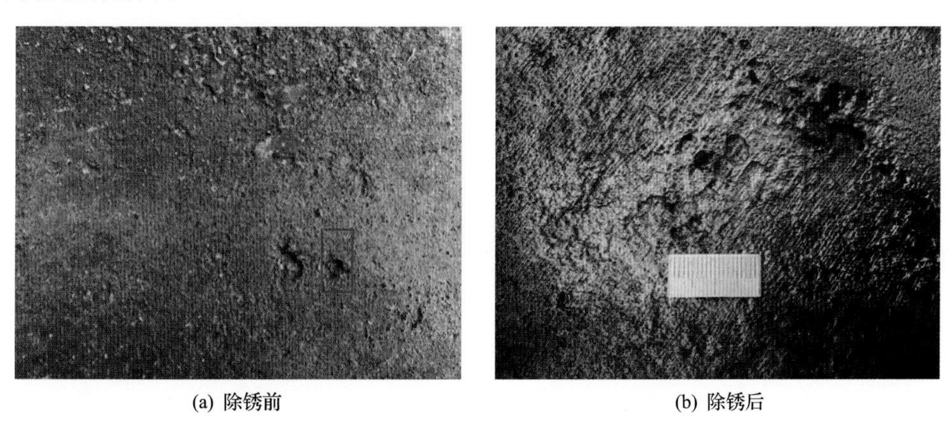

(a) 除锈前　　(b) 除锈后

图 5.12　管段除锈前后内壁腐蚀坑形貌

5.3.2　内腐蚀形貌与产物分析

对该管段底部和顶部的腐蚀产物进行了 X-射线衍射分析，结果如表 5.2 所示。内腐蚀产物主要存在形式为 Fe_3O_4、Fe_2O_3 和 FeS。

表 5.2　管段腐蚀产物检测

管段取样位置	时钟位置	腐蚀产物
底部	6 点	Fe_3O_4、SiO_2、$CaMg(CO_3)_2$
底部	7～8 点	Fe_2O_3、SiO_2、$CaCO_3$、FeS
顶部	12 点	Fe_2O_3、SiO_2、$CaCO_3$、FeS

利用能谱仪（EDS）分别对蚀坑内和蚀孔外（任意选择了三处有腐蚀产物的部位）的腐

蚀产物进行了分析，结果表明主要含 Fe、O、C、S、Ca 和 Cl 等元素，蚀坑内外在元素种类和含量上差别不大，如图 5.13 和图 5.14 及表 5.3 和表 5.4 所示。

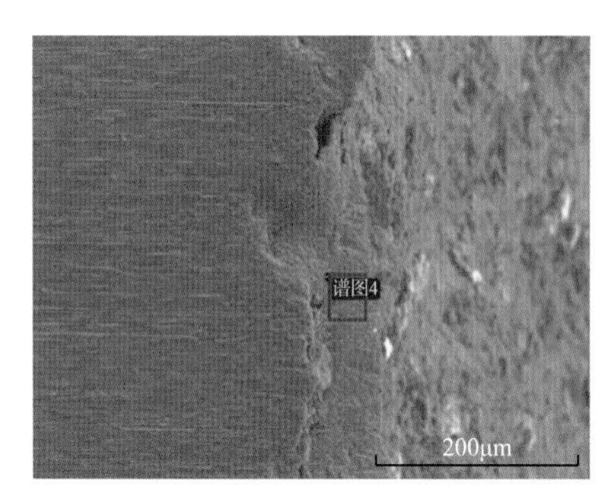

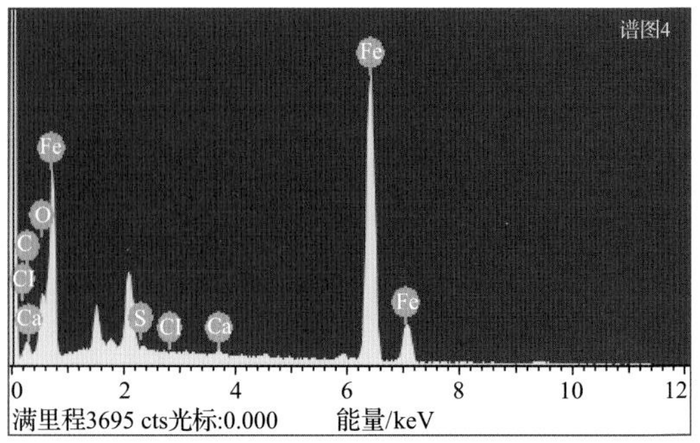

图 5.13　蚀坑形貌和腐蚀产物能谱图

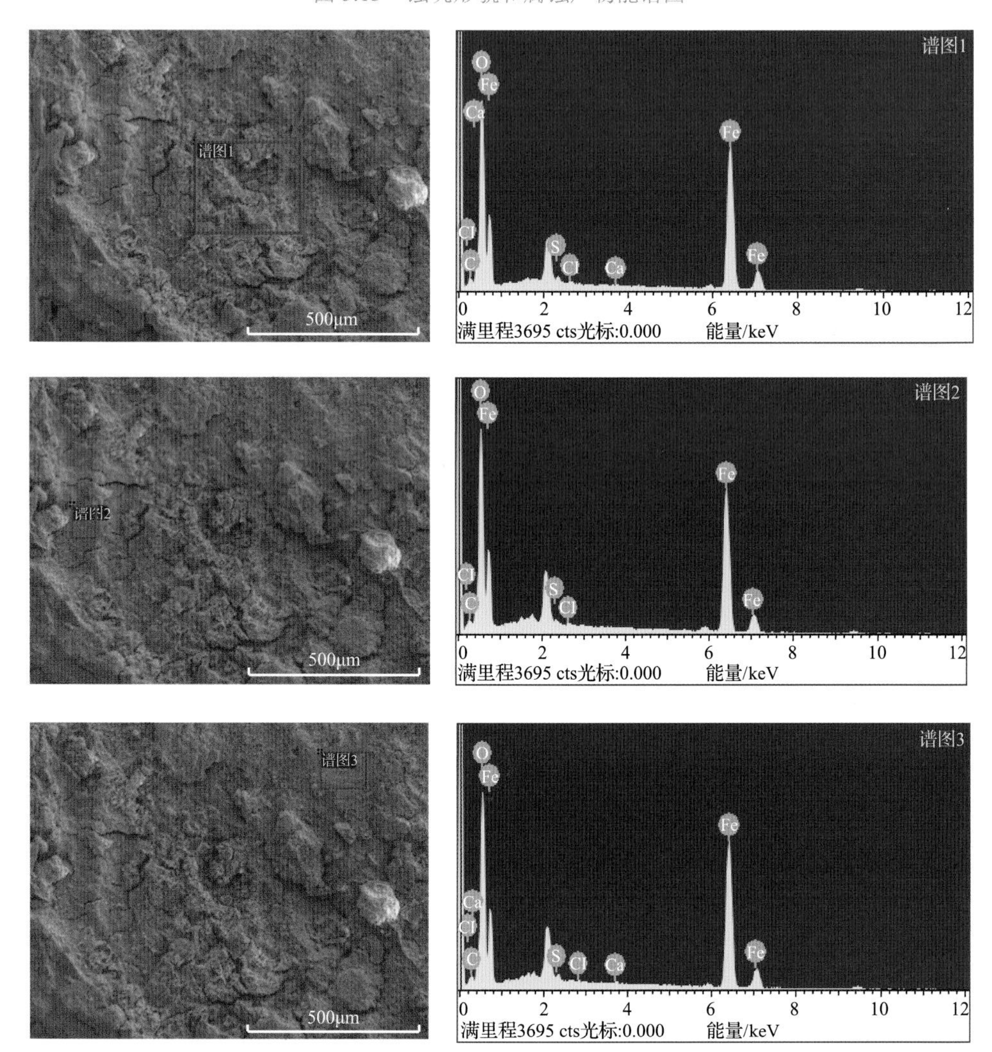

图 5.14　蚀坑外表面腐蚀产物形貌和能谱图

表 5.3　蚀坑处腐蚀产物 EDS 测试结果

位置名称	元素名称	质量分数/%	原子分数/%
蚀坑底部（内层）	C	3.47	12.83
	O	5.19	14.37
	S	0.31	0.42
	Cl	0.02	0.03
	Ca	0.39	0.43
	Fe	90.62	71.93

表 5.4　蚀坑表面腐蚀产物 EDS 测试结果

位置名称	元素名称	质量分数/%	原子分数/%	位置名称	元素名称	质量分数/%	原子分数/%	位置名称	元素名称	质量分数/%	原子分数/%
蚀坑表面（外层）位置 1	C	2.44	6.77	蚀坑表面（外层）位置 2	C	2.22	6.11	蚀坑表面（外层）位置 3	C	2.87	7.84
	O	23.38	48.63		O	24.29	50.18		O	23.65	48.57
	S	0.66	0.69		S	0.42	0.43		S	0.53	0.54
	Cl	0.26	0.24		Cl	0.15	0.14		Cl	0.17	0.15
	Ca	0.09	0.07		Ca	未检出	未检出		Ca	0.35	0.29
	Fe	73.16	43.59		Fe	72.91	43.14		Fe	72.44	42.61

由于该管段内腐蚀集中位于管道底部，因此推测内腐蚀是由积液导致的，这可能与建设期压力试验后清扫不彻底有关。内腐蚀缺陷集中管段(里程 1km)可能与管道高程变化有关，该位置为爬坡段，容易发生水的积聚(图 5.15)。从腐蚀产物分析结果可知，管段内壁表层和内层的腐蚀产物主要是铁的氧化物、SiO_2 和 $CaCO_3$，说明管段在运行过程中也主要以氧引起的局部腐蚀(坑蚀)为主。另外，腐蚀产物中含有一定量的 S 元素，这可能与 SRB 腐蚀有关，需要对管道内杂质进行取样分析。

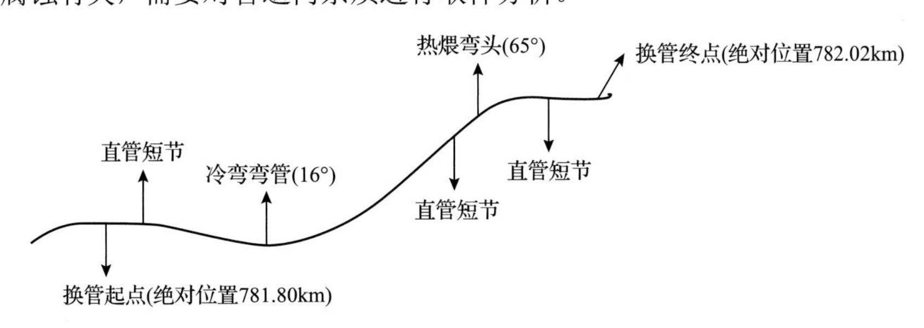

图 5.15　内腐蚀缺陷集中管段(里程 1km)高程示意图

5.3.3　清管杂质取样分析与 SRB 培养

为验证 SRB 腐蚀的存在，进一步选取同一油源的建水、重庆、阳江三地的管道清管杂质开展微生物培养，并分离纯化得到 SRB 菌种。各站清管杂质如图 5.16 所示，微生物培养基配方：乳酸钠 4.0mL/L，酵母浸汁液 1.0g/L，维生素 C 0.1g/L，$MgSO_4\cdot 7H_2O$ 0.2g/L，K_2HPO_4 0.01g/L，NaCl 10.0g/L，蒸馏水 1L。培养出的菌液如图 5.17 所示，溶液呈黑色并有黑色沉淀，说明有 SRB 生长。

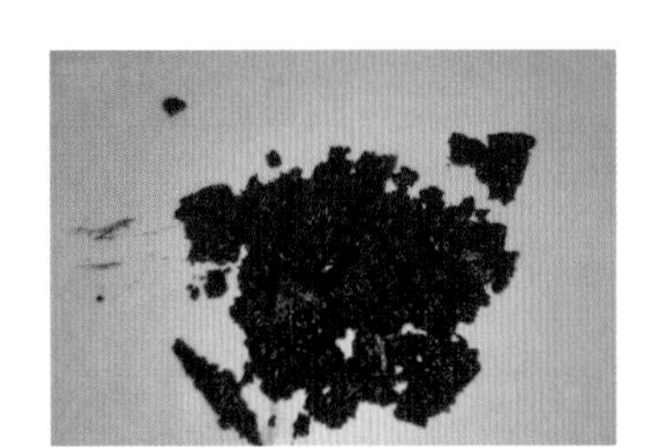

(a) 建水

(b) 重庆

(c) 阳江

图 5.16 建水、重庆、阳江三地管道清管杂质

取样地点	SRB存在情况
建水站	存在
重庆站	存在
阳江站	存在

图 5.17 建水、重庆、阳江三地管道清管杂质培养出的菌液

分别将建水、重庆和阳江三地管道清管杂质培养出的菌液、培养基和成品油按体积比 1∶5∶5 配制成三种腐蚀溶液，并将 X60 钢试片在三种腐蚀溶液中浸泡 14d 后取出，观察其表面腐蚀形貌(图 5.18)。与未腐蚀的钢试片相比，在三种腐蚀溶液中腐蚀后的试样表面产生了大量疏松的块状腐蚀产物，同时可观察到 SRB 的存在，表明 SRB 参与了成品油管道内腐蚀，且腐蚀形式以点蚀为主。

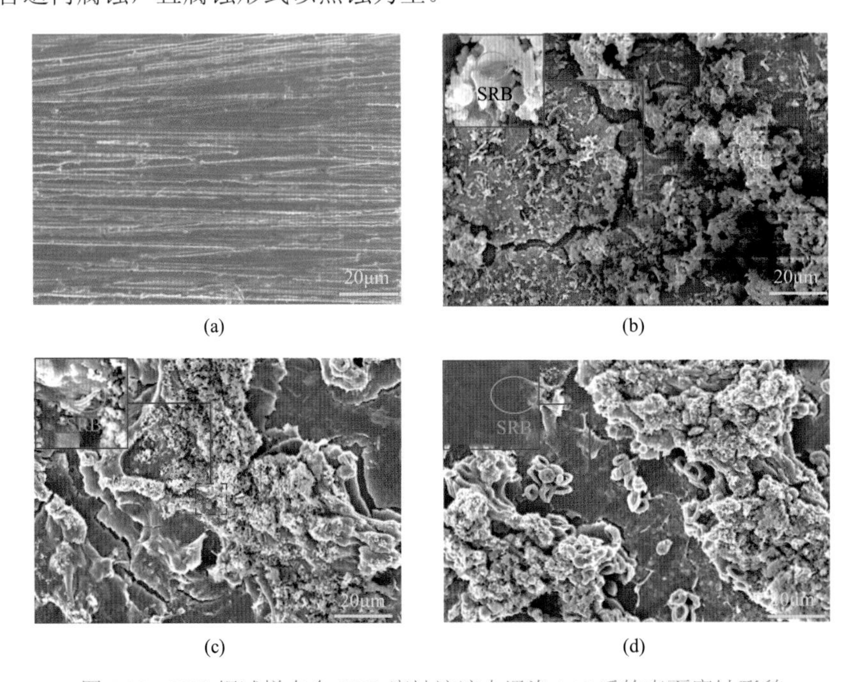

(a) (b) (c) (d)

图 5.18 X60 钢试样在含 SRB 腐蚀溶液中浸泡 14d 后的表面腐蚀形貌

综上所述，该段成品油管道内腐蚀集中发生在水容易积聚的爬坡段，腐蚀形态为局部腐蚀(坑蚀)，主要由氧腐蚀和微生物腐蚀引起。

参 考 文 献

[1] 徐广丽. 成品油管道油携水机理研究. 青岛: 中国石油大学(华东), 2011.

[2] 魏宝明. 金属腐蚀理论及应用. 北京: 化学工业出版社, 1984.

[3] Gan Y, Li Y, Lin H C. Experimental studies on the local corrosion of low alloy steels in 3.5% NaCl. Corrosion Science, 2001, 43: 397-411.

[4] Song X, Yang Y, Yu D, et al. Studies on the impact of fluid flow on the microbial corrosion behavior of product oil pipelines. Journal of Petroleum Science & Engineering, 2016, 146: 803-812.

[5] 赵景茂. 碳钢在 $NaHCO_3$-NaCl 体系中的局部腐蚀行为与机理研究. 北京: 北京化工大学, 2001.

[6] Kobayashi H, Rittmann B E. Microbial removal of hazardous organic compounds. Environmental Science & Technology, 1982, 16(3): 170A-183A.

[7] Jones D A, Amy P S. A thermodynamic interpretation of microbiologically influenced corrosion. Corrosion, 2002, 58(8): 638-645.

[8] 王正泉, 徐玮辰, 杨黎晖, 等. 成品油管道沉积物中微生物群落分析//第十届全国腐蚀大会, 南昌, 2019.

[9] 王学刚, 许显坤, 安引军. 钢制成品油储罐微生物腐蚀分析与防护. 中国设备工程, 2019, 16: 78-79.

[10] Maruthamuthu S, Kumar B D, Ramachandran S, et al. Microbial corrosion in petroleum product transporting pipelines. Industrial & Engineering Chemistry Research, 2011, 50: 8006-8015.

[11] Costerton J W, Lewandowski Z. The biofilm lifestyle. Advances in Dental Research, 1997, 11(1): 192-195.

[12] Wolfram J H, Rogers R D, Gazso L G. Microbial Degradation Processes in Radioactive Waste Repository and in Nuclear Fuel Storage Areas. Berlin: Springer Netherlands, 2009.

[13] von Wolzogen Kuehr C A H, van der Vlugt L S. The graphitization of cast iron as an electrochemical process in anaerobic soils. Water, 1934, 18: 147-165.

[14] Gu T, Zhao K, Nesic S. A new mechanistic model for mic based on a biocatalytic cathodic sulfate reduction theory. NACE International Corrosion Conference, Atlanta, 2009.

[15] Lee W, Characklis W. Corrosion of mild steel under anaerobic biofilm. Corrosion, 1993, 49(3): 186-199.

[16] Romero M D, Duque Z, Rodriguez L, et al. A study of microbiologically induced corrosion by sulfate-reducing bacteria on carbon steel using hydrogen permeation. Corrosion, 2005, 61(1): 68-75.

[17] King R. Study on mechanism of microbiology corrosion. Nature, 1971, 233(5): 491.

[18] Starkey R. The general physiology of the sulfate-reducing bacteria in relation to corrosion. Producers Monthly, 1958, 22(2): 12.

[19] 王剑波, 陈振友, 窦志宽. 成品油管内腐蚀的危害分析及对策. 石油规划设计, 2008, (2): 39-41, 48.

[20] 王现中. 在运成品油管道清管作业. 石油库与加油站, 2013, 22(3): 11-13.

[21] Tie Z, Song W W, Zhao J. Diffusion behaviours of three thioureido imidazoline corrosion inhibitors in a simulated sediment layer. International Journal of Electrochemical Science, 2018, 13: 5497-5512.

[22] 关建宁, 汪海波. 杀菌剂 DMHSEA 在油井注水中杀菌效果评价. 工业水处理, 2001, 2: 7-8.

[23] 李晓刚. 材料腐蚀与防护. 长沙: 中南大学出版社, 2009.

第6章　成品油管道腐蚀风险评价

随着成品油管道周边杂散电流干扰环境的复杂化和人口密集区的增加，成品油管道的腐蚀风险更加复杂和严峻，开展管道腐蚀风险评价，明确管道腐蚀风险与运行管理、检测及维修等要素的系统性、协调性，对管道全生命周期腐蚀控制工程的安全性、经济性具有重要意义。

6.1　腐蚀风险评价概述

管道的腐蚀风险是指由于管体腐蚀引起破坏、损失或其他情况失效的可能性及产生后果的潜在影响。管道腐蚀风险评价主要是在管道风险因素识别、失效可能性和后果分析的基础上，对管道腐蚀风险进行度量和排序，识别高风险部位，确定管段维护的优先次序，为保障管道运行安全性、管道维护经济性的决策提供依据，使管道的运行维护管理更加科学。

6.1.1　腐蚀风险评价目标

对于管道企业，腐蚀风险评价的目标是在识别及评价腐蚀风险发生可能性及危害程度的基础上，有效地控制隐患，防止或减少损失，并在防控风险的投入及控制风险间取得较好的平衡。管道腐蚀风险评价的具体目标如下。

(1) 识别影响管道完整性的腐蚀危害因素，分析管道腐蚀失效的可能性及后果，判定风险水平。

(2) 对管段腐蚀风险进行排序，确定完整性评价和实施腐蚀风险消减措施的优先顺序。

(3) 综合比较完整性评价、风险消减措施效果和所需投入。

(4) 在完整性评价和风险消减措施完成后再评价，更新管道腐蚀风险状况，确定措施有效性。

换言之，管道腐蚀风险评价的目标在于管道企业的投入、事故发生后果的可接受程度与腐蚀风险可能性三者之前取得最佳效益，寻找平衡点，如图 6.1 所示。

6.1.2　腐蚀风险评价方法

管道的腐蚀风险评价方法分为定性评价、定量评价和介于两者之间的半定量评价。三种方法各有优缺点，具体如表 6.1 所示。

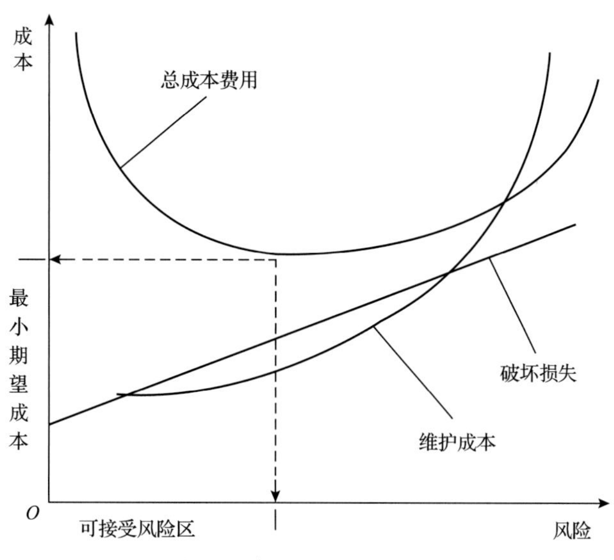

图 6.1　腐蚀风险及成本曲线

表 6.1　腐蚀风险评价方法对比

腐蚀风险评价方法	定性风险评价	半定量风险评价	定量风险评价方法
优点	相对简单，易使用	评价模型较为成熟，可操作性强，使用最广泛，且成本远低于定量风险评价	可给出风险发生可能性及后果的定量化数值，准确性高
缺点	主观性较强，不能量化，评价结果存在一定的局限性，评价结果可靠性低	准确性低于定量风险评价	需要大量、准确的基础数据作为支撑，且需耗费大量人力和时间开展评价工作，成本较高

对成品油管道进行腐蚀风险评价，明确管道所面临的各类腐蚀风险，充分掌握管道所面临的腐蚀问题及腐蚀现状，对管道运营企业优化资源投入、有序消减腐蚀风险有重要意义。对埋地成品油管道而言，面临的腐蚀风险主要包括三类：外腐蚀风险、内腐蚀风险、应力腐蚀开裂与氢致损伤风险(GB 32167—2015)。目前，我国成品油管道风险评价主要采用半定量风险评价和定量风险评价方法。

6.1.3　腐蚀风险评价流程

腐蚀风险一般可以描述为失效的可能性(或概率)与失效后果的乘积。

对单一腐蚀危害：

$$\text{Risk} = P_i C_i \tag{6.1}$$

对三类腐蚀危害：

$$\text{Risk} = \sum_{i=1}^{3} (P_i C_i) \tag{6.2}$$

式(6.1)和式(6.2)中，Risk 为风险；P_i为第 i 类因素的失效可能性(概率)，i 取 1, 2, 3；C_i为第 i 类因素的失效后果，i 取 1, 2, 3。

管道腐蚀风险评价在数据的处理上可采取定性或定量的方式进行分析，其关键环节是识别管道的危险因素，评估发生的可能性，测算失效后果的严重程度，综合考虑维护投入和失效损失，做出最优的风险控制决策。

风险评价流程应包含如图 6.2 所示的步骤(GB 32167—2015)。

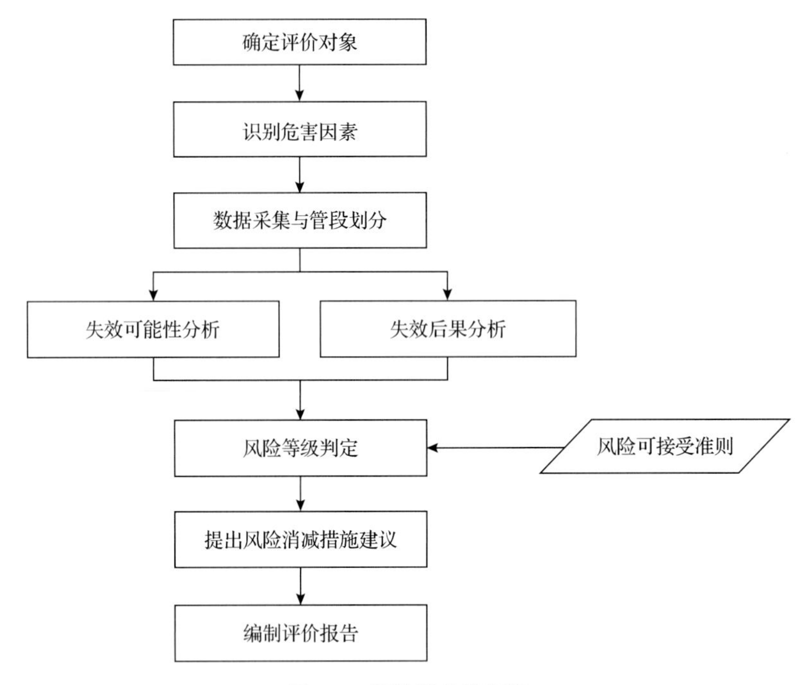

图 6.2 风险评价流程图

1. 确定风险评价对象

根据开展风险评价的目标和关注的问题，确定管道风险评价的对象。评价对象可以是某条管道，也可以是一条管道中的若干管段。

2. 识别危害因素

对危害管道系统或设施完整性的因素进行全面识别。识别管道腐蚀危害因素的方法有很多，如故障树法、事件树法、专家调查法(德尔菲法 Delphi、智暴法 Brainstorming)、结构系统可靠性原理及模糊数学方法[1]等。

3. 数据采集与管段划分

在进行风险评价前，对每一管段，收集和检查包括但不限于表 6.2 中的基本数据。如果缺少数据，在风险评价时，应采用保守的假定值，或提高该管段风险等级。

表 6.2　数据收集表单

序号	外腐蚀风险评价数据	内腐蚀风险评价数据	应力腐蚀开裂与氢致损伤风险评价数据
1	安装年份、防腐层类型、管材、壁厚、管径、管输介质	安装年份、内涂层类型、管材、壁厚、管径、水压试验数据、管输介质	安装年份、防腐层类型、管材、壁厚、管径、水压试验数据、泵站数据、管输介质
2	阴极保护系统设计、安装及运行记录		阴极保护系统设计、安装及运行记录
3	内检测报告	内检测报告	内检测报告
4	开挖检测数据	开挖检测数据	开挖检测数据
5	防腐层检测数据		防腐层检测数据
6	阴极保护监测、检测数据		阴极保护监测、检测数据
7	杂散电流检测数据		杂散电流检测数据
8	土壤性质		土壤性质
9	细菌等微生物检测数据	细菌等微生物检测数据	细菌等微生物检测数据
10		内部介质监测、检测数据，包括清管产物分析数据、油品检测数据、水含量测试数据、腐蚀性介质数据	
11	操作应力水平(%SMYS)	操作应力水平(%SMYS)	操作应力水平(%SMYS)
12	运行参数：温度	运行参数：温度、压力、流速、停输时间等	运行参数：温度、压力、流速、停输时间等
13	外腐蚀监测数据	内腐蚀监测数据	外腐蚀监测数据
14	外腐蚀泄漏历史记录	内腐蚀泄漏历史记录	应力腐蚀开裂历史记录
15	高后果区	高后果区	高后果区

注：SMYS 为规定最小屈服强度。

管道运营单位可综合利用有效数据(内检测结果、阴极保护系统运行情况、密间隔电位测试结果、高后果区及其他影响风险的相关因素)，提高管道维护、风险减缓和可能导致突发泄漏事故识别的能力，更新收集的数据，对数据进行有效性分析。管道运营单位在收集数据时，可考虑下列因素。

(1)数据的完整性。风险评价数据应尽可能完整准确，并在风险评价范围内尽可能覆盖所有的管道系统。使用不完整数据会增加评价结果的不确定性，导致结果无效或错误。

(2)数据的可靠性。管道运营单位需采用准确、可靠的数据，尽量避免全部使用整体假设数据，确保风险评价结果能真实反映管道状态。

(3)数据的及时性。管道的状态随着时间而变化，管道数据应及时监测和更新，如周边人口密度等信息；管道运营单位可定期检测阴极保护数据，并将其纳入风险评价中。在使用风险评价结果时，需考虑重要数据的变化情况。

(4)管道历史数据的重要性。管道运营公司应判断失效历史数据的重要程度。风险评价方法应考虑同一类型管道系统的历史失效规律，并与管道行业和其他经证实的工程经验、技术指南等相结合。

一般根据管道的属性和周边环境对管道进行评价单元划分，图 6.3 为管段划分示意图。管段划分原则应考虑包括但不限于如下因素。

(1)管材、管径、防腐层类型、管道附属设施及起止里程。

(2)管体、防腐层、阴极保护及杂散电流干扰和附属设施状况的评价。

(3)管道运行参数，包括输送介质、运行压力和温度。

(4)管道沿线自然环境。

(5)管道沿线周边人口密度变化。

(6)管道沿线环境敏感区或人口密集区。

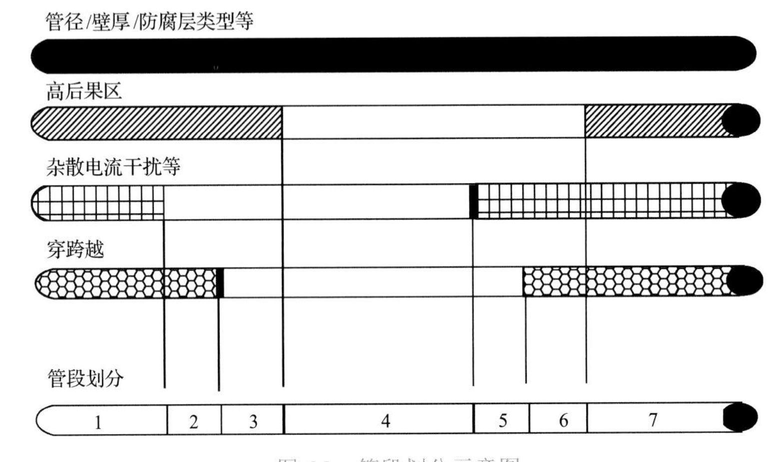

图 6.3 管段划分示意图

4. 失效可能性分析

对识别出来的危害因素进行失效可能性分析，依据评价对象、可用的数据和模型，失效可能性分析可以选用定性、半定量或定量方法。

5. 失效后果分析

失效后果分析用于确定管道失效对周边人员人身安全、财产和环境的潜在不利影响的严重程度。这些不利影响可能由可燃性、毒性介质从管道中的意外泄漏、扩散引起。同时也可考虑管道失效造成的停输影响及对管道企业声誉的影响。失效后果同样可以用定性、半定量或定量方法表示。

6. 风险等级判定

风险等级判定是确定各管段风险是否可以接受的过程。根据不同风险值判断风险等级。风险值是失效发生的可能性与失效后果两个因素的乘积。风险越高的管段，维护的优先级越高，在决策时首先考虑采取风险减缓措施，并分析风险高的主要原因。

7. 提出风险消减措施建议

风险消减措施可以从降低失效可能性和失效后果两方面出发，根据风险评价结果对管道风险进行排序，并按优先级制订风险消减计划。风险控制和减缓评估过程宜包括以下几个步骤。

(1) 识别降低管道系统失效概率、减小后果、既降低系统失效概率又减小后果的风险控制方法。

(2) 对这些方法进行系统评估和比较，以量化风险降低的程度。

(3) 选择和执行风险控制的最佳方案。

8. 风险再评价

应将腐蚀风险评价纳入日常管理，定期进行腐蚀风险评价。风险评价的时间间隔应根据风险评价的结论来确定，每年检查风险评价数据变化并及时更新数据。若管道属性和周边环境发生较大变化，应及时进行风险再评价。风险评价方法应根据情况进行修改或更新。重新进行风险评价时，应考虑以下因素。

(1) 上次检测、降低管道风险时的修复数量。

(2) 上次检测时发现的缺陷类型。

(3) 管道性能劣化速率的大小。

(4) 管道失效后最有可能出现的后果。

(5) 管道已有数据的质量。

(6) 与最近发生泄漏的管道有共同特点的管段。

(7) 管理的变化和运行参数的变化。

9. 编制评价报告

编制风险评价报告对管道风险评价过程和结果进行描述，并说明所采用评价方法的局限性和评价因素的不确定性。

上述腐蚀风险评价流程中，腐蚀风险识别、腐蚀风险分析与评价(包括失效可能性分析、失效后果分析及风险等级判定)是风险评价的重点。

6.2　腐蚀风险识别

腐蚀风险识别是风险评价的重要步骤，只有科学识别出腐蚀风险因素，找出导致风险的根源，才能对风险进行全面合理的评价，最后采取有效的措施对风险进行控制。对于成品油管道，腐蚀风险为管道外腐蚀风险、内腐蚀风险和应力腐蚀开裂与氢致损伤风险。

6.2.1　外腐蚀风险识别

成品油管道外腐蚀风险识别需要考虑以下因素：土壤腐蚀(包括微生物腐蚀)、杂散电流腐蚀、防腐层缺陷、阴极保护有效性和大气腐蚀。

1. 土壤腐蚀

土壤腐蚀是成品油管道外腐蚀的主要类型之一。在腐蚀风险识别过程中，土壤腐蚀需关注影响土壤腐蚀性的重要参数，包括土壤电阻率、含水率、含盐量、酸碱度、微生物含量和种类等。

2. 杂散电流腐蚀

根据管道周边环境普查结果，若管道周边存在交、直流干扰源，应进一步结合管道外检测或其他专项检测数据判断是否存在交、直流杂散电流干扰及其干扰程度。

3. 防腐层缺陷

防腐层损伤、老化和剥离将损害防腐层对管道本体的保护功能，增加管道腐蚀风险，因此应定期开展防腐层漏点检测，及时修复防腐层缺陷。

4. 阴极保护有效性

阴极保护是管道外腐蚀保护的重要手段，过正或过负的阴极保护电位，均可能增大管道的腐蚀或开裂风险。

5. 大气腐蚀

对于地上管道及敷设过程中未及时入沟的埋地管道，大气腐蚀也是管道外腐蚀风险的来源之一。

6.2.2 内腐蚀风险识别

根据第 5 章中管道内腐蚀特点可知，内腐蚀风险识别过程中，需关注的主要风险因素有：水积聚、固体颗粒沉积、微生物和流速等。

1. 水积聚

水积聚位置与液相流速、管道倾角、油品密度、油品黏度等相关。水容易在管道低洼处聚集，也可能在水平管段积聚。成品油管道沿线水积聚位置，可通过油水两相流模拟预测，明确水积聚带来的管道内腐蚀风险。

2. 固体颗粒沉积

杂质在管道内部沉积，会导致垢下腐蚀，增大细菌等微生物腐蚀的可能性。基于固体颗粒的驱动和搅拌平衡原理，可预测固体沉积可能性，分析固体颗粒沉积带来的管道内腐蚀风险。同时应关注管道附件、管径变化和注入位置等给管道带来的扰动，这类扰动可使驱动力骤然改变，加速固体颗粒物的沉积，从而加速腐蚀。

3. 微生物

管道运输、装载、管道清管和水联运等过程中不可避免引入的水将微生物及其生长所需的营养物质带入管道系统中，为微生物提供了良好的生长条件。可通过对清管产物进行微生物培养和分析，判断管道内是否存在微生物腐蚀风险。

4. 流速

成品油管道流速较低时，管道中所含的微量水或其他固体沉积物可能会在管道底部积聚或沉积，从而导致内腐蚀；管道油品流速较高时，可能产生冲刷腐蚀，如果管道内部同时存在固体沉积物，则会增加冲刷腐蚀或磨蚀的风险。

6.2.3　应力腐蚀开裂与氢致损伤风险识别

1. 应力腐蚀开裂

应力腐蚀开裂是由腐蚀环境和应力共同作用引起的材料开裂，常常在没有任何预兆的情况下发生，对管道的正常运营造成巨大的破坏，甚至危及人身安全。

根据石油行业标准《钢质管道及储罐腐蚀评价标准 第 4 部分：钢质管道应力腐蚀开裂直接评价》(SY/T 0087.4—2016)，当管道同时满足以下条件时，可判定管道具有应力腐蚀开裂风险(包括近中性 pH 和高 pH 应力腐蚀)。

(1)运行压力下产生的应力超过规定最小屈服强度的 60%。

(2)管龄超过 10 年。

(3)非熔结环氧粉末或液体环氧的其他防腐层。

(4)现场未进行表面粗糙度处理涂覆的熔结环氧粉末或液体环氧防腐层类型。

管道在满足上述条件的同时，又满足下列条件时，可判定为易出现高 pH 土壤应力腐蚀开裂的管段。

(1)工作温度超过 38℃。

(2)该管段在泵站下游 32km 以内。

当管道发生过应力腐蚀开裂事故，并且满足以上条件之一的，为应力腐蚀开裂敏感区域。同时，管道受交变或波动应力作用引发的疲劳也会促进裂纹的萌生和扩展。

2. 氢致损伤

氢致损伤包括氢脆与氢致开裂。氢脆是由于氢进入金属导致的脆性断裂或韧性下降，氢脆会大幅度降低材料的服役寿命，在低于设计应力的条件下突然发生开裂失效，是金属材料最危险的破坏方式之一。材料本身缺陷、材料/环境中的氢浓度和应力是影响氢脆与氢致开裂的主要因素。

在成品油管道阴极保护和杂散电流干扰导致电位过负的地方，存在氢致损伤的风险。随着输电线路和地铁等基础设施的发展，成品油管道不可避免受到杂散电流干扰的影响，管道电位发生波动，使管道上的负向电位远低于管线钢阴极保护准则，进一步增加氢脆和氢致开裂风险。

另一方面，管材本身的氢脆敏感性由其微观组织和力学性能决定，强度和硬度增加，氢脆敏感性增加。管线钢的钢级越高，氢脆敏感性风险相对越高。相关阴极保护标准(GB/T 21448—2017)中指出，对于屈服强度高于 555MPa 的管线钢，其负向临界限制电位需要通过实验确定。此外，管道加工成型和敷设过程中，往往容易产生局部缺陷，例如，焊接接头的焊接组织缺陷；热煨弯管的外侧容易由于受热不均、应力集中等原因导致材料硬度升高，组织硬化，造成氢脆敏感性提高，氢致开裂风险增大。

3. 应力来源

受到管道施工敷设、运行状态、第三方外力及地层环境变化等因素的影响，管道往往处于较复杂的应力状态。在局部高应力的影响下，氢更容易富集，导致氢致损伤风险可能性增加。因此，应力是应力腐蚀开裂及氢致损伤风险评价时需要重点考虑的因素之一。

管道上的应力主要来源于以下几个方面。

(1)工作应力，主要是管道正常运行时因工作压力所承受的应力。

(2)残余应力，主要来自管道在制造阶段的残余应力(如弯头弯制过程残留的应力)，现场焊接施工时的残余应力，如焊接残余应力、死口连接等的残余应力。

(3)外部应力，来自第三方活动产生的应力(如第三方施工)，地层或土壤移动带来的应力(如滑坡、沉降等)，泥石流、洪水等自然外力带来应力等。

因此，管道上的弯头弯管、穿跨越和管道焊接死口等残余应力较高的部位，如果同时承受了较大的外部应力，如存在第三方损伤、滑坡等地灾或地质沉降，将大大加剧管道的应力腐蚀开裂与氢致损伤风险。

6.3 腐蚀风险评价

腐蚀风险评价通常采用定性、半定量、定量的分析方法或以上方法的组合。根据用途、可获得的可靠数据，以及决策需求的不同确定腐蚀风险评价宜采用的方法。定性腐蚀风险评价可给出定性的风险评价结果和风险等级。半定量腐蚀风险评价可采用量化的评价指标来表征腐蚀风险发生可能性和后果，确定腐蚀风险等级。定量腐蚀风险评价可给出相应风险发生的概率及其后果的量化结果，并计算出风险值。

6.3.1 定性方法

定性风险评价方法不需要建立相关的数学模型及复杂的算法，整个评价的过程比较简单，评价方法容易理解和接受，培训、使用的成本比较低，便于在实际工作中推广。但是这种方法评价的过程依赖评价人员的经验和主观判断，评价人员的经验、能力和专业知识对评价的结果影响较大。一般该方法主要适用于工艺流程、作业现场及故障模式比较简单的情况，对于需要量化风险的较为复杂的流程或系统不适用。在实际工作中，常常用于初期调查或初始阶段的腐蚀风险分析[2]。传统的定性风险评价方法主要有安全检查表、危险和可操作性分析等。定性法可以根据专家的评价结果提供高、中、低风险等级，但腐蚀失效的发生概率和失效后果均不能量化。

安全检查表(safety check list，SCL)是进行安全检查，发现潜在危险，督促各项安全法规、制度和标准实施的一个较为有效的工具。为了系统地发现设备、装置及各种操作管理和组织措施中的不安全因素，事先对检查对象加以剖析，查出不安全因素所在，然后根据理论知识、实践经验、标准、规范和事故报告等进行分析，确定检查的项目，以提问的方式将检查项目按系统顺序编制成表，以便进行检查。检查表的内容一般包括分类项目、检查内容及要求、检查以后处理意见和隐患整改日期等，每次检查后都应填写具体的检查情况，用“是”“否”作回答或以“√”“×”符号作标记，同时注明检查日期，并由检查人员和被检单位同时签字。

危险与可操作性分析(hazard and operability study，HAZOP)是一种系统化的定性分析潜在危害的评价方法。HAZOP 方法可以识别由于缺乏信息而引入的危害，或者由于管道操作变化对现有设施的危害。HAZOP 方法的目的是通过分析生产运行过程中工艺状态参数的变动、操作控制中可能出现的偏差及这些变动与偏差对系统的影响和可能导致的后果，找出出现变动和偏差的原因，识别出设备或系统内及生产过程中存在的潜在危险、危害因素和操作性问题，并针对变动与偏差的后果提出合理的保护措施，从而减少失效发生的概率及可能的后果。

6.3.2　半定量方法

半定量风险评价方法介于定性与定量两种风险评价方法中间，以定性风险评价的指标作为基础，对腐蚀失效发生概率、后果和影响程度依照其重要程度，每个指标分配一个权重，将腐蚀失效概率与基础数据进行组合，形成一个具有一定数据量又有决定性的风险指标。半定量腐蚀风险评价方法的使用成本远低于定量法，具有很强的可操作性，是目前使用最广泛的方法。

由于成品油管道所处环境复杂，引发管道失效的影响因素是多层次、多方面的。不同的半定量风险评价方法中对诱发管道失效的影响因素的考量有所不同，对识别风险因素的依据、影响因素种类和权重等设置均有所不同，采用不同的半定量风险评价方法对同一管道进行评价，可能得出不同的结果。因此，充分识别所评价管道的风险因素，根据管道特点选择符合决策需求的管道腐蚀风险评价方法，是成品油管道腐蚀风险评价的重要基础。

目前，国内外最具有代表性的半定量风险评价方法是肯特法，其中国内相关标准采用的是指标体系法，但这些方法均存在局限与不足，因此，华南公司总结前人经验，进行了新方法探索，下面将详细介绍这三种方法。

1. 肯特法

Muhlbauer[3]提出了管道风险指数评分法(肯特法)。评价时对影响风险的各因素作了独立性假定，并考虑到最坏状况，得分值具有主观性和相对性，认为管道失效的原因有第三方破坏、腐蚀、设计和误操作四大类，分别对这些因素进行分析评分，每方面的评分均为 0～100 分。结合管输介质的危险性和环境因素，评价泄漏影响系数，从而得出相对风险指数[式(6.3)～式(6.5)]：

$$相对风险比率=指数和/泄漏影响系数 \quad (6.3)$$

$$指数和=第三方破坏指数+腐蚀指数+设计指数+误操作指数 \quad (6.4)$$

$$泄漏影响系数=介质危害因子\times泄漏量因子\times扩散因子\times受害物因子 \quad (6.5)$$

肯特法的基本评价过程是获得长输管道各分段相对风险指数大小，各段管道的相对风险比率越大，管道的风险越小、越安全。相对风险比率是在分析各段管道的独立影响因素后求取指数和；再分析介质的危险性和影响系数，求取泄漏影响系数；最后求取指数和与泄漏影响系数的比得出相对风险比率。

肯特法将腐蚀风险分为大气腐蚀、管道内腐蚀和土壤环境腐蚀，权重占比分别为10%、20%和70%，评价者可确认并调整权重及分值。各类腐蚀所考虑因素及分值如表6.3所示。

表 6.3 肯特法所考虑的各类腐蚀因素及分值

大气腐蚀(10%)		管道内腐蚀(20%)		土壤腐蚀(70%)	
因素	建议的分值	因素	建议的分值	因素	建议的分值
大气暴露方式	0～5分	介质腐蚀性	0～10分	土壤腐蚀性	0～15分
大气类型	0～2分	管道内防护	0～10分	应力腐蚀影响	0～5分
防腐层	0～3分			阴极保护有效性	0～15分
				阴极保护干扰	0～10分
				防腐层质量	0～10分
				防腐层状况	0～15分
合计	0～10分	合计	0～20分	合计	0～70分

泄漏影响系数的基本构成如图6.4所示。

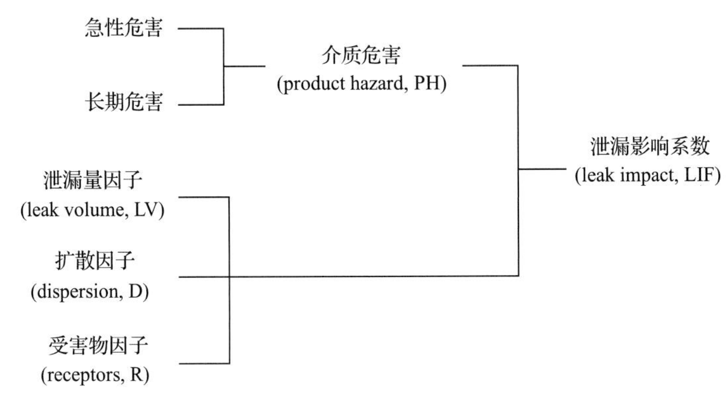

图 6.4 肯特法泄漏影响系数的基本构成

国内成品油管道所处环境特点与国外管道不同，管道面临高压直流干扰、地铁直流干扰等腐蚀风险，但是肯特法未充分考虑这方面因素。因此在应用肯特法时，应结合管道所面临的腐蚀风险，调整评价因素及其权重，以获得可充分反映管道所面临腐蚀风险的评价模型。

2. 指标体系法

《埋地钢制管道风险评估方法》(GB/T 27512—2011)中推荐做法如下：对于在役埋地钢质长输管道的失效可能性评分包括四部分，分别为第三方破坏得分 S_1、腐蚀得分 S_2、设备(装置)及人员操作得分 S_3 和本质安全质量得分 S_4。基础模型失效可能性得分 S 计算公式见式(6.6)：

$$S = 100 - (0.25S_1 + 0.25S_2 + 0.25S_3 + 0.25S_4) \tag{6.6}$$

当选用修正模型时，应针对所评价管道，结合当地的管道事故统计数据和设计、安装、使用、检验等方面的专家意见，在通用模型的基础上确定针对管道具体情况的修正模型，确定评分项和评分项的权重，并且进行归一化处理，保证第三方破坏、腐蚀、设备(装置)及人员操作和本质安全质量的权重均为 100，同时各个评分项的权重等于由其分解而得到的各个子评分项的权重之和。按照修正模型进行评分，分别确定第三方破坏得分 S_1、腐蚀得分 S_2、设备(装置)及人员操作得分 S_3 和本质安全质量得分 S_4。修正模型失效可能性得分 S 计算公式见式(6.7)：

$$S = 100 - (a_1S_1 + a_2S_2 + a_3S_3 + a_4S_4) \tag{6.7}$$

式中，a_1、a_2、a_3、a_4 分别为针对在用阶段的失效可能性评分修正模型中第三方破坏、腐蚀、设备(装置)及人员操作、本质安全质量的得分修正系数，$a_1+a_2+a_3+a_4=1$。

对于腐蚀得分，一般考虑大气腐蚀、管道内腐蚀和土壤腐蚀(GB/T 27512—2011)，权重占比分别为 10%、15%和 75%，评价者可确认并调整权重及分值。具体如表 6.4 所示。

表 6.4　大气腐蚀、内腐蚀和土壤腐蚀评分模型

<table>
<tr><th colspan="2">大气腐蚀</th><th colspan="2">管道内腐蚀</th><th colspan="3">土壤腐蚀</th></tr>
<tr><th>因素</th><th>分值</th><th>因素</th><th>分值</th><th colspan="2">因素</th><th>分值</th></tr>
<tr><td rowspan="3">埋地段大气腐蚀</td><td rowspan="3">0～10 分</td><td rowspan="3">介质腐蚀性</td><td rowspan="3">0～8 分</td><td rowspan="3">环境腐蚀性调查</td><td>土壤电阻率</td><td>0～6 分</td></tr>
<tr><td>直流杂散电流干扰及其排流措施</td><td>0～4 分</td></tr>
<tr><td>交流杂散电流干扰</td><td>0～2 分</td></tr>
<tr><td>跨越段大气腐蚀</td><td>0～10 分</td><td>内防腐措施和内检测</td><td>0～7 分</td><td colspan="2">防腐设计</td><td>0～8 分</td></tr>
<tr><td rowspan="3"></td><td rowspan="3"></td><td rowspan="3"></td><td rowspan="3"></td><td colspan="2">外防腐层</td><td>0～34 分</td></tr>
<tr><td colspan="2">阴极保护系统</td><td>0～20 分</td></tr>
<tr><td colspan="2">深根植被</td><td>0～1 分</td></tr>
<tr><td>合计</td><td>0～10 分</td><td>合计</td><td>0～15 分</td><td colspan="2">合计</td><td>0～75 分</td></tr>
</table>

失效后果评分模型，从介质的短期危害性、介质的最大泄漏量、介质的扩散性、人口密度、沿线环境、泄漏原因和供应中断对下游用户影响的七个方面对埋地成品油管道

失效后果进行半定量评分(GB/T 27512—2011)，具体如表 6.5 所示。

表 6.5 埋地钢质管道失效后果评分模型

介质的短期危害性	因素	介质燃烧性	介质反应性		介质毒性		合计
	分值	0～12 分	0～12 分		0～12 分		0～36 分
介质的最大泄漏量	因素	可能的最大泄漏量的估算	计算介质泄漏速度	估算泄漏的时间	估算泄漏量	调整泄漏量	合计
	分值	0～20 分	步骤一	步骤二	步骤三	步骤四	0～20 分
介质扩散性	因素	液体介质扩散性评分					合计
	分值	0～15 分					0～15 分
人口密度	因素	人口密度					合计
	分值	0～20 分					0～20 分
沿线环境(财产密度)	因素	沿线环境(财产密度)					合计
	分值	0～15 分					0～15 分
泄漏原因	因素	泄漏原因					合计
	分值	0～8 分					0～8 分
供应中断对下游用户影响	因素	抢修时间	供应中断的影响范围和程度		用户对管道所输送介质的依赖性		合计
	分值	0～9 分	0～15 分		0～12 分		0～36 分

通过式(6.8)计算最终风险值，将风险分为风险绝对等级与风险相对等级。

$$风险值=失效可能性得分\times失效后果得分 \tag{6.8}$$

风险绝对等级：将风险值从 0 至最大分值划分为预先给定的若干个区间，根据风险值所属的区间划分为低、中等、较高和高四种风险绝对等级。风险相对等级：将同一管道上的风险最小值至风险最大值划分为四个区间，根据风险值所属的区间划分为低、中等、较高和高四种风险相对等级。

3. 成品油管道半定量腐蚀风险评价方法探索

现有指标体系风险评价方法中对腐蚀风险的考虑尚不够全面。内腐蚀方面，多数只考虑了介质腐蚀性及内防腐措施，而对于管道所处地形地貌、管道内残留水、运行和停输时间等缺乏关注。外腐蚀方面，随着城市高速发展，成品油管道面临多重杂散电流干扰，尤其是在经济发达地区，城市轨道交通、高压输电线路等对管道的威胁日益突出，管道腐蚀风险加剧。现有指标体系法中多数对外腐蚀所分配的权重不够，不足以充分体现外腐蚀的重要性。此外，现有指标体系法对管道应力腐蚀开裂/氢致损伤腐蚀风险普遍关注不够。对于三类腐蚀风险，可考虑表 6.6 中的因素，并根据管道特点及所处环境，合理分配权重。

表 6.6　失效可能性需考虑因素

<table>
<tr><th colspan="2">外腐蚀</th><th colspan="2">内腐蚀</th><th colspan="2">应力腐蚀开裂/氢致损伤</th></tr>
<tr><th>因素</th><th>子因素</th><th>因素</th><th>子因素</th><th>因素</th><th>子因素</th></tr>
<tr><td rowspan="8">腐蚀环境</td><td>土壤电阻率</td><td rowspan="6">介质腐蚀性</td><td>水积聚</td><td rowspan="2">服役环境</td><td>土壤参数</td></tr>
<tr><td>管道自然腐蚀电位</td><td>固体颗粒沉积</td><td>电位参数</td></tr>
<tr><td>氧化还原电位</td><td>微生物</td><td rowspan="13">材料</td><td>母材</td></tr>
<tr><td>土壤 pH</td><td>CO_2</td><td>环焊缝接头</td></tr>
<tr><td>土壤质地</td><td>流速</td><td>弯管</td></tr>
<tr><td>土壤含水量</td><td>溶解氧</td><td>由于第三方受力损伤位置</td></tr>
<tr><td>土壤含盐量</td><td rowspan="2">异常运行工况</td><td>停输</td><td>B 型套筒焊接位置</td></tr>
<tr><td>土壤 Cl^-含量</td><td>输量降低</td><td rowspan="8"></td></tr>
<tr><td rowspan="4">阴极保护系统有效性</td><td>阴极保护电位</td><td rowspan="3">运维防护</td><td>清管</td></tr>
<tr><td>恒电位仪工作状态</td><td>防腐层</td></tr>
<tr><td>阳极状态</td><td>缓蚀剂</td></tr>
<tr><td>电绝缘设施状态</td><td rowspan="4"></td><td rowspan="4"></td></tr>
<tr><td rowspan="2">杂散电流干扰</td><td>直流杂散电流干扰</td></tr>
<tr><td>交流杂散电流干扰</td></tr>
<tr><td colspan="2">防腐层</td></tr>
</table>

腐蚀风险后果评价可参照 GB/T 27512—2011、GB/T 34346—2017 等标准中的推荐做法开展。

关于风险评价权重，传统的风险评价方法，如肯特法，对影响管道各因素权重的选取依赖专家的个人知识和经验，且为了提高适应性，往往选取整数值进行评分，对各失效因素发生的权重比多选取相同概率。其次，忽略了管道失效因素之间相互作用的情况。由于管道各因素发生的可能性具有一定的随机性，为了评价各因素的可能性需要通过历史数据及专家的判断，人为地赋予一定的权重，会造成各因素之间相互作用的主观性，且目前的评价方法均没有考虑各个因素之间的相互影响，易影响评价的客观性[4]。

因此，可采用层次分析法对各风险因素的作用关系进行量化分析，确定各因素的权重值，再按照公式进行计算，以降低人为因素的影响。层次分析法的基本思想是将评价系统中的各个风险因素分解成若干层次，并以同一层次中的各种要素进行两两比较判断，然后计算出各因素的权重。该方法可将人们主观的直觉、经验与客观的理性、规律及数学的逻辑推理更好地结合起来。

应用层次分析法确定评价指标权重的步骤如下。

1) 构造判断矩阵

应用层次分析法(analytical hierarchy process，AHP)确定因素集 $U=[u_i]$中各因素 u_i 在评判埋地钢质管道腐蚀防护系统等级时所占的权重大小 W_i，建立评价指标的权重向量 $\boldsymbol{W}=(W_1,W_2,W_3,W_4,W_5)$。首先需要对因素集 $U=[u_i]$中各因素进行两两比较，建立判断矩阵

$\boldsymbol{B}$，见式(6.9)：

$$\boldsymbol{B}=\left[b_{ij}\right]=\begin{bmatrix} b_{11} & \cdots & b_{15} \\ \vdots & \ddots & \vdots \\ b_{51} & \cdots & b_{55} \end{bmatrix},\qquad i,j=1,2,3,4,5 \tag{6.9}$$

判断矩阵的结构如表 6.7 所示。

表 6.7　构造的判断矩阵 $\boldsymbol{B}$

$\boldsymbol{B}$	u_1	u_2	u_3	u_4	u_5
u_1	b_{11}	b_{12}	b_{13}	b_{14}	b_{15}
u_2	b_{21}	b_{22}	b_{23}	b_{24}	b_{25}
u_3	b_{31}	b_{32}	b_{33}	b_{34}	b_{35}
u_4	b_{41}	b_{42}	b_{43}	b_{44}	b_{45}
u_5	b_{51}	b_{52}	b_{53}	b_{54}	b_{55}

判断矩阵 $\boldsymbol{B}=(b_{ij})_{5\times5}$ 具有下列性质，见式(6.10)：

$$b_{ij}>0,\quad b_{ij}=\frac{1}{b_{ji}},\quad b_{ii}=1,\qquad i,j=1,2,3,4,5 \tag{6.10}$$

式中，b_{ij} 为因素 u_i 与 u_j 相互之间重要性的比例标度，其值反映了因素集中各因素 u_i 之间的相对重要性，采用 1～9 比例标度对各因素 u_i 之间的相对重要性程度进行赋值，赋值原则如表 6.8 所示，其标度由专家根据实际检验结果判定两两因素之间的重要性并赋值。

表 6.8　判断矩阵标度及其含义

标度	含义
1	表示两个因素相比，具有同等重要性
3	表示两个因素相比，前者比后者稍微重要
5	表示两个因素相比，前者比后者明显重要
7	表示两个因素相比，前者比后者强烈重要
9	表示两个因素相比，前者比后者极端重要
2,4,6,8	表示上述相邻判断的中间值
倒数	因素 u_i、u_j 的重要性之比为 b_{ij}，因素 u_j、u_i 的重要性之比为 $b_{ji}=1/b_{ij}$

2) 计算权重值 W

采用方根法计算判断矩阵 $\boldsymbol{B}=(b_{ij})_{5\times5}$ 的最大特征根 $\lambda_{\max}$，$\lambda_{\max}$ 所对应的判断矩阵 $\boldsymbol{B}$ 的特征向量即为因素集 $U=[u_i]$中各因素 u_i 的权重值，其计算步骤如下。

计算判断矩阵 $\boldsymbol{B}=(b_{ij})_{5\times5}$ 每一行各元素的乘积 M_i，见式(6.11)：

$$M_i=\prod_{j=1}^{5}b_{ij} \tag{6.11}$$

计算乘积 M_i 的 5 次方根 $\overline{\boldsymbol{W}_i}$，见式(6.12)：

$$\overline{\boldsymbol{W}_i} = \sqrt[5]{M_i} \tag{6.12}$$

对向量 $\overline{\boldsymbol{W}} = \left(\overline{\boldsymbol{W}_i}\right) = \left(\overline{\boldsymbol{W}_1}, \overline{\boldsymbol{W}_2}, \overline{\boldsymbol{W}_3}, \overline{\boldsymbol{W}_4}, \overline{\boldsymbol{W}_5}\right)^{\mathrm{T}}$ 进行正规化，见式(6.13)：

$$\boldsymbol{W}_i = \frac{\overline{\boldsymbol{W}_i}}{\sum_{i=1}^{5} \overline{\boldsymbol{W}_i}} \tag{6.13}$$

所得 $\boldsymbol{W} = \left(\boldsymbol{W}_1, \boldsymbol{W}_2, \boldsymbol{W}_3, \boldsymbol{W}_4, \boldsymbol{W}_5\right)^{\mathrm{T}}$ 即为 $\lambda_{\max}$ 所对应的特征向量，亦即因素集 $U=[u_i]$ 中各因素 u_i 权重值。

计算判断矩阵 $\boldsymbol{B}=(b_{ij})_{5\times5}$ 的最大特征根 $\lambda_{\max}$，见式(6.14)：

$$\lambda_{\max} = \sum_{i=1}^{5} \frac{(\boldsymbol{BW})_i}{5W_i} \tag{6.14}$$

式中，$(\boldsymbol{BW})_i$ 为向量 $\boldsymbol{BW}$ 的第 i 个向量。

3) 一致性检验

计算出判断矩阵 $\boldsymbol{B}=(b_{ij})_{5\times5}$ 的最大特征根 $\lambda_{\max}$ 后，需要检验判断矩阵 $\boldsymbol{B}$ 的一致性是否满足要求，首先定义一致性指标 CI，见式(6.15)：

$$\mathrm{CI} = \frac{\lambda_{\max} - 5}{4} \tag{6.15}$$

将 CI 与平均随机一致性指标 RI(表 6.9)进行比较。

表 6.9　1～9 阶矩阵的平均随机一致性指标

	阶数								
	1	2	3	4	5	6	7	8	9
RI	0.00	0.00	0.58	0.90	1.12	1.24	1.32	1.41	1.45

然后，检验判断矩阵 $\boldsymbol{B}$ 的随机一致性比例 CR=CI/RI。若 CR＜0.10，判断矩阵 $\boldsymbol{B}$ 具有满意的一致性；否则，需要重新调整判断矩阵 $\boldsymbol{B}$ 中大的标度，即两两因素比较的值。

6.3.3　定量方法

定量风险评价法是一种定量失效频率的数学和统计学方法，是建立在对失效概率和失效后果的定量计算的基础上的。其预先给失效的发生概率和失效损失后果以明确的定义，并约定具有明确物理意义的单位，因此评价结果更为准确。通过对管道失效的各单一事件的综合考虑，计算最终失效发生概率及失效损失后果。定量法给管道运营者提供了对风险更大的洞察能力。定量风险评价需要建立在历史失效概率统计的基础之上，因此管线的失效信息数据对定量评价十分重要[5]。

成品油管道输送介质具有易燃、易爆的属性，一旦发生泄漏，不仅有害并且难以控制。一种泄漏可能带来不同的后果，后果分析则需要对每一种可能出现的后果进行计算。

液体泄漏着火一般影响的面积相对气体较小，但成品油具有挥发性，其蒸气应按照气体扩散模型进一步分析。气体泄漏分析的一个重要方面是计算蒸气云的密度，密度高于空气或低于空气，其扩散均具有较大的影响，需采用不同的扩散模式。常压液体泄漏后在地面形成液池，池内液体由于表面风的作用而缓慢蒸发。如果点燃则形成池火，火焰的热辐射会危及现场人员和设备的安全[6]。成品油泄漏事故分析模式如图 6.5 所示。

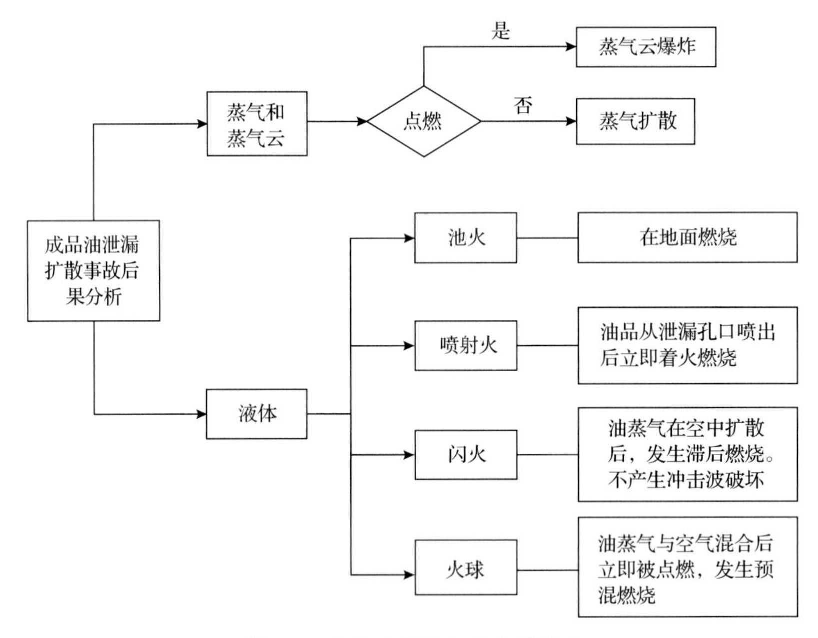

图 6.5　成品油泄漏事故分析模式

除此之外，成品油管道发生泄漏后，将对环境造成污染。其产生的有毒气体或蒸气进入大气后，将造成大气污染；成品油液体流入江河湖泊中、饮水源中，将造成水体污染，对水质和水中动植物产生有害影响；油品渗入到土壤中，尤其是农耕用地，将造成土壤污染。同时，油气燃烧产生的烟尘也会给环境带来污染。

1. 国外数据库失效概率及腐蚀失效占比统计

定量风险评价需要建立在对历史失效概率统计的基础上，同时，管道失效统计为管道风险因素识别、各风险因素影响权重的确定提供数据支撑。我国管道风险评价相关技术研究起步较晚，目前管道失效数据统计和积累不足，国外已经建立了较为成熟的失效数据库。美国运输部(Department of Transportation，DOT)对管道事故管理有严格要求，管道运营商和承包商必须按要求上报事故并将其录入管道失效数据库，每年由运输部下属的管道和危险物品安全管理局(Pipeline and Hazardous Materials Safety Administration，

PHMSA）对管道事故进行统计分析。加拿大国家能源局（National Energy Board，NEB）和能源管道协会（Canadian Energy Pipeline Association，CEPA）定期对油气管道事故进行统计分析和发布。欧洲输气管道事故数据组织（European Gas Pipeline Incident Data Group，EGIG）和欧洲清洁空气和水保护组织（Conservation of Clean Air and Water in Europe，CONCAWE）也定期对其所辖输气及输油管道泄漏事故进行统计并发布报告。

基于事故统计的油气管道某失效因素的基本失效概率可通过式（6.16）计算[4]：

$$R_l = \frac{a_l}{n}\sum_{j=1}^{n}\frac{N_j}{L_j} \tag{6.16}$$

式中，R_l为某失效因素 l 所对应的基本失效概率，次/（km·a）；N_j为第 j 年管道发生的事故数量；L_j为第 j 年的管道长度；a_l为失效因素 l 导致事故发生的数量占总事故数量的比例；n 为年数。

（1）美国 PHMSA 将事故原因分为腐蚀、挖掘破坏、误操作、材料/焊缝/装备失效、自然力破坏、其他外力破坏、其他原因共 7 类。2010～2019 年美国危险液体管道事故共发生 3997 起，材料/焊接/装备失效、腐蚀及误操作是主要原因，分别占比 52.7%、20.2% 和 14.8%，如图 6.6 所示。

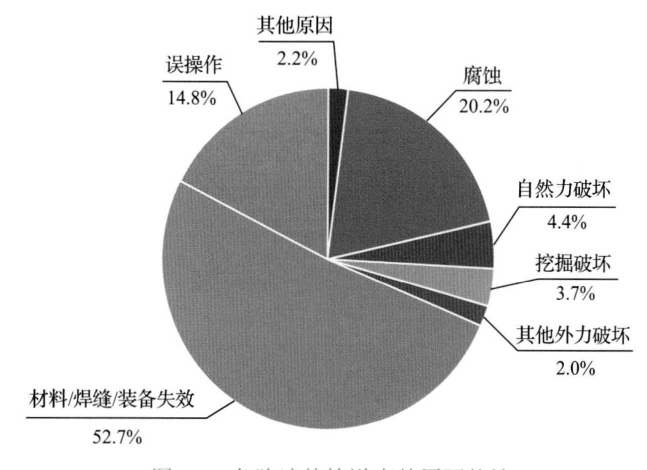

图 6.6　危险液体管道事故原因统计

（2）加拿大阿尔伯塔能源与公用事业委员会（Alberta Energy Regulator，AER）所管理的长输管道失效数据库显示，2018 年，AER 监管 929 家管道公司，其中绝大多数管道公司（72%）运营的管道总长不到 100km，小部分管道公司（2%）运营着 AER 监管的全部管道的总长一半以上。该数据库中所涉及的管道输送介质分为酸性气体、高蒸气压（HVP）产品、低蒸气压（LVP）产品、原油、油井、天然气、燃气、盐水、各种液体、各种气体和淡水等。其中，将成品油作为低蒸气压输送介质中的一种。经过统计，2015 年至 2018 年共发生 23 起低蒸气压管线失效事故，其中管道失效的最常见原因是设备故障（30.4%）、误操作（22.0%）、焊接/施工（17.4%）、内腐蚀（13.0%）和外腐蚀（8.7%），各因素占比如图 6.7 所示。

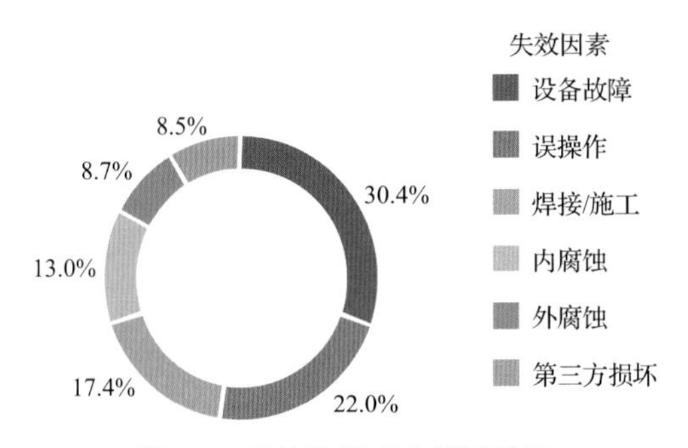

图 6.7 长输管道事故原因统计

2. 定量风险分析方法

定量风险分析方法是采用定量化的概率风险值，对系统的危险性进行度量的方法。

1) 国内标准的推荐做法

2017 年发布的 GB/T 34346—2017 规定了隐患等级划分的风险评估方法，该标准的附录 C 为失效可能性和失效后果的定量分析方法。

(1) 失效可能性分析。

油气管道失效可能性以失效概率表征，失效概率 POF 计算方法如式(6.17)和式(6.18)所示：

$$\mathrm{POF} = P_A F_M F_D \tag{6.17}$$

$$F_D = F_C V_C + F_L V_L + F_V V_V + F_P V_P + F_F V_F \tag{6.18}$$

式中，POF 为管道失效概率，次/(km·a)；P_A 为油气管道平均失效概率，次/(km·a)；F_M 为管理措施修正因子；F_D 为损伤修正因子；F_C 为腐蚀环境修正因子；V_C 为腐蚀环境修正因子的权重；F_L 为管道本体缺陷修正因子；V_L 为管道本体缺陷修正因子的权重；F_V 为第三方破坏修正因子；V_V 为第三方破坏修正因子的权重；F_P 为制管与施工修正因子；V_P 为制管与施工修正因子的权重；F_F 为疲劳修正因子；V_F 为疲劳修正因子的权重。

式(6.18)中各修正因子权重值 V_C、V_L、V_V、V_P、V_F 宜根据管道运营企业实际情况选取，但应满足 $V_C + V_L + V_V + V_P + V_F = 1$，情况未知时可均取 0.2。

GB/T 34346—2017 中推荐油气输送管道平均失效概率优先选择运营单位统计的历史失效数据。无法依据相关历史数据确定时可参考表 6.10 选取，并应依据国内长输油气管道的实际失效统计情况作适当修正。

表 6.10 输油管道平均失效概率

管道类别	管道特征/mm	平均失效概率 P_A/[次/(km·a)]
输油管道	管道公称直径≤200	1.0×10^{-3}
	200＜管道公称直径≤350	8.0×10^{-4}
	350＜管道公称直径≤550	1.2×10^{-4}
	550＜管道公称直径≤700	2.5×10^{-4}
	管道公称直径＞700	2.5×10^{-4}

注：以上数据来源于国际油气生产企业联合会(OGP)。

油气管道隐患失效概率的修正因子如表 6.11 所示。

表 6.11　管道隐患失效概率的修正因子(GB/T 34346—2017)

<table>
<tr><th colspan="2">修正因子</th><th colspan="2">子因子</th></tr>
<tr><td colspan="2" rowspan="6">管理措施修正因子 F_M</td><td colspan="2">埋深因子 F_{MB}</td></tr>
<tr><td colspan="2">地区等级因子 F_{MC}</td></tr>
<tr><td colspan="2">公众教育因子 F_{ME}</td></tr>
<tr><td colspan="2">地面标识因子 F_{MS}</td></tr>
<tr><td colspan="2">巡线频率因子 F_{MP}</td></tr>
<tr><td colspan="2">监测预警因子 F_{MM}</td></tr>
<tr><td rowspan="17">损伤修正因子 F_D</td><td rowspan="9">腐蚀环境修正因子 F_C</td><td rowspan="4">外腐蚀因子 F_E</td><td>土壤腐蚀性因子 F_{ES}</td></tr>
<tr><td>外防腐层整体状况因子 F_{ER}</td></tr>
<tr><td>阴极保护有效性因子 F_{EC}</td></tr>
<tr><td>杂散电流干扰因子 F_{EI}</td></tr>
<tr><td rowspan="2">内腐蚀因子 F_I</td><td>介质腐蚀性因子 F_{IC}</td></tr>
<tr><td>内腐蚀防护有效性因子 F_{IP}</td></tr>
<tr><td rowspan="3">应力腐蚀因子 F_S</td><td>土壤腐蚀性因子 F_{ES}</td></tr>
<tr><td>介质腐蚀性因子 F_{IC}</td></tr>
<tr><td>应力水平因子 F_{SC}</td></tr>
<tr><td>本体缺陷修正因子 F_L</td><td colspan="2"></td></tr>
<tr><td rowspan="4">第三方破坏修正因子 F_V</td><td colspan="2">打孔偷盗易发性因子 F_{VS}</td></tr>
<tr><td colspan="2">违章占压因子 F_{VO}</td></tr>
<tr><td colspan="2">恐怖活动因子 F_{VT}</td></tr>
<tr><td colspan="2">破坏防范措施有效性因子 F_{VP}</td></tr>
<tr><td rowspan="2">管制与施工修正因子 F_P</td><td colspan="2">制管质量因子 F_{PM}</td></tr>
<tr><td colspan="2">施工质量因子 F_{PW}</td></tr>
<tr><td>疲劳修正因子 F_F</td><td colspan="2"></td></tr>
</table>

(2) 失效后果分析。

管道失效后果的定量计算是根据失效场景建立数学模型，分析管道失效后发生的灾害类型和影响范围，估算其造成的损失情况。失效后果定量计算模型应考虑输送介质的物理化学特性、泄漏速率、点燃概率和灾害种类等因素。管道失效后果定量计算包括介质泄漏后泄漏速率和泄漏量计算、泄漏后介质的扩散计算、扩散介质引发的火灾爆炸计算及预估人员伤亡等，计算流程如图 6.8 所示。

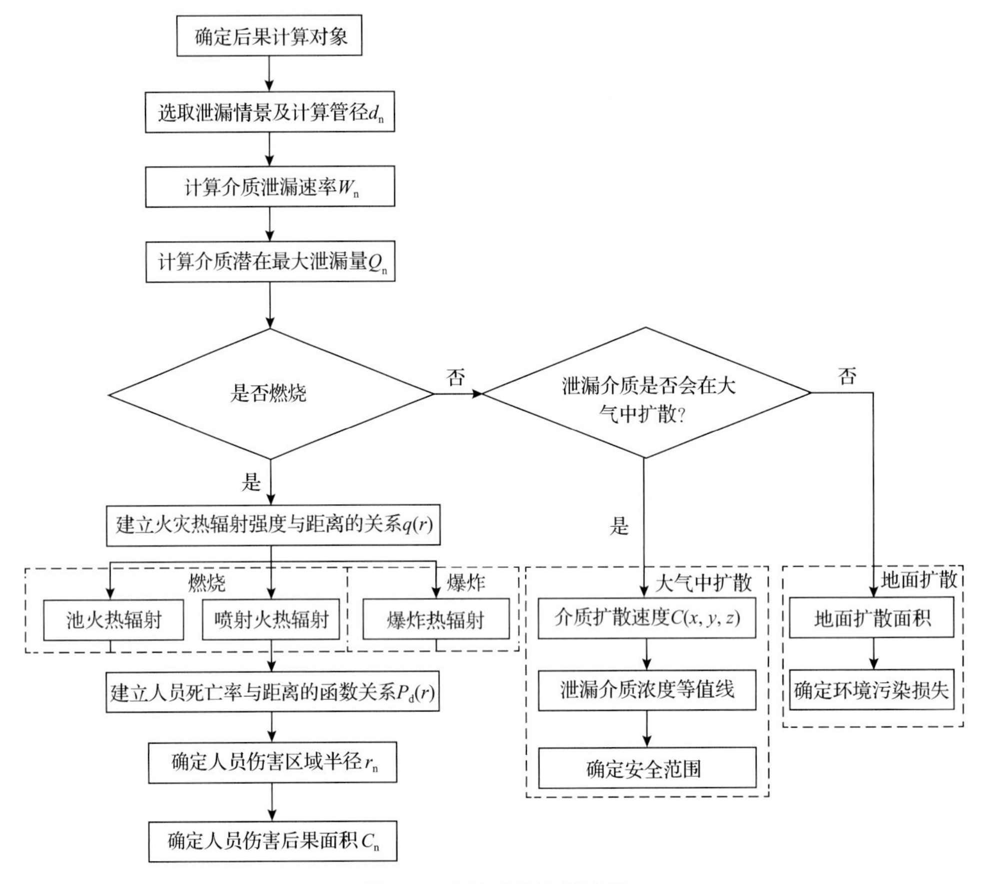

图 6.8 失效后果计算流程

2) 美国 API 标准推荐做法

美国石油协会(American Petroleum Institute，API)颁布了《基于风险的检测技术(Risk-based inspection methodology)》(API RP 581-2016)标准，充分利用历史失效数据，对于定量失效可能性的计算采用了通用失效概率法，按照统计学原理，对发达国家中多家石化企业压力容器的历史失效数据进行处理后，以表格的形式直接给出了压力容器的通用失效概率，再通过损伤机理、设备状况及管理水平等多种因素对其加以修正，最终得到修正后的失效概率，计算公式见式(6.19)：

$$P_f(t) = F_{gf} F_{MS} D_f(t) \tag{6.19}$$

式中，F_{gf}为同类失效频率；$D_f(t)$为破坏系数；F_{MS}为管理系统系数。

表 6.12 为推荐的部件同类失效频率。获得同类失效频率之后，需对其进行系数调整，以反映当前评价管道与行业数据的偏差。破坏系数应用于特定破坏机理和部件，而管理系统系数(F_{MS})适用于系统内的所有设备，破坏系数值大于 1.0，会使失效概率增大，反之，则会使失效概率减小。管理系统系数 F_{MS} 是反映管道管理系统对管道完整性影响的调整系数。该系数可表明管道完整性和过程安全管理方案的质量，通过影响管道风险的

设施或运行装置管理系统的评估结果推导得出，具体如表 6.13 所示。

表 6.12 推荐的部件同类失效频率

设备类型	类型部件	F_{gf} 作为孔洞尺寸的函数(失效次数/a)				F_{gf}合计/(失效次数/a)
		小	中	大	破裂	
管道	PIPE-1, PIPE-2	2.80×10^{-5}	0	0	2.60×10^{-6}	3.06×10^{-5}
	PIPE-4, PIPE-6	8.00×10^{-6}	2.00×10^{-5}	0	2.60×10^{-6}	3.06×10^{-5}
	PIPE-8, PIPE-10, PIPE-12, PIPE-16, PIPEGT16	8.00×10^{-6}	2.00×10^{-5}	2.00×10^{-6}	6.00×10^{-7}	3.06×10^{-5}

注：PIPE-1 为 1in 直径管子；PIPE-2 为 2in 直径管子；依次类推，PIPEGT16 为大于 16in 的直径管子。

表 6.13 管理系统评估

名称	问题	得分
领导和管理	6	70
工艺安全信息	10	80
工艺危害性分析	9	100
变更管理	6	80
操作程序	7	80
安全工作规范	7	85
培训	8	100
机械完整性	20	120
预启动安全审查	5	60
紧急响应	6	65
事件调查	9	75
承包商	5	45
审核	4	40
合计	101	1000

按式(6.20)将管理分数换算为百分数(0%～100%)之后，按式(6.21)将管理系统评估得分换算为对应的管理系统系数 F_{MS}：

$$p_{score} = \frac{S_{core}}{1000} \times 100\% \tag{6.20}$$

$$F_{MS} = 10^{-0.02 p_{score} + 1} \tag{6.21}$$

破坏系数 DF 涉及减薄、部件内衬破损、外部损坏、应力腐蚀开裂、高温氢蚀、机械疲劳、脆性断裂等破坏机理，当作用破坏机理不止一个时，需计算并结合各机理的破坏系数确定部件 DF 总数。

失效后果分析步骤如表 6.14 所示。

表 6.14 后果分析步骤

步骤	说明
1	确定泄放流体及其性质，包括泄放相
2	选取一组泄放孔尺寸，确定风险计算中可能的后果范围
3	计算理论泄放率
4	估算泄放有效流体的总量
5	确定泄放类型(连续或瞬时)，以确定扩散及后果建模的方法
6	预测探测和隔离系统对泄放量的影响
7	确定用于后果分析的泄放率和质量
8	计算可燃/爆炸性后果
9	计算毒性后果
10	计算非可燃、非毒性后果
11	确定最终概率加权的部件损坏和人员伤害后果面积
12	计算经济后果

6.3.4 腐蚀风险排序及等级判定

1. 腐蚀风险排序

腐蚀风险排序的第一步通常是按整个风险的递减顺序，对每一具体管段的腐蚀风险结果进行分类。同样也可根据失效后果和失效概率的递减进行排序。在判断何处需进行完整性评价和/或采取风险减缓措施时，应优先考虑风险级别最高的管段。为进行初步评价和筛选，风险结果可简单地按“高—中—低”或一个数值进行评价。当管段具有相同的风险值时，应分别考虑失效概率和后果。若某一管段综合风险较低，但单一危害因素风险、失效可能性或失效后果非常高时，亦应充分考虑赋予其较高的优先级。系统输量要求等因素也会影响优先级的排列。

2. 风险等级判定

风险等级的判定方法有风险矩阵法、风险系数法和概率分析法。

1) 风险矩阵法

风险矩阵是一种常用的表示相对风险的方法。受到数据收集不完善或技术上无法精确估算等限制，在量化风险时，存在着很大的不确定性，因此，以相对风险来表示是一种较适用的方法。风险矩阵将决定风险的两大变量(失效可能性与后果)采用相对的方法，分成数个不同的等级。纵坐标代表失效可能性，横坐标代表失效后果。使用者负责确定失效可能性和后果分级的依据。在矩阵中呈现的风险评价结果，是在没有数值的情况下展示风险分布的一种有效方式。在风险矩阵中，对失效可能性和后果分类进行排列，以便风险最高的部分朝向右上角。风险矩阵可以是不平衡风险矩阵(图 6.9)，也可以是平衡风险矩阵(图 6.10)。

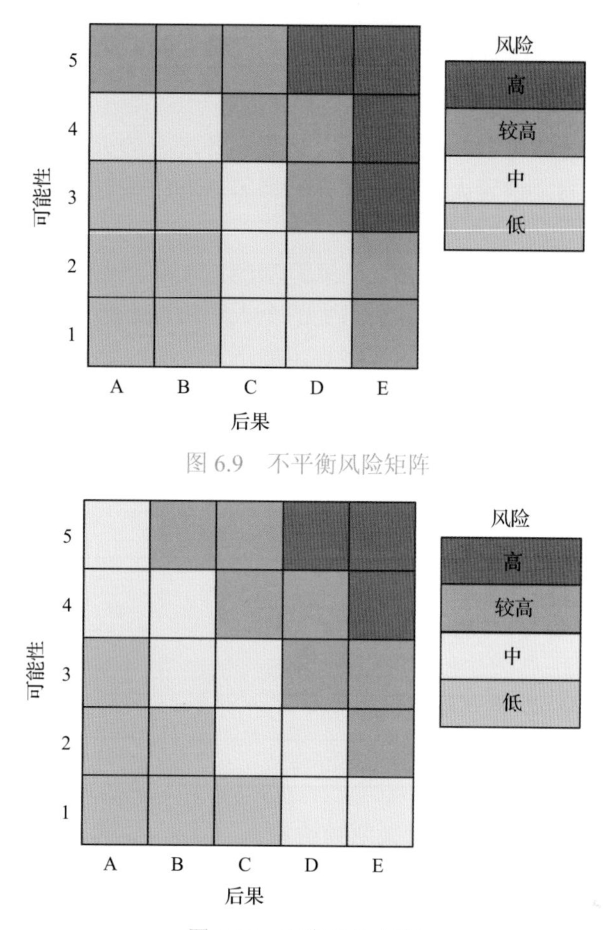

图 6.9　不平衡风险矩阵

图 6.10　平衡风险矩阵

2) 风险系数法

对于半定量风险评价指标体系法(具体方法参见 6.3.2 节)，失效可能性分值与失效后果分值通过数学方法计算，得到最终风险值，该值体现为数值形式。可根据数值范围将管道风险分为绝对风险等级或相对风险等级。绝对风险等级及相对风险等级的高低可用于指导管道企业资源投入的优先序列。

3) 概率分析法

在工业企业的风险评价过程中，通常考虑三个方面的风险，即人员风险、环境风险和财产风险。定量风险评价(具体方法参见 6.3.3)的核心是评价相应区域内的人员风险[7]，包括个人风险和社会风险。个人风险是假定一个人在没有采取保护措施的情况下死于意外事故的概率，表现形式是个人风险等值线。社会风险是描述事故发生的概率与事故造成人员死亡数量的相互关系，它与相应区域内的人口分布密切相关，表现形式是社会风险曲线。

3. 风险可接受准则

概率分析法中人员风险的可接受准则应考虑国家法律法规和标准的相关要求及降低

风险的成本，同时参照国内外同行业或其他行业已确立的风险可接受准则。

1)个人风险基准

个人风险是指因危险化学品生产、储存装置各种潜在的火灾、爆炸或有毒气体泄漏事故造成区域内某一固定位置人员的个体死亡概率，即单位时间内(通常为一年)的个体死亡率。

在《危险化学品生产装置和储存设施风险基准》(GB 36894—2018)中规定危险化学品生产装置和存储设施周边防护目标所承受的个人风险应不超过表6.15中的个人风险基准的要求。其中，对各类防护目标的详细规定如下。

表6.15 个人风险基准

防护目标	个人风险基准/(次/a)	
	危险化学品新建、改建、扩建生产装置和储存设施	危险化学品在役生产装置和储存设施
高敏感防护目标	$\leqslant 3\times10^{-7}$	$\leqslant 3\times10^{-6}$
重要防护目标		
一般防护目标中的一类防护目标		
一般防护目标中的二类防护目标	$\leqslant 3\times10^{-6}$	$\leqslant 1\times10^{-5}$
一般防护目标中的三类防护目标	$\leqslant 1\times10^{-5}$	$\leqslant 3\times10^{-5}$

(1)高敏感防护目标包括下列设施或场所。

①文化设施，包括综合文化活动中心、文化馆、青少年宫、儿童活动中心、老年活动中心等设施。

②教育设施，包括高等院校、中等专业学校、体育训练基地、中学、小学、幼儿园、业余学校、民营培训机构及其附属设施，其中包括为学校配建的独立地段的学生生活场所。

③医疗卫生场所，包括医疗、保健、卫生、防疫、康复和急救场所，不包括居住小区及小区级别以下的卫生服务设施。

④社会福利设施，包括福利院、养老院、孤儿院等为社会提供福利和慈善服务的设施及其附属设施。

⑤其他在事故场景下自我保护能力相对较低群体聚集的场所。

(2)重要防护目标包括下列设施或场所。

①公共图书展览设施，包括公共图书馆、博物馆、档案馆、科技馆、纪念馆、美术馆、展览馆、会展中心等设施。

②文物保护单位。

③宗教场所，包括专门用于宗教活动的庙宇、寺院、道观、教堂等场所。

④城市轨道交通设施，包括独立地段的城市轨道交通地面以上部分的线路、站点。

⑤军事、安保设施，包括专门用于军事目的的设施，监狱、拘留所设施。

⑥外事场所，包括外国政府及国际组织驻华使领馆、办事处等。

⑦其他具有保护价值的或事故场景下人员不便撤离的场所。

(3)一般防护目标根据其规模分为一类防护目标、二类防护目标和三类防护目标。一般防护目标的分类规定参见表 6.16。

表 6.16　一般防护目标的分类

防护目标类型	一类防护目标	二类防护目标	三类防护目标
住宅及相应服务设施：住宅包括农村居民点、低层住区、中层和高层住宅建筑等；相应服务设施包括居住小区及小区级别以下的幼托、文化、体育、商业、卫生服务、养老助残设施，不包括中小学	居住户数 30 户以上，或居住人数 100 人以上	居住户数 10 户以上 30 户以下，或居住人数 30 人以上、100 人以下	居住户数 10 户以下或居住人数 30 人以下
行政办公设施：包括党政机关、社会团体、科研、事业单位等办公楼及其相关设施	县级以上党政机关以及其他办公人数 100 人以上的行政办公建筑	办公人数 100 人以下的行政办公建筑	
体育场馆：不包括学校等机构专用的体育设施	总建筑面积 5000m^2 以上	总建筑面积 5000m^2 以下	
商业、餐饮业等综合性商业服务建筑：包括以零售功能为主的商铺、商场、超市、市场类商业建筑或场所，以批发功能为主的农贸市场；饭店、餐厅、酒吧等餐饮业场所或建筑	总建筑面积 5000m^2 以上的，或高峰时 300 人以上的露天场所	总建筑面积 1500m^2 以上 5000m^2 以下的建筑，或高峰时 100 人以上、300 人以下的露天场所	总建筑面积 1500m^2 以下的建筑，或高峰时 100 人以下的露天场所
旅馆住宿业建筑：包括宾馆、旅馆、招待所、服务型公寓、度假村等建筑	床位数 100 张以上	床位数 100 张以下	
金融保险、艺术传媒、技术服务等综合性商务办公建筑	总建筑面积 5000m^2 以上	总建筑面积 1500m^2 以上、5000m^2 以下	总建筑面积 1500m^2 以下
娱乐、康体类建筑或场所：剧院、音乐厅、电影院、歌舞厅、网吧及大型游乐等娱乐场所建筑，赛马场、高尔夫、溜冰场、跳伞场、摩托车场、射击场等康体场所	总建筑面积 3000m^2 以上的建筑，或高峰时 100 人以上的露天场所	总建筑面积 3000m^2 以下的建筑，或高峰时 100 人以下的露天场所	
公共设施营业网点		其他公用设施营业网点：包括电信、邮政、供水、燃气、供电、供热等其他公用设施营业网点	加油加气站营业网点
其他非危险化学品工业企业		企业中当班人数 100 人以上的建筑	企业中当班人数 100 人以下的建筑
交通枢纽设施：铁路客运站、公路长途客运站、港口客运码头、机场、交通服务设施(不包括交通指挥中心、交通队)等	旅客最高聚集人数 100 人以上	旅客最高聚集人数 100 人以下	
城镇公园广场	总占地面积 5000m^2 以上	总占地面积 1500m^2 以上、5000m^2 以下	总占地面积 1500m^2 以下

注：①低层建筑(一层至三层住宅)为主的农村居民点、低层住区以整体为单元进行规模核算；中层(四层至六层住宅)及以上建筑以单栋建筑为单元进行规模核算；其他防护目标未单独说明的，以独立建筑为目标进行分类。②人员数量核算时，居住户数和居住人数按照常住人口核算，企业人员数量按照最大当班人数核算。③具有兼容性的综合建筑按其主要类型进行分类，若综合楼使用的主要性质难以确定时，按底层使用的主要性质进行归类。④表中"以上"包括本数，"以下"不包括本数。

国家安全生产监督管理总局(现为应急管理部)于 2014 年颁布了第 13 号公告《危险化学品生产、储存装置个人可接受风险标准和社会可接受风险标准(试行)》，用于确定陆上危险化学品企业新建、改建、扩建和在役生产、储存装置的外部安全防护距离。其中规定了我国个人可接受风险标准，如表 6.17 所示。

表 6.17 我国个人可接受风险标准值表

防护目标	个人可接受风险标准(概率值)	
	新建装置(每年)	在役装置(每年)
低密度人员场所(人数<30)：单个或少量暴露人员	$\leqslant 1\times10^{-5}$	$\leqslant 3\times10^{-5}$
居住类高密度场所(30≤人数<100)：居民区、宾馆、度假村等 公众聚集类高密度场所(30≤人数<100)：办公场所、商场、饭店、娱乐场所等	$\leqslant 3\times10^{-6}$	$\leqslant 1\times10^{-5}$
高敏感场所：学校、医院、幼儿园、养老院、监狱等 重要目标：军事禁区、军事管理区、文物保护单位等 特殊高密度场所(人数≥100)：大型体育场、交通枢纽、露天市场、居住区、宾馆、度假村、办公场所、商场、饭店、娱乐场所等	$\leqslant 3\times10^{-7}$	$\leqslant 3\times10^{-6}$

管道运营企业可通过最低合理可行原则(ALARP)来确定是否需要采取风险降低措施。ALARP 原则是风险管理评价的重要指标之一[8]。任何工业系统都会存在不同程度的风险，绝对安全的系统是不存在的，管道系统同样如此，即使通过预防措施也不可能彻底消除风险。因此在一定程度上允许风险的存在，有时当系统的风险水平超低时，再进一步采取措施降低风险就会变得十分困难。由于措施难度增加会导致所花费的成本上升，即采取安全防范措施投资的边际效益呈现递减趋势。所以，需要在管道系统的成本和风险可接受水平之间寻求一个最优的平衡点，从而总结出了 ALARP 原则。

风险评价的 ALARP 原则包括以下内容：若风险评价值在不可接受区，则必须采取强制性的风险消减措施；若在可容忍风险区，则需要在可能的情况下尽量减少风险，即对各种风险处理措施方案进行成本效益分析等，以决定是否采取这些措施；在可接受风险区，风险处于很低的水平，可不采用风险减小措施。ALARP 原则包含两个风险分界线，分别是可接受风险水平线和可忽略风险水平线。

我国 GB/T 34346—2017 中个体风险可接受准则采取 ALARP 原则，可接受风险上限和下限分别为 1×10^{-3} 和 1×10^{-5}，如图 6.11 所示。

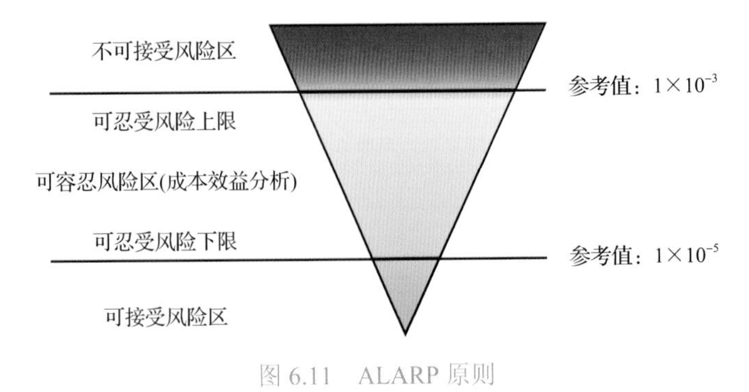

图 6.11 ALARP 原则

2) 社会风险基准

社会风险是对个人风险的补充，指在个人风险确定的基础上，考虑危险源周边区域的人口密度，以免发生群死群伤事故的概率超过社会公众的可接受范围。通常用累计频率和死亡人数之间的关系曲线(*F-N* 曲线)表示。

GB 36894—2018 中通过两条风险分界线将社会风险划分为 3 个区域，即不可接受区、尽可能降低区和可接受区，具体分界线位置如图 6.12 所示。

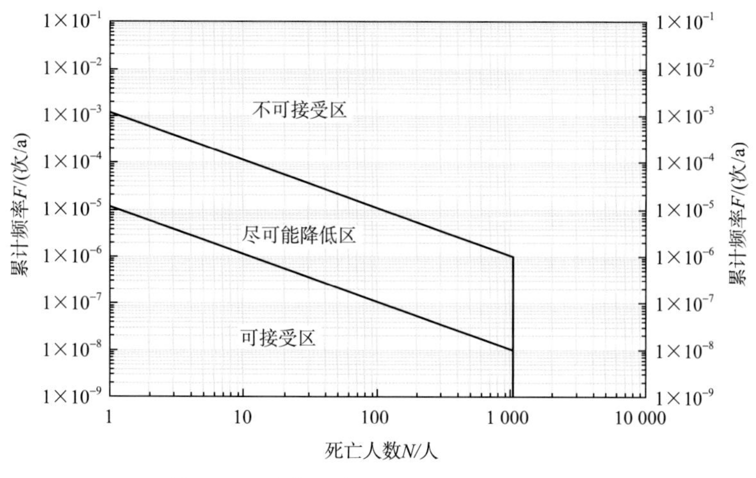

图 6.12　社会风险基准(GB 36894—2018)

(1)若社会风险曲线进入不可接受区，则应立即采取安全改进措施降低社会风险。

(2)若社会风险曲线进入尽可能降低区，应在可实现的范围内，尽可能采取安全改进措施降低社会风险。

(3)若社会风险曲线全部落在可接受区，则该风险可接受。

6.3.5　风险消减措施

从降低失效可能性和降低失效后果两方面出发，根据风险排序及风险等级判定结果，制定不同优先级别的风险消减方案，并对风险消减措施的有效性进行分析。结合失效可能性和失效后果分析结果，可采取以下一种或多种风险消减措施。

1)定期检测

按风险评价结果和完整性评价结果确定的内、外检测周期，按时进行内、外检测及定期检验。

2)缺陷修复

根据 GB 32167—2015 等标准规范要求确定不同类型缺陷的修复方法，及时修复检测发现的管道本体缺陷，修复方法参见第 9 章。

3)外腐蚀风险控制

(1)阴极保护系统管理。周期性地对管道阴极保护效果进行检测与评价，对阴极保护效果不达标的管段及时采取措施，确保全线管道的阴极保护的有效性。按时检查阴极保护设施的完好性及运行状态，及时排除阴极保护设备和系统故障，保证阴极保护系统正常运行。

(2)杂散电流干扰与治理。周期性地对管道交直流杂散电流干扰进行调查、测试与分析，对于普查发现存在地铁、高铁或高压输电系统干扰的管段，进行长时间干扰测试，并对交直流干扰超标的管段采取缓解措施。根据杂散电流干扰的类型、强度和干扰源，考虑采取加装排流阴极保护站、接地地床、牺牲阳极或埋设屏蔽线等方式，降低或消除杂散电流对管道阴极保护的影响。对于同时存在交、直流干扰的管道，要特别关注外腐蚀问题，需根据交流电压、极化电位及实测的交流电流密度、直流电流密度采取缓解措施。

(3) 防腐层检测与修复。定期进行防腐层完好性检测，并结合内外检测结果，判断可能导致阴极保护屏蔽的防腐层剥离风险。根据腐蚀风险评价结果，优先在外腐蚀及应力腐蚀开裂风险较高的管段，进行管道防腐层修复。

4) 内腐蚀风险控制

对于存在内腐蚀风险的管段，分析内腐蚀发生的原因，根据内腐蚀类型，采取相应的缓解措施。可采取的内腐蚀缓解措施包括但不限于以下几个方面。

(1) 加注合适的缓蚀剂或杀菌剂。

(2) 使用清管器定期清管，以清除可能的沉积物和积水。

(3) 保持适当的流速以减少水分和沉积物积聚。

(4) 冲洗盲管段或阀体。

(5) 减少氧的引入、微生物引入和不规范的操作。

5) 应力腐蚀开裂与氢致损伤风险控制措施

目前，国内暂时未发现应力腐蚀开裂的明确案例。对于可能存在应力腐蚀开裂与氢致损伤风险的管段可采取下列风险减缓措施。

(1) 持续监测管道沿线阴极保护和干扰情况，采取合适的电位控制和干扰缓解措施，避免电位区间超出安全范围。

(2) 定期开展裂纹检测，针对存在裂纹的区域应尽早修复。

(3) 定期开展防腐层缺陷检测和修复。

6) 降低意外泄漏的后果

可以采取下列措施降低泄漏后果。

(1) 缩短发现泄漏和找出泄漏点的时间。可安装泄漏监测系统，建立管道运行压力监控及异常变化上报、分析机制，明确压力异常变化判断及处置准则，及时发现并有效处置管道泄漏事故。

(2) 减少泄漏量。在合适的位置安装截断阀或止回阀以使泄漏最小化，可以使用诸如远程控制的自动阀门或止回阀等应急限流阀来进一步限制重力排空量。

(3) 缩短应急反应时间。应制定应急预案，并定期进行应急响应演练，以培训应急处置人员、测试抢修设备并改进应急响应流程。应通知政府主管部门、消防机构等外部机构并将其纳入应急演练。

(4) 降低压力。可采用降低运行压力的方法减缓与环向应力相关的管道完整性危害及风险(如腐蚀引起的金属损失、应力腐蚀开裂等)。当管道运营单位不能满足修复或再次评价的期限要求时，可根据需要选择永久或暂时降低压力的措施。

6.4　成品油管道腐蚀风险评价案例

2018 年，华南某段成品油管道开展了腐蚀风险评价。由于该管道的内、外检测和开挖结果中，均未发现应力腐蚀风险，因此，本节列举的案例，主要介绍外腐蚀和内腐蚀的风险评价[9]。

6.4.1 外腐蚀风险评价

1. 外腐蚀风险因素识别

通过对管道的基础数据、内检测数据、外检测数据、开挖数据、运行维护数据和失效数据等相关数据进行分析，应用故障树法，从管道敷设环境腐蚀性、阴极保护系统有效性、防腐层完整性和杂散电流干扰等方面对外腐蚀风险因素进行了识别和分析，如图 6.13 所示。

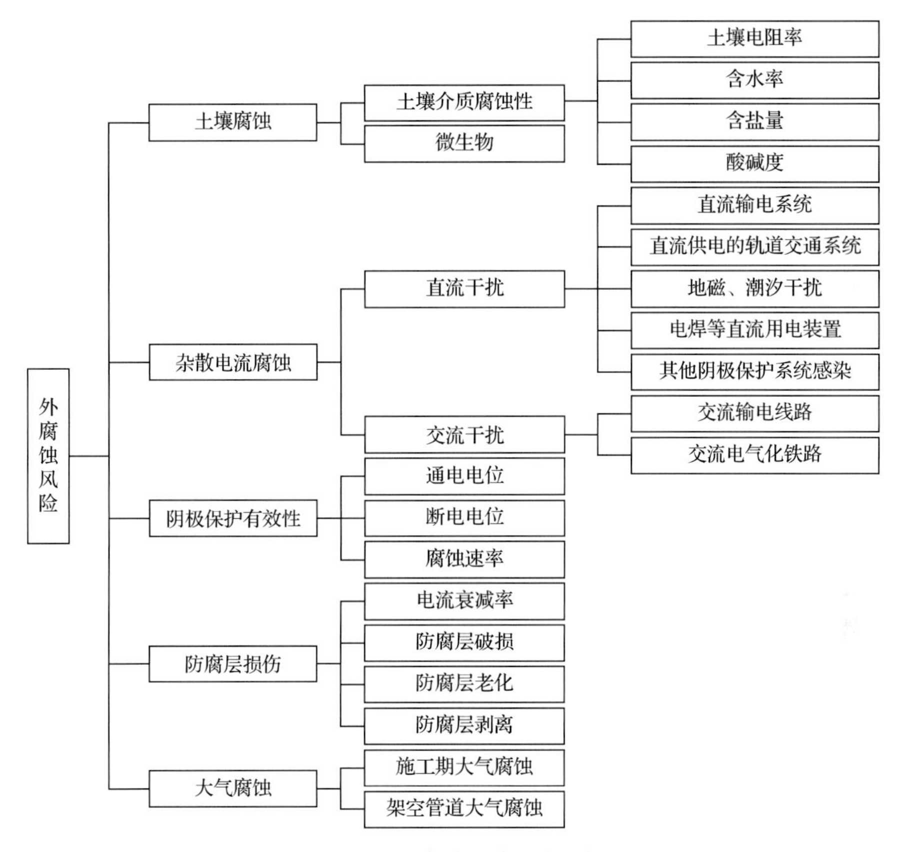

图 6.13 外腐蚀风险因素分析

2. 管段划分

按照 GB 32167—2015、GB/T 27512—2011 及其他相关标准的规定，根据管道的属性和管道周边环境对管道进行管段划分。主要考虑管道沿线人口密度、穿跨越、占压、高程变化和高后果区，以及沿线杂散电流状况、阴极保护状况和防腐层状况等因素进行分段。该段成品油管道长度为 5.09km，共划分为 22 段。

3. 外腐蚀影响因素权重设置

外腐蚀影响因素的权重通过对各影响因素进行分析，基于层次分析法，计算得出该管段的外腐蚀影响因素的权重，权重设置如表 6.18 所示。

表 6.18　深圳市某成品油管段外腐蚀失效可能性评价影响因素权重

腐蚀环境	阴极保护有效性	防腐层完整性	杂散电流干扰情况	
			直流	交流
0.05	0.35	0.10	0.25	0.25

4. 外腐蚀失效可能性评价

管道外腐蚀可能性评价，主要包含基于腐蚀环境、阴极保护系统有效性、防腐层完整性和杂散电流干扰四个方面，并应着重考虑因穿跨越等特殊情况而导致的外腐蚀可能性增加。

将外检测的相关数据和内检测中检出的外部金属损失缺陷数据关联起来，并着重考虑腐蚀环境、阴极保护有效性、防腐层完整性和杂散电流干扰情况等外腐蚀影响因素，进行整合与对齐分析，如图 6.14～图 6.17 所示。将本管段计算得出的外腐蚀综合失效可能性划分为五级(低、较低、中、较高、高)，结果如下：45.139～48.474km 和 50.032～50.233km 为低失效可能性，48.474～48.538km 和 49.542～50.032km 为较低失效可能性，48.538～48.603km 和 49.053～49.542km 为中失效可能性，48.603～49.053km 为较高失效可能性。

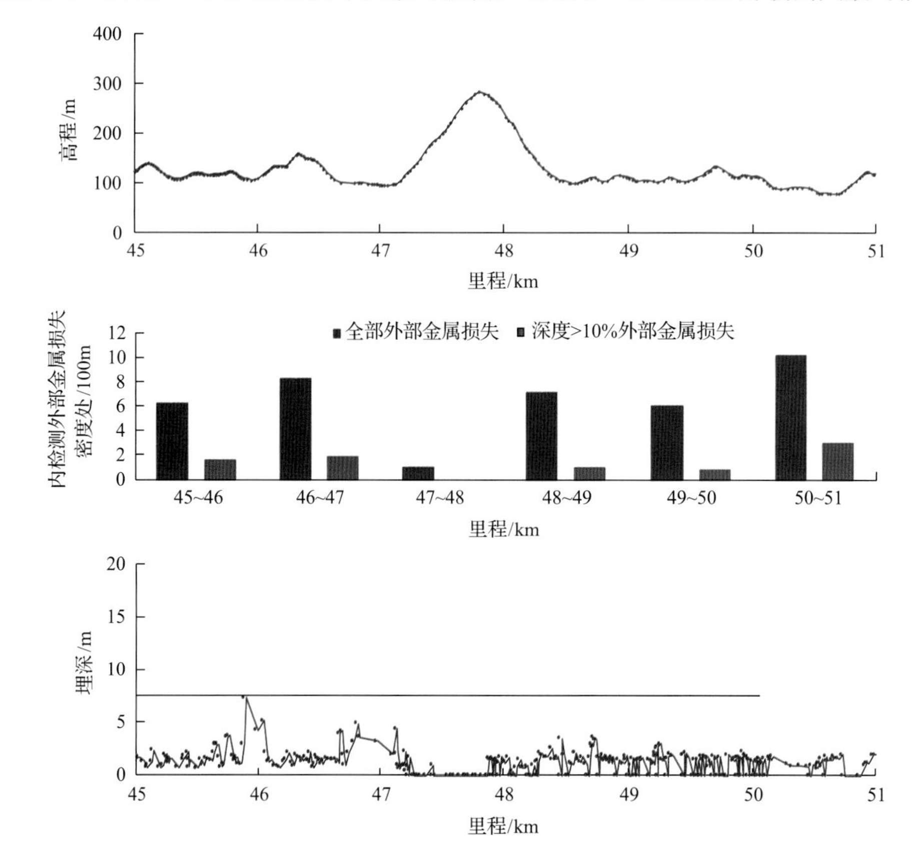

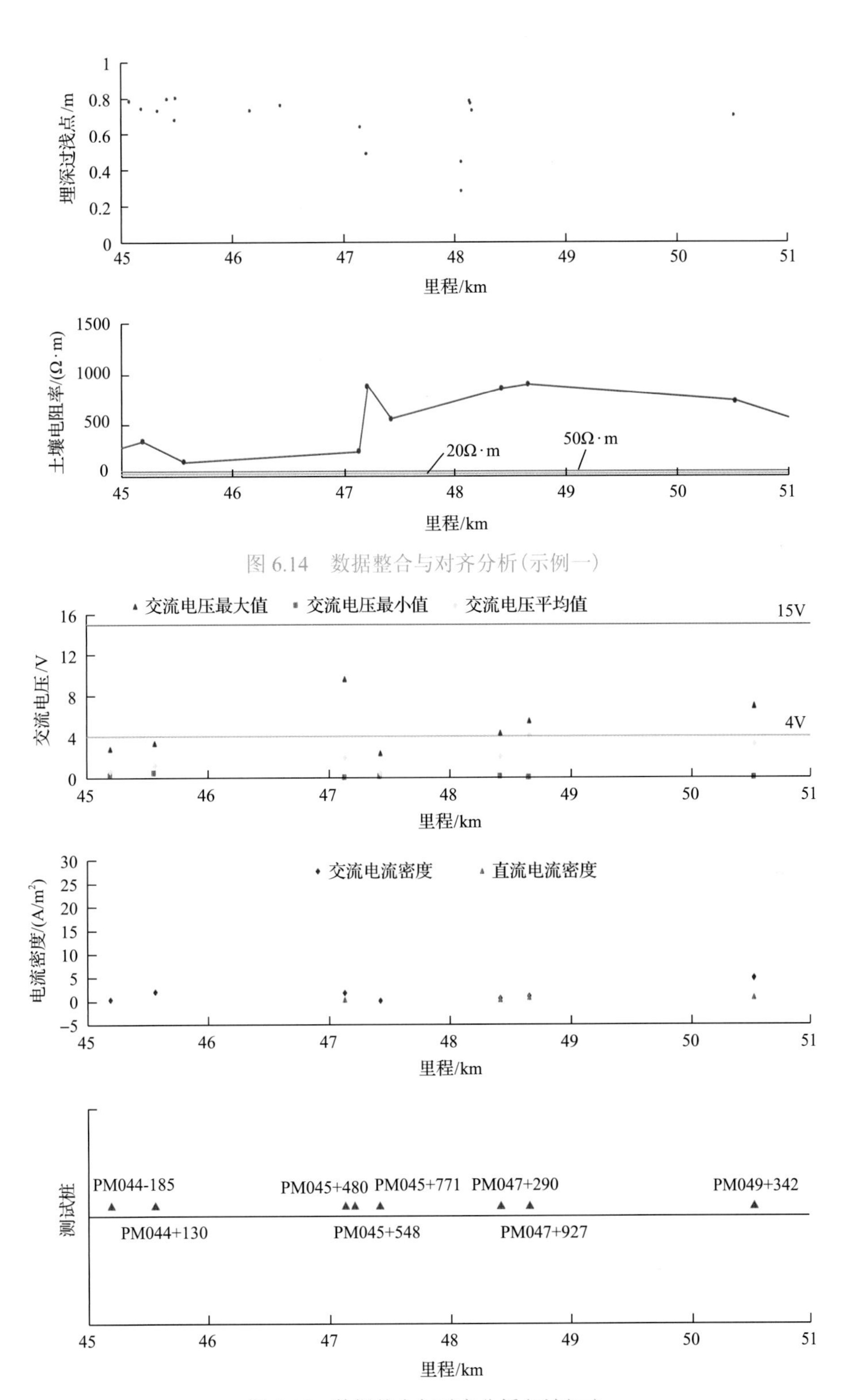

图 6.14　数据整合与对齐分析(示例一)

图 6.15　数据整合与对齐分析(示例二)

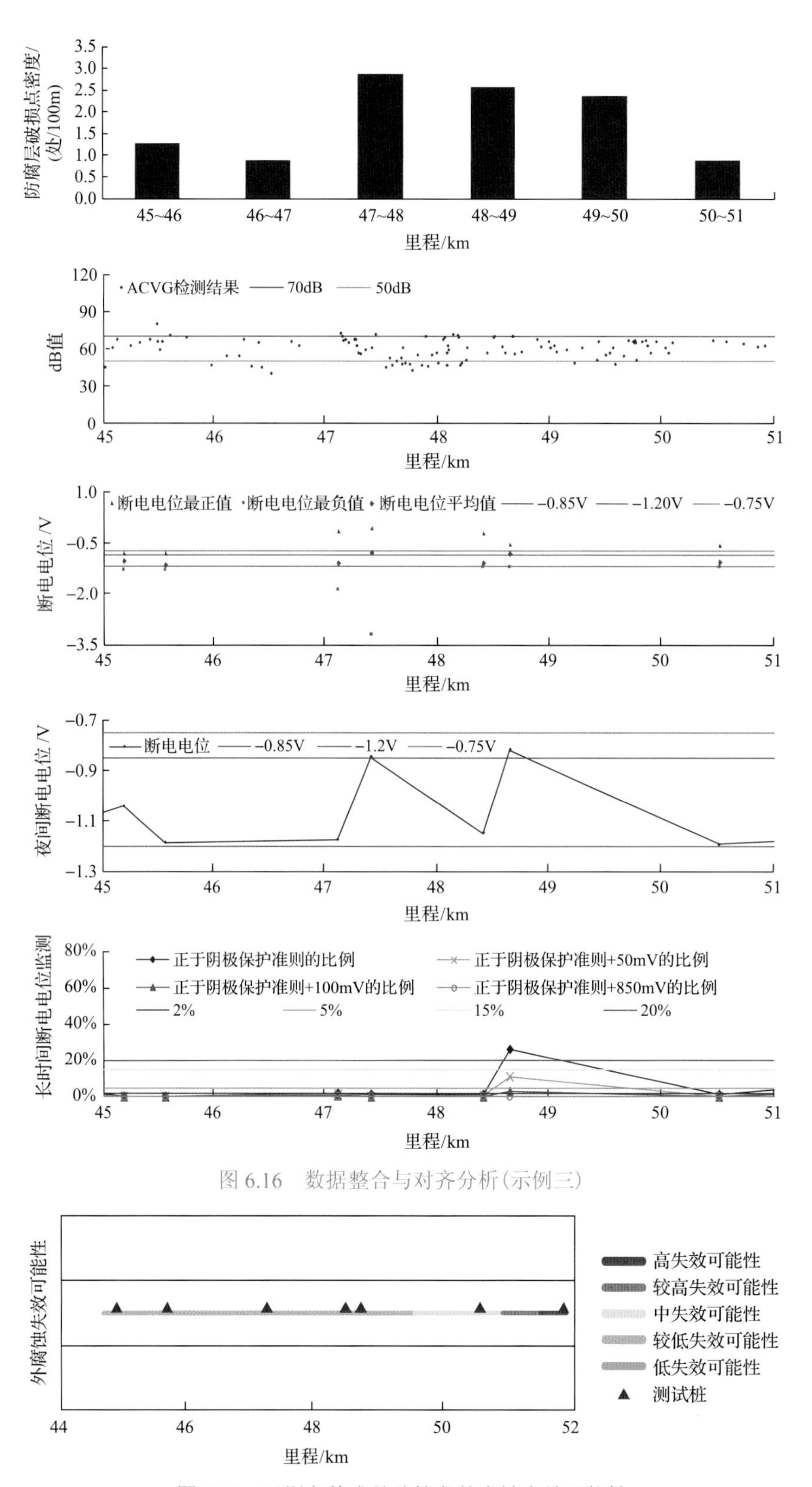

图 6.16 数据整合与对齐分析(示例三)

图 6.17 深圳市某成品油管段外腐蚀失效可能性

结合历史开挖验证已确认的外腐蚀状况，对于通过开挖验证已确认存在有外腐蚀状况的区段提高其外腐蚀失效可能性级别，故调整后的失效可能性级别分布如下：45.139～47.362km 为低失效可能性，47.362～48.474km 和 50.032～50.233km 为较低失效可能性，48.474～48.538km 和 49.542～50.032km 为中失效可能性，48.538～48.603km 和 49.053～49.542km 为较高失效可能性，48.603～49.053km 为高失效可能性，如图 6.17 所示。

5. 外腐蚀失效后果评价

参照 GB/T 27512—2011 中的做法，后果指标分从介质的短期危害性、介质的最大泄漏量、介质的扩散性、人口密度、沿线环境、泄漏原因和供应中断对下游用户影响七个方面确定。失效后果为每个方面的得分之和，共计 150 分。失效后果评分结果如表 6.19 所示。

表 6.19　华南某成品油管段后果评价结果

数量	是否为高后果区	起点里程/m	终点里程/m	长度/m	分段描述	后果评分
1	否	45139.3	45245.0	105.7	山林，南坪快速东侧	84
2	否	45245.0	45272.2	27.2	穿越道路	87
3	否	45272.2	45660.3	388.1	山林，南坪快速东侧，有零星建筑物	87
4	是	45660.3	45854.3	194.0	山林，南坪快速东侧，北侧星河丹堤小区，小区距离管道最近约 135m	101
5		45854.3	46049.7	195.4	小区、体育馆占压	98
6		46049.7	46409.9	360.2	山林，南坪快速南侧	98
7		46409.9	46671.5	261.6	山林，立交南侧	90
8		46671.5	46793.5	122.0	穿越梅观路	93
9		46793.5	46964.9	171.5	山林，道路南侧	90
10		46964.9	47079.6	114.6	穿越新区大道	90
11	否	47079.6	47483.2	403.6	山林，零星建筑物	81
12	否	47483.2	48128.9	645.7	海拔较高	77
13	否	48128.9	48453.3	324.4	海拔较低	75
14	是	48453.3	49418.0	964.7	水源区-牛咀水库	99
15	否	49418.0	50232.7	814.7	山林，南坪快速南侧	84

6. 外腐蚀风险分级

评价采用风险矩阵法判定风险等级，风险矩阵法是一种能够把失效可能性和失效后果结合在一起，综合评估风险大小的方法，此次分为高、中、低三个等级，分别对应于图 6.18 的红色、黄色和绿色三个区域。其中，红色和黄色区域是需要重点管控的区域。

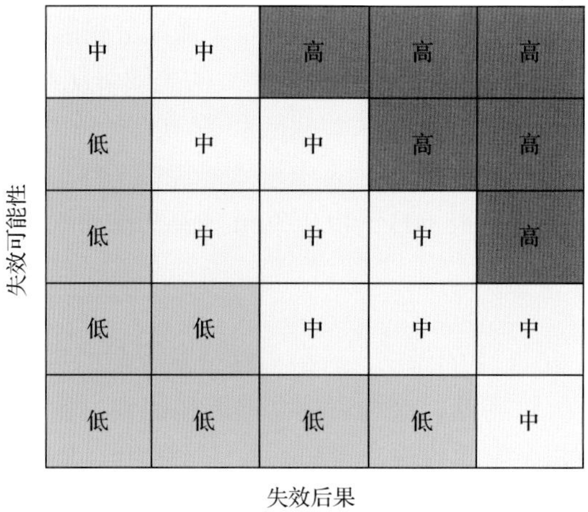

失效可能性

中	中	高	高	高
低	中	中	高	高
低	中	中	中	高
低	低	中	中	中
低	低	低	低	中

失效后果

图 6.18　风险矩阵图

将该管段的外腐蚀失效可能性与失效后果综合起来，得到其外腐蚀风险等级结果：45.139～47.080km 为低风险，47.080～48.474km 和 49.418～50.233km 为中风险，48.474～49.418km 为高风险，如图 6.19 所示。

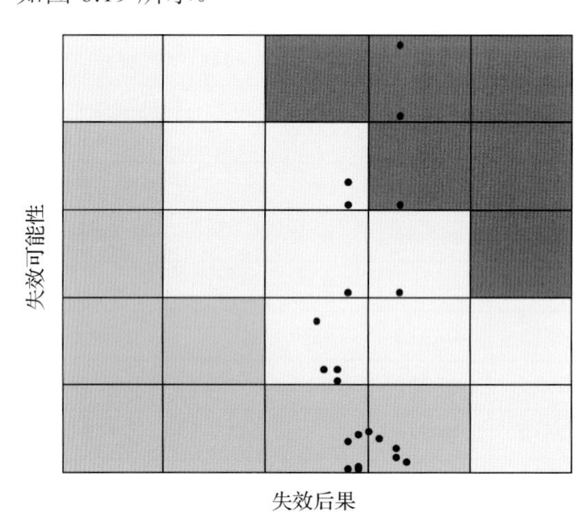

图 6.19　深圳市某成品油管段风险矩阵图

7. 外腐蚀风险管控建议

结合该管段外腐蚀风险评价结果，针对外腐蚀风险较高及外腐蚀可能性高的管段提出降低管道的外腐蚀风险的措施。

(1) 该段管道受到地铁干扰的影响，受到一定程度的直流杂散电流干扰。建议在该区域内选择适宜位置，增加直流杂散电流排流措施(如增设或调整强制阴极保护系统，增设牺牲阳极极性排流)，缓解该段管道的直流干扰问题，确保其阴极保护电位满足标准要求。

(2) 在该段管道加装智能桩，实时监控该段管道的阴极保护电位及交直流干扰情况。

(3) 根据风险评价结果，48.474～49.418km 外腐蚀风险相对较高，对该区域内的内检测外部金属损失缺陷和外检测防腐层破损点优先进行开挖验证检测，根据缺陷评价结果对管体缺陷进行修复，并恢复外防腐层。

6.4.2 内腐蚀风险评价

1. 内腐蚀风险因素识别

基于管道基础数据、运行参数及输送介质，分析预测管道沿线水积聚可能性及固体积聚可能性，同时结合管道结构信息、日常监检测数据及维护数据，应用故障树方法，对内腐蚀风险因素进行识别，如图 6.20 所示。

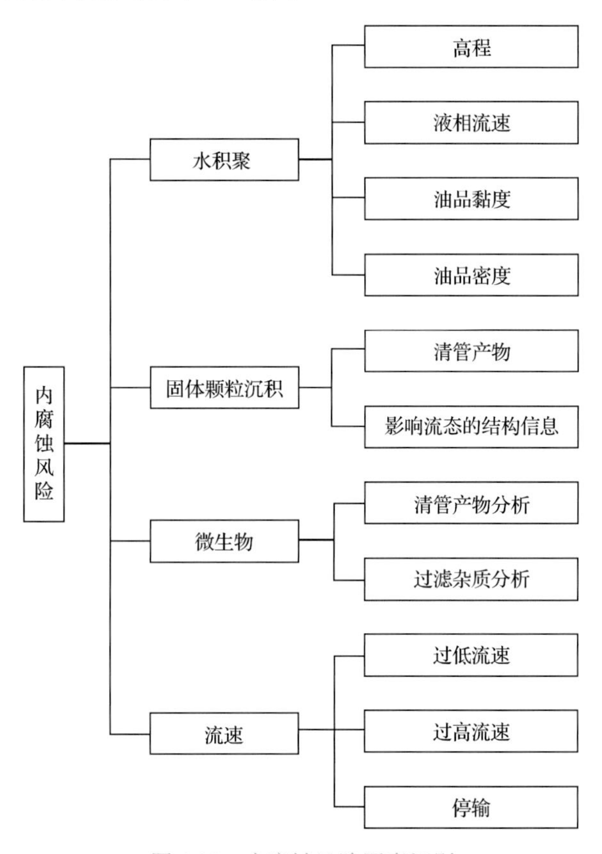

图 6.20 内腐蚀风险因素识别

2. 管段划分

根据 GB 32167—2015、GB/T 27512—2011 及其他相关标准的规定，以及管道的属性和管道周边环境对管道进行管段划分。主要考虑管道沿线人口密度、穿跨越、占压、高程变化和高后果区，以及内腐蚀机理、液体石油组成、流态类型、运行状况和减缓措施等因素开展进行分段。该深圳市某段成品油管道长度 5.09km，共划分为 29 段。其中，第一段为里程 45139.292～45379.758m，第二段为里程 45379.758～45496.349m，第三段为里程 45496.349～45510.999m 等。

3. 内腐蚀影响因素权重设置

将腐蚀环境、水积聚、砂沉积、管道监检测和管道维护五项内腐蚀影响因素综合起来，采用层次分析法，计算得出各因素的影响权重，权重设置如表 6.20 所示。

表 6.20 深圳市某成品油管段内腐蚀失效可能性评价影响因素权重

腐蚀环境	水积聚	砂沉积	管道监检测	管道维护
0.35	0.1	0.15	0.3	0.1

4. 内腐蚀失效可能性评价

成品油管道内腐蚀失效可能性评价，主要包含基于腐蚀环境、水积聚、砂沉积、管道监检测和管道维护的内腐蚀失效可能性评价五个方面。

内腐蚀失效可能性评价的技术路线如图 6.21 所示。

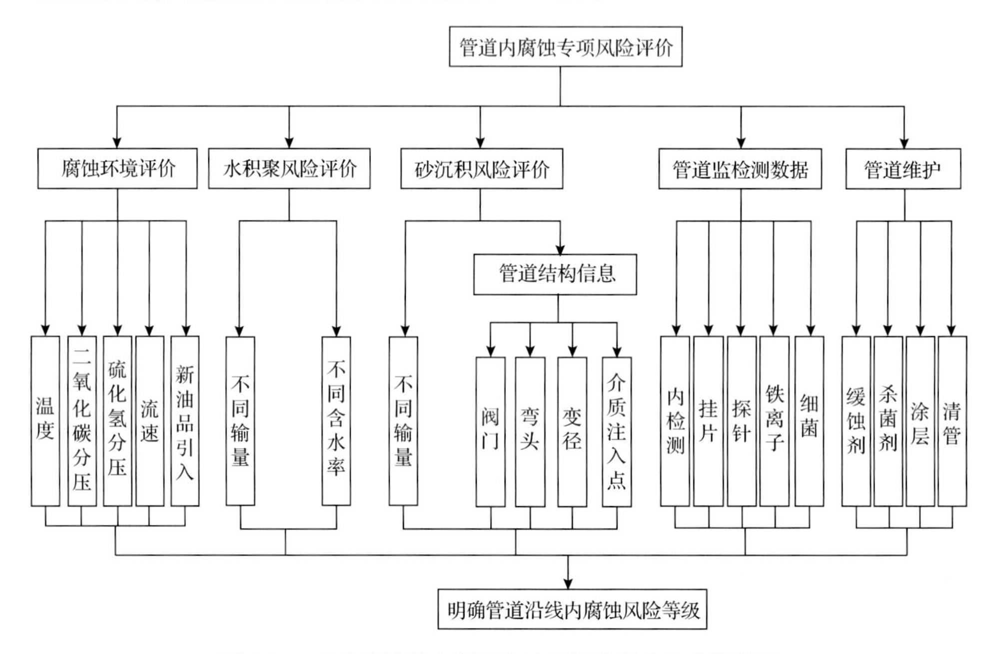

图 6.21 成品油管道内腐蚀失效可能性评价技术路线图

对该管段沿线基于腐蚀环境、水积聚、砂沉积、管道检测/监测和管道维护的内腐蚀可能性沿里程分布对齐如图 6.22 所示。

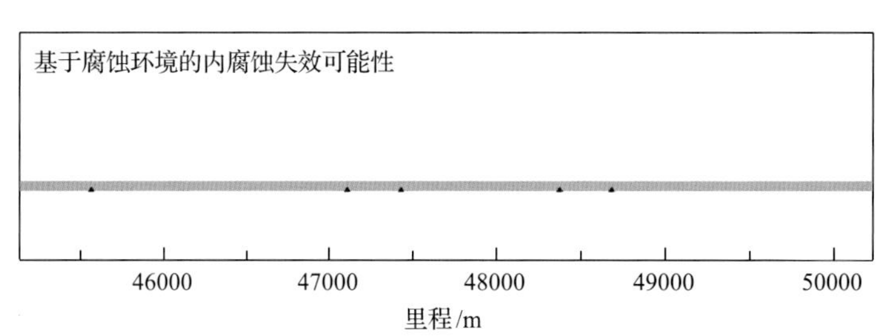

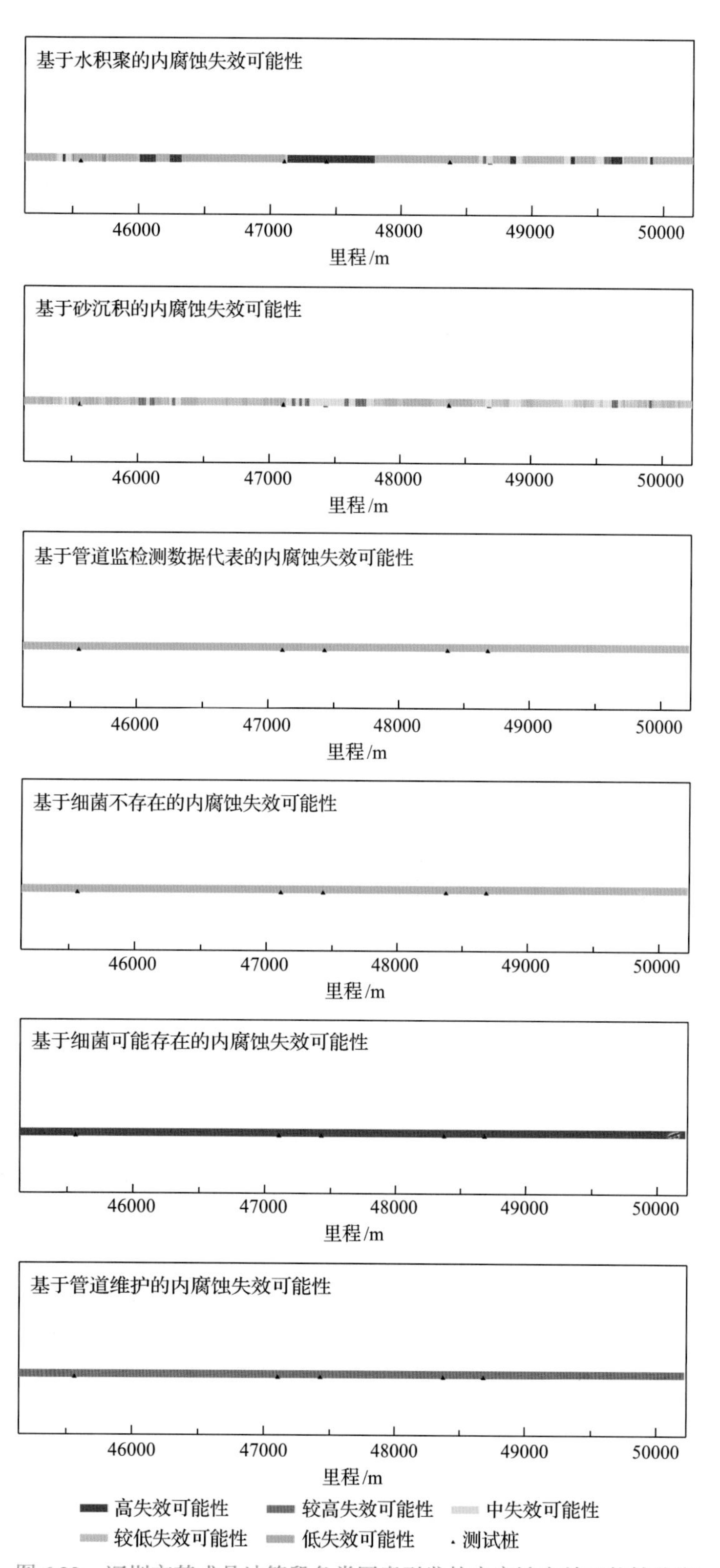

图 6.22　深圳市某成品油管段各类因素引发的内腐蚀失效可能性分布

该管段内腐蚀失效可能性为较低失效可能性和中失效可能性，具体如图 6.23 所示。该管段由于未进行微生物检测，因此针对该管段评价了有细菌和无细菌两种情况。

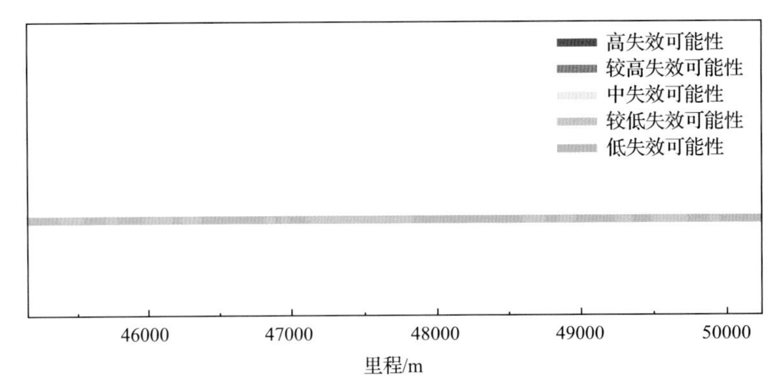

图 6.23　深圳市某成品油管段内腐蚀失效可能性(有细菌等微生物)分布

5. 内腐蚀失效后果评价

该部分与外腐蚀失效后果评价相同，不做赘述。

6. 内腐蚀风险分级

将该管段的内腐蚀失效可能性与失效后果综合起来，得到其内腐蚀风险等级评价结果：当考虑存在微生物腐蚀风险时，目标管段内腐蚀风险为中等风险，如图 6.24 和图 6.25 所示。

建议后期开展细菌等微生物检测工作，如排除目标管道的微生物腐蚀风险，内腐蚀风险评价等级将变更为如图 6.26 所示，为中等风险和低风险。中等风险主要是由于输送条件和地势条件引发沿线较多位置具有水积聚和砂沉积风险，考虑投产前期水压试验，及后期的水联运，这些位置有一定的内腐蚀风险，结合目标管道未施加缓蚀剂及无防腐层等防腐措施，部分管段为中等风险。内腐蚀风险沿里程的分布如图 6.27 所示。

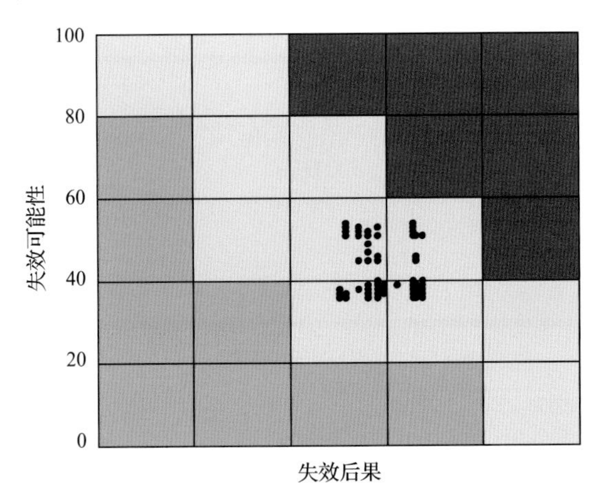

图 6.24　深圳市某成品油管段内腐蚀风险(有细菌等微生物)矩阵图

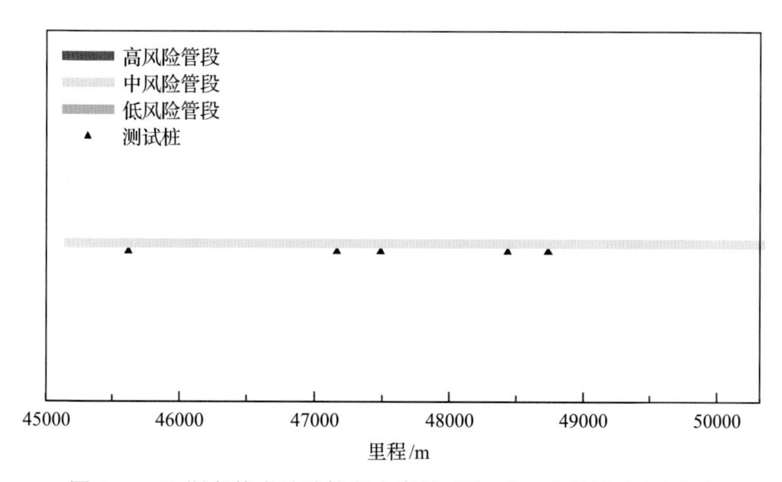

图 6.25　深圳市某成品油管段内腐蚀风险(有细菌等微生物)分布

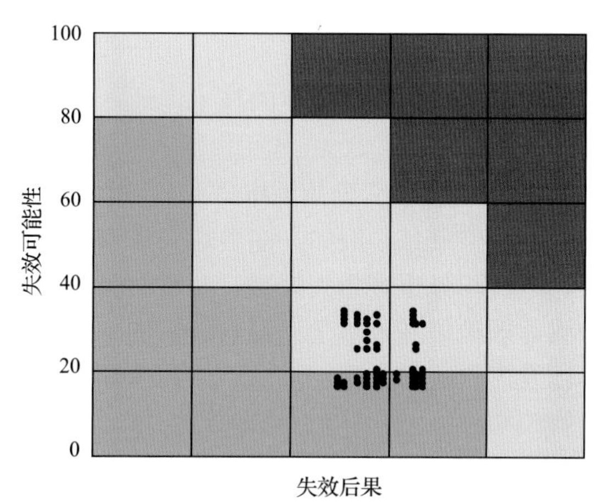

图 6.26　深圳市某成品油管段内腐蚀风险(无细菌等微生物)矩阵图

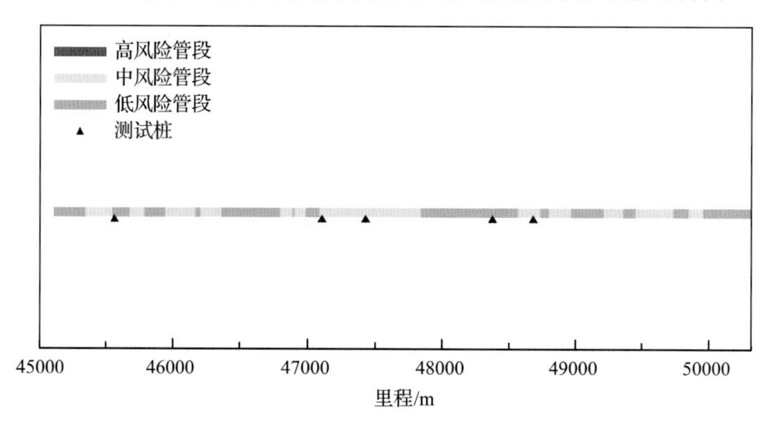

图 6.27　深圳市某成品油管段内腐蚀风险(无细菌等微生物)矩阵图

7. 内腐蚀风险管控建议

结合该成品油管段内腐蚀风险评价结果，针对完整性检测、输送工艺和输送介质监控、清管等管道运维、高风险部位的监测等方面给出相应的完整性管理建议。

(1) 完整性检测方案制定和数据分析。建议在获得完整的第二次内检测结果数据后，开展更为详细的两次内检测结果比对工作，结合实际开挖验证等完整性相关工作提供的技术支撑，科学确认内腐蚀缺陷位置和腐蚀发展情况，明确导致腐蚀继续发展的根本原因。

(2) 微生物腐蚀。由于国家石油天然气管网集团有限公司华南分公司其他成品油管道清管产物检测曾发现存在细菌等微生物的情况，建议在今后的运行中对清管产物进行跟踪取样和检测，确定细菌的长期存在性。若检测发现管道中确实存在细菌等微生物，建议采取杀菌措施并加强清管，同时密切监控管道的内腐蚀风险。

(3) 输送工艺和输送介质监控。鉴于目前评价结果发现，管道内部存在一定的内腐蚀风险，建议在后续运行中重点关注输送介质中的实际含水率、腐蚀性介质含量和细菌含量等关键信息。由于输送介质中的含水率是直接影响内腐蚀发展的关键参数，建议后期加强含水率的定量检测，定期进行下载罐中含水量、腐蚀性介质组分和细菌含量分析测定，同时建议加强与上游油品生产和供应单位的技术沟通，明确可能导致相关参数超标的潜在风险，及时管控。

(4) 清管等运维作业。建议在开展清管等运维作业的过程中，结合相关完整性检测方法，及时采集、检测和分析相关信息。例如，在合理安排清管作业频次和间隔的同时，建立清出物采集、提取、送检和分析等相关规范，及时检验清出物提供的实际管道含水信息、腐蚀产物信息和固体颗粒信息。基于清管物分析的结果，并结合内腐蚀评估获得的相关数据，根据内腐蚀发展状况的预期，以及由于积水和固相沉积引起的内腐蚀风险的预期，进一步优化清管频率。

(5) 加强高风险监测。由于目前已经开展了大量包括内检测、内腐蚀风险评价和实际开挖等多角度的管理工作，获得大量基础数据，并掌握了重要腐蚀缺陷部位的信息，为后续加强高风险点监测，进一步获取更为丰富的内腐蚀发展信息奠定了良好的基础，建议在高风险点采用固定式监测技术，或对高风险点定期开挖检测。

参 考 文 献

[1] 张艳. 天然气长输管道系统风险评价技术研究. 大庆: 大庆石油学院, 2007.

[2] 张超. 北京成品油管道昌平段风险评价研究. 北京: 清华大学, 2015.

[3] Muhlbauer W K. Pipeline Risk Management Manual: Ideas, Techniques, and Resources. Third Edition. Amsterdam: Elsevier, 2004.

[4] Lam C, Zhou W. Statistical analyses of incidents on onshore gas transmission pipelines based on PHMSA database. International Journal of Pressure Vessels and Piping, 2016, 145: 29-40.

[5] 陈利琼. 在役油气长输管线定量风险技术研究. 成都: 西南石油学院, 2004.

[6] 李大全. 成品油管道泄漏扩散分析及危害后果评价. 成都: 西南石油学院, 2005.

[7] 冯文兴, 税碧垣, 李保吉, 等. 定量风险评价在成品油管道站场的应用. 油气储运, 2009, 28(10): 10-13.

[8] 马涛. 成品油长输管道风险管理研究. 青岛: 中国石油大学(华东), 2010.

[9] 闫婷婷, 杨阳, 杨萍, 等. 深圳管理处深圳段输油管道专项风险评价报告 北京: 安科工程技术研究院(北京)有限公司, 2020.

第7章　成品油管道腐蚀监检测与直接评价技术

成品油管道腐蚀过程与管道本体状态、管道运行情况和管道周边环境等存在相互联系，利用管道腐蚀的监测、检测及评价技术，可以获取管道本体、管道运行和服役环境的各项数据，对管道腐蚀程度和安全进行判断，从而采用恰当的腐蚀控制措施，保障成品油管道安全长效运行。

7.1　管道腐蚀监测技术

7.1.1　管道腐蚀监测技术概述

腐蚀监测是全面认识生产系统腐蚀因素、制定防腐措施的基础，是监测、评价防腐措施效果的有效手段[1]。传统的腐蚀监测方法有腐蚀挂片法，通过试片反映实际腐蚀状况，或者采用电阻、电感或电化学等探针方法测量腐蚀状况。

腐蚀挂片法是指将挂片材料置于介质环境中，采用称重法定量地测出蚀失重量(简称蚀失量)，从而计算腐蚀速度。腐蚀挂片是腐蚀监测最早发展和最基本的方法之一，采用称重法定量地测量出挂片材料在介质环境中的腐蚀速度，具有操作简单、数据可靠性高等特点，可以同时对几种材料进行试验，可作为设备和管道选材的重要依据。腐蚀挂片法的主要优点有[2-8]：①适用范围广，可用于不同介质的测量环境，如气体、液体、颗粒等；②价格低廉，这也是普遍使用该监测方法的重要原因；③简单直观，挂片发生腐蚀后，腐蚀沉积物会留在腐蚀挂片上，取出挂片后可以观察和分析腐蚀沉积物，结果直观，能被现场操作人员广泛接受。腐蚀挂片监测数据主要用于设备选材和监测工艺防腐措施的应用效果，也可作为其他腐蚀监测数据比较的基础。

探针方法中应用最为广泛的是电阻探针法，其他还有电感、电化学等探针技术。电阻探针在腐蚀性介质中，作为测量元件的金属丝被腐蚀后，金属丝长度不变、直径减小，电阻增大，通过测试电阻的变化来换算金属丝的腐蚀减薄量，测算腐蚀速率。

电感探针法是通过测量金属试样腐蚀减薄所引起的磁通量的变化来直接测得金属试样的腐蚀深度，从而计算金属腐蚀速率。电感探针技术可测量液相或气相腐蚀，可应用于电解质腐蚀体系和非电解质腐蚀体系。电感探针是对电阻探针的改进，除了具有电阻探针的优点外，还有一些其他优点[9,10]：①灵敏度很高，可以达到30nm量级；②由于测量信号采用交流信号，抗干扰能力较强；③管状探头与探针体通过焊接方式形成一个整体，内部填充有高温固化胶，抗点蚀、耐冲刷和抗压能力比电阻探针强；④温度补偿试片被包在测试片里，处于介质中的同一层面，其测量结果受温度影响很小；⑤腐蚀面部分和流体方向一致，测量精度高。电阻探针法和电感探针法对 20#碳钢、Cr5Mo、1Cr18Ni9Ti 的试验数据均表明，电感探针比电阻探针的测量精度都要高[10]。

电化学方法是在电解质环境下进行腐蚀速率实时监测的有效方法。探针的三个电极与介质构成导电回路，通过对被测电极施加电信号，瞬时测量金属离子的转移量，将腐蚀电流作为测量目标值，其优点是不需要测量腐蚀减薄累积量，测量速度快。其中，线性极化腐蚀监测的原理是电化学 Stern Geary 方程，即在腐蚀电位附近电流的变化和电位的变化之间呈直线关系，其斜率与腐蚀速率呈反比。线性极化法的优点是测量迅速，可以测得瞬时腐蚀速率，及时反映运行环境的变化。

因此，国内外管道腐蚀监测技术研究发展的热点主要是场指纹、超声波、超声导波等腐蚀监测方法和设备，这些监测方法采取外置的方式，安装拆除方便快捷，与无线数据采集技术的融合性更好，逐步开始推广应用。其中，超声导波监测方法通过一个探头测点检测导波传播路径上的大片区域，尤其适合监测长距离区间内的微小结构损伤，以及被其他材料包裹的结构，具有监测范围广、损伤敏感性高的优点，但设备成本较高，现场安装复杂。

腐蚀监测是一个发展中的技术，一些新的原理和技术还会逐步出现，工业中目前常见的腐蚀监测方法如表 7.1 所示。这些腐蚀监测技术各有不同，如何相互补充，综合分析利用相关数据，形成优化完善的腐蚀监测系统，提高监测的准确性和可靠性是未来的发展趋势。

表 7.1 腐蚀监测方法比较

方法	检测原理	缺点	所得信息类型	应用情况
腐蚀挂片法	经过一段已知的暴露期后，根据试样重量变化测量其平均腐蚀速度	破坏性，试验时间长，得到的结果是整个试验周期中产生腐蚀的总和，不适合现场使用	平均腐蚀速度、腐蚀形态	当腐蚀以稳定的速度进行时效果良好，费用中等，可说明腐蚀类型，使用频繁
阻抗法	通过正在腐蚀的金属元件电阻和感抗变化，对金属损失进行累积测量，可计算出腐蚀速度	破坏性、试样加工要求严格	累积腐蚀平均腐蚀速度	适用于液相和气相，结果与工艺介质的导电性无关，使用频繁
电化学方法	测量金属试片或生产装置本身相比于参考电极的电位变化	使用场合局限	腐蚀状态	主要应用在阴极保护和阳极保护、指示系统的活化-钝化行为、探测腐蚀的初期过程等
线性极化法	用两电极或三电极探头，通过电化学极化阻力法测定腐蚀速度	破坏性、对于导电性差的介质不适合应用	腐蚀速度	在有适当电导的电解液中对大多数工程金属和合金适用，经常使用
超声波法	通过对超声波的反射变化，监测金属厚度和是否存在裂纹、空洞等缺陷	难以获得足够的灵敏度来跟踪记录腐蚀速度的变化	剩余的厚度或存在的裂纹	普遍用来检查金属厚度或裂纹，应用广泛
场指纹法	利用管道厚度变化引起管壁电场分布变化来监测	牵扯效应不易消除	缺陷类型及程度	广泛应用到油气管道输送、化工厂、精炼厂、电厂、核反应堆等场合的设备或管道监测中

7.1.2 电阻探针监测技术

1. 监测原理和方法

电阻探针法利用金属试样在腐蚀过程中截面减小导致电阻增加的原理，根据测出的腐蚀过程中金属试样的电阻变化计算腐蚀速率。

电阻探针技术可以作为腐蚀挂片的替代方法用于腐蚀速率评价。与失重试片不同，电阻探针技术不需要开挖和称重，测量金属元件试片的电阻变化。由于元件的电阻随温度变化而变化，使用参考件用于温度补偿，该元件用涂层保护免受腐蚀。暴露于腐蚀环境的元件构成了试片部分，而带有防腐涂层的元件则构成参考元件(图 7.1)。

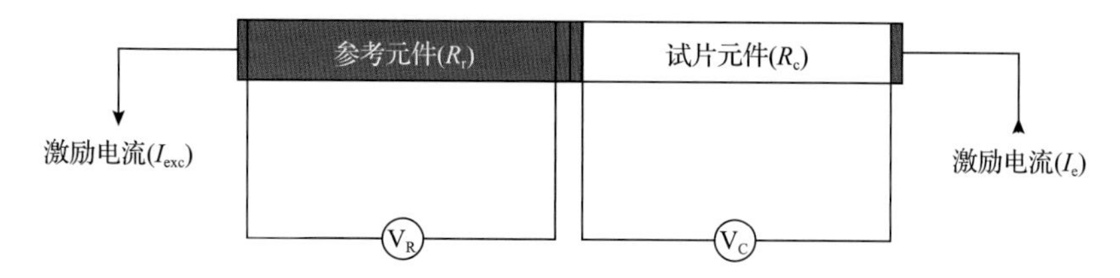

图 7.1　基于激励电流和电压测量的电阻探针原理

基于法拉第定理，电阻探针测量腐蚀速率计算公式可写为

$$v = 8760 \times \frac{\Delta h}{\Delta \tau} \tag{7.1}$$

式中，v 为腐蚀速率，mm/a；Δh 为金属损耗导致电阻增加折算的厚度，mm；$\Delta \tau$ 为两次测量时间的间隔，a。

对于条形试片，Δh 的表达式为

$$\Delta h = \frac{1}{4}\left[(a+b) - \sqrt{(a+b)^2 - 4ab(R_t - R_0)/R_t}\right] \tag{7.2}$$

对于圆丝状试片，Δh 的表达式为

$$\Delta h = r_0\left[1 - \sqrt{1 - (R_t - R_0)/R_t}\right] \tag{7.3}$$

式(7.2)和式(7.3)中，R_t 为腐蚀前电阻值，Ω；R_0 为腐蚀后电阻值，Ω；a、b 分别为条形试片的长、宽，mm；r_0 为圆形试片的半径，mm。

电阻探针一般分为丝状或片状。丝状比片状灵敏度高，具体的工作原理：对金属丝施加恒定电流，当金属电阻丝受到腐蚀时，截面积减小，而金属丝的长度保持不变，通过金属丝两端电压的变化得到金属丝直径的变化，就可以计算出电阻探针的腐蚀速率。探针的材质应与所测量的管道一致，所计算的腐蚀速率近似等于所测管道的腐蚀速率[11]。

在电阻探针测量方法中，温度补偿是影响监测精度的一个重要因素。柏任流等[12-14]发现电阻探针的比值监测信号随温度变化存在一定波动，提出了采用交变电流激励源的方法消除热电动势影响，但改进的测量方法随温度的变化仍存在一定偏差，这是由于探针的补偿元件与腐蚀元件分别处于管道内部和外部，二者存在一定温差。针对目前电阻探针技术在管道内壁腐蚀监测中存在的问题，提出了基于新型双环传感器[14]的腐蚀和管道内外壁温差的监测方法。该方法在传统探针的测量方法基础上，采用实际管道环形切片作为敏感元件和补偿元件，消除了由于几何因素和温差所带来的测量误差。

电阻探针方法的主要优点包括以下几点。

(1) 电阻探针适用范围广，包括气相、液相、固相和流动颗粒。

(2) 简单快捷，监测过程中不必将试样取出，可实现数据的实时采集，便于数据分析。

(3) 相比于挂片失重法，响应速度较快。

电阻探针法的缺点主要包括以下几点[15-17]。

(1) 探针本身的腐蚀具有不均匀性，导致电阻探针和被监测管道内壁表面腐蚀量不一致，这种差异在高速流体和含固态杂质时尤为明显。

(2) 为了保证灵敏度，需要将探针的横截面加工到很薄，导致使用寿命短。特别在腐蚀速率比较高的工况下，不适合采用电阻探针。

(3) 不适用于局部腐蚀的监测。

(4) 相对于电感探针，灵敏度较低，无法响应外界腐蚀条件的快速变化。

(5) 具有导电性的腐蚀产物或氧化皮聚集在探针表面，会影响探针的测量结果。例如，在一些含硫化物的介质中，腐蚀会产生硫化亚铁，该物质具有导电性，会对实际的腐蚀速率计算造成影响。

(6) 探针的材料与管道的材料必须严格一致。

2. 现场应用案例

华南分公司珠三角成品油管道与附近地铁存在 8 处交叉、2 段长距离靠近伴行、3 处车辆段与管道距离较近，动态直流杂散电流干扰严重。为有效监测杂散电流对埋地钢质管道的腐蚀影响，分批在管线上安装了 19 处腐蚀速率电阻探针。对管道杂散电流干扰未治理前、治理后的管道腐蚀速率进行了监测。表 7.2 为监测结果，可以看到通过监测并采取整改措施后，腐蚀速率至少降低了一个数量级。

7.1.3 场指纹(FSM)管道腐蚀监测技术

成品油管道内腐蚀引发的事故往往具有隐蔽性和突发性，后果一般比较严重[18-22]。基于场指纹法(field signature method，FSM)技术[22]的监测方法可以通过在管道外表面安装电极实现对管道内部腐蚀的监测，能在不破坏管道本体完整性的前提下监测管道腐蚀状况。1989 年，挪威 CorrOcean 公司和英国的 Rowan 公司开发了比较实用的 FSM 产品[23-25]。FSM 设备产品之前长期被国外公司垄断，近年来国内也对该产品进行了研究开发，在工程项目中得到了一些实际应用。

1. 监测原理和系统

基于 FSM 技术的成品油管道腐蚀监测系统的基本原理如图 7.2 所示[26,27]。在管段被监测区域安装电极矩阵，两侧加载恒定电流，当有腐蚀存在时，会引起管壁电场分布的变化。通过分析管道外壁电极对采集到的电极间的电压信号阵列，来判断管道内壁腐蚀缺陷的类型及程度，以达到监测管道腐蚀的目的。

在通入恒定直流电流的情况下，导体在某个部位形状特性的改变必然会引起电阻网络中某处电阻值的变化，进而改变电阻网络中的电位分布，场指纹法就是基于此电阻网络模型发展而来的一种能够监测金属损失的方法。

表 7.2　电阻探针的监测结果

序号	埋设位置测试桩	试片参数		整改前			整改后			整改措施
		厚度/μm	面积/cm²	采集时间	腐蚀时长/d	腐蚀速率/(mm/a)	采集时间	腐蚀时长/d	腐蚀速率/(mm/a)	
1	PM0121 号探针	500	1	2018.3.25	62	0.01860	2020.6.10	59	0.00178	对监测点附近的阀室通实施阴极保护改造，增大阴极保护电流输出 PM012 在腐蚀速率高的测试桩处增加一组锌合金阳极，并安极性排流器 白泥坑阀室(PM033 附近)绝缘处理，保证输出电流均通过管道与土壤界面流入管道 PM044 增设一处阴极保护站，增大管道阴极保护电流 塘朗山阀室(PM054 处)增设一处阴极保护站，恒流 10A 输出，保护附近管道 妈湾阴极保护站将老旧恒电位仪更换为抗干扰恒电位仪，优化改善了恒电位仪输出，后因新建地铁投运，恒电位仪恒流 5A 输出
2	2 号探针	500	1	2018.3.25	61	0.01031	2020.5.23	18	0.00197	
3	3 号探针	500	1	2018.10.15	44	0.08876	2020.6.11	37	0.00130	
4	4 号探针	500	1	2018.10.15	36	0.20531	2020.6.11	19	0.00109	
5	5 号探针	500	1	2019.2.27	102	0.10029	2020.6.11	22	0	
6	PM047+9276 号探针	500	1	2018.10.15	35	0.13710	2020.6.11	22	0.00275	
7	PM049+3427 号探针	500	1	2018.10.15	36	0.05654	2020.6.14	22	0	
8	PM050+4508 号探针	500	1	2019.1.2	26	0.03219	2020.6.12	23	0	
9	PM050+5659 号探针	500	1	2018.4.15	84	0.27618	2020.6.12	23	0	
10	PM05310 号探针	500	1	2018.3.23	61	0.05836	2020.6.14	65	0.00272	
11	PM054+51011 号探针	500	1	2018.10.15	35	0.14451	2020.6.12	21	0.00209	
12	PM056+33012 号探针	500	1	2018.3.23	61	0.56471	2020.6.12	21	0.02420	
13	PM066+24513 号探针	500	1	2018.3.24	62	0.01621	2020.6.13	22	0	

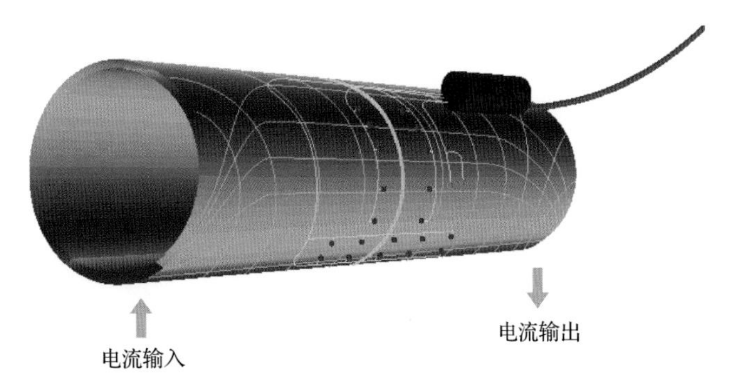

图 7.2　FSM 原理示意图

1) 场指纹法监测壁厚变化的基本原理

金属管道腐蚀的直接结果是发生金属损失、壁厚减薄，这会造成腐蚀点管段的电阻值的变化。此时在监测点两端附近施加激励电流 I，那么电阻的变化反映的就是电压 E 的变化。通过在管道外壁布置电极阵列，采集各处的电场分布情况，然后对电场数据进行处理分析，便能够准确反映出监测管段腐蚀发生的形式及腐蚀程度。

取导体微元来具体分析其作用原理，如图 7.3 所示。

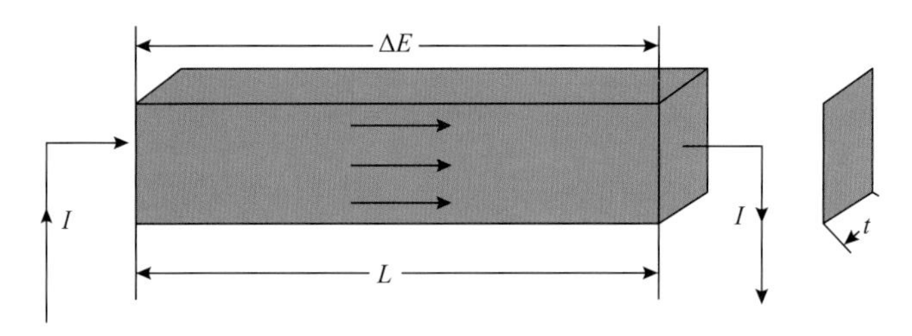

图 7.3 欧姆定律原理图

在恒定电流 I 的作用下，基于欧姆定律推导可得当前壁厚 t_τ 为

$$t_\tau = \frac{U_0}{U_\tau}\frac{I_\tau}{I_0}t_0 \tag{7.4}$$

式中，U_0 为初始电压，V；U_τ 为 τ 时刻电压，V；t_0 为初始壁厚，mm；I_0 为初始测量电流，A；I_τ 为 τ 时刻测量电流，A。

因此，可以在管道外壁的局部区域布置多对电极，依据初始时刻的电压和壁厚乘积，通过对当前的电压值采集测算即可得到当前的壁厚值，实现对管道腐蚀监测的目的。

2) 电极阵列数据分析

场指纹法腐蚀监测技术的关键部分在于对电极阵列的数据分析。针对每一对电极，在初始状态下采集到的电压值为 U_0，在 τ 时刻采集到的电压为 U_τ，通过运算就可以得到壁厚减薄情况，但必须考虑激励电流的影响。激励电流很容易受电源自身或者外界的干扰，严重影响测量的精度。目前一般的解决办法是在电流回路中增加一块参考板，在参考板上增加一组参考电极，如图 7.4 所示。

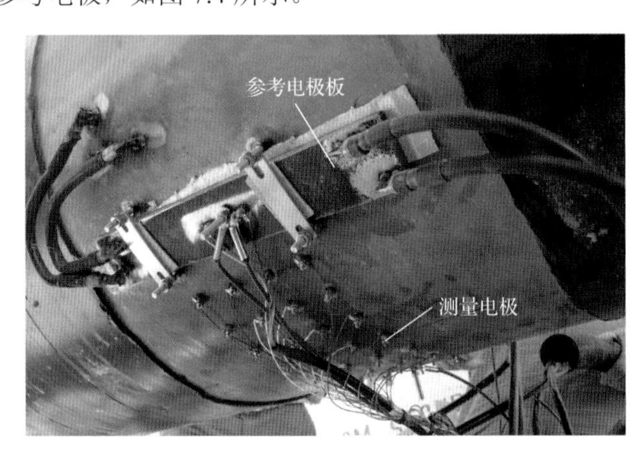

图 7.4 FSM 电极及参考电极板

工程上一般用 F_c 值来评判腐蚀程度，其定义是壁厚减薄量与当前壁厚的千分比，也是组成场指纹的基本元素，定义式为

$$F_c = \frac{t_0 - t_\tau}{t_\tau} \times 1000 \tag{7.5}$$

通过推导得到测量电极 k_i（图 7.4）在 τ 时刻的场指纹系数 F_c 的计算公式，由于参考板在管道外不参与腐蚀，所以参考电压不变，场指纹系数 F_c 可以作为评价腐蚀程度的参数。为了提高明晰度，国际上普遍采用了 1000 的系数，F_c 值的单位为 ppt（part per thousand）：

$$F_{ck_i}(\tau)=\left(\frac{U_{k_i}(\tau)/U_{k_i}(0)}{U_{k_0}(\tau)/U_{k_0}(0)}-1\right)\times 1000 \tag{7.6}$$

式中，$F_{ck_i}(\tau)$ 为电极 k_i 在 τ 时刻的指纹系数；$U_{k_i}(0)$ 为电极 k_i 在监测开始 $\tau=0$ 时的电压，V；$U_{k_0}(0)$ 为参考电极 k_0 在监测开始 $\tau=0$ 时的电压，V；$U_{k_i}(\tau)$ 为电极 k_i 在 τ 时刻的电压，V；$U_{k_0}(\tau)$ 为参考电极 k_0 在 τ 时刻的电压，V。

实际检测中获取的数据为电压数据，实时壁厚的计算公式为

$$t_\tau=\frac{t_0}{\left(\dfrac{F_c}{1000}+1\right)} \tag{7.7}$$

通过电极阵列采集计算出的这些大量的 F_c 值构成了场指纹法腐蚀监测系统的基础数据，是分析场指纹的基本依据，其质量好坏与腐蚀监测效果的优劣密切相关。数据的处理与腐蚀形式的评价需要通过大量的试验数据来对比分析，已有的研究成果提出了对小腐蚀坑的分析和牵扯效应的影响，并提出了相关的解决办法。

3）FSM 监测系统

FSM 监测系统按功能分为三大部分：电阻矩阵网络及信号预处理电路、现场数据采集箱及安装于电脑上的数据处理与分析软件[28-32]。

电阻矩阵网络布置于管道被监测部位。信号预处理盒内装有一块信号前置放大板，它就地将电阻矩阵的电信号进行差分放大，再将放大后的信号送往数据采集箱进行锁相放大，去除噪声并提取有用信号。这样做的目的是可以更好地去除干扰的影响，提高信噪比。

数据采集箱则完成现场数据的采集、历史数据的存储和检测参数的设置，它与上位机通过互联网接口进行通信。

FSM 监测系统数据采集与分析系统架构如图 7.5 所示。该软件分为两个部分：一部分是安装于数据采集终端的嵌入式软件，主要进行电压、温度等数据的采集；另一部分是安装于电脑上的软件，用于处理与分析客户端采集的数据，对油气管道腐蚀状态进行监测。这两部分通过网络进行连接和通信。

2. 现场应用

中国特种设备检测研究院开发的 FSM 系统在规格 Φ426mm×8mm 的管道上进行了工程实际应用。FSM 监测系统安装现场需要 220V 的电源，在管道上切除 2m 的外涂层，露出金属本体。焊接螺柱探针，FSM 系统通过单束金属线与探针矩阵相连。现场安装图和点矩阵探针如图 7.6 所示。

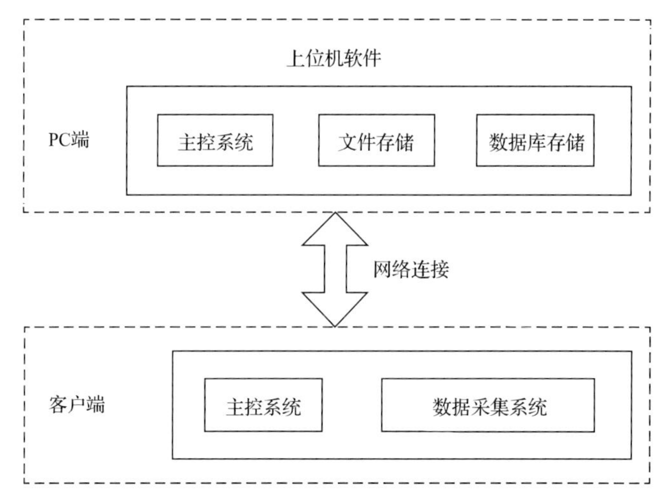

图 7.5 FSM 监测系统架构

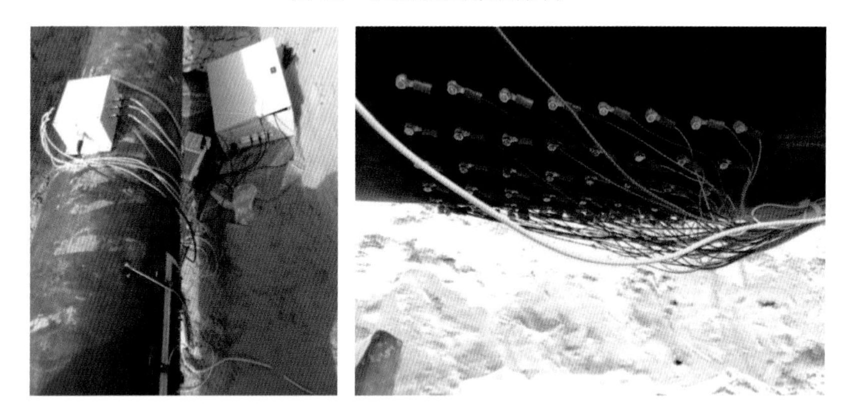

图 7.6 FSM 监测系统现场安装图

设备安装后，按照设定的采集频率进行采集，每天定时采集一次，每次采集数据耗时约 5min，其余时间处于休眠状态。运行期间，设备供电良好，总体运行平稳。

图 7.7 为 FSM 监测设备采集数据结果的柱状图。根据初始电压与采集电压依次求出各电极对的 F_c 值。测定的最大 F_c 值代表缺陷的最大深度，依据测定的 F_c 值可反推剩余壁厚值，并采用超声波测厚仪对该处壁厚进行检测复核，结果如表 7.3 所示。管道超声波测量壁厚与通过 F_c 值推算出的剩余壁厚值的误差范围为壁厚的–4.7%～5.0%，精度满足±5%的要求。

7.1.4 超声波腐蚀监测技术

超声波技术能够直接测厚，声波的方向性好、数据直观、测量准确、使用方便。超声波测厚方法主要可分为三种：脉冲反射法、穿透法和共振法。在管道腐蚀监测中，主要利用超声波脉冲反射法来实现管道腐蚀后剩余厚度的测量。测量装置发出的超声波沿被测管道壁厚垂直传播到管道内壁，在内壁发生反射，回波被测量装置接收，通过精确测量超声波的传播时间来计算得出管道剩余壁厚。目前使用比较广泛的两种超声波测量技术是压电超声测厚技术和电磁超声测厚技术[33-35]。

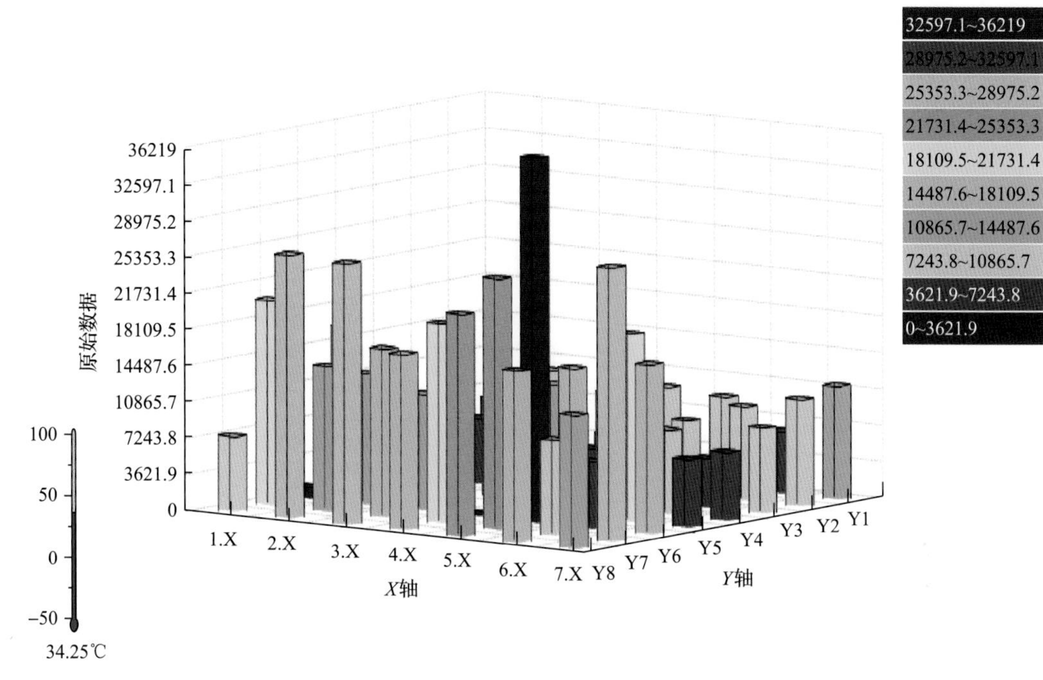

图 7.7　FSM 监测系统设备数据采集情况

表 7.3　F_c 值推算出的剩余壁厚值和超声测量壁厚

电极对编号	剩余壁厚/mm	超声测量壁厚/mm	误差/%	电极对编号	剩余壁厚/mm	超声测量壁厚/mm	误差/%	电极对编号	剩余壁厚/mm	超声测量壁厚/mm	误差/%
k_1	7.943	7.68	3.4	k_{15}	7.847	7.61	3.1	k_{29}	7.651	7.40	3.4
k_2	7.752	8.02	−3.3	k_{16}	7.656	7.97	−3.9	k_{30}	7.847	8.08	−2.9
k_3	7.864	7.58	3.7	k_{17}	7.847	7.59	3.4	k_{31}	7.956	7.72	3.1
k_4	7.498	7.25	3.4	k_{18}	7.656	7.98	−4.1	k_{32}	7.932	7.68	3.3
k_5	7.853	7.48	5.0	k_{19}	7.992	8.36	−4.4	k_{33}	7.926	8.23	−3.7
k_6	7.896	8.16	−3.2	k_{20}	7.534	7.22	4.3	k_{34}	7.790	7.46	4.4
k_7	7.935	7.64	3.9	k_{21}	7.847	7.58	3.5	k_{35}	7.854	8.15	−3.6
k_8	7.936	7.56	5.0	k_{22}	7.956	8.27	−3.8	k_{36}	7.647	8.02	−4.7
k_9	7.853	8.16	−3.8	k_{23}	7.932	7.66	3.6	k_{37}	7.571	7.26	4.3
k_{10}	7.739	7.51	3.0	k_{24}	7.790	8.02	−2.9	k_{38}	7.824	7.47	4.7
k_{11}	7.749	8.00	−3.1	k_{25}	7.853	8.10	−3.0	k_{39}	7.617	7.93	−3.9
k_{12}	7.662	8.01	−4.3	k_{26}	7.691	7.34	4.8	k_{40}	7.639	7.89	−3.2
k_{13}	7.956	7.63	4.3	k_{27}	7.958	8.25	−3.5	k_{41}	7.915	8.20	−3.5
k_{14}	7.932	8.20	−3.3	k_{28}	7.909	8.22	−3.8	k_{42}	7.935	7.56	5.0

1. 压电超声测厚技术

压电超声测厚技术的基本原理是利用压电晶体作为换能器来产生超声波，通过耦合剂的作用，超声波能较好地传入被测管道内，超声波到达管道内表面后返回，由换能器接收并转换成电脉冲，通过计算换能器发送和接收的时间差，乘以超声波的声速就可以得出管道的壁厚。压电超声测厚技术的优点如下[36,37]。

(1)外置式安装，传感器不受腐蚀，使用寿命长。

(2)体积小、检测灵敏度较高，精度可达 0.01mm。

压电超声测厚技术的缺点和局限性主要体现在以下几个方面。

(1)每个点的监测面积小，一般只有 1～2cm^2，如果需要大面积测量，探头数量增加会导致成本加大。

(2)压电探头只适用于半径较大的管道厚度的测量。因为压电探头只能产生平行声场，对于半径较小的管道，无法真实反映其真实厚度。

(3)被测管道内表面受腐蚀时，光洁度和轮廓变化很大，影响测量效果。表面粗糙度对压电超声测厚的影响主要有两点：一是造成超声波传播的不均匀，产生了散射；二是超声波的强度会大幅减弱。

(4)压电超声只能产生一种频率类型的超声波。

2. 电磁超声测厚技术

电磁超声测厚(EMAT)技术的基本原理：受磁铁和线圈作用的影响，金属表面的带电粒子因为洛伦兹力的作用而产生振动，即产生电磁超声的波源。该波源的能量沿被测体的厚度方向进行传播。在传播方向上的粒子将依次发生起振和消失的过程，形成超声波传播。声波抵达被测体的下表面时发生反射或透射，反射的声波继续沿金属厚度方向向上表面传播，引发上表面带电粒子振动，产生感应电压被接收。通过获取电磁超声两个接收波之间的时间，可计算出壁厚。

电磁超声测厚技术的优点如下[38-40]。

(1)电磁超声不使用耦合剂。

(2)能够实现非接触测量，精度可达到 0.03mm。

(3)对被测体表面要求不高，不需要对粗糙的被测体表面进行打磨和去除保护层。

(4)电磁超声可以通过改变线圈形状和磁场方向来产生不同类型的超声波，适用范围更广。

虽然电磁超声测量技术相对于传统的压电超声技术有很多优点，但它仍有自身的缺点和局限，具体如下所述。

(1)相对于传统的压电超声换能器，电磁超声换能器换能效率低，通常检测到的信号是微伏级，在现场使用时信噪比低，精度容易受环境影响。

(2)虽然电磁超声可实现非接触测量，但如果测量装置和被测体的提离距离过大，回波信号将呈幂指数衰减。

(3)探头测量的面积很小(1～2cm^2)，如果需要大面积测量，探头数量增加会导致成本很高。

3. 现场应用

目前国内外已有的超声波在线检测测厚系统有英国 Permasense 有限公司生产的 Permasense 系统、美国 RCS 公司生产的 ULTRACORR 系统、中国沈阳中科韦尔腐蚀控制技术有限公司 ZK3810 系统等，其中，Permasense 系统应用最为广泛，它是基于超声测厚原理的无线在线腐蚀监测设备。Permasense 系统由探头、网关、数据库和数据浏览器几部分组成。目前，Permasense 公司应用比较成熟的是短距离监测系统(short-range system)，其组成结构如图 7.8 所示。

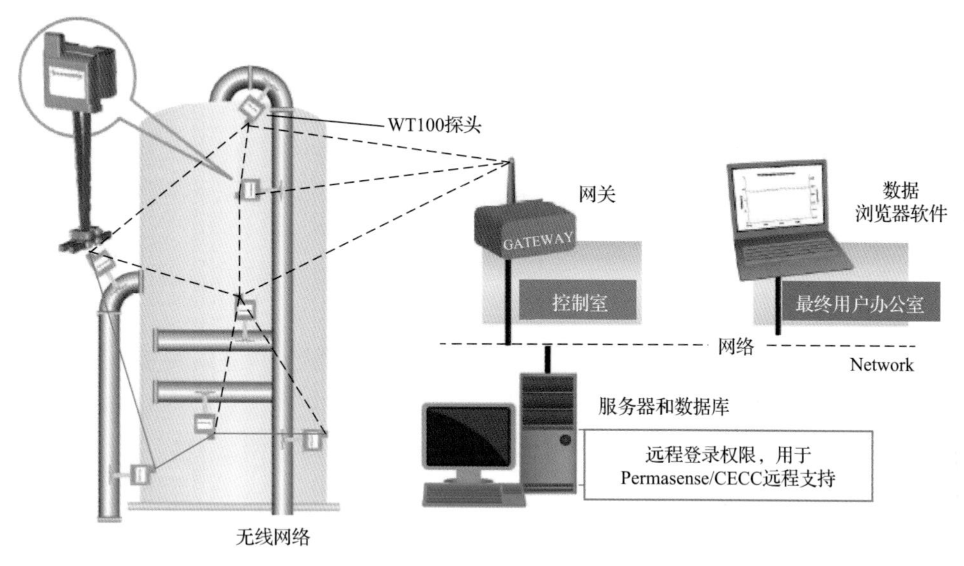

图 7.8　Permasense 监测系统

该系统以无线传感器网络为基础，各个无线探头采用自主网的形式进行通信。在理论上，网关与探头及探头之间的距离不超过 50m，中继探头不超过 7 个，即最远探头与网关距离不超过 400m。

Permasense 系统采用压电超声原理的探头，利用干耦合的方式，通过两条金属片将超声导波传入管道中。在场站管道上安装的定点超声波测厚探头如图 7.9 所示，可以检测 3～50mm 的壁厚，测量精度为 0.1mm，默认的数据采集周期为 12h。通过超声壁厚监测，有效掌握了实际壁厚的变化情况。

图 7.9　Permasense 探头

7.2 管道腐蚀内检测技术

7.2.1 成品油管道内检测技术概述

成品油管道内检测是从管道内部进行检测的技术，可以检测管道的腐蚀状况。目前管道内检测技术主要包括变形检测、缺陷检测和中心线测绘[41-46]，在变形检测、缺陷检测之前一般要进行清管作业。中心线测绘与成品油管道的腐蚀缺陷的检测无直接关系，因此不在本节赘述。

1. 清管技术

清管是将管道建设、施工、运行期间带入的砂土、焊渣、废料、沙砾、黏土和锈蚀物等杂质清出，降低内检测作业的卡堵风险，初步感知变形检测器的通过能力，减少杂质对检测器的影响，提高内检测数据精度和质量，为管道内检测实施创造良好的环境和条件。

1) 清管器工作原理

清管从原理上分为物理清管和化学清管，成品油管道主要采取物理清管，清管前期主要依靠皮碗的过盈量对管壁产生摩擦、刮削作用，用以剥离垢层或使其破碎；清管后期随着运行距离的增加，皮碗的过盈量将逐步减少，密封性逐渐变差，主要依靠皮碗圆周泄漏的介质产生的冲刷力对附着于管壁的垢层及剥离的污垢进行冲刷和粉化，借助流体介质的搅拌力将污垢悬浮分散并清除。

2) 清管器类型

清管应本着循序渐进，安全稳健的总体原则，清管器的发送次序按清管器清管能力从小到大依次发送，逐步清除管道内的杂质。根据成品油管道杂质的特点，目前常用的成品油管道清管器主要有泡沫清管器、皮碗清管器、机械测径清管器、直板清管器、钢刷清管器和磁力钢刷清管器等。

2. 变形检测技术

变形检测器可以有效识别管道内径的变化，从而保证管体缺陷漏磁检测仪的顺利通过，主要包括通径检测器法、超声波法和管内摄像法等，目前应用最广泛的几何变形检测器属于通径检测器法。

通径检测器(caliper)，又称测径仪，可以检测出管道有效内径的几何异常现象，如凹坑、椭圆变形、内径的变化和弯管上的皱褶等，并确定其位置和程度。

常用通径检测器由两个半球形皮碗驱动，两皮碗之间有伞状测径杆及里程轮，伞状杆沿圆周分布，各杆均贴靠在管壁上，并随着管壁的几何形变发生偏移。若管壁有几何变形，如凹陷、不圆或褶皱，则变形处的各杆将产生位移，变形大则位移也大，里程轮可记下变形位置，然后通过电子仪器记录位移和里程数据。变形检测器如 7.10 所示。

图 7.10　变形检测器示意图

目前变形检测的新进展是研发电子测径仪，其尾部装有电磁场发射器，通过电磁波测出发射器与管壁之间的距离，并记录到存储器。将运行后的数据进行分析和显示就可以确定管道的变形量及位置。该通径检测器的优点是测量元件不与管壁直接接触，能减少机械故障，而且对管壁的清洁度要求不高。

3. 缺陷检测技术

针对成品油管道管体缺陷内检测的技术主要有漏磁内检测技术、常规超声内检测技术、电磁超声内检测技术及涡流内检测技术等。

1) 漏磁内检测技术(MFLPIG)

漏磁内检测技术是利用强磁铁对管壁进行磁化，磁传感器检测管道金属损失处产生的漏磁场，对管道特征点和金属损失的长度、宽度、深度进行识别。该技术是目前相对最成熟的一种内检测技术，应用面广，原油、成品油和天然气都可应用。

目前主要发展了三轴高清漏磁内检测技术、周向励磁漏磁内检测技术、三维脉冲漏磁内检测技术和旋转漏磁内检测技术等。三轴高清漏磁内检测器增加了探头中传感器的数量，能同时记录泄漏磁场的三维分量，可提高对缺陷位置、类型、形状和尺寸等的识别能力和测量精度。周向励磁漏磁内检测技术通过管道周向分布的磁化场对管壁进行检测，改变了管壁的磁场分布，提高了检测轴向缺陷的准确率。三维脉冲漏磁内检测技术是将具有一定占压比的脉冲电压(流)加载至激励线圈来实现对测试件的局部磁化，如果被测试件存在缺陷，其漏磁场发生变化，感应电压也随之变化。旋转漏磁内检测技术将周向漏磁技术和轴向漏磁技术相结合，解决了在检测深度浅、长而宽的金属损失缺陷的问题，提高了对狭长裂缝的检测精度。

漏磁内检测技术的优点是可检出成品油管道金属损失缺陷，准确识别出管道全线各种特征及管道历史修复记录。相对于其他检测技术，漏磁内检测技术不需要耦合剂，受外界干扰小，检测速度快，对体积型缺陷十分敏感，适用于管道中腐蚀缺陷的检测，更适合大面积、长距离的成品油管道的快速检测。

2) 常规超声内检测技术(UTPIG)

超声波传感器通常是指压电传感器(PZT)或电容式微加工传感器(CMUT)。随着超声波无损检测技术的发展，具有更多元件的复杂阵列探针的相控阵系统在工业环境中的使用越来越多，主要有三种类型：①采用压电传感器向紧密贴合的被测试件发射垂直波束，可以直接测量壁厚和金属损耗，也适用于点蚀检测；②使用压电换能器以角度束发出超声波，可以检测除凹坑裂纹之外的多数裂纹类型；③使用压电传感器发出垂直和倾斜角度的超声波，可以检测金属损耗和裂纹。该技术的优点是可以检测裂纹类缺陷，缺点主要是需要耦合剂，不适用于天然气管道，对清管的要求很高。

3) 电磁超声内检测技术(EMAT PIG)

1993 年，为解决压电超声耦合剂问题，GE-PII 公司采用电磁超声传感器技术开发出称为 EMAT PIG 的超声波探伤仪。与压电传感器相比，EMAT PIG 的主要优点包括在测量过程中不需要耦合剂和表面处理，并且可以产生多种模式的超声波。其缺点是 EMAT PIG 通常在几百伏电压下工作，同时能量转换效率也低于压电传感器。

4) 涡流内检测技术(EC PIG)

涡流(EC PIG)检测的优点包括可检测各种导电材料的缺陷，但涡流检测发射范围窄，覆盖面积有限，只能检测材料近表面缺陷。近年来，在远场涡流(RFEC)检测技术方面，开展了许多关于天然气管道裂纹检测和量化的研究工作，通过改进低频涡流可以穿透管道壁厚，主要缺点是对轴向裂纹敏感性较差。

以上内检测技术的优缺点比较如表 7.4 所示。

表 7.4 内检测技术比较

技术类别	优点	缺点	运行介质		工业化应用时间	备注
			气体	液体		
漏磁内检测技术	检测体积型缺陷 成熟技术	裂纹类缺陷不敏感； 对运行速度敏感	是	是	20 世纪 60 年代	
常规超声波内检测技术	可检测裂纹类和体积型缺陷	在天然气管道中需要耦合剂；对管道内壁环境清洁度要求高；存在信号噪声和识别问题	否	是	20 世纪 80 年代	通过比较分析，完善数据处理方法，可以降低信号/噪声和识别问题
电磁超声内检测技术	适用于液体或气体管道；可检测体积型缺陷或面型缺陷；不需要耦合剂，清管要求低	受检测速度制约；内检测供电能量转换效率低；存在信号噪声和识别问题	是	是	2003 年	适用于气体和液体管道的新技术
涡流内检测技术	不需要耦合剂，涡流检测装备通过能力强	对清管质量和管道内表面光洁度要求高；只能检测近表面缺陷	是	是	2007 年末	

7.2.2 漏磁内检测技术

漏磁内检测技术是目前应用最成熟、最广泛的管道缺陷全面检测技术。

1. *漏磁内检测原理*

漏磁检测法是建立在铁磁性材料高磁导率特性基础上的。铁磁性材料被外加磁场磁化后，若材料的材质是连续均匀的，则材料中的磁力线将被约束在材料中，磁通平行于材料表面，几乎没有磁力线从被检表面穿出，即被检表面没有磁场。但当材料中存在着切割磁力线的缺陷时，由于缺陷的磁导率很小，磁阻很大，磁力线将会改变途径，这种磁通的泄漏同时使缺陷两侧部位产生磁极化，形成所谓的漏磁场。漏磁检测法就是通过测量被磁化的铁磁性材料表面泄漏的磁场强度来判定缺陷的大小。

漏磁现象可以用缺陷附近磁导率 μ 和磁感应强度 B 的变化来解释。铁磁性材料的磁化强度和泄漏的磁力线强弱直接相关，在外磁场作用下，铁磁性材料的磁感应强度 B 与磁场强度 H 关系为 $B=\mu H$，磁导率 μ 为一个随 H 变化的量，所以 B 随 H 变化并不是线性变化，而呈现出非线性变化的磁特性曲线。铁磁性材料的典型磁特性曲线如图 7.11 所示。

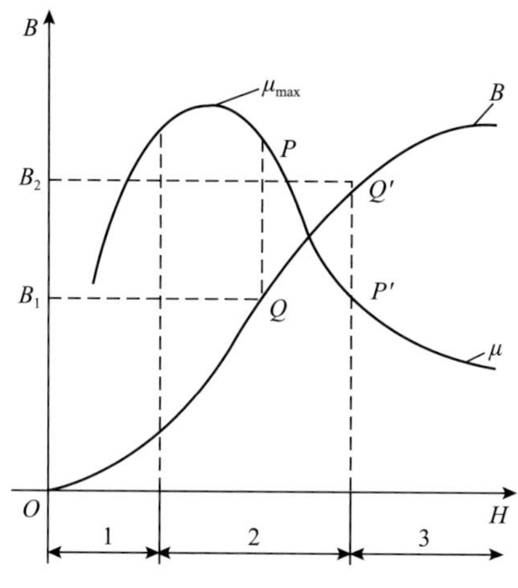

图 7.11　铁磁性材料的磁特性曲线

1、2、3 表示材料磁化过程中的三个阶段，分别为可逆磁化阶段、急剧磁化阶段、近饱和磁化阶段；B_1、B_2 分别为对应材料磁化到 Q 点、Q'点时的磁感应强度；μ_{max} 为最大磁导率，当磁感应强度从 Q 点到 Q'点时，磁导率急剧减小（P 点到 P'点）

漏磁内检测原理如图 7.12 所示。漏磁检测通过左侧磁轭上永磁铁(N 极出或 S 极回)→左侧钢刷→管壁→右侧钢刷→右侧磁轭上永磁铁(对应 S 极回或 N 极出)→筒体磁轭构成闭合磁回路，永磁铁进行管壁饱和磁化。如果管壁材质均匀或电磁特性未发生变化，则背底磁场指纹相对恒定；如果管壁材质不均匀或电磁特性发生变化，则漏磁曲线信号发生变化，产生畸变，形状取决于特征几何形状。多路主传感器阵列位于两磁极之间，用于检测漏磁信号，以识别特征的类型、形状和尺寸等信息。

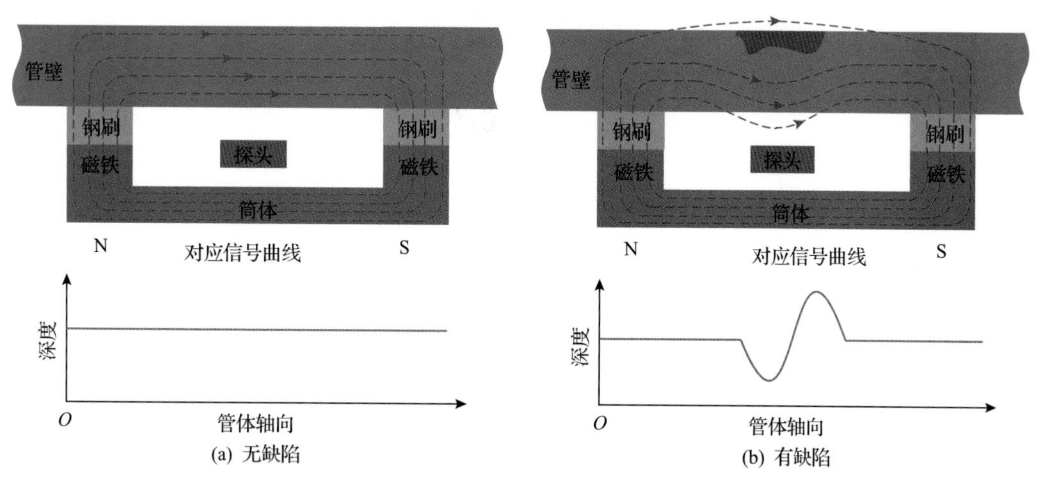

图 7.12　漏磁内检测原理图

漏磁内检测工作流程如图 7.13 所示，采集多路传感器信号并存储在内置计算机系统的硬盘中，离线模式下完成数据的读取，经过对信号的反演获取管道相关特征的类型、形状和尺寸等信息。

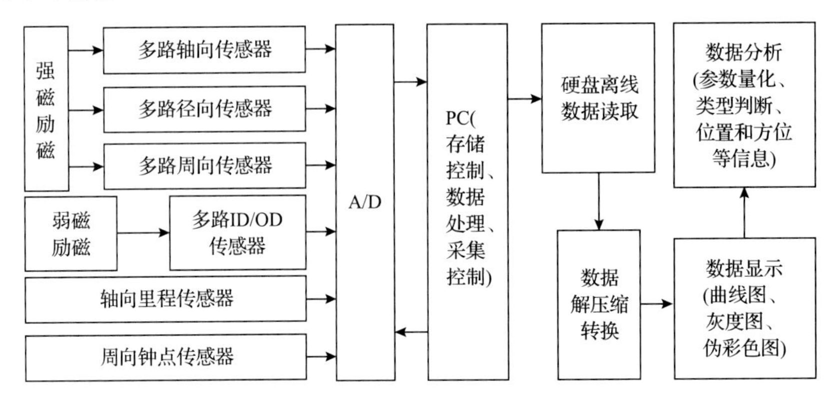

图 7.13 漏磁内检测工作流程图

2. 漏磁内检测系统

1) 系统构成

管道漏磁内检测系统由管道漏磁内检测器、里程标定装置和数据分析处理系统三部分组成。漏磁内检测器的结构如图 7.14 所示，其主要由电池驱动节(提供传感器采集和计算机工作电源、皮碗支撑和压差驱动)、永磁励磁节(管壁饱和磁化、探测金属损失和管道特征)和工控计算机节(控制和采集数据的存储)等部分组成，各部分通过转向节连接。

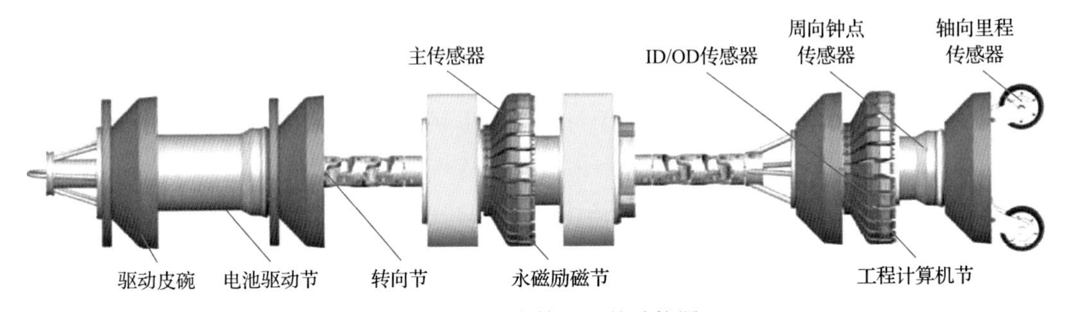

图 7.14 漏磁内检测器的结构图

管道漏磁内检测设备是多传感器集成系统，主要包括主传感器、ID/OD 传感器、轴向里程传感器和周向钟点传感器。每种类型的传感器具备不同的功能，多路三轴正交霍尔传感器(霍尔传感器是根据霍尔效应制作的一种磁场传感器)。阵列作为主传感器，检测管道在永磁励磁下的漏磁场指纹，用于识别特征的类型、形状、尺寸等信息；位于工控计算机节的霍尔传感器阵列作为 ID/OD 传感器，检测管道在弱磁励磁下的内壁漏磁场指纹，用于识别特征位置(管体的内壁或外壁)；位于尾部的里程系统中的多路开关型霍尔传感器作为轴向里程传感器，检测管道特征的里程信息；位于工控计算机节的重锤码盘作为周向钟点传感器，检测管道特征的圆周钟点位置信息。

2)选用原则

内检测器的选择时应考虑以下几方面。

(1)检测精度和检测能力，检出概率、分类和尺寸判定与预期相符。

(2)检测灵敏度，最小可探测异常尺寸小于期望探测的缺陷尺寸。

(3)类型识别能力，能够区分出目标缺陷类型。

(4)量化精度，足够用于评价或确定剩余强度。

(5)评价要求，内检测结果满足缺陷评价要求。

3. 缺陷信号特征

漏磁内检测器的主传感器(探头)是一类霍尔型传感器，采用周向360°紧贴管道内壁布置探头阵列，实现全圆周覆盖的数据采集，而每个探头采取三轴向正交的霍尔传感器布置，分别实现轴向、径向和周向的磁通量数据采集，确定各自方向绝对的漏磁场，依靠主传感器识别特征的类型、形状和尺寸等信息。

漏磁内检测器产生的漏磁特征信号的磁场是空间矢量场。轴对称管道，采用圆柱坐标系如图7.15所示。按照轴向、径向和周向三个方向正交布置霍尔传感器，测量的漏磁场指纹分别定义为轴向分量B_x、径向分量B_y和周向分量B_z。

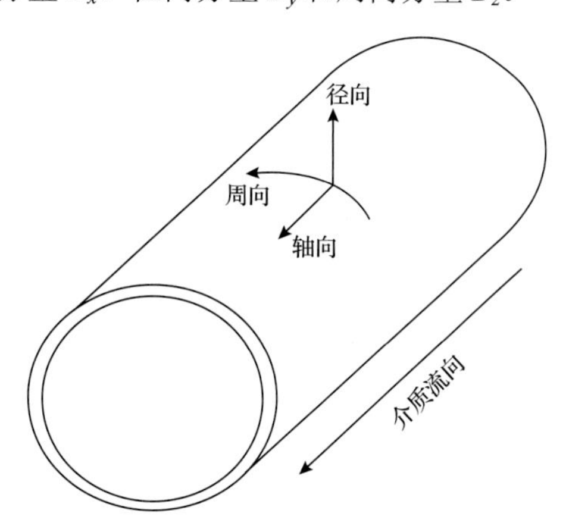

图7.15 管壁圆柱坐标系

轴向分量主要反映管壁感应的磁通密度，平行于管道轴心，缺陷中心处水平分量有极大值且左右对称，其有一个极大峰值和两个谷值，漏磁场指纹的轴向分量曲线如图7.16(a)的所示。轴向信号的数据分析，特征量选取B_x分量的波峰值与波谷值之差定义为B_x峰谷值($B_{xp\text{-}p}$)，$B_{xp\text{-}p}$与缺陷深度呈正比关系，能表征缺陷的深度特征，故$B_{xp\text{-}p}$用于评价特征的径向深度。

径向分量与管道轴心垂直，其关于缺陷中心对称且中心处为零，缺陷的左边缘处达到正的最大值，缺陷的右边缘处达到负的最大值，其有一个大小相等正负相反的峰值，漏磁场指纹的径向分量曲线如图7.16(b)所示。径向漏磁信号不能有效反映管壁磁化状态，但对传感器与管壁之间距离的变化最敏感。径向信号的数据分析，特征量选取B_y分量的正峰值与负峰值之差定义为B_y峰谷值($B_{yp\text{-}p}$)，其正峰值与负峰值间的轴向距离定

义为 B_y 峰峰间距值($S_{yp\text{-}p}$)，$B_{yp\text{-}p}$ 与缺陷深度呈正比关系，能表征缺陷的深度特征；$S_{yp\text{-}p}$ 与缺陷轴向长度呈正比关系，能表征缺陷的轴向长度。

周向分量具有两个峰值点、两个谷值点及两个反对称面，漏磁场指纹的周向分量曲线如图 7.16(c)的所示。周向信号的数据分析，特征量选取 B_z 分量的波峰值与波谷值的之差定义为 B_z 峰谷值($B_{zp\text{-}p}$)，检测到漏磁信号的探头个数及通道间隔是特征宽度量化的基础和主要特征，两者近似呈正比关系，故 $B_{zp\text{-}p}$ 用于评价特征的周向宽度。周向漏磁信号结合轴向分量和径向分量的测量结果，提高了缺陷宽度和长度的判定精度。

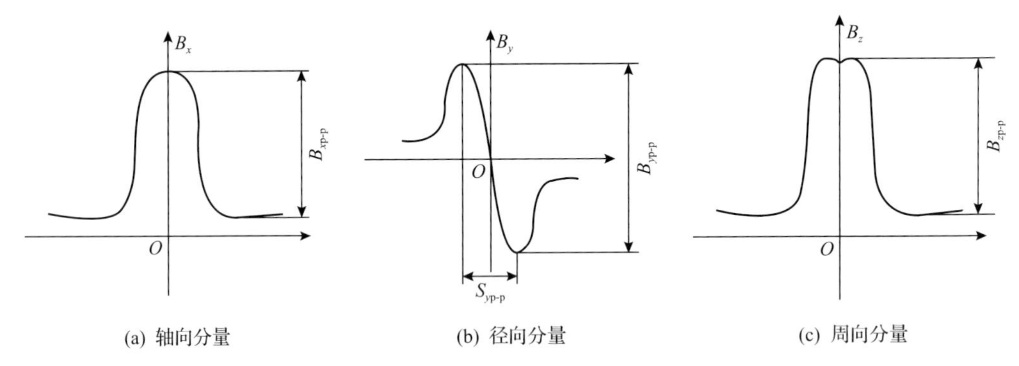

图 7.16 漏磁场指纹的信号分量示意

4. 设备性能指标

国内外管道工程中应用的漏磁内检测器一般情况下能够达到表 7.5 中的性能技术指标。

表 7.5 漏磁内检测器性能规格

轴向采样间距	2mm 以上，如检测器采样频率是固定的，则检测速度越高，间距越大
环向传感器间隔	8～17mm
检测精度	最小检测深度：10% wt 深度测量精度：10% wt
最小速度	感应线圈式为 0.5m/s；霍尔传感器无最小速度
最大速度	4～5m/s
长度、深度量化精度	均匀金属损失：最小深度 10% wt；深度量化精度±10% wt；长度量化精度±20mm。 坑状金属损失：最小深度 10% wt～20% wt；深度量化精度±10% wt；长度量化精度±10mm。 轴向沟槽：最小深度 20% wt；深度量化精度–15% wt～10% wt；长度量化精度±20mm。 周向沟槽：最小深度 10% wt；深度量化精度–10% wt～15% wt；长度量化精度±15mm。 轴向狭窄沟槽：最小深度可探测但无法准确报告。 周向狭窄沟槽：最小深度 10% wt；深度量化精度–15% wt～20% wt；长度量化精度±15mm。 与焊缝相关的腐蚀：焊缝附近时，最小深度 10% wt，深度量化精度±10% wt～20% wt；位于或穿过焊缝时，最小深度 10% wt～20% wt，深度量化精度±10% wt～20% wt
宽度量化精度(环向)	±(10～17)mm
定位精度	轴向(相对于最近的环焊缝)：±0.1m
	轴向(相对于最近的 AGM)：±1‰
	环向：±5°
置信水平	80%

目前，工程应用中比较先进的三轴漏磁内检测器能够区分管壁内部、外部缺陷，并且能够区分制造缺陷与一般金属损失，其性能规格如表 7.6 所示。

表 7.6　三轴漏磁内检测器性能规格

序号	精度指标	大面积缺陷(4A×4A)	坑状缺陷(2A×2A)	轴向凹沟(4A×2A)	周向凹沟(2A×4A)
1	检测阈值(90%检测概率)	5% wt	8% wt	15% wt	10% wt
2	深度精度(80%置信水平)	±10% wt	±10% wt	±15% wt	±10% wt
3	长度精度(80%置信水平)	±10mm	±10mm	±15mm	±12mm
4	宽度精度(80%置信水平)	±10mm	±10mm	±12mm	±15mm

注：*A* 为与壁厚相关的几何参数，当壁厚小于 10mm 时，*A* 为 10mm；当壁厚大于或等于 10mm 时，*A* 为壁厚。

5. 应用案例

某段成品油管道长度为 102.16km，规格为 Φ323.9mm×6.4mm，材质为 X52，输送介质为成品油(汽油、柴油)，运行压力小于 6.40MPa。按照标准流程对该段管道实施漏磁内检测，通过不同图表形式对内呈现缺陷检测结果。通过对比开挖验证的现场实际检测数据和内检测器检测的数据，确定内检测器获取的数据准确性。通过缺陷的类型和分布规律，简要分析缺陷的可能成因。

1) 内检测缺陷数据统计分析

各缺陷类型以内、外金属损失为主，其中外部金属损失缺陷占绝对多数；在焊缝缺陷方面，全部为环焊缝缺陷。在 60～63km、90～102km 区间的内部金属损失数量相对较多。在 68～91km 区间的外部金属损失数量相对较多，内部金属损失数量与外部金属损失数量无明显关联。详见图 7.17 不同深度金属损失里程分布。内、外部金属损失在管道整个环向上分散分布。外部金属损失数量最大在钢管的 10 点钟到 1 点钟范围内，内部金

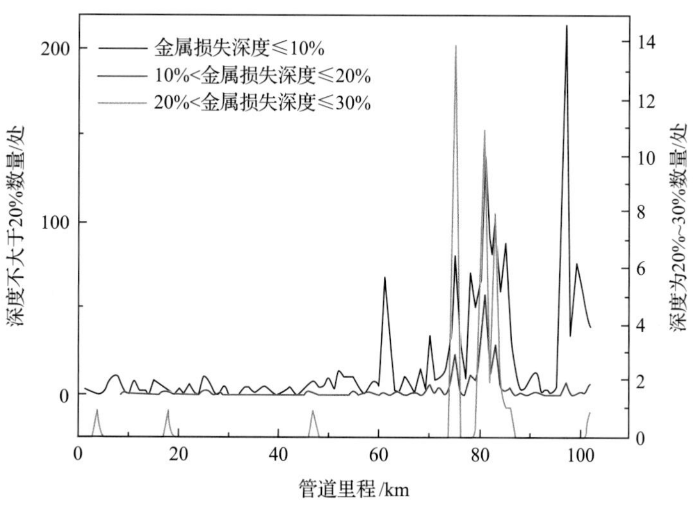

图 7.17　不同深度金属损失里程分布图

属损失数量最大在钢管的6点钟到7点钟范围内。环焊缝异常主要集中在35～40km段，其中38～39km段环焊缝异常数量最多。凹陷变形的里程分布规律不明显，在环向上主要分布于钢管的3点钟到9点钟范围的管道下圆周部分。

2) 内检测数据准确性分析

经开挖验证两处内部金属损失点，对比检测数据，两处内部金属损失尺寸实证误差在仪器精度范围内，表明验证点处内部金属损失的检测数据是准确的。两处变形开挖验证都是由管道底部支撑横梁抵压所致，并已经修复。

3) 内检测缺陷成因分析

内部金属损失主要集中在管道底部，且没有呈现明显的周期性，一般情况不是制造缺陷，较大可能为内腐蚀，产生的主要原因可能是存在水等电解质而产生的内部腐蚀。

凹陷变形可能主要为施工下沟回填时受到外部硬物挤压造成。焊缝异常产生原因较大可能性是发生了内外部腐蚀，也可能是焊接过程产生了焊接缺陷。

7.3 管道腐蚀外检测技术

管道腐蚀外检测技术分为开挖检测技术和非开挖检测技术。在开挖状态下，可以开展土壤的腐蚀性、防腐层剥离和漏点等与腐蚀关系紧密的检测工作，也可以检测管道本体缺陷。在非开挖状态下，可以开展防腐层破损和阴极保护状态等检测，这在本书第2章和第3章中已进行详细介绍。本节主要介绍开挖状态和非开挖状态下的管道本体缺陷检测技术。由于非开挖管体缺陷检测技术的成熟度和检测精度还有待提高，应对非开挖检测发现的风险点进行开挖验证，进一步评价非开挖检测结果的有效性。

7.3.1 开挖腐蚀检测技术

1. 管体损伤常规检测技术

对土壤腐蚀性和防腐层状况进行检测后，需对管体的损伤进行直接检测。常规的检测方法有宏观检查、测厚仪测量、卷尺测量、千分尺测量和深度仪测量，测量记录管体损伤的长、宽、深、钟点位置、损伤类型、腐蚀产物的颜色、腐蚀类型及管道的剩余壁厚。

2. 三维激光扫描技术

三维激光扫描技术原理：利用激光测距，记录被测物体表面大量密集点的信息，包括三维坐标、纹理和反射率等，然后快速地构建出被测物体的三维模型及线、面、体等各种图件云数据。管体变形和腐蚀的三维扫描通常用手持式三维激光扫描系统，如图7.18所示，其基本构成为一个激光发生器和两个工业电荷耦合器件(CCD)图像传感器，扫描时三束激光线交叉打到被测物体表面，两个工业CCD镜头来捕捉激光线在物体表面发生的形变量，并通过软件计算得到物体表面的实时三维形貌，同时CCD完成目标点的定位和数据的拼接以获取完成的曲面数据，生成最终的三维模型。将生成的三维模型导入特定的软件模块，采用软件工具对管体的变形量及腐蚀程度进行测量。

图 7.18　手持式三维激光扫描示意图

3. 超声波 C 扫描检测技术

超声波 C 扫描技术(C-SCAN)是将超声检测与微机控制集合在一起的技术。便携式声定位 C 扫描智能超声检测系统是一套集检测跟踪、数据记录和缺陷成像显示于一体的数字式声定位 C 扫描超声检测系统，能够检测一个面的管体腐蚀，通过探头的移动及仪器上自带的声定位系统，对整个面进行壁厚检测，最后以不同颜色显示整个面的腐蚀情况(图 7.19)。仪器示波屏代表被检工件的投影面，这种显示能绘出缺陷的水平投影位置，但不能给出缺陷的埋藏深度。

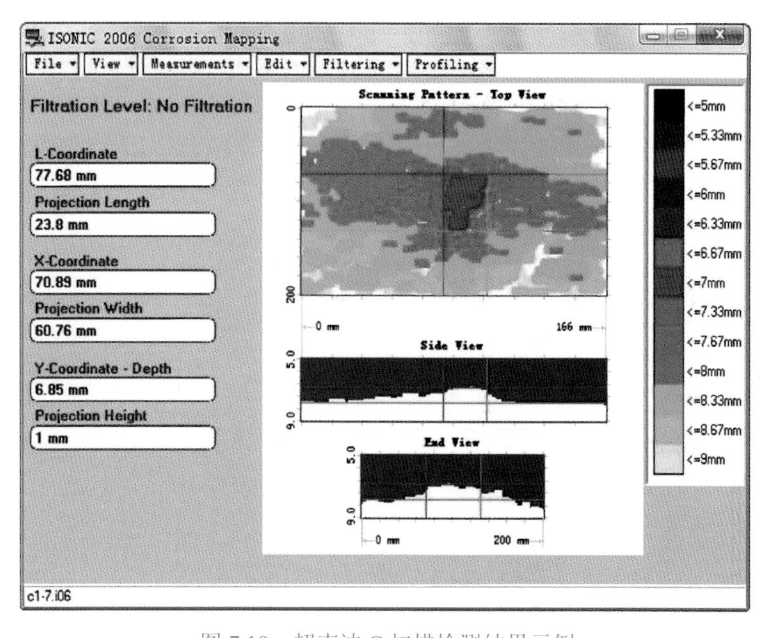

图 7.19　超声波 C 扫描检测结果示例

4. 漏磁外检测技术

漏磁检测分为漏磁内检测和漏磁外检测，两者检测原理基本相同，漏磁检测原理及内检测已在 7.2.3 节中介绍过，这里不再赘述。漏磁外检测适用于外径不小于 38mm，壁厚不大于 20mm 的铁磁性无缝钢管。其通过人工扫查或自动扫查的方式，检测管道扫查区域内的体积型缺陷、开口型裂纹等，检测灵敏度不低于壁厚的 20%。漏磁外检测常见设备如图 7.20 所示，主要用于体积型缺陷检测，也可用于表面裂纹检测，但由于漏磁磁化的方向性，必须采用正交扫查来确保裂纹的检出，而且检测效率较低，一般不推荐用漏磁检测裂纹。

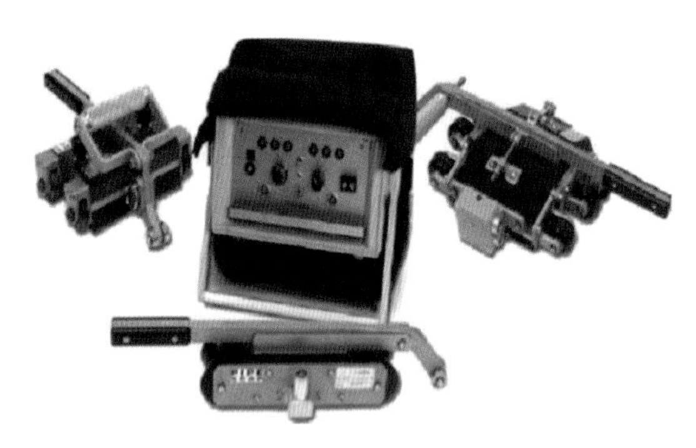

图 7.20　漏磁外检测设备

5. 电磁超声检测技术

电磁超声检测技术也称为涡流-声检测，其基本原理见 7.1.3 节所述，超声波源基于作用力的分力方向(水平分量与垂直分量)可以同时激发出纵波与横波，其频率与通入交变电流的频率相同，改变高频脉冲电流的频率即可改变电磁超声波的频率。

接收超声波是上述过程的逆过程，即管道中的超声发射回波导致质点在恒定磁场中振动，就会产生感应电流，使配置在导电工件表面上的检测线圈中有感应电势产生，即可作为接收信号，其频率与接收到的超声波有相同的频率，大小则随着磁场的增大而增加。接收信号被仪器接收、放大并显示，达到检测金属材料中有无缺陷的目的，同样可以按压电超声检测的方法判定缺陷的大小、性质。

具体的涡流-声换能器结构如图 7.21 所示，利用直流线圈和铁芯产生外加恒磁场，利用激磁线圈在导电体中产生涡流，利用检测线圈产生的感应电动势作为接收信号。这种结构的换能器在导电工件中激发出超声波用于检测。

与传统超声检测技术相比，电磁超声具有精度高、不需要耦合剂、非接触及容易激发各种超声波形等优点，但该技术的换能效率要比传统压电换能器低 20～40dB，高频线圈与工件间隙也不能太大。

6. 超声导波检测技术

超声导波检测的基本原理：在无限均匀介质中传播的波称为体波，分为纵波和横波，它们以各自的特征速度传播，而无波形耦合。据观测，纵波的速度约为横波速度的两倍。若一个无限空间被平行于表面的另一个平面所截，从而使其厚度方向成为有界的，这就构成了一个无限延伸的弹性平板。位于板内的纵波、横波将会在两个平行的边界上产生

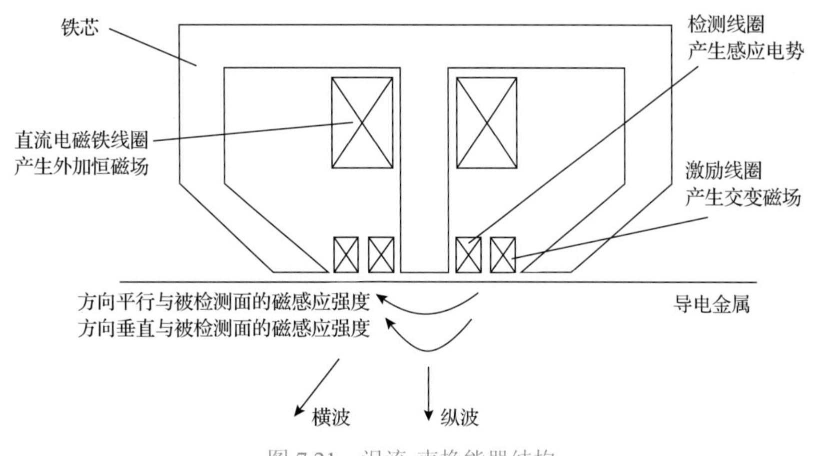

图 7.21　涡流-声换能器结构

来回的反射而沿平行板面的方向行进。这样的一个系统称为平板超声波导。目前，世界上用于长距离管线腐蚀检测的超声导波检测技术主要有两种：一种是以传统压电晶片的压电效应为基础的多晶片探头卡环式超声导波检测系统；另一种是以铁磁性材料的磁致伸缩效应及其逆效应为基础的条带式超声导波检测系统。

利用导波进行无损检测的最大优点是检测效率高，导波能在裸露管道中传播至少100m 以上，在几秒之内就能完成基于时域信号接收的整个管道的检测。但对于埋地的成品油管道，受到土壤、输送介质和地形等的影响，根据工程经验，通常传播距离不超过50m。导波检测的另一优点是只需局部贴近试件，例如，管道端部或管道上的某一小区域，这可应用于只能在有限范围内贴近试件的管道检测。根据现场经验，虽然超声导波检测技术有众多优点，但是用于成品油管道管体腐蚀开挖直接检测仍有局限性，因为导波沿管道传播，在进入土壤后会被土壤及防腐层吸收。

7. 涡流检测新技术

涡流检测技术利用电磁场在管道内部传输中产生的涡流现象进行缺陷检测。目前，在传统涡流检测技术的基础上发展演化出了远场涡流、阵列涡流和脉冲涡流三种新技术。

(1) 远场涡流技术：采用穿过式探头(图 7.22)，检测线圈与激励线圈分开，且二者的距离是管道内径的 2～3 倍。由激励线圈产生的电磁能量穿出管壁，然后沿外壁扩散，最后进入管壁内感应到检测线圈上。远场涡流技术克服了常规涡流受集肤效应的影响，能有效地检测管壁内、外表面缺陷，且很少受提离、偏心等外界的干扰，它不仅适用于铁磁性钢管，也适用于非铁磁性钢管。

(2) 阵列涡流技术：阵列涡流主要用于测试管体腐蚀形貌，它是利用交流电加载在多组传感线圈上，传感线圈产生的交变磁场穿透管道，会在管道中产生感应电流，管道腐蚀部位的金属损失使管道与传感线圈组的间距增大，从而导致电磁场耦合强度发生变化，以此来探测腐蚀坑的深度。

(3) 脉冲涡流技术：脉冲信号源产生具有一定占空比的方波加到激励线圈两端，则激励线圈中就存在周期的宽带脉冲电流，激励线圈中的脉冲电流感生出一个快速衰减的脉冲磁场(源场)，变化的磁场在导体试件中感应出瞬时涡流(脉冲涡流)，该脉冲涡流向导

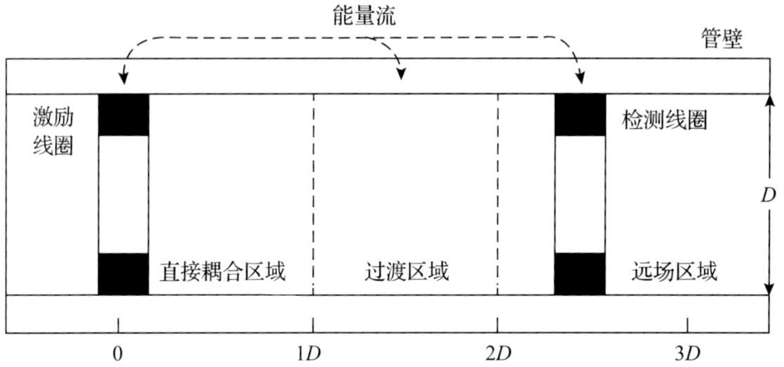

图 7.22 远场涡流检测示意图

体试件内部传播，又会感应出一个快速衰减的涡流磁场(涡流场)，随着涡流磁场的衰减，检测线圈上就会感应出随时间变化的电压(瞬态感应电压)。如果导体试件中有缺陷存在，就会使感应磁场强度发生变化，对涡流分布和检测线圈上的瞬态感应电压产生影响。通过测量瞬态感应电压信号，得到有关缺陷的尺寸、类型和结构参数等信息。

8. 低频电磁检测技术

低频电磁检测利用仪器激发探头在管壁上输入一个低频率电磁信号(碳钢检测时，电磁频率通常为 10Hz)，当遇到缺陷时，探头接收到的信号将发生改变，从而发现缺陷，并根据信号特征对缺陷进行定量。低频电磁检测系统技术原理如图 7.23 所示，由电磁激励部分和信号拾取部分(P_1)构成。低频激励电流 I 流经线圈 W，所产生磁通 $\Phi_j=\Phi_i+\Phi_k$。其中，磁通 Φ_j 为主磁通；Φ_i 为线圈内磁通量；Φ_k 为空间闪射的漏磁通。一个高灵敏度的平衡检测元件，置于 Φ_k 分布对称的位置上，当试件内部无缺损时，P_1 给出的信号为零。当扫描缺陷进入系统的响应区时，因缺陷对主磁通 Φ_j 的扰动而使 Φ_k 出现非对称分布，由此产生失衡信号，经数据分析得到缺陷信息。

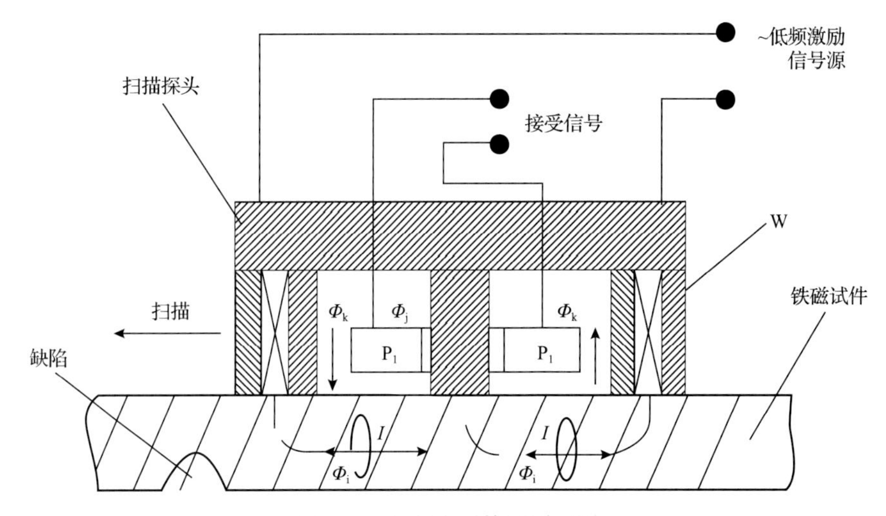

图 7.23 低频电磁检测原理图

低频电磁技术能够从管道的外表面探测管子的内表面、外表面及管子中间的缺陷并确定缺陷大小，尤其对管壁内表面的缺陷检测具有较大的优势。在管道实际检测中效果良好，结合超声测厚等传统手段，可提高检测的可靠性和准确性。

7.3.2　非开挖腐蚀检测技术

针对埋地钢质管道管体腐蚀缺陷非开挖腐蚀检测技术目前主要有三种：瞬变电磁检测技术(transient electromagnetic method，TEM)、磁力层析检测技术(magnemetric tomography method，MTM)及多频电磁检测技术(multi-frequency electromagnetic detection technology，NO-PIG)。这些方法的主要技术优势是可实现对不具备内检测条件的埋地金属管道实施非开挖管体腐蚀检测，但整体技术成熟度不高，检测精度还有待研究改进。

1. *磁力层析检测技术*

磁力层析检测技术是将金属磁记忆效应与层析方法有机结合的一种无损检测方法。该方法不需要外加激励源的被动式检测方法，其检测原理为管道存在缺陷时(管道磁导率发生变化)会影响地磁场对管道的磁化效果，最终表现为管道周围磁场强度的大小差异，因此通过分析在地表采集记录的管道周围磁场指纹实现对管道缺陷的检测。图 7.24 为 MTM 检测实施过程图。当管道内部渗入磁导率低于管材本身的杂物、管道存在金属减少及管道存在应力集中时，管道周围的磁场强度将减小；当管道内部渗入磁导率高于管材本身或管道壁厚变厚时，管道周围的磁场强度将增大。目前，磁力层析检测技术主要用来检测发现管道中的应力异常部位。

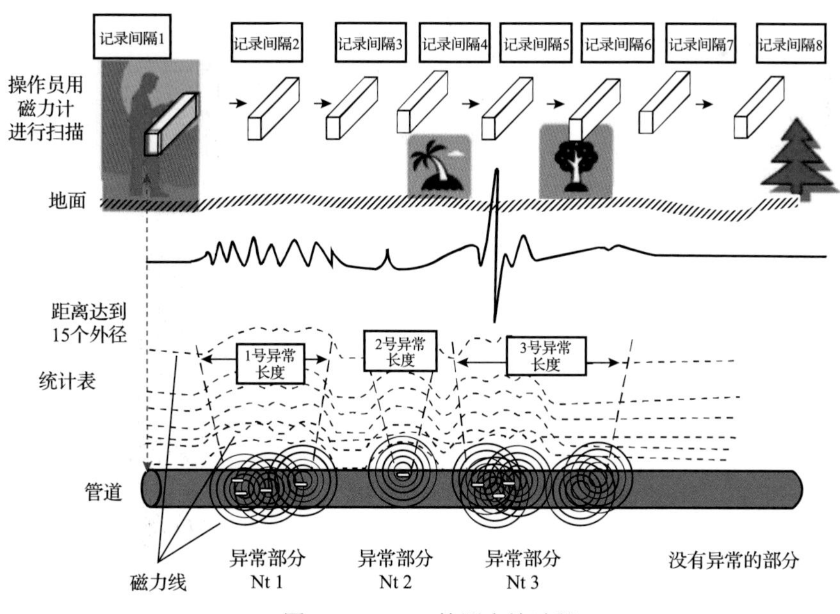

图 7.24　MTM 检测实施过程

技术的优点及局限性如下所述。

(1)优点：对应力集中较敏感，理论上可识别 300μm 以上的裂纹缺陷。

(2)局限性：检测结果容易受环境干扰的影响，需要提前确定管道位置及埋深，不能区分管道的内、外壁缺陷，不能实现对缺陷的准确量化。

2. 瞬变电磁检测技术

瞬变电磁法最早在地质探测工程中被用于寻找金属矿产，20 世纪 90 年代，李永年①将其应用到埋地钢质管道缺陷检测上。瞬变电磁管道缺陷检测设备主要包含信号发射线圈、信号接收线圈、信号控制及存储装置，如图 7.25 所示。检测实施时通过突然断开施加在信号发射线圈的恒定电流形成一个阶跃的磁场指纹(脉冲磁信号)，由于金属管道与管道周围土壤的电性能存在差异，金属管道会产生一个强度远超土壤的感应二次磁场指纹，当金属管道的壁厚存在差异时，管道产生的二次感应磁场指纹会发生异常(管壁变薄相应的二次磁场指纹变弱)，利用地表的信号接收线圈将变化的磁场指纹转变成电压信号进行存储。通过对检测数据的处理和分析实现对埋地金属管道腐蚀缺陷的检测。技术的优点及局限性如下所述。

(1)优点：探测深度大，检测工作简单。

(2)局限性：检测实施时结果容易受环境电磁信号的干扰；检测结果只能显示某一区域的平均壁厚，不能精确量化缺陷数量及缺陷深度；不能够区分缺陷位于管道内壁或外壁。

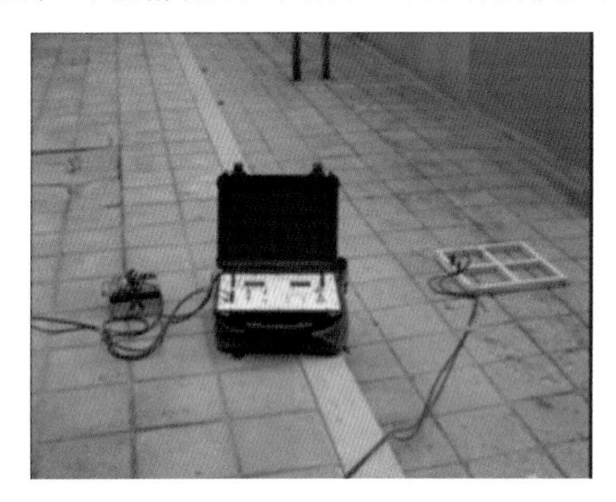

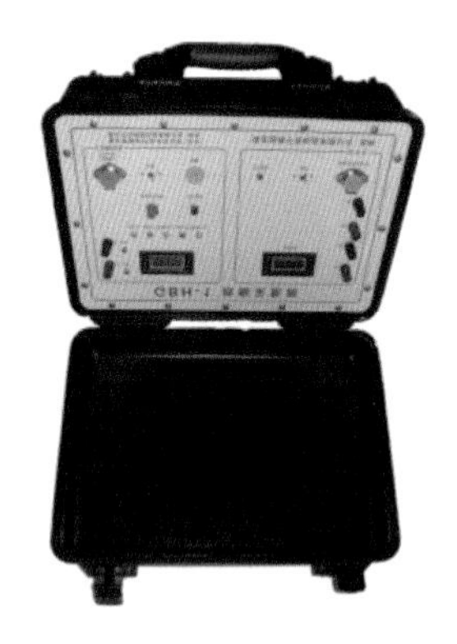

图 7.25 瞬变电磁检测设备

3. 多频电磁检测技术

多频电磁检测技术通过人工在管道上施加多频交变电流，在地表利用磁场传感器及记录装置采集地表的多频磁感应强度值，通过对数据处理分析可以确定管道位置、管道防腐层破损情况及管道腐蚀情况。检测装置由多频电流激励源、电缆回路及地面接收装置组成，检测装置如图 7.26 所示。该技术可以通过对管道周围进行电磁场干扰调查，进而在施加电流频率时能够有效避开干扰信号的频率，提高检测结果的可靠性。

多频电磁检测技术于 1998 年由德国 N.P. Inspection Services 公司提出，并在现场进行了一定程度的应用。该技术于 2006 年获得了南德意志集团的技术认证，认证的技术指标如表 7.7 所示。目前，国内该技术尚处于起步阶段，还没有成熟的设备，未实现工程化应用。

---

① 李永年. 腐蚀检测技术与监测评估方法科研报告. 保定：中国冶金地质总局地球物理勘查院。

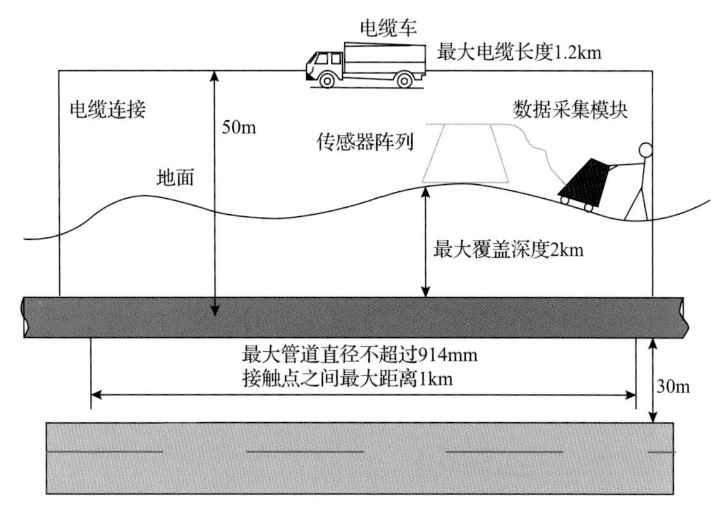

图 7.26　多频电磁检测技术示意图

表 7.7　NO-PIG 技术指标

		参数值
检测管径/mm		25～406
检测最大壁厚/mm		10
管道最大埋深/mm		2000
检测缺陷规格(POD＞96%)	缺陷长度/mm	≥50
	缺陷宽度/mm	≥50
	缺陷深度	≥50% wt
	检测阈值	＞20% wt

NO-PIG 技术的优点及局限性如下。

(1) 优点：通过对检测数据的分析可以确定管道位置、管道内/外壁腐蚀情况及管道防腐层破损情况，无需单独进行管道位置及防腐层破损情况的检测，使检测更加经济；多频电磁检测技术可以区分腐蚀缺陷位于管道内壁或外壁及实现对缺陷深度的量化；经比较，比磁力层析检测技术的可靠性高。

(2) 局限性：采集记录装置体积较大，需要管道上方无较大杂物；当管道上存在金属搭接物或管道同沟铺设时，可能会对检测效果产生影响；检测效率不太高(1d 检测管道长度约 1km)。

7.4　成品油管道腐蚀直接评价技术

7.4.1　成品油管道腐蚀直接评价概述

成品油管道直接评价技术可以基于管道腐蚀的外检测结果对管道的腐蚀状况进行评价。管道直接评价(direct assessment，DA)是由美国石油协会(API)和美国机械工程师协会(ASME)公认的三种管道完整性评价方法之一，用于处理管道外部腐蚀、内部腐蚀和应力腐蚀开裂等问题。与基于内检测和压力测试的完整性评价方法相比，直接评价作为一种管道“不停输”的完整性评价方式，有效解决了既不能进行内检测，也不能进行压力试验条件下管道的完整性评价问题[47]。直接评价本质上是结构化的评价流程，管道腐蚀直接评价主要分为外腐蚀直接评价、内腐蚀直接评价和应力腐蚀开裂直接评价，针对每种类型的评价都包括了预评价、间接检测、直接检测和后评价四项评价流程，其方法小结如表 7.8 所示。

表 7.8　直接评价方法小结

评价方法	预评价	间接检测	直接检测	后评价
内腐蚀直接评价(ICDA)	设计与施工，操作与维护，腐蚀调查记录和液体分析报告及检验报告	多相流预测，绘制高程图并确定可能存在内部腐蚀的位置	对管道进行开挖和详细检查，确定是否发生了因内部腐蚀而造成的金属损失	分析前三个步骤收集的数据，评价 ICDA 流程有效性并确定再评价周期
外腐蚀直接评价(ECDA)	设计与施工，操作与维护，腐蚀调查记录，地上检查记录及检查报告	在管道上使用了多个间接检测方法进行现场检测	将开挖检测数据与历史数据相结合，识别和评价外部腐蚀对管道的影响	分析前三个步骤中收集的数据，评价 ECDA 的有效性并确定再评价周期
应力腐蚀开裂直接评价(SCCDA)	操作和维护历史记录，腐蚀调查记录，地上检查记录，资料和检查报告	密间隔电位检测(CIPS)数据，直流电压梯度(DCVG)数据以及土壤类型，地形和排水条件调查	现场验证在前两个步骤中选择的开挖点。如果检测到 SCC，数据可用于后评价和预测模型开发	分析从前三个步骤收集的数据，确定是否需要补充，并评价 SCCDA 方法的有效性

美国腐蚀工程师协会(NACE)制定了管道直接评价标准化的流程，包括《管道外腐蚀直接评价方法(Standard Practice Pipeline External Corrosion Direct Assessment Methodology)》(NACE SP0502-2010)、《液体石油管道内腐蚀直接评价方法(Internal Corrosion Direct Assessment Methodology for Liquid Petroleum Pipelines)》(NACE SP0208-2008)、《管道多相流内腐蚀直接评价(MP-ICDA)方法(Multiphase Flow Internal Corrosion Direct Assessment (MP-ICDA) Methodology for Pipelines)》(NACE SP0116-2016)以及《应力腐蚀开裂直接评价方法(Stress Corrosion Cracking Direct Assessment Methodology)》(NACE SP0204-2015)。除此之外，NACE 先后还发布了一系列标准，对于提高 ECDA 的有效性起到了很好的支撑作用，如《埋地或地下水金属管道上密间距和直流电压梯度测量》(NACE SP0207-2007)提出了 CIPS 和 DCVG 检测流程及技术要求，《地下管线防腐层状况评价的地面检测技术》(NACE TM0109-2009)提出了间接检测技术的操作流程和数据分析方法，《管道外腐蚀确认直接评价(Pipeline External Corrosion Confirmatory Direct Assessment)》(NACE SP0210-2010)提出了综合运用多个指标、多种因素评估和判断外腐蚀风险的流程。

目前，国内通过非等效采标 NACE 相关标准，建立了《钢质管道及储罐腐蚀评价标准　第 1 部分：埋地钢质管道外腐蚀直接评价》(SY/T 0087.1—2018)、SY/T 0087.2—2012、SY/T 0087.4-2016 等以间接检测为核心的腐蚀直接评价技术规程。国内 GB/T 30582—2014、《输油管道内腐蚀外检测方法》(GB/T 34350—2017)、《埋地钢质管道应力腐蚀开裂(SCC)外检测方法》(GB/T 36676—2018)等为腐蚀直接评价也提供了检测技术支撑。例如，SY/T 0087.1—2018 采用综合指标评价，用风险矩阵的思路将土壤腐蚀性、防腐层破损程度、阴极保护水平和杂散电流干扰程度等单一指标进行组合，以综合评估外腐蚀风险，确定开挖调查的优先级，完善了直接评价思路，较好地指导和推动了中国油气管道外腐蚀检测工作的开展，在工程实践中积累了大量宝贵经验。但国内的直接评价标准尚未完全解决检测技术的规范性问题，检测技术适用范围受限，评价指标可操作性还有待提升。

7.4.2 管道内腐蚀直接评价方法

目前，对成品油管道进行内腐蚀直接评价主要采用液体石油管道内腐蚀直接评价方法是 LP-ICDA (liquid petroleum internal corrosion direct assessment) 和 SY/T 0087.2—2012，依据文献[48]和 NACE SP0208: 2008 的具体评价步骤如下。

1. 预评价

预评价的主要目的是收集数据，分析内腐蚀直接评价的可行性。选择间接检测工具及划分评价单元：①管道运行历史，如投产日期、输送介质类型、流向等；②管道设计相关数据，如管材数据(包括公称外径、壁厚等)、最大运行压力等；③液态水相关数据，如水分干扰的频次、属性、包括体积等；④液态石油中水和固体的含量，如实验室分析结果；⑤H_2S、CO_2、O_2 存在与否及含量；⑥运行参数，例如，正常输送时出入口最大最小流速，同时需考虑典型低输量和停输周期，以及典型运行温度；⑦管道高程，必须选择精度高的设备确保测量精度；⑧内腐蚀失效历史，如内腐蚀失效位置、潜在原因等；⑨已记录的内腐蚀数据，如内检测或外观检查发现的内腐蚀的位置、严重程度等；⑩内腐蚀缓解措施，如内涂层分布位置、化学试剂注入位置、类型和注入方法等；⑪微生物等已知内腐蚀原因。

2. 间接检测

间接检测的目的是识别每个区间最有可能发生内腐蚀的位置。利用多相流模型进行模拟分析，评价内腐蚀发生的可能性及在管道沿线的分布。通过油水分离临界角计算、原位水流速计算及固体积聚风险分析，对管段进行间接评价，确定开挖检测的位置。

在成品油管道中，只有油品中的水分离出来与管道表面接触，才会产生腐蚀风险。为了形成油包水的形态，最大液滴尺寸 d_{max} 必须小于临界液滴尺寸 d_{crit}。当液滴尺寸大于临界液滴尺寸时，液滴在流动过程中可能形成连续相或液膜等。临界液滴尺寸计算方式如下：

$$\frac{d_{crit}}{D} = \min\left(\frac{d_{cd}}{D}, \frac{d_{c\sigma}}{D}\right) \tag{7.8}$$

式中，d_{crit} 为临界液滴尺寸，mm；d_{cd} 为受重力作用时的临界液滴直径，mm；$d_{c\sigma}$ 为受变形、挤压作用时的临界液滴直径，mm；D 为管道直径，mm。

当管道倾斜角较小时，重力对临界尺寸的影响较大。在稠分散系中，重力作用下临界尺寸的计算方式如下：

$$\frac{d_{cd}}{D} = \frac{3}{8}\frac{\rho_o}{\Delta\rho}\frac{fv_o^2}{Dg\cos\theta} = \frac{3}{8}f\frac{\rho_o}{\Delta\rho}Fr \tag{7.9}$$

式中，ρ_o为油相密度，kg/m^3；v_o为油相速度，m/s；g为重力加速度，9.81m/s^2；f为摩擦因素；$\Delta\rho$为油水两相密度差，kg/m^3；Fr为弗劳德数。

变形、挤压作用下临界液滴尺寸的计算方式如下：

$$\frac{d_{c\sigma}}{D}=\frac{0.4\sigma}{|\rho_o-\rho_w|gD^2\cos\theta} \tag{7.10}$$

式中，σ为界面张力，N/m；ρ_w为水相密度，kg/m^3。

根据 NACE SP0208-2008 标准，在稀分散液体系中，最大液滴尺寸计算方式如下：

$$\frac{d_{max}}{D}=1.88\left[\frac{\rho_w(1-\varepsilon_w)}{\rho_w}\right]^{-0.4}\left(\frac{\rho_o D v_o^2}{\sigma}\right)^{-0.5} \tag{7.11}$$

式中，d_{max}为最大液滴尺寸，mm；ε_w为含水量；σ为水表面张力，N/m。

3. 直接检测

直接检测的目的是采用检测的方法进一步分析管段有可能发生腐蚀的区域，利用获得的数据，对整个区间进行全面的风险评价。详细的检查过程如下。

(1) 根据 NACE SP0208-2008 开挖流程，选择开挖位置后，进行开挖和详细检测。

(2) 对每个子区有最大腐蚀概率的位置开展详细检查，必须在连续检查两处位置均未发现腐蚀，才可结束评价。

(3) 开挖详细检查：依据 NACE SP0208：2008 选择的位置进行详细的管道环向壁厚超声波测量，确定内腐蚀情况，依据 ASME B31G-2012 对管段缺陷处进行剩余强度评价。

4. 后评价

后评价的目的是评价内腐蚀直接评价的有效性和确定再评价周期。如果最大腐蚀概率的地方不存在金属损失，则大部分管道不存在腐蚀风险。如果存在大面积腐蚀，则应重新评价水和固体腐蚀性杂质的输送特征。后评价还应根据详细检查结果，计算确定该管段剩余寿命。NACE SP0208-2008 建议将管道剩余寿命的一半作为最大再评价周期。同时，对于采用规范的完整性管理的检查和评价，再评价周期应符合《危险液体管道的管理系统完整性(Managing System Integrity for Hazardous Liquid Pipelines)》(API 1160-2019) 中给出的完整性评价间隔相关要求。后评价记录应当包括如下数据和结论：剩余寿命的计算结果、最大剩余缺陷尺寸、腐蚀增长速率、再评价周期、评价 LP-ICDA 有效性的准则以及应该获取的监测数据等。

ICDA 的评价流程如图 7.27 所示。

7.4.3 管道外腐蚀直接评价方法

目前，对成品油管道外腐蚀直接评价，NACE 制定的 NACE SP0502-2010 中详细介绍了管道外腐蚀的检测和评价方法。我国也发布了 GB/T 30582—2014 和 SY/T 0087.1—

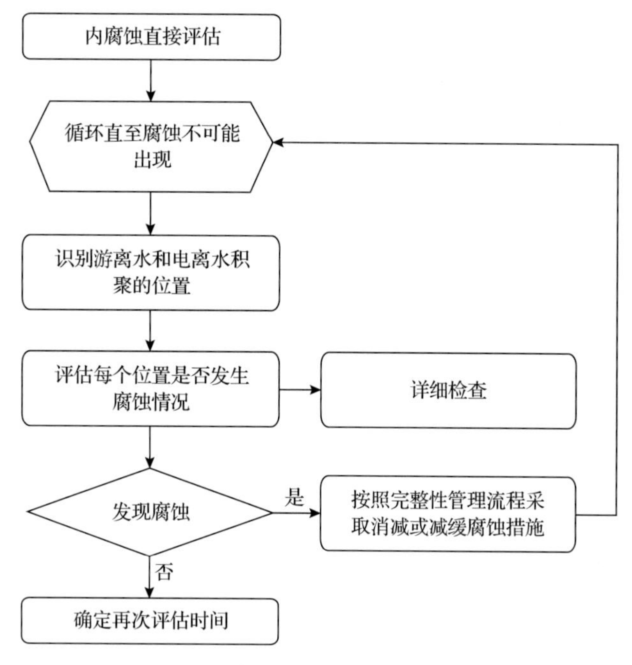

图 7.27　管道内腐蚀直接评价流程

2018，针对 ECDA 的结构化操作进行了规定。相比内腐蚀，直接评价的方法大体上相同，也包括预评价、间接检测、直接检测、后评价 4 个步骤，但具体操作过程有一些不同，主要区别在于内腐蚀直接评价是通过模拟软件来预测积水和可能发生腐蚀的位置，而外腐蚀直接评价基本借助外检测工具确定腐蚀区域。

外腐蚀直接评价流程如图 7.28 所示。

1. 预评价

外腐蚀直接评价在预评价阶段主要包括 4 部分：收集历史数据(管道的原始资料、管道周围环境状况、管道防腐层和阴极保护状况、破损点破损程度等)、ECDA 的可行性评价、间接检测工具的选择和评价单元划分。收集数据部分与内腐蚀类似，不做过多介绍。

间接检测方法的选择极为重要，主要包括密间隔电位测量法(close-interval potential survey，CIPS)、电位梯度法(ACVG/DCVG，AC/DC voltage gradient method)、皮尔逊方法(Pearson method)和交流电流衰减法等。

上述检测方法不适用于非磁性材料，检测前还应参考以下因素考虑 ECDA 的可行性及检测方法的选择。

(1)防腐层引起的电屏蔽的部位。

(2)较大石块、碎石回填的管段。

(3)沥青路面、结冻地面和钢筋混凝土地面。

(4)附近有埋地金属结构的位置。

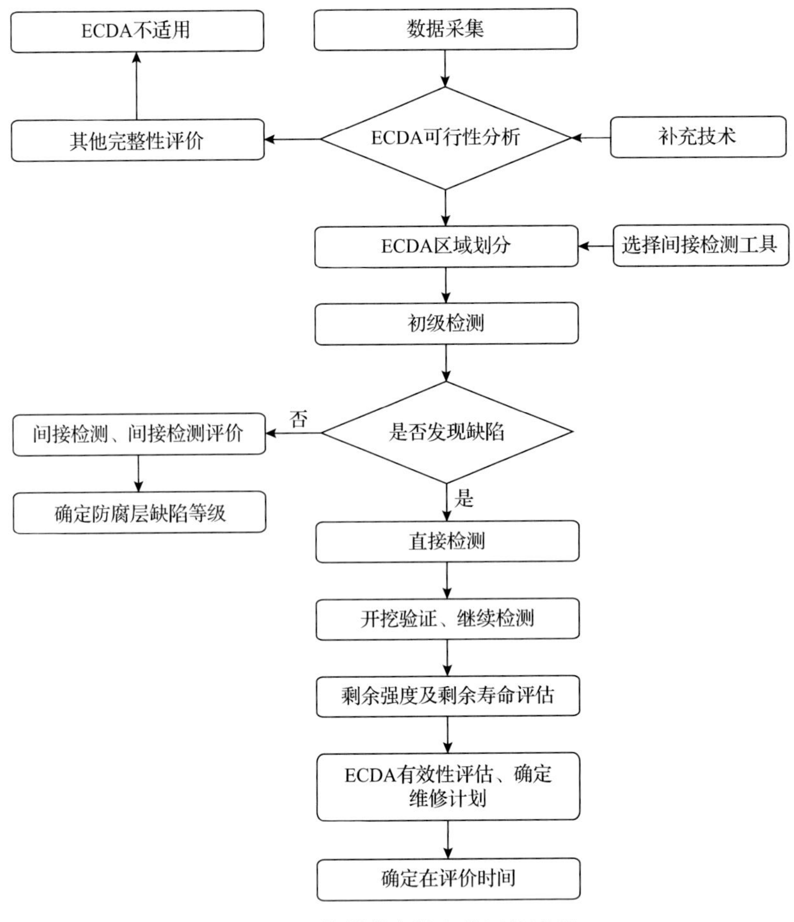

图 7.28 管道外腐蚀直接评价流程

2. 间接检测

间接检测的目的是确定防腐层缺陷的严重程度和其他异常。管道沿线环境有较大变化时，为提高检测可靠性，需要使用两种或多种间接检测方法。间接检测主要是对管道防腐层、阴极保护和土壤腐蚀性进行检测。NACE SP0207-2007[49]和 NACE TM0109-2009[50]标准中列出了间接检测方法的典型应用过程。首次使用 ECDA 间接检测时，采样间隔应足够小，检测时间尽量紧凑。

表 7.9 给出了主要单项指标间接检测结果分级情况。

表 7.9 间接检测结果严重性分级

分类	轻微	中度	严重
CIPS	电位曲线轻微下降，满足阴极保护标准	电位曲线中等下降，不满足阴极保护标准	电位曲线严重下降，不满足阴极保护标准
DCVG/ACVG/Pearson	低电压降	中电压降	高电压降
交流电流衰减检测	单位长度衰减量小	单位长度衰减量中等	单位长度衰减量较大

3. 直接检测

直接检测需要开挖管道，方便对管道和环境进行检查。与内腐蚀直接检查相似，直接检测得到的数据与以前所得数据结合可用来确定评价外部腐蚀对管道的影响。直接检测的详细流程如下。

(1) 开挖位置优先排序。

(2) 开挖检测，采集数据资料。

(3) 测量防腐层损伤和腐蚀深度。

(4) 确定间接检测分级准则，对开挖顺序进行修正。

(5) 对严重级别的腐蚀缺陷进行剩余强度评价。

(6) 腐蚀原因分析。

(7) 直接检查结论。

防腐层直接检测主要包括以下内容。

(1) 检测、记录防腐层类型、外观、厚度、黏接力、破损面积和损伤形式等。

(2) 检查防腐层表面是否有破损、裂纹、鼓包或剥离等，如防腐层已进水，应测量防腐层膜下液体的 pH。

(3) 防腐层厚度，防腐层与管道的黏接力，如是管道补口防腐层位置，需要检查测量补口防腐层与管体及管道防腐层的黏接力。

(4) 测量管道周边地下水 pH 作为参考。

(5) 收集防腐层样品，对防腐层进行实验室检测。

管道腐蚀检查主要包括以下内容。

(1) 管道表面是否发生腐蚀。

(2) 管道表面腐蚀产物形貌、厚度、颜色、结构、紧实度及腐蚀产物分布。

(3) 去除腐蚀产物后观察腐蚀坑的形状、位置，测量腐蚀坑深度、长度和宽度等。

(4) 采集腐蚀产物进行实验室分析，如腐蚀产物形貌(SEM)、能谱分析(EDS)和 X-射线衍射分析(XRD)。

根据直接检测结果，确定已经开挖点的相对严重程度，如果直接检测结果和间接检测评价结果严重不匹配，应按照直接检测评价结果修正评估管段的间接检测评价分级准则、开挖点的顺序和数量。

4. 步骤 4：后评价

后评价的主要内容包括分析 ECDA 的有效性，及确定再评价周期，对相关数据和信息进行归纳、反馈。剩余寿命的评价方法将在第 8 章中进行详细介绍。再评价周期同内腐蚀直接评价一样，在确定剩余寿命后，再评价周期不能超过剩余寿命的一半。

7.4.4　管道应力腐蚀开裂直接评价方法

应力腐蚀开裂直接评价(SCCDA)依据 NACE SP0204-2015[51]、GB/T 36676—2018、SY/T 0087.4—2016 开展。SCCDA 方法包括预评价、间接检测、直接检测、后评价，详

细流程如图 7.29 所示。

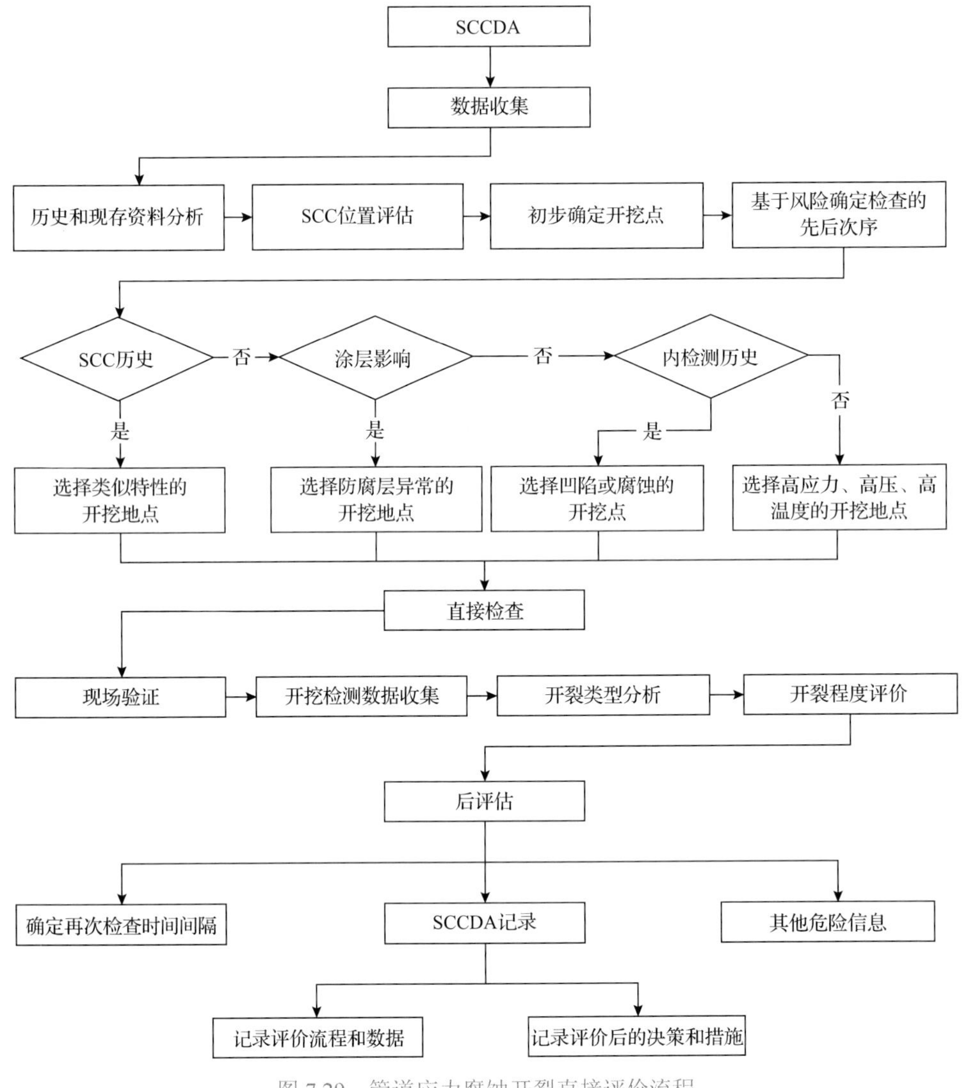

图 7.29　管道应力腐蚀开裂直接评价流程

1. 预评价

通过收集管道数据(如管道直径、壁厚、钢种、规定最小屈服强度 SMYS、防腐层类别等)以确定成品油管道中容易发生应力腐蚀开裂的位置的优先次序和开挖地点。对于 SCCDA，需要分析防腐层和应力腐蚀开裂的历史数据，如果满足如下所述的条件，则认为该管段易出现应力腐蚀开裂(包括近中性 pH 和高 pH 应力腐蚀开裂)。

(1)管段服役在 10 年以上。

(2)非熔结环氧粉末或液体环氧(现场进行打磨表面处理)的其他防腐层。

(3)管段工作应力超过规定最小屈服强度 SMYS 的 60%。

同时，NACE SP0204-2015 和 SY/T 0087.4—2016 中提到将以下管段作为高 pH 应力腐蚀开裂的敏感区域：①泵站下游 32km 范围内(20mi)；②管段运行温度超过 38℃。当管道发生过应力腐蚀开裂事故，满足上述条件之一，也应确定为应力腐蚀开裂敏感管段。

表 7.10 汇总了 NACE 标准中提到的 SCC 主要考虑因素，同时也附加了本书作者基于现场调研及实验数据所得的最新观察，对 SCC 影响因素重要性也有所修正。

表 7.10　SCCDA 敏感度的考虑因素

	因素	应力腐蚀开裂相关	本书作者解释说明	排序
管道相关因素	管道等级	近中性 pH 的 SCC 在各类等级钢有普遍报道，高 pH 的 SCC 一般出现于 X70 级以下钢管	近中性 pH：管线钢强度越高，SCC 敏感性越高[52] 高 pH：早期事故多发生于粗晶粒低强度钢材，近期也有在更新、组织更细的钢材中发生[53]	B
	直径	与是否容易出现应力腐蚀开裂无关联	用于计算应力	C
	壁厚	与是否容易出现应力腐蚀开裂无关联	影响临界缺陷尺寸和剩余寿命计算，用于计算应力	C
	生产年代	目前，国外现场事故基本都发生于 20 世纪 80 年代前投产的管道上	较旧的管道韧性较低，从而减小了临界缺陷尺寸和剩余寿命	B
	管道厂家	针对北美的老管道，在 20 世纪 50 年代由 Youngstown Sheet and Tube 生产的电阻焊管(ERW)管道的热影响区(HAZ)处，优先发现近中性 pH 的 SCC	不同管材厂家对生产工艺及杂质元素的控制等严格程度不同，SCC 敏感性也不同	A
	焊缝类型	近中性 pH 的 SCC 常出现于防腐层下的焊接边缘和 ERW 的 HAZ 区域中	焊缝处热影区微观组织与基体不同，并有残余应力。随焊接工艺不同产生应力程度不同，组织的不均匀性和高残余应力都会提高 SCC 发生的敏感性	B
	表面处理	喷丸处理和喷砂处理在表面施加压缩的残余应力，并消除了表面氧化皮，减少了出现 SCC 的可能性	高 pH 的 SCC 和近中性 pH 的 SCC 的重要因素	A
	工厂涂覆类型	在未遭受破坏的溶解环氧粉末和挤压聚乙烯防腐层处至今没有 SCC 的报道	除 FBE 之外的其他类型涂层都涉及不同程度的 SCC	A
	裸管	在高电阻率土壤中已经观察到 SCC		B
	硬点	硬点可通过内检测发现，容易出现在近中性 pH 的 SCC	可能是重要因素	B
建设相关因素	修建年代	影响防腐层质量下降和开裂出现的时期	用于确定管线使用寿命	A
	路线改变/调整	与 SCC 没有已知相关性	对每个部位的精确定位可能比较重要	C
	路线图/空中照片	与 SCC 没有已知相关性	对每个部位的精确定位可能比较重要	C
	修建方式	回填会影响施工过程中涂层损坏的可能性。同样，在管道埋入和安装阴极保护之间的时间间隔可能很重要	阴极保护的水平很重要	B

续表

	因素	应力腐蚀开裂相关	本书作者解释说明	排序
建设相关因素	现场防腐层的表面处理	锈皮可能扩大高 pH 的 SCC 临界范围	锈皮可能影响裂纹萌生机制中的有关过程	A
	实地防腐层类型	在煤焦油、沥青发现少量高 pH 的 SCC。在胶带下接近中性 pH 的 SCC 最多，但在沥青下也很常见。施工期间的天气条件对于影响涂层条件也可能很重要	出现近中性 pH 的 SCC 的重要因素	A
	配重块和锚的位置	在浮力控制的重量下发现了接近中性 pH 的 SCC	可能很重要，影响局部应力	B
	管阀、管夹、支座、胶带、机械链接，膨胀节、铸铁件、接头、绝缘接头的位置	与 SCC 没有已知相关性，只用于裂纹位置和性质的确定	对每个部位的精确定位和特征描述可能是重要的	C
	套管位置	外层阴极保护和涂层的损坏可能性更高	对确定的开裂地点和性质可能是重要的	B
	弯管位置	可能指示异常残余应力	残余应力可能是一个重要因素，尤其对于近中性 pH 的 SCC	B
	凹陷的位置	可能指示异常残余应力	残余应力是一个重要因素	B
土壤/环境因素	土壤特性/类型	已知高 pH 的 SCC 需要较浓的电解液，但近中性 pH 的 SCC 与土壤类型有一定相关性	干湿交替的土壤环境易产生近中性 SCC	B
	土壤渗水性	和高 pH 或近中性 pH 的 SCC 都相关	可能是重要参数	B
	地形	与高 pH 和近中性 pH 的 SCC 均有关，可能与排水状况的作用有关，在出现土壤运动的坡地上也观察到近中性 pH 的 SCC	可能是重要参数	B
	土地使用	没有发现关联	可能是重要参数	B
	地下水	影响阴极保护的布散	可能是重要参数	B
	河流交汇处	影响土壤的温度/排水状况	可能是重要参数	B
	土壤二氧化碳	可以预测裂纹萌生速率。随着温度和土壤水分含量的增加，CO_2 的产生速率增加	可能是重要参数	B
	环境状况过渡区	SCC 常与周期性、沿管道的长度或圆周方向的环境状况改变的位置有关	在局部或区域尺度上识别 SCC 位置可能有用	C
腐蚀控制	阴极保护	适当的阴极保护到达未剥离的涂层下，则可以防止 SCC，但过度阴极保护会产生氢脆效应	过度阴极保护会造成防腐层剥离下的管道氢脆敏感性提高；负向的直流杂散电流也可能导致管道氢脆敏感性提高	B
	阴极保护评价准则	适当的阴极保护如可达剥落防腐层下部可防止 SCC	低于一定阴极保护电位值后，阴极保护电流可能会加速已有裂纹的扩展[54]	C
	阴极保护屏蔽	阴极保护屏蔽通常与产生近中性 pH 的 SCC 相关	重要因素	B
	阴极保护维修史	适当的阴极保护到达未剥离的涂层下，则可以防止 SCC		C
	未实施阴极保护（或阴极保护失效）的年份	对于高 pH 的 SCC，缺少阴极保护可能会在管道表面形成有害的氧化物。对于在开路电势或接近开路电势时发生的接近中性 pH 的 SCC，阴极保护的缺失造成 SCC 发生的条件	重要因素	B

续表

	因素	应力腐蚀开裂相关	本书作者解释说明	排序
腐蚀控制	密集间隔调查与测试站资料	尽管高 pH 的 SCC 发生在很小的电位范围内，由于管道表面的实际电位要低于底面上的测量，适当阴极保护会观察到裂缝的出现，裂纹的位置可能与阴极保护的历史有关	高 pH SCC 通常发生在 −825～−575mV(CSE)电位范围内；相比高 pH 的 SCC 近中性 pH 发生的电位范围值更低[54]	B
	涂层损坏资料	涂层损坏数据有益于确定发生 SCC 的区域	重要的背景信息	B
	防腐层系统及状况	涂层体系(涂层类型、表面条件等)是确定 SCC 敏感性和发生的 SCC 类型的重要因素。由于发生 SCC 需要涂层线损坏，涂层状况的指示可能有助于确定可能发生 SCC 的区域	重要的背景信息	A
管道操作相关	工作温度	高温对高 pH 的 SCC 出现有很强的促进作用；对于接近中性 pH 的 SCC，温度可能对裂纹扩展速率几乎没有影响，但是高温会导致涂层变质	重要因素，尤其是对高 pH 的 SCC	A
	工作压力	应力必须高于一定阈值才能发生 SCC，应力波动可以显著降低阈值应力	应力波动会加速已有裂纹的扩展	A
	压力波动的特殊类型	如循环加载或卸载、高频波动、周期性可变载荷、周期性欠载荷或过载之类的压力波动某一类型与近中性 pH 的 SCC 有关，相反缺乏这些压力波动类型可使得裂纹不扩展	这些压力波动位置的循环次数增加可增强近中性 pH 的 SCC 的敏感性；最新研究表明，在恒应力下近中性 pH 的 SCC 也可萌生、扩展	B
	破裂历史	在先前发现的 SCC 附近发现更多 SCC 的可能性很高	重要因素	A
	直接检查或修复历史	在先前发现的 SCC 附近发现更多 SCC 的可能性很高	重要因素	A
	静水压实验	在先前发现的 SCC 附近发现更多 SCC 的可能性很高	重要因素	A
	管道清理器的内检测数据	在先前发现的 SCC 附近发现更多 SCC 的可能性很高	重要因素	A
	金属损失内检测数据	如果金属清管器表面在胶带涂层的管道上出现腐蚀，而没有明显的渗出迹象，则表明涂层可能已剥离，使管道与阴极保护屏蔽；在这种情况下观察到 SCC 的出现(尤其是近中性 pH 的 SCC)	可能重要因素	A
	产品类型	由于高温与高 pH 的 SCC 之间的密切关系，在液体管道上发生高 pH 的 SCC 的可能性显著降低	不同的产品会有不同的压力波动，因而影响 SCC	B

注：A 指通常是重要因素；B 指某些情况下是重要因素；C 指无关因素，但建议保留记录。

2. 间接检测

间接检测应对预评价阶段获得的数据进行补充，对敏感管段进行排序并选择直接检查的具体位置。间接检测阶段收集的典型数据包括密间隔电位检测数据(CIPS)、直流电压梯度数据(DCVG)和地质调查数据(土壤类型、地形和排水)，这些数据的收集方法与 ECDA 相同。

3. 直接检测

直接检测根据对间接检测结果确定的开挖位置进行开挖检测，分析开挖点的 SCC 存在性、范围、类型与严重程度，主要包括如下几项内容。

(1) 根据预评价和间接检测确认开挖地点。

(2) 开挖和资料收集。

(3) 如果检测到SCC，对裂纹的类型进行分析并记录。

(4) 对裂纹开裂的程度进行评价和记录。

4. 后评价

该阶段的目的是分析前三个步骤中收集的数据，以确定再评价周期并确认该方法的有效性。

参考文献

[1] 于志华, 孟祥刚. 腐蚀监测技术及其在油气田的应用. 管道技术与设备, 2012, 2(2): 48-49.

[2] 于涛. 腐蚀监测技术在常减压装置中的应用. 大庆: 大庆石油学院, 2008.

[3] 马茜. 输变电设备接地网降阻剂腐蚀性电化学检测方法及系统的研究. 北京: 华北电力大学, 2014.

[4] 韩崇刚. 远程腐蚀在线监测分析系统研究. 北京: 北京化工大学, 2009.

[5] 白丹. 在线腐蚀监测探针的电化学相关性探究. 哈尔滨: 哈尔滨工业大学, 2018.

[6] 桑绍雷, 李全民. 电阻探针与试片失重法在监视试验中的应用对比分析. 全面腐蚀控制, 2014, 28(8): 46-49.

[7] 詹建国. 油气管线腐蚀状态测试系统研究. 西安: 西安石油大学, 2018.

[8] 周玉波, 邵丽艳, 李言涛, 等. 腐蚀监测技术现状及发展趋势. 海洋科学, 2005, 29(7): 77-80.

[9] 王志彬, 万泽贵, 王新凯, 等. 提高电阻探针腐蚀在线监测精度的措施. 石油化工腐蚀与防护, 2007, 45(5): 48-51.

[10] 罗建成, 莫烨强, 郑丽群, 等. 局部腐蚀引起电感探针数据的失真. 腐蚀与防护, 2014, 15(10): 1044-1047.

[11] 崔西明, 王哲, 张卓. 表面粗糙度对压电超声测厚的影响. 无损检测, 2016, 38(5): 1-4.

[12] 柏任流, 董泽华, 郭兴蓬. 基于温度补偿的电阻探针腐蚀监测原理的研究. 腐蚀科学与防护技术, 2007, 12(5): 338-341.

[13] Hemblade B. Electrical resistance sensor and apparatus for monitoring corrosion: US 6946855 B1[P]. (2005-09-20).

[14] 黄一, 徐云泽, 王晓娜, 等. 基于双环电阻传感器的管道内壁腐蚀监测技术研究. 机械工程学报, 2015, 24(51): 15-23.

[15] 左慧君, 金文房. 电阻探针MS3500E在线腐蚀监测应用. 腐蚀与防护, 2000, 21(12): 557-.558.

[16] 罗鹏, 张一玲, 蔡陪陪, 等. 长输天然气管道内腐蚀事故调查分析与对策. 全面腐蚀控制, 2010, 6: 16-21.

[17] 宋诗哲, 万小山, 郭英, 等. 磁阻探针腐蚀检测技术的应用. 化工学报, 2001, 52(7): 622-625.

[18] 牛建伟. 长输天然气管道内腐蚀分析与对策. 化工管理, 2015(13): 145.

[19] 杨静, 马国光, 张友波. 含硫管道腐蚀预测方法. 油气储运, 2006, 10: 55-58.

[20] 梁平, 唐柯, 陶振春, 等. 天然气管线内腐蚀影响因素分析. 河南石油, 2000(6): 28-30.

[21] 段汝娇, 何仁洋, 杨永, 等. 管道非破坏腐蚀监测新技术研究进展. 管道技术与设备, 2014, 6: 18-20.

[22] 梁自生, 夏延燊, 崔金喜. 在线腐蚀监测技术在炼油装置上的应用研究. 石油化工腐蚀与防护, 2003, 20(4): 51-55.

[23] Putnam J F. Method and apparatus for measuring the thickness of metal: US 1895643. (1929-03-05)[1933-01-31].

[24] Sposito G, Cawley P, Nagy P B. Potential drop mapping for the monitoring of corrosion or erosion. Ndt & E International, 2010, 43(5): 394-408.

[25] Sposito G. Advances in potential drop techniques for non-destructive testing. London: Imperial College London, 2009.

[26] 张志平, 廖俊必, 万正军, 等. 一种具有坑蚀监测能力的管道内腐蚀监测系统. 电子测量技术, 2012, 2: 92-96.

[27] KawakamY, Kanaji H, Oku K. Study on application of field signature method(FSM)to fatigue crack monitoring on steel bridges. Procedia Engineering, 2011, 14: 1059-1064.

[28] 段汝娇, 张勇, 何仁洋, 等. 油气管道内腐蚀外监测系统软件设计与实现. 中国特种设备安全, 2017, 33(8): 35-40.

[29] 段汝娇, 何仁洋, 张中, 等. 油气管道内腐蚀外监测系统硬件电路设计. 中国特种设备安全, 2016, 32(11): 18-22.

[30] 段汝娇, 何仁洋, 唐大为, 等. 油气管道内腐蚀外监测关键技术建模分析. 中国特种设备安全, 2015, 31(3): 14-18.

[31] Duan R J, Meng X J, Qi Y G, et al. Research on AC FSM used in internal corrosion monitoring for oil & gas Pipeline//The Second International Conference on Mechanical, Electric and Industrial Engineering, Hangzhou, 2019.
[32] Duan R J, Meng X J, Yang Y, et al. Application of lock-in amplifier technique in AC FSM based on AD630//The Second International Conference on Mechanical, Electric and Industrial Engineering, Hangzhou, 2019.
[33] 杨理践, 高飞, 高松巍. 基于 TDC-GP21 芯片的超声波管道腐蚀监测技术. 仪表技术与传感器, 2014, 12: 91-94.
[34] 索会迎. 超声波无损检测技术应用研究. 南京: 南京邮电大学, 2018.
[35] 方伟, 罗华权, 何跃. 管道钢管壁厚超声波检测技术. 焊管, 2015, 2: 56-59.
[36] 高飞. 高温管道超声波腐蚀监测技术的研究. 沈阳: 沈阳工业大学, 2014.
[37] 诸海博. 基于电磁超声金属板测厚系统接受与处理技术研究. 沈阳: 沈阳工业大学, 2016.
[38] 黄锦绣, 王新凯, 呼立红, 等. 片状电感探针研制及其在乙烯装置的应用. 石油化工腐蚀与防护, 2008, 5(4): 52-68.
[39] 周骏. 基于电磁超声金属板测厚系统声波发射技术研究. 沈阳: 沈阳工业大学, 2016.
[40] 曹建海, 严拱标, 韩晓枫. 电磁超声测厚原理及其应用——一种新型超声测厚法. 浙江大学学报, 2002, 36(1): 88-91.
[41] 邵卫林, 陈金忠, 马义来, 等. 基于多传感器融合技术的漏磁内检测数据分析. 传感技术学报, 2019, 32(10): 1541-1548.
[42] 邵卫林, 何漳, 杨白冰, 等. 成品油管道内检测清管技术. 油气储运, 2019, 38(11): 1232-1239.
[43] 陈金忠, 马义来, 靳阳. 基于巴克豪森效应的管道应力内检测辅助装置研制. 油气储运, 2020, 39(9): 1-5.
[44] 章卫文, 辛佳兴, 陈金忠, 等. 长输油气管道金属损失漏磁内检测技术研究. 管道技术与设备, 2020, (2): 25-28.
[45] 李晓龙, 陈金忠, 马义来, 等. 基于 ADAMS 的里程轮过环焊缝运动学分析. 石油机械, 2019, 47(4): 118-123.
[46] 马义来, 何仁洋, 陈金忠, 等. 基于 FPGA+ARM 的管道漏磁检测数据采集系统设计. 无损检测, 2017, 39(8): 71-74.
[47] Eiber B. Overview of integrity assessment methods for pipelines. Columbus: Technical Report J, Eiber Consultant Inc. 2003.
[48] 王丹丹, 崔矿庆, 倪剑, 等. 单层海底管道内腐蚀直接评价的可行性分析. 广州化工, 2015, 43(12): 149-150.
[49] NACE. Performing Close-Interval Potential Surveys and DC Surface Potential Gradient Surveys on Buried or Submerged Metallic Pipelines Item[M]. Houston: NACE International, 2007.
[50] NACE. Aboveground Survey Techniques for the Evaluation of Underground Pipeline Coating Condition Item. Houston: NACE International, 2009.
[51] Charlesworth J P, Temple J A G. Engineering Applications of Ultrasonic Time-of-flight Diffraction. Hoboken: John Wiley & Sons Inc, 1989.
[52] Liu Z Y, Li Q, Cui Z Y, et al. Field experiment of stress corrosion cracking behavior of high strength pipeline steels in typical soil environments. Construction and Building Materials, 2017, 148(1): 131-139.
[53] Michael Barker Jr. Inc.stress corrosion cracking study-final report. Washington D C: Office of Pipeline Safety, 2005.
[54] Zheng W, Revie R W, Macleod F A, et al. Low pH SCC: Environmental effects on crack propagation. Canada Centre for Mineral and Energy Technology, Ottawa, 1998.

第8章 成品油管道适用性评价技术

8.1 管道适用性评价概述

20世纪60年代，欧美国家早期投运的管道因腐蚀失效，提出剩余强度评价的概念，之后于80年代进一步提出了管道适用性评价方法(fitness for service assessment，FFS)。适用性评价主要包括管道的剩余强度评价和剩余寿命预测。剩余强度评价是在管道缺陷定量检测的基础上，利用理论分析、实验测试和力学计算等方法，确定管道当前缺陷状态下的最大承载能力；管道剩余寿命预测是在缺陷扩展动力学、管道材料力学性能退化规律基础上，计算含缺陷管道的剩余安全服役寿命，为制定检修周期提供依据。

管道适应性评价是管道完整性管理(pipeline integrity management)的重要组成部分。管道完整性管理以风险评价和完整性评价为核心，利用检测数据、监测数据和信息数据，根据管道的具体状态，开展以可靠性为中心的综合一体化管理，该工作贯穿于管道设计、建设和运行的全过程。我国于2015年发布了GB 32167—2015。完整性管理主要包括数据采集与整合、高后果区识别、风险评价、完整性评价、风险消减与维修维护及效能评价六个环节，完整性管理工作流程如图8.1所示。其重要环节是完整性评价，即采用相关的检测技术，获得管道缺陷和损伤信息，结合材料、结构可靠性分析，对管道适用性进行评价。

管道在服役过程中由于腐蚀、疲劳或其他原因会产生老化损伤，但并不意味对管道服役可靠性(service reliability)立即产生威胁。管道适用性评价是对管道是否能够继续安全服役的一种定量评价，通过构建载荷、缺陷尺寸及材料性能参数三者之间的关系，确定含缺陷管道的极限承载能力，保证管道在服役至退役期间内的运行和维护符合使用要求，该项工作可以定期开展，也可在某个特定服役条件变化之后进行。

管道服役适用性评价技术由缺陷定量检测、材料性能测试、力学分析三个主要部分组成，如图8.2所示。其中，缺陷定量检测是利用内外检测的方法对缺陷进行表征；材料性能测试是指通过材料试验获得含缺陷管道的服役性能参数，如拉伸性能、屈服强度和断裂韧性等；力学分析包括工程评价、应力分析和断裂力学分析等。

通过适用性评价可以提高维修的针对性，降低维修成本，增强服役管道运行的安全性。根据管道的适用性评价结果，可按以下四种情况做出处理。

(1)对安全生产不造成威胁的缺陷允许存在，但要加强检测巡查。

(2)对安全性不造成即期危害，但会发展的缺陷需要进行寿命预测，并根据预测结果做出监护运行或计划修复的处理决定。

(3)对存在可控的安全风险隐患的管道，且不具备立即修复条件可采取计划修复或降级运行的措施，以保证管道安全性。

(4)对安全可靠性构成重大威胁的缺陷，要求立即修复。

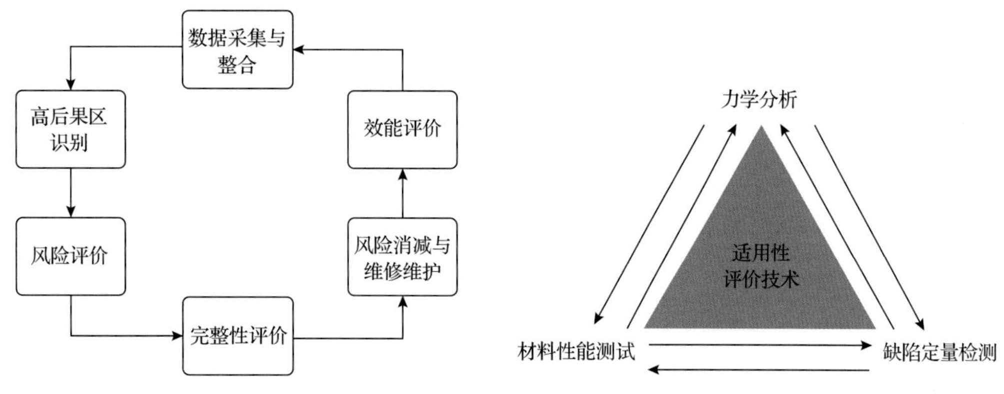

图 8.1　管道完整性管理工作流程[1]

图 8.2　管道适用性的评价技术的三大要素

成品油管道适用性评价是对管道质量控制标准的必要补充，美国石油学会(API)和英国燃气(British Gas，BG)公司认为，适用性评价规范在保证管道安全的情况下可有效避免不必要的维修或更换，延长管道的使用寿命，节约维修成本。

8.1.1　管道剩余强度评价

管道剩余强度是评估油气管道安全性的重要内容，管道剩余强度评价是评估含缺陷管道在内压作用下缺陷的承载极限，通过缺陷特征如缺陷尺寸、形貌、相互间距，结合材料断裂韧性，计算管道的失效压力。各个国家相继颁布关于剩余强度的评价标准，本章主要介绍 ASME B31G、《服役适用性评价推荐做法(Fitness for service assessment)》(API 579-1)、DNV RP-F101、PCORRC 和《钢质管道管体腐蚀损伤评价方法》(SY/T 6151—2009)中提到的腐蚀剩余强度评价准则，总结了不同含腐蚀缺陷管道剩余强度计算方法，并对比分析了不同参数对评价准确性的影响。

管道输送的介质、所处环境和腐蚀机理的不同会引发不同类型的腐蚀。从形态上分为均匀腐蚀、局部腐蚀和应力腐蚀。均匀腐蚀是指管道管壁均匀减薄而造成的腐蚀现象；局部腐蚀是指腐蚀发生在管道特定集中的区域，其他区域腐蚀情况不明显；应力腐蚀是指受载管道表面存在腐蚀环境时的开裂，是管道腐蚀失效最隐秘、最危险的损伤形式，因为狭窄裂纹比任何其他类型的腐蚀更难检测裂纹的深度。根据《油气管道内检测技术规范》(SY/T 6597—2018)采用的分类方法，在描述金属损失缺陷的长度、宽度与管道壁厚的定量关系时，金属损失缺陷可分为环向裂纹、环向沟槽、均匀腐蚀、点蚀、针孔、轴向沟槽和轴向沟纹七种类型。应力腐蚀开裂作为一种特殊的腐蚀形貌，其萌生和扩张方向一般垂直于局部主应力的方向：即环向裂纹是以轴向应力为驱动力，而轴向裂纹则是与环向应力(内压)有关。

本书有关成品油管道的腐蚀控制，只包含了与腐蚀相关的损伤类型的适用性评价，即体积型缺陷评价、应力腐蚀裂纹评价、氢脆及氢致裂纹评价。而国内关于管道适用性评价的其他相关标准在这里只作简单概述。针对不同损伤类型的安全评定(如均匀腐蚀、局部腐蚀、应力腐蚀、氢致开裂、氢鼓包、脆性断裂等)，《承压设备合于使用评价》(GB/T 35013—2018)给出了指导性建议；针对不同缺陷类型(如体积型、裂纹型、含弥散损伤型、错边及斜接、凹陷及沟槽）等剩余强度评价方法，《含缺陷油气管道剩余强度评价方法》（SY/T 6477—2017）给出了指导性建议。对不同类型管件（直管段、弯头及弯管、三通）体积/裂纹型缺陷的安全评定方法，《在用含缺陷压力容器安全评定》（GB/T 19624—2019）给出了指导性建议。

8.1.2 管道剩余寿命预测

管道的剩余寿命预测是判断含缺陷管道未来的发展趋势，合理确定管道检测周期和维修周期。管道剩余寿命的预测方法十分复杂，例如，存在服役环境变化、腐蚀缺陷类型不同和腐蚀影响因素过多等不确定因素，主要是建立影响缺陷腐蚀因素和缺陷腐蚀速率之间的数学模型来预测缺陷尺寸的发展情况，从而判断剩余使用寿命。

目前，国内外还没有十分成熟的寿命预测方法，各个标准提出的寿命预测方法仅给出了指导性的意见，国际上腐蚀剩余寿命的预测方法包括以下几种。

（1）基于缺陷发展动力学的管道寿命预测方法。

（2）基于腐蚀数据统计规律的预测方法。

（3）基于极值分布理论的管道寿命预测方法。

（4）基于人工智能模型预测寿命的方法。

管道寿命预测的流程主要包括管线运行数据采集，管道缺陷检测，计算临界腐蚀缺陷尺寸从而判断管道剩余寿命。我国主要是结合 GB/T 30582—2014 管道内检测结果、未来服役条件，计算腐蚀速率，确定管道腐蚀剩余寿命。相对管道剩余强度评价，管道剩余寿命预测技术发展还不成熟，所以未来还要建立和完善相应的标准和规范。

8.1.3 管道服役适用性评价标准

随着检测技术、断裂力学、金属学和计算机技术等科学技术的发展和应用，各国陆续建立和完善了压力管道的适用性评定标准和规范。管道的适用性评价技术借鉴了压力容器的适用性评价技术。压力容器适用性评价标准从理论上可以分为如下三类。

（1）基于线弹性断裂力学的应力强度因子 K 的评定方法。

（2）基于弹塑性断裂力学裂纹顶端张开位移（crack opening displacement，COD）准则的评定方法。

（3）基于弹塑性断裂力学 J 积分理论的评定方法。

其中线弹性断裂力学是基于应力强度因子 K 的断裂力学准则，通过比较裂纹尖端应力场强度因子和材料断裂韧性比对而做出判断。虽然 K 准则的评估方法得到了广泛的应用，但基于线弹性断裂力学的 K 判据仅适用于弹性受载情况或材料在缺陷处只存在小范围塑性变形的情况，例如，大壁厚且低温条件下的承压结构。涉及弹塑性变形时，要利用建立在 COD 理论上的判据；COD 方法因为可以解决大范围屈服的问题，在中低强度钢的焊接结构和压力容器的断裂失效分析中得到了广泛应用。

20 世纪 70 年代，美国电力研究院（EPRI）通过有限元分析出版了含裂纹工程结构 J 积分计算方法手册[2]。1986 年，Rice[3]提出以 J 积分的概念表征材料的断裂韧性，描述了裂纹顶端区域应力应变场的强度，并且可用于实验测定。同时，1986 年，英国中央电力局(CEGB)[4]提出的《含有缺陷的结构完整性评价》(CEGB R6)是以 J 积分为基础的失效评定图(failure assessment diagram，FAD)判定方法。国际上，这些适用性评价标准和规范还在不断完善当中。具有代表性的是 1999 年英国燃气公司和挪威船级社(DNV)合作编写的 DNV RP-F101(目前已更新到 2017 版)。API 与 ASME 联合发布的 API 579-1/ASME FFS-1 已更新到 2016 版。

我国根据实际国情制定了有针对性的压力管道的评定标准。例如，石油工业出版社出版的《腐蚀管道评估的推荐作法》(SY/T 10048—2016)，中国标准出版社于 2014 年出版的 GB/T 30582—2014，石油工业出版社于 2017 年出版了新版的 SY/T 6477—2017。截至 2020 年 2 月，国内外常用的管道适用性评价标准与规范总结如表 8.1 所示。各适用性评价标准和规范之间有很大的关联性和派系性，它们之间的演变关系如图 8.3 所示。

表 8.1 国内外常用管道适用性评价标准与规范表

名称	当前版本	出版社	出版年份
《管线规范》(Specification for Line Pipe)	API SPEC 5L-2018	American Petroleum Institute(API)	1928
《含缺陷结构的完整性评定》(Assessment of the Integrity of Structures Containing Defects)	CEGB R/H/R6	Central Electricity Generating Board(CEGB)	1976
《熔焊结构缺陷可接受性评定方法指南》(Guidance on Methods for Assessing the Acceptability of Flaws in Fusion Welded Structures)	BSI BS 7910-2019	British Standard Institution(BSI)	1980
《腐蚀管道剩余强度的简明评价方法》(Manual of Determining the Remaining Strength of Corroded Pipelines)	ASME B31G-2012	American Society of Mechanical Engineers(ASME)	1984
《压力容器缺陷评定规范》(Pressure Vessel Flaw Evaluation Specification)	CVAD-84	中国机械工程学会	1984
《服役适用性评价推荐做法》(API Recommend practice 579, Fitness for Service Assessment)	API 579-1/ASME FFS-1	American Petroleum Institute (API)/American Society of Mechanical Engineers(ASME)	1993
《油气管道系统标准》(Oil and Gas Pipeline Systems)	CSA Z662-2015	Canadian Standards Association (CSA)	1994
《缺陷油气输送管道剩余强度评价方法》(Remaining Strength Evaluation for Oil and Gas Pipeline with Flaws)	SY/T 6477—2017	石油工业出版社	1995
《油气管道腐蚀评价推荐标准》(Corroded Pipelines)	DNV RP-F101-2017	Det Norske Veritas(DNV)	1999
《欧洲工业结构完整性评定方法》(Structural Integrity Assessment Procedures for European Industry)	SINTAP-1999	European Union	1999
《管道缺陷评估手册》(Pipeline Defect Assessment Manual)	PDAM-2016	Fifteen International Oil and Gas Companies	2001
《压力管道定期检验规则——长输(油气)管道》(Periodical Inspection Regulation for Oil and Gas Pressure Pipeline)	TSG D7003-2010	中国质检出版社	2010
《基于风险的埋地钢质管道外损伤检验与评价》(Risk-Based-Inspection and Assessment Methodology of External Damage for Buried Steel Pipelines)	GB/T 30582	中国标准出版社	2014

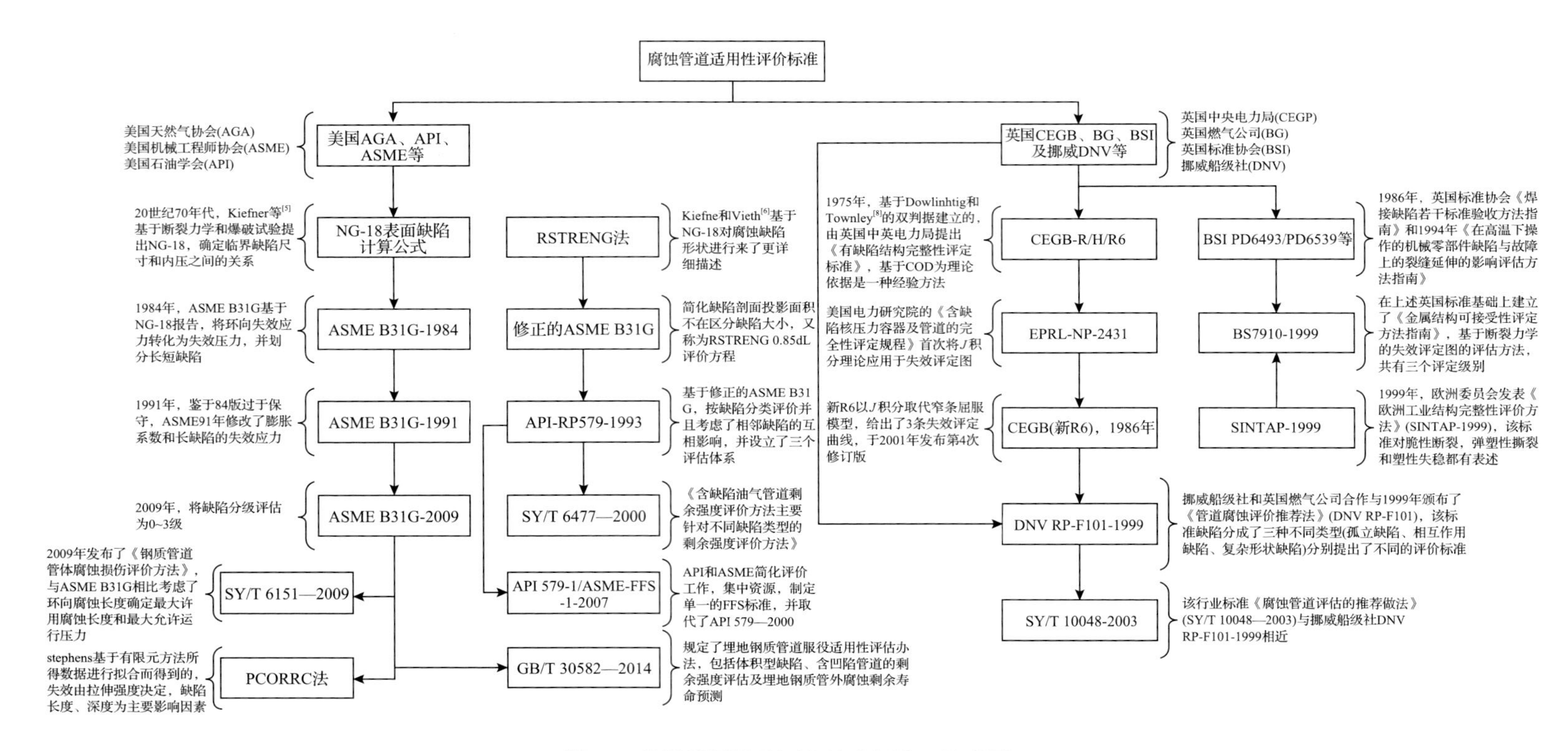

图8.3　管道适用性的评价技术标准“族谱图”

8.2　含腐蚀缺陷管道适用性评价

8.2.1　ASME B31G 准则

20 世纪 60 年代，得克萨斯东方长输管道公司与美国天然气协会对管道腐蚀缺陷的剩余强度评估方法进行研究，Kiefner[5]基于断裂力学和爆破试验提出了一份 NG-18 报告，报告中确定了泄漏情况下临界缺陷尺寸和内压之间的关系，用来评价腐蚀缺陷管道的环向失效应力。1984 年，ASME B31G 基于该 NG-18 报告，将环向失效应力的评估转化为对管道整体的失效压力的评估。ASME B31G 是目前国内外应用最广泛、最基本的评价方法。

1. ASME B31G-1991 准则

NG-18 中提出的腐蚀缺陷承载能力计算公式是基于断裂力学的计算的半经验半理论公式[式(8.1)、式(8.2)]，这种方法是基于中低强度材料的弹塑性力学性能，最终得到腐蚀缺陷的极限工作压力值。

$$S=\bar{S}\left[\frac{1-\dfrac{A}{A_0}}{1-\left(\dfrac{A}{A_0}\right)M_{\mathrm{T}}^{-1}}\right] \tag{8.1}$$

$$M_{\mathrm{T}}=\sqrt{1+\frac{2.51(L/2)^2}{Dt}-\frac{0.0054(L/2)^4}{(Dt)^2}} \tag{8.2}$$

式中，S 为环向失效应力，MPa；$\bar{S}$ 为流变应力，表示材料一定变形温度、应变和应变速率下的屈服强度，通常是材料屈服强度和抗拉强度平均值的 1.15 倍，MPa；t 为管道壁厚，mm；D 为管道外径，mm；A 为裂纹或缺陷区域在轴向厚度平面上的金属投影面积，mm^2；A_0 为原始曲线区域的面积，为缺陷轴向投影长度 L 和管道壁厚 t 的乘积，mm^2；M_{T} 为 Folias 膨胀系数，表示内部压力载荷作用下膨胀变形所引起的应力集中，M 的解析解是一个无穷级数；L 为腐蚀缺陷轴向投影长度，mm。

含腐蚀缺陷管道的失效是材料的流变应力和缺陷尺寸大小共同影响的结果。基于上述 NG-18 计算公式，ASME B31G-1991 定义了内压条件下管道失效压力(P_{c})的计算公式：

$$P_{\mathrm{c}}=\bar{S}\frac{2t\left(1-\dfrac{2d}{3t}\right)}{D\left(1-\dfrac{2d}{3tM_{\mathrm{T}}}\right)},\qquad L\leqslant\sqrt{20Dt} \tag{8.3}$$

$$P_c=\bar{S}\frac{2t\left(1-\dfrac{d}{t}\right)}{D\left(1-\dfrac{d}{tM_T}\right)},\quad L>\sqrt{20Dt} \tag{8.4}$$

式(8.3)和式(8.4)中，d 为腐蚀缺陷的最大深度，mm，腐蚀缺陷的最大深度 d 为壁厚 t 的10%～80%，缺陷深度大于80%的公称壁厚会直接导致管道泄漏，小于10%可忽略不计。

将式(8.2)化简为

$$M_T=\sqrt{1+0.8\frac{L^2}{Dt}} \tag{8.5}$$

2. ASME B31G-1991 准则的评价流程

在计算某个缺陷的失效压力时，可采用以下步骤。

(1)腐蚀缺陷的最大深度 d 为公称壁厚 $10\%t$～$80\%t$，继续下一步，否则可以判定管道符合要求或需要立即维修更换。

(2)计算缺陷轴向最大的许用长度：

$$L_c=1.12B\sqrt{Dt} \tag{8.6}$$

ASME B31G 对系数 B 的规定为

$$B=\begin{cases}4, & 10\%\leqslant\dfrac{d}{t}\times100\%\leqslant17.5\%\\ \sqrt{\dfrac{\dfrac{d}{t}}{1.1\dfrac{d}{t}-0.15}}-1, & 17.5\%\leqslant\dfrac{d}{t}\times100\%\leqslant80\%\end{cases} \tag{8.7}$$

比较轴向缺陷长度 L 和其许用值 L_c，若 L 大于许用值，直接进行第(4)步。

(3)计算 M_T，式(8.2)。

(4)计算 P_c，式(8.3)、式(8.4)。若 P_c>MAOP(管道最大允许运行压力)，则缺陷可接受，并且可进行寿命预测；若 P_c≤MAOP，则缺陷不可接受，立即降压或替换腐蚀管段。

3. NG-18 和 ASME B31G 存在保守性评估的原因

(1)NG-18 腐蚀缺陷计算公式是基于大量实验统计数据得出的。对腐蚀缺陷表征时，检测技术有限，很难真实表征不规则形状腐蚀缺陷的尺寸。缺陷较短时，投影面积近似于抛物线形面积，缺陷较长时，近似于矩形面积，所以在公式中对缺陷面积计算存在保守性。

(2)多次实验得到的流变应力 $\bar{S}$ 的选取为 1.15 倍 SMYS(标准中规定的最小屈服强

度)，存在低估实际材料屈服能力的可能，因此流变应力的假设具有保守性。

(3) M_T 表示内压下的鼓胀系数，直径越小，鼓胀效应越明显，因此在 Folias 鼓胀系数的计算公式过程中也会产生一定的保守性。

4. 修正的 ASME B31G 准则

由于 ASME B31G-1984 标准过于保守，Kiefner 和 Vieth[6]针对上述保守性根源，对 ASME B31G 标准做出了修正(即修正的 ASME B31G 标准)，修正后的失效压力计算与原先标准相比更接近于实际，主要包含以下内容。

(1) 缺陷形状的简化，主要是金属腐蚀区域缺陷面积系数的改动，将缺陷面积大小 A 计算后近似于矩形和抛物线轮廓之间。

(2) Folias 鼓胀系数 M_T 的计算改为两种不同的情况；流变应力 $\bar{S}$ 进行了修正，但仍然是经验性的：

$$A' = 0.85dL \tag{8.8}$$

式中，A'为缺陷区域金属损失面积，mm²。

$$M_T = \sqrt{1 + 0.6275\frac{L^2}{Dt} - 0.003375\frac{L^4}{(Dt)^2}}, \quad L \leqslant \sqrt{50Dt} \tag{8.9}$$

$$M_T = 0.032\frac{L^2}{Dt} + 3.3, \quad L > \sqrt{50\text{D}t} \tag{8.10}$$

$$\bar{S} = \text{SMYS} + 68.95 \tag{8.11}$$

因此，管道失效压力的计算公式修改为

$$P_c = (\text{SMYS} + 68.95)\frac{2t\left(1 - 0.85\dfrac{d}{t}\right)}{D\left(1 - 0.85\dfrac{d}{tM_T}\right)} \tag{8.12}$$

5. ASME B31G—2012 标准

为了进一步提高评估结果的准确性，ASME 更新了适用性评价的第三个版本，采用了分级评价的方式给出了更为详细的评估办法，目前该标准最新的版本为 ASME B31G-2012。其中，0 级评价将管道不同尺寸下的缺陷腐蚀许用长度 L_c 作为评判标准，分析确定缺陷是否可以接受，管道是否安全；1 级评价将管道失效压力或管道失效应力作为判据，从而决定管道降压处理或对缺陷部位换管维修；2 级评价主要采用有效面积计算(RSTRENG 更精确表示腐蚀面积)，最大程度上描述实际管道的腐蚀情况；3 级评价为有限元模拟分析，分析结果更加准确，但同时需要假设更多的不确定因素，如约束、受力情况、材料特性等。

1) 0 级评价

(1) 从管道检测评估标准列表中依次由测量得到的管道外径 D、壁厚 t、最大腐蚀区域深度 d 找到相应的腐蚀区域最大许用腐蚀轴向长度 L_c，ASME B31G-2012 中的表 3-1 至表 3-12M 规定了腐蚀最大许用长度，或直接按式(8.6)计算得到 L_c。

(2) 测量腐蚀区域轴向长度 L。

(3) 如果 $L_c \geqslant L$，则腐蚀缺陷可以接受，否则进行 1 级评价。

2) 1 级评价

(1) 基于管道测量的材料参数提出了两种管道失效压力 P_c 计算方式[式(8.3)、式(8.4)和式(8.12)]，但流变应力的取值做出了假设，一般运行在 120℃以下的普通碳钢，材料的流变应力为 $\overline{S}$ =1.1SMYS。

(2) 如果管道失效压力 $P_c \geqslant SF \times P$($P$ 为管道工作压力、SF 为安全系数)，则腐蚀管道安全，反之则进行 2 级评价。

3) 2 级评价

(1) 计算管道金属损失有效面积 A_{eff}，如图 8.4 所示。

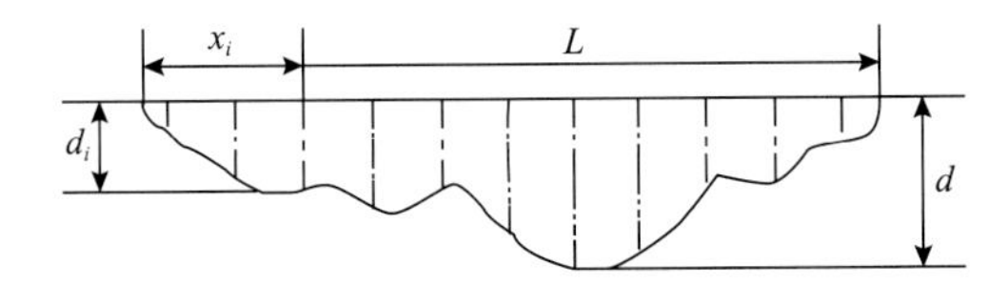

图 8.4　腐蚀缺陷部位金属损失有效面积计算

$$A_{eff} = \sum_{i=1}^{n} \frac{1}{2}(d_{i-1} + d_i)(x_i + x_{i-1}) \tag{8.13}$$

式中，A_{eff} 为轴向损失有效面积，mm^2；d_i 为某点 i 的腐蚀深度，mm；x_i 为某点 i 的轴向宽度，mm；n 为测量次数。

(2) 有效面积法评估管道失效压力 P_c：

$$P_c = \left(\frac{2t}{D}\right)\overline{S}\left[\frac{1-\dfrac{A_{eff}}{A_0}}{1-\left(\dfrac{A_{eff}}{A_0}\right)M_T^{-1}}\right] \tag{8.14}$$

4) 3 级评价

有限元分析(FEA)：对于前面评价都无法满足的情况时，需要进行 3 级评价。3 级评价也是最准确最详细的分析方法，需要充分考虑到管道内压及外加载荷、边界条件、约束和变形、不连续性、材料特性曲线及应力分布对腐蚀缺陷部位的影响。

综上所述，ASME B31G 中的适用性评价标准最主要有两次变化(1991 版和 2009 版)，缺陷评估结果从保守到准确。ASME B31G 在 2012 年版本更新，其中腐蚀缺陷面积评估和 Folias 鼓胀系数与 2009 版本保持一致，流变应力计算取值为材料最小屈服强度(SMYS)

和拉伸强度(specified minimum tensile strength，SMTS)的平均值，即式(8.15)：

$$\bar{S} = (\text{SMYS} + \text{SMTS})/2 \tag{8.15}$$

8.2.2 其他基于 ASME B31G 的剩余强度评价方法

1. RSTRENG 评价方法

管道腐蚀缺陷的金属损失面积很难通过公式进行定量描述，需要通过长度、深度和宽度方向的金属损失具体描述。“remaining strength of corroded pipe”即管道剩余强度(RSTRENG)评价方法，是 ASME B31G 的进一步改进。由于内检测中金属缺失的实际面积不是精确值，Kiefner 和 Vieth[6]通过重新定义 Folias 鼓胀系数和材料流变应力，以及对腐蚀缺陷形状进行更详细的描述，开发了 RSTRENG 计算方法，有效提高了缺陷面积计算精度，减少了 ASME B31G 评价结果保守性。

RSTRENG 方法包括 RSTRENG-0.85 面积法和 RSTRENG 有效面积法两种评价方法。RSTRENG-0.85 面积法常用对孤立缺陷进行评估，其评价公式与 1989 年的修正版，即 Modified B31G 准则相同；RSTRENG 有效面积法可以对复杂形状缺陷进行评估，与 ASME B31G-2009 准则中的二级评估方法相同，复杂形状缺陷也可用 0.85 法作保守近似，如图 8.4 所示。它是将整个缺陷剖面分割成多个梯形，然后将梯形的面积相加得到整个腐蚀缺陷的剖面面积。该方法需要对缺陷轴向宽度 L 及深度 d 准确测量，同时还需要较为清晰的腐蚀缺陷剖面图。该评价方法降低了原标准的保守性。RSTRENG 方法最大允许缺陷深度为管道壁厚的 80%，即深度 d 大于壁厚 80%的腐蚀缺陷是不能接受的，应立即修复。RSTRENG-0.85 的计算公式如下：

$$P_{\mathrm{c}} = (\text{SMYS} + 68.95)\frac{2t\left(1-0.85\dfrac{d}{t}\right)}{D\left(1-0.85\dfrac{d}{tM_{\mathrm{T}}}\right)} \tag{8.16}$$

式中，SMYS 为材料最低屈服强度，MPa。

2. Kastner 评价法

Kastner 等提出了关于环向缺陷宽度对失效应力的纠正方法，并通过大量水压实验验证了其有效性[9,10]。Kastner 评价法的计算公式如式(8.17)所示。除了金属缺陷的长度和深度外，缺陷宽度即轴向尺寸[式(8.17)中的 c]是影响管道承压能力的重要因素：

$$P_{\mathrm{c}} = (\text{SMYS} + 68.95)\frac{4t\left(1-\dfrac{d}{t}\right)\left[\pi-\dfrac{c}{r}\left(\pi+\dfrac{d}{t}\right)\right]}{D\pi\left(1-\dfrac{d}{t}\right)+2\dfrac{d}{t}\sin\dfrac{c}{r}} \tag{8.17}$$

式中，r 为管道半径，mm；c 为 0.5 倍的缺陷宽度，mm。

综上所述，RSTRENG 方法只考虑了缺陷的深度和轴向长度对管道失效压力的影响。而 Kastner 方法考虑到了缺陷宽度的影响，将腐蚀缺陷宽度纳入评价公式。API 579-1 中提到，管道的环向应力近似于轴向应力的 2 倍，并同时考虑了缺陷宽度对失效压力的影响。其次，同 ASME B31G 方法、RSTRENG 方法和 Kastner 方法也是基于 SMYS 计算出爆破失效压力，然后乘以该区域管段的管线设计系数以确定最大安全工作压力。将最大安全工作压力与 MAOP 进行比较，从而判断腐蚀缺陷是否可接受。

3. PCORRC 方法

PCORRC 是 pipeline corrosion criterion 的简写，Stephens 和 Leis[7]利用有限元模拟结果拟合得到了缺陷管道的失效应力。该方法预测计算腐蚀管道的失效压力与实际实验中的管道爆破压力误差很小，进一步改进了 ASME B31G 方法的保守性。失效压力的计算公式如式(8.18)所示。通过比较失效压力 P_c 和 MAOP，判断缺陷是否可以接受。若 P_c>MAOP，表示缺陷可接受，并且可以进行寿命评估。

$$P_c = \text{SMTS}\frac{2t}{D}\left\{1-\frac{d}{\tau}\left[1-\exp\left(-0.157\frac{L}{\sqrt{R(t-d)}}\right)\right]\right\} \tag{8.18}$$

式中，SMTS 为管材的最小拉伸强度，MPa；R 为管道内外径的平均值，mm。

最大安全工作压力计算公式如下，是在失效压力的基础上考虑一定的安全系数。

$$P_F=FP_c \tag{8.19}$$

式中，P_F 为管道最大安全工作压力，MPa；F 为管线设计系数，一般为 0.72。

由上面的公式得知，缺陷的长度 L 和深度 d 是影响计算结果的主要因素。PCORRC 法并没有考虑到相邻缺陷互相作用，只适用于在内压作用下中高强度管道的失效评估。

8.2.3 API 579 准则

美国石油学会于 1993 年颁布了 API RP 579-1，主要针对压力设备的服役安全性进行适用性评价，建立了含缺陷管道的剩余承压能力、缺陷尺寸和材料强度之间的关系。它包含了均匀减薄、局部减薄和点蚀等损伤类型的评估方法，对每一类损伤方式类型建立了由粗到细三级评价体系。值得注意的是，该准则不仅可以对孤立缺陷进行评价，同时还能够评价多个腐蚀缺陷、焊缝腐蚀和尺寸较大的腐蚀缺陷。该准则 1 级评价简单易用，2 级评价和 3 级评价过程十分复杂，计算成本较高，但评价准确度更高。API 579 准则的评价流程详述如下。

以均匀腐蚀缺陷为例，其评估流程如下。

(1) 基于管道轴向和环向的最小壁厚 t_{min}：

$$t_{min}^{c} = \frac{PD_0}{2S_cE_W} \tag{8.20}$$

$$t_{\min}^{1} = \frac{\beta P D_0}{2SE_{\mathrm{W}}} \tag{8.21}$$

式中，$t_{\min}^{\mathrm{c}}$ 和 $t_{\min}^{1}$ 分别为管道轴向和环向的最小壁厚，mm；P 为管道的设计压力，MPa；S 为材料的许用应力(SMYS 和 F 的乘积)，MPa；β 为 2 倍的泊松比 ν；E_{W} 为焊缝系数。对于无缝管道，E_{W} 取 1.0。对于单面焊接的螺旋线管道，E_{W} 取 0.6。对于纵向焊接的管道，由《压力容器 第 1 部分：通用要求》(GB/T 150.1—2011)的有关规定选取标准：①双面焊接的全焊透对接焊缝取 1.0(100%无损检测)和 0.85(局部无损检测)；②单面焊、有垫板的对接焊缝取 0.9(100%无损检测)和 0.8(局部无损检测)。

(2)统计被测点的算术平均剩余壁厚后确定厚度 t_{mm}；

(3)计算得到管道剩余厚度比 R_{t}：

$$R_{\mathrm{t}} = \frac{t_{\mathrm{mm}} - \mathrm{FCA}}{t_{\min}} \tag{8.22}$$

式中，FCA 为未来腐蚀裕量(future corrosion allowance)，由壁厚的尺寸、设备的腐蚀速度确定，mm；t_{mm} 为测量最小壁厚，mm。

(4)轴向最大许用腐蚀缺陷长度 L_{c} 计算方法如下：

$$L_{\mathrm{c}} = 50\sqrt{Dt_{\min}}, \qquad R_t \geqslant \frac{4\mathrm{RSF_a}}{4+\beta\mathrm{RSF_a}} \tag{8.23}$$

$$L_{\mathrm{c}} = 1.123\sqrt{\left[\frac{1-R_t}{1-\dfrac{R_t\left(1+\dfrac{\beta\mathrm{RSF_a}}{4}\right)}{\mathrm{RSF_a}}}\right]^2 - 1}, \qquad R_t\sqrt{Dt_{\min}} < \frac{4\mathrm{RSF_a}}{4+\beta\mathrm{RSF_a}} \tag{8.24}$$

式中，$\mathrm{RSF_a}$ 为许用剩余强度系数(remaining strength factor)，一般为 0.9。

(5)根据厚度截面图(critical thickness profile，CTP)测得轴向和环向的腐蚀长度 L_{mm} 和 C；若测得轴向长度 L_{mm} 大于许用值 L_{c} 需要进一步评估：①调整平均壁厚，使其等于测量的最小壁厚，然后进入步骤(6)；②一级评价中，环向应力近似于轴向应力的两倍，所以，只要环向应力满足评价准则，轴向应力的评价就自然满足，接着进入步骤(6)。

(6)判断轴向和环向的缺陷是否可以接受：

$$t_{\mathrm{mm}} - \mathrm{FCA} \geqslant t_{\min} \tag{8.25}$$

$$t_{\mathrm{mm}} - \mathrm{FCA} \geqslant \max\left[0.5t_{\min}, 2.5\mathrm{mm}\right] \tag{8.26}$$

(7)最后计算出最大允许工作压力(maximum allowable working pressure，MAWP)，取轴向最大允许工作压力 $\mathrm{MAWP^c}$ 和环向最大允许工作压力 $\mathrm{MAWP^l}$ 的最小值为最大安全运行压力：

$$\mathrm{MAWP}^{\mathrm{c}} = \frac{2SE_{\mathrm{W}}(t_{\mathrm{mm}} - \mathrm{FCA})}{D_0} \tag{8.27}$$

$$\mathrm{MAWP}^{\mathrm{l}} = \frac{4SE_{\mathrm{W}}(t_{\mathrm{mm}} - \mathrm{FCA})}{D_0} \tag{8.28}$$

式中，MAWP 为管道设计最大允许工作压力，MPa。

(8) 如果该腐蚀管道不满足上述的一级评价，则应考虑下述的一种方法或组合方法：①对该管段进行降压再评价、修理、替换或退役；②通过采取补救措施和方法来调整 FCA；③调整焊缝系数 E_{W}，通过增加对焊缝的检验和反复地评价；④进入二级评价。

(9) 二级评价中管道继续服役条件需要同时满足式(8.25)和式(8.29)；

$$t_{\mathrm{mm}} - \mathrm{FCA} \geqslant \mathrm{RSF_a}\, t_{\min} \tag{8.29}$$

(10) 此时，管道的最大运行压力为

$$\mathrm{MAWP}^{\mathrm{c}} = \frac{2SE_{\mathrm{W}}(t_{\mathrm{mm}} - \mathrm{FCA})}{D_0 \mathrm{RSF_0}} \tag{8.30}$$

$$\mathrm{MAWP}^{\mathrm{l}} = \frac{4SE_{\mathrm{W}}(t_{\mathrm{mm}} - \mathrm{FCA})}{D_0 \mathrm{RSF_a}} \tag{8.31}$$

(11) 若仍不满足二级评价中的条件[式(8.25)和式(8.29)]，则需要更换管道，立即修复管道缺陷。

综上所述，API 579-1 在 ASME B31G 的基础上有一定的改进，将缺陷分类分项评估，各个准则各有优缺点，在简单载荷、简单缺陷形貌和环向缺陷较小的情况下使用 ASME B31G 准则，在复杂缺陷情况下使用 API 579-1 准则，结果更为精确。

8.2.4 DNV RP-F101 准则

挪威船级社和英国燃气公司合作研究，于 1999 年颁布了油气管道腐蚀评价推荐标准 DNV RP-F101(最新版本 2017)。该标准将腐蚀缺陷分成了三种不同类型(孤立缺陷、相互作用缺陷、复杂形状缺陷)分别提出了不同的评价标准。与 ASME B31G 不同的是，DNV RP-F101 适用于腐蚀深度 d 小于或等于公称壁厚的 85%的腐蚀缺陷，且仅考虑内压作用或纵向压应力作用下的单个管道。DNV RP-F101 提供了分项安全系数法和许用应力法两种评估方法，其中分项安全系数给出了腐蚀管道的许用压力的概率方程，用于确定腐蚀管道的许用压力；而许用应力法计算失效压力后需要结合设计系数确定腐蚀管道的最大安全工作压力。

1. DNV RP-F101 的评价流程

分项安全系数法与许用应力法所依据的安全准则不同，但其评价流程基本相同。该方法将缺陷分为孤立缺陷、相互作用缺陷和复杂形状缺陷进行评价，评价流程的一般顺序如下。

(1)根据现场条件及数据详细程度确定评价方法。

(2)确定腐蚀管道承压载荷类型，根据腐蚀缺陷的位置及形态确定腐蚀缺陷评价模型，采用分项安全系数法时还需要确定缺陷尺寸测量方法(绝对测量方法或相对测量方法)。

(3)确定腐蚀缺陷的许用压力或安全工作压力。

(4)将许用压力或安全工作压力与失效压力 P_c 进行比较，判断缺陷是否可以接受。若许用压力或安全工作压力大于失效压力 P_c，则腐蚀缺陷可接受，管道可在 P_c 压力作用下继续运行，并且对于单个缺陷可以进行剩余寿命的预测；若许用压力或安全工作压力小于或等于失效压力 P_c，则腐蚀缺陷不可接受，管道运行压力需降至许用压力或安全工作压力运行，或对管道腐蚀部位进行补强或更换腐蚀管段。

2. 分项安全系数法

DNV RP-F101 分项安全系数法是基于《海底管线系统规范》(DNV OS-F101)的评估方法，通过分项安全系数来降低评价结果的保守性。分项安全系数是根据测量尺寸的精度、置信度和管道安全等级计算得出的。置信度表示测量值落在测量尺寸误差范围内的概率，根据检测精度和置信度可计算出测量比的标准偏差。分项安全系数法对腐蚀缺陷剩余强度评价需要根据受载情况、缺陷类别(孤立缺陷、相互作用缺陷、复杂形状缺陷)选择不同的剩余强度评价模型。表 8.2 中给出了腐蚀评价模型的分项安全系数选取办法。

表 8.2　腐蚀评价模型的分项安全系数表

检测方法	安全等级		
	低	适中	高
相对测量法	γ_m=0.79	γ_m=0.74	γ_m=0.70
绝对测厚法	γ_m=0.82	γ_m=0.77	γ_m=0.72

计算腐蚀管道许用压力的基本公式如下：

$$P_{\text{corr}} = \gamma_{\text{m}} \left(\frac{2t\text{SMTS}}{D-t} \right) \frac{1-\gamma_{\text{d}}\left(\dfrac{d}{t}\right)^*}{1-\dfrac{\gamma_{\text{d}}\left(\dfrac{d}{t}\right)^*}{Q}} H_1 \tag{8.32}$$

$$Q = \sqrt{1+0.31\left(\frac{L}{\sqrt{tD}}\right)^2} \tag{8.33}$$

$$(d/t)^* = d/t + \varepsilon_{\text{d}}\text{St}(d/t) \tag{8.34}$$

式中，P_{corr} 为内压作用下腐蚀管道孤立缺陷的许用压力，MPa；Q 为长度校正系数；γ_m 为模型预测的分项安全系数；γ_d 为腐蚀深度的分项安全系数；ε_d 为定义腐蚀深度分位数值系数；$St(d/t)$ 为随机变量的标准偏差；H_1 为轴向压应力时的修正系数。

3. 许用应力法

基于许用应力设计（allowable stress design，ASD）的安全准则，依据该准则计算得出腐蚀管道的失效压力，再乘以安全系数，即为腐蚀管道的安全工作压力。该方法计算简单，操作方便，但是它将材料、施工和运行等方面的不确定性集中在一个仅仅由设计人员的经验和风险定性评估结果决定的安全系数中，具有一定的主观性。该准则中的失效压力 P_c 表达式为

$$P_c = \frac{2t\text{SMTS}}{D-t}\frac{1-\dfrac{d}{t}}{1-\dfrac{d}{tQ}} \tag{8.35}$$

$$Q = \sqrt{1+0.31\left(\frac{L}{\sqrt{tD}}\right)^2} \tag{8.36}$$

安全工作压力 P_{sw} 在失效压力的基础上考虑一定系数，计算公式如下：

$$P_{sw}=FP_c \tag{8.37}$$

$$F=F_1F_2 \tag{8.38}$$

式（8.37）和式（8.38）中，P_{sw} 为管道的安全工作压力，MPa；F 为总使用系数；F_1 为模型系数，通常为 0.9；F_2 为操作使用系数，用来保证腐蚀缺陷的工作压力和失效压力之间的安全裕度，通常为 0.72。

8.2.5　SY/T 6151—2009 标准

SY/T 6151—2009 考虑了纵向和环向腐蚀长度对最大许用腐蚀缺陷长度和最大许用压力的影响。该方法与 ASME B31G 的评价方法类似，都是从腐蚀深度、腐蚀轴向长度、断裂力学的角度依次分析腐蚀区域对管道剩余强度的影响，评价结果较为复杂，同时也存在与 ASME B31G 类似的保守性问题。在本章适用性评价概述部分给出了四类腐蚀管道损伤评定结果处理情况，而 SY/T 6151—2009 则分为三类，具体如下。

类别 1：腐蚀程度极为严重需要立即修复的管体。

类别 2：腐蚀程度较为严重，需要降压处理或指定修复计划的管体。

类别 3：腐蚀程度不严重，正常运行但需要监测使用的管体。

SY/T 6151—2009 的评价流程如下。

（1）评价数据准备和腐蚀区域测量。

（2）初步评估：根据腐蚀区域最大深度和公称壁厚比值，比值过小视为轻微腐蚀，过

大则视为严重腐蚀，$10\% < \dfrac{d}{t} \leqslant 80\%$ 之间的需要进行详细评估。

(3) 详细评估：当测得的腐蚀轴向长度 L 在许用值内，视为轻微腐蚀，反之则需要进行最大安全压力法评估。

(4) 最大安全压力法：在计算腐蚀区域最大安全工作压力时，分别通过最大剪应力屈服强度理论和断裂力学计算，取结果的最小值。腐蚀区域安全工作压力 P_{sw} 的计算方法参见式(8.16)(RSTRENG 剩余强度的计算方法)，其中，M_T 计算见式(8.9)。

其次，采用断裂力学的方法计算腐蚀区域最大安全工作压力 P_{sw} 时，加入了环向腐蚀长度 C 对 P_{sw} 的影响，其计算方法如下：

$$P_{1c} = \frac{8t\text{SMYS}}{\pi D M_T}\cos^{-1}\left[e^{\left(-\frac{\pi E\delta_c}{8\text{SMYS}a}\right)}\right] \tag{8.39}$$

$$M_T = \sqrt{1 + 0.64\left(\frac{a^2}{tD}\right)} \tag{8.40}$$

$$a = \frac{S}{2t} \tag{8.41}$$

式中，P_{1c} 为管道承受的最大压力值，MPa；a 为腐蚀区当量半裂纹长度，其计算方法由面积叠加得出，mm；M_T 为基于断裂力学的管道膨胀系数；E 为弹性模量，MPa；δ_c 为材料的 COD 值，指弹塑性体在 I 型载荷时原始裂纹部位的张开位移，mm；t 为管道壁厚，mm；D 为管道外径，mm；S 为腐蚀坑截面积，mm^2；C 为腐蚀坑垂直于管道轴线圆周方向的投影弧线长，mm。

表 8.3　腐蚀坑截面积的计算方法

腐蚀程度	腐蚀坑投影弧线长	腐蚀坑截面积
轻微腐蚀坑	$C \leqslant 1.2\sqrt{Dt}$	$S = 2dC/3$
较重腐蚀坑	$1.2\sqrt{Dt} < C \leqslant \sqrt{50Dt}$	$S = 0.8d\sqrt{Dt} + 0.25d(C - 1.2\sqrt{Dt})$
严重腐蚀坑	$C > \sqrt{50Dt}$	$S = 0.8d\sqrt{Dt} + 0.25d\sqrt{50Dt} - 1.2\sqrt{Dt} + 0.125d(C - \sqrt{50Dt})$

因此，考虑环向腐蚀长度时采用断裂力学理论计算得出的管线承载最大安全工作压力[式(8.42)]，当 $P_{1c} < P_{sw}$ 时，最大工作压力 P_{sw} 取 P_{1c} 的计算结果。通过取最大剪应力屈服和断裂力学理论计算的最大安全工作压力的最小值 P_{sw} 和 MAOP 进行类别评定。

$$P_{sw} = 1.1\text{MAOP}\left(1 - \frac{d}{t}\right) \tag{8.42}$$

根据最大安全工作压力 P_{sw} 和管道允许运行压力 MAOP 划分腐蚀损伤类别标准如表 8.4 所示。

表 8.4 基于最大工作压力评估的腐蚀类别评定

腐蚀程度	MAOP 评估
类别 1(严重腐蚀)	$\frac{P_{sw}}{MAOP} \leqslant F$ (F 为管道设计系数)
类别 2(较重腐蚀)	$F < \frac{P_{sw}}{MAOP} \leqslant 1$
类别 3(轻微腐蚀)	$\frac{P_{sw}}{MAOP} > 1$

8.2.6 GB/T 30582—2014 标准

GB/T 30582—2014 由全国锅炉压力容器标准化技术委员会提出并基于 ASME B31G 标准编制，于 2014 年 5 月发布，2014 年 12 月在国内开始正式实施。该标准中规定了埋地钢质管道外损伤检验步骤及服役适用性评估办法，根据标准中的测试要求对相应材料开展适用性评价项目测试，其中包括化学成分分析、金相分析、力学性能测试及特殊服役条件(HIC/SCC)测试等。此外，附录中包含了含体积型缺陷和凹陷管道的剩余强度评估方法，以及埋地钢质管道外腐蚀剩余寿命预测方法。本章后续将介绍采用该标准的管道适用性评价案例。

根据要求收集到的缺陷类型尺寸、材料性能和承受载荷等数据，对含体积型缺陷和凹陷的在役埋地钢质管道进行剩余强度的评价工作。对于单一体积型缺陷，按照收集数据的完整性和评价要求选择相应的评价等级，与 ASME B31G-2009 评估流程类似，评定等级分为三个级别，评估流程如下。

(1)一级评价中管道的失效应力：

$$P_c = 1.1\text{SMYS}\left(\frac{2t}{D}\right)\frac{1-0.85\frac{d}{t}}{1-0.85\frac{d}{tM_T}} \tag{8.43}$$

(2)二级评价采用的 RSTRENG 有效面积法，对连续缺陷的梯形截面计算失效应力，取最小值。

(3)三级评价依据不同的结构材料失效准则，采用有限元分析方法精确计算缺陷管道的失效应力。

当管段分布多个缺陷时，若满足缺陷之间的环向角和纵向间距中的任一条件，如式(8.43)所示，则作为单一体积型缺陷评价处理。

$$\phi > 360\sqrt{\frac{t}{D}} \quad \text{或} \quad I > 2\sqrt{Dt} \tag{8.44}$$

式中，ϕ为相邻缺陷之间的环向角，(°)；I 为相邻缺陷的纵向间距，mm。

若不满足上述条件，则按相互作用体积缺陷评估，评估流程如下。

(1)根据环向角ϕ[式(8.44)]建立管道上一系列的纵向投影线。

(2)将缺陷在投影线上投影，缺陷投影重合处取组合的长度和最大深度。

(3)将组合后的缺陷看作独立缺陷，按照式(8.42)计算该缺陷的失效应力。

(4)将所有的单个缺陷失效应力和组合缺陷的失效应力的最小值作为相互作用缺陷在当前投影线的失效压力。

8.2.7　管道腐蚀剩余寿命预测

前面主要介绍了管道腐蚀剩余强度的评估方法，壁厚减薄会引起管道强度的变化。如果能预测管道的剩余寿命，评估管道在满足强度需求的情况下，明确腐蚀管道的剩余使用寿命，就可以有计划性地对管道进行维护，从而在保障管道安全平稳运行的前提下，避免盲目检修，节省一定的工作量。

管道腐蚀剩余寿命预测是管道完整性评价的重要内容[11]。剩余寿命主要包括腐蚀寿命、亚临界裂纹扩展寿命和损伤寿命三类。基于当前 R6、API 579-1、DNV RP-F101、SY/T 6151—2009 等标准对剩余寿命预测给出的方法建议中，对疲劳寿命预测取得了比较成熟的研究成果，而对腐蚀和磨损等损伤类型的寿命预测仅给出了指导性意见。寿命预测是一项影响因素较多、复杂程度较高的评价工作。当前国内外还没有十分成熟的寿命预测方法，目前主要有基于腐蚀速率模型的剩余寿命预测方法、极值分布概率统计方法、BP 神经网络方法和灰色理论方法等。

1. 基于腐蚀速率模型的剩余寿命预测方法

腐蚀缺陷对管道的影响包括两种：一种是“先漏后破”，即腐蚀在深度方向发展很快，导致管道在发生爆破失效前出现了腐蚀穿孔；另一种是“先破后漏”，是因为腐蚀缺陷逐渐长大，当缺陷长大到剩余的壁厚无法承受内部压力作用时，管道先发生爆裂，后发生泄露。

(1)对于“先漏后破”的情况。

腐蚀寿命预测方法公式：

$$R_{\mathrm{L}} = \frac{t_{\min}}{v_{\mathrm{rate}}} \tag{8.45}$$

式中，R_{L} 为管道剩余寿命，a；v_{rate} 为预期腐蚀速率，可根据现场条件，采用相关标准、规范、腐蚀手册推荐的值，或适用于管道服役环境的机理性腐蚀预测模型给出的计算值，mm/a；$t_{\min}$ 为缺陷处管道的最小壁厚，mm。

(2)对于“先破后漏”的情况。

管道的腐蚀通常表现为：一旦腐蚀缺陷产生后，在深度方向的发展速率便成为管道腐蚀的主要部分，向管道轴向方向的发展速率和环向方向的发展速率将趋于减缓。

$$R_{\mathrm{F}} = J\mathrm{SM}\frac{t}{v_{\mathrm{rate}}} \tag{8.46}$$

$$\mathrm{SM} = \frac{\text{含缺陷管道的失效压力} - \mathrm{MAOP}}{\text{管道环向应力达到管材屈服强度时对应的内压}} \tag{8.47}$$

式(8.46)～式(8.47)中，R_F 为管道“先破后漏”情况下的剩余寿命；v_{rate} 为腐蚀速率；J 为校准系数，一般取 0.85；SM 为安全裕度。

取 R_L 和 R_F 中较小的值作为含缺陷管道的腐蚀剩余寿命。

2. 极值分布概率统计方法

管道腐蚀本身受很多因素影响，剩余寿命预测考虑的主要影响因素包括腐蚀深度最大值及其分布情况。极值分布概率统计法常被应用到预测管道剩余寿命评估中来[11]。Gumble 极值分布就是将原始数据中的最大值或最小值按分布拟合建立方程，通过回归分析预测极值，实现对管道剩余寿命的预测。但是，对于埋地长输管道来说，整体开挖测量平均腐蚀深度太不现实。将腐蚀严重区域的原始数据采集后进行统计处理，计算最深腐蚀深度的概率，这样具有随机性，计算方式如式(8.48)所示：

$$F(x)=\exp\left[-\exp\left(-\frac{x-\lambda}{\alpha}\right)\right] \tag{8.48}$$

式中，$F(x)$ 为深度小于 x 的概率；x 为最大腐蚀深度的随机变量，mm；λ 为概率密度最大的点蚀深度，mm；α 为腐蚀深度的平均值，mm。

将式(8.48)两边同时取两次对数计算参数 λ 和 α，得到

$$y=-\ln\left(\frac{1}{F(x)}\right) \tag{8.49}$$

具体剩余寿命预测方法如下。

(1)将测得的最大腐蚀深度数据由大到小排列：

$$F(x)=\frac{i}{N+1} \tag{8.50}$$

式中，N 为数据数量；i 为不同腐蚀深度对应的序号。

(2)需要验证这些数据满足 Gumble 分布，拟合出 x 和 y 的关系，若呈线性分布，则满足条件，计算出系数斜率 α 和截距 $-\lambda\alpha$。

(3)计算回归周期 $T(x)$，得到累积概率 $F(x)$。这样通过拟合的线性方程得到整体管段最大局部腐蚀深度 x。式(8.51)表示了回归周期和累积概率的关系：

$$T(x)=\frac{L_p}{N}=\frac{1}{1-F(x)} \tag{8.51}$$

式中，L 为管段长，mm；x 为临界腐蚀深度裕度，mm。

(4)确定腐蚀动力学系数 k，经验得出临界腐蚀深度裕度 x 与 τ^C 和 k 的关系如下：

$$x=k\tau^C \tag{8.52}$$

式中，k 为系数(未知)；τ 为腐蚀进展时间；T 为时间常数，一般取 0.5。

(5) 根据 API RP579-1 中推荐公式最小许用壁厚计算 $x = t - 1.1\frac{PD}{2\mathrm{SMYS}}$，目的通过临界腐蚀深度求得整体管道的系数 k(该公式中 t 为管壁厚度)。

(6) 已知临界腐蚀深度裕度 x，腐蚀动力学系数 k，根据式(8.52)即可得到腐蚀进展时间，从而计算得到管道的剩余寿命。

3. BP 神经网络方法

针对上述剩余寿命评估复杂性问题，BP 神经网络利用误差反向传播算法对网络进行训练[12]。以大量的输入输出实际数据为训练样本，自动调节阈值纠正误差，直到输出层达到自身的期望，所以 BP 神经网络的预测结果会不断接近于实际(期望输出)。因此，利用这个优势把 BP 神经网络运用到对腐蚀管道剩余寿命预测中，预测的结果与实际运行的管道年限十分接近。

BP 神经网络法管道寿命评估由网络层数、每层中的神经元数、初始阈值选取和学习效率及期望误差来决定。网络层数越多，结果的准确性就越高，但也同时带来了很大的计算成本，一般情况下，对于管道寿命预测问题选取三层(输入、输出、一个隐含层)。选取管道的使用寿命作为输出层，土壤电阻率、含水率、含盐量、pH、压力和温度是影响寿命的主要因素，作为输入层。隐含层节点数理论上是不确定的，随着节点数的增加，可以降低网络误差，提高精度，一般情况下可根据经验式(8.53)来确定：

$$h = \sqrt{m+n} + a \tag{8.53}$$

式中，h 为隐含层节点数目；m 为输入层节点数目；n 为输出层节点数目；a 为常数(通常为 1～10)。

初始阈值在管道程序设计中通常为[$-m/2$，$m/2$]；学习速率决定了阈值的变化量，速率较小收敛更慢，一般为 0.01～0.7；而误差的选取一般通过两个或多个不同的期望误差进行对比，在速率相当的情况下选择精度较高的为训练目标。上述的基本 BP 算法是固定步长迭代，使得目标函数容易出现不收敛的现象，必须在规定的最大迭代次数内计算出结果，否则会停止训练，得不到理想的收敛结果。因此，这种基于 BP 算法的管道寿命预测结果准确性较高，但也需要进一步优化算法节省计算成本。

4. 灰色理论方法

灰色理论广泛应用于信息未知、缺少数据的有限数据研究中[13]。简而言之是对有限的数据或不确定因素过多的数据，按一定的规律重生数据，利用新生数据新建微分数学模型。通过利用灰色理论预测腐蚀管道的剩余寿命获得了不错的效果。

GM(1,1) 是该理论常用的灰色模型，可以预测相同时间间隔的腐蚀速率：

$$\frac{\mathrm{d}x^{(1)}}{\mathrm{d}t} + ax^{(1)} = b \tag{8.54}$$

变量离散化得到

$$\hat{x}^{(1)}(k+1)=\left(x^{(0)}(1)-\frac{b}{a}\right)e^{-ak}+\frac{b}{a},\qquad k=0,1,2 \tag{8.55}$$

改进表达式可以预测任意时刻的腐蚀速率：

$$\hat{x}^{(0)}(t)=\left(x^{(0)}(1)-\frac{b}{a}\right)(1-e^{a})\exp\left[-\frac{a(t-t_0)}{N}\right],\qquad t\geqslant 0 \tag{8.56}$$

式中，a 为发展灰数；b 为内生控制灰数；k 为原始数据序号；N 为腐蚀速率下的时间跨度。

管道腐蚀深度或管道壁厚为定期检测，根据测得的原始数据，建立灰色预测模型，利用 GM(1,1) 可以得到任意时刻的腐蚀速率。通过比较腐蚀裕度和预测的腐蚀深度，判断管道达到临界状态的时间，由此得到管道的剩余寿命。

8.2.8 含腐蚀缺陷管道适用性评价案例

1. 管道基本信息

管道规格为 Φ406.4mm×7.1mm，输送介质为成品油，工作温度为常温，管道材质X60，设计压力 9.3MPa，管道外防腐类型为 3PE 防腐层。在综合考虑管道的设计资料、焊接工艺评定材料及GB/T 9711—2017 中的相关要求后，确定管道的屈服强度取415MPa，抗拉强度取 520MPa。适用性评价计算过程中所采用的参数如下。

(1) 服役时间，以 2012 年投产时间计算，确定服役时间为 8 年。

(2) 设计系数取 0.72，焊缝系数取 1。

(3) 未来腐蚀裕度，将所有金属损失都假定为腐蚀缺陷，以管道原始壁厚、缺陷深度及使用时间计算出年腐蚀速率，再以 5 年为检验周期计算出未来腐蚀裕度，但是如果评价无法通过则缩短检验周期，直至通过为止，如果取腐蚀裕度为零仍无法通过，则判定为该缺陷不能接受。

(4) 缺陷类型，本次评价的缺陷均假设为体积型的局部腐蚀缺陷。

(5) 计算过程仅考虑了内压载荷，其他外力、约束等附加载荷未加以考虑。

通过内检测得到管道的缺陷信息如表 8.5 所示。

2. 适用性评价结果

1) 评价方法的比较

前面已介绍了多个腐蚀管道适用性评价标准和方法，将这些方法给出的临界尺寸与内检测出来的金属损失数据比对，结果如图 8.5 所示。

由图 8.5 可知，本次内检测缺陷数据可以通过大部分标准的评价，只有几个缺陷点无法通过 API 579-1 标准的评价，说明标准之间存在着保守程度差异。

2) 最大允许操作压力计算

结合不同评价标准的对比结果，选取标准 API 579-1 和 GB/T 30582—2014 同时计算最大允许操作压力 MAOP，横线表示管道运行压力，最大允许操作压力 MAOP 的计算结果用红点表示，如图 8.6 和图 8.7 所示。

表 8.5　内检测结果

序号	特征名称	金属损失类型	里程/m	环焊缝编号	方位	距前环焊距离/m	长度/mm	宽度/mm	钟点	程度/(%wt)	内/外壁
1	金属损失	周向凹沟	33.2	3	下游	3.2	14.0	16.5	6:45	11.5	外壁
2	金属损失	周向凹槽	158.5	15	上游	8.5	8.0	24.5	6:04	7.1	内壁
3	金属损失	一般	208.3	20	下游	8.3	152.0	16.5	5:31	10.7	内壁
4	金属损失	坑状	393.2	39	下游	3.2	19.0	16.5	5:17	16.2	内壁
5	金属损失	坑状	783.6	78	下游	3.6	26.0	16.5	5:46	18.5	内壁
6	金属损失	周向凹沟	1158.5	115	下游	8.5	22.0	32.5	5:40	8.9	内壁
7	金属损失	一般	2005.7	200	下游	5.7	37.0	98.0	6:16	7.6	内壁
8	金属损失	坑状	2467.3	246	下游	7.3	20.0	16.5	5:45	25.3	内壁
9	金属损失	坑状	2649.4	264	上游	9.4	19.0	16.5	2:48	7.4	外壁
10	金属损失	一般	3543.4	353	下游	3.4	121.0	16.5	1:11	21.3	内壁
11	金属损失	一般	8178.6	817	上游	8.6	43.0	32.5	1:55	23.1	内壁
12	金属损失	坑状	9012.1	901	上游	2.1	18.0	16.5	5:59	8.7	内壁
13	金属损失	一般	10276.3	1027	上游	6.3	51.0	57.0	6:19	23.0	内壁
14	金属损失	周向凹沟	10808.6	1080	上游	8.6	11.0	16.5	12:56	6.5	内壁
15	金属损失	周向凹沟	10885.3	1088	上游	5.3	18.0	32.5	6:42	9.2	外壁
16	金属损失	一般	11184.3	1118	下游	4.3	114.0	24.5	6:04	18.3	内壁
17	金属损失	周向凹槽	11255.3	1125	下游	5.3	8.0	16.5	6:35	16.8	内壁
18	金属损失	一般	12307.1	1230	下游	7.1	42.0	16.5	6:48	23.0	内壁
19	金属损失	一般	17755.3	1775	下游	5.3	44.0	82.0	6:07	11.7	内壁

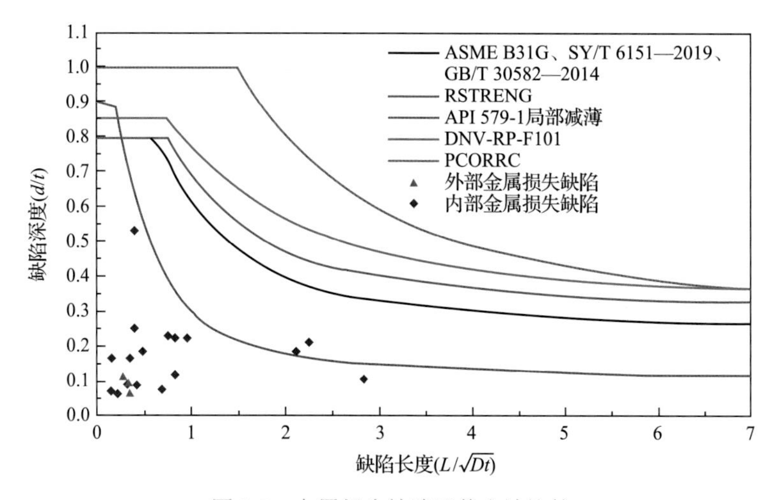

图 8.5　金属损失缺陷评价方法比较

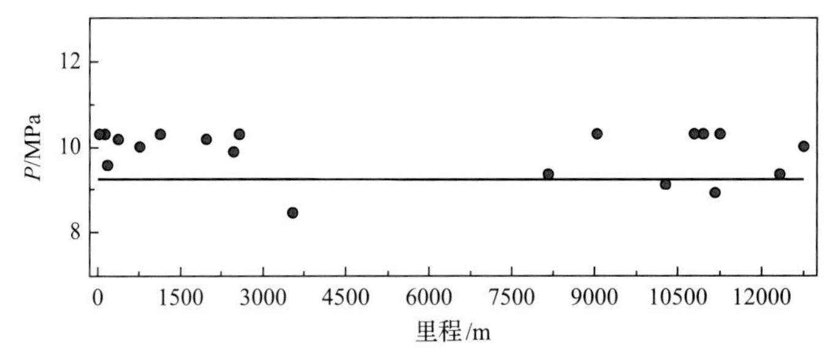

图 8.6　采用 API 579 计算得到的最大允许操作压力（设计系数 0.72）

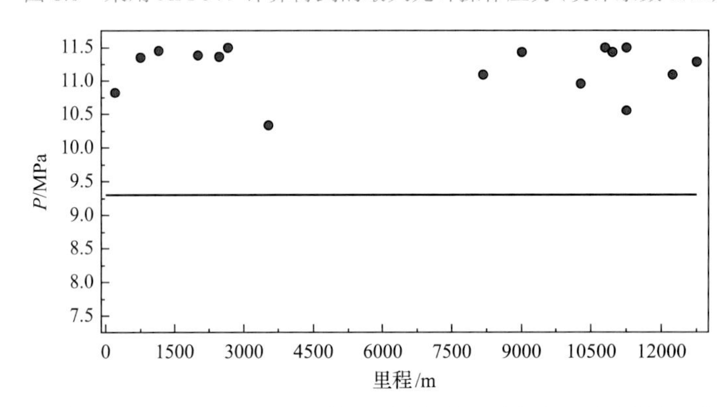

图 8.7　采用 GB/T 30582—2014 计算得到的最大允许操作压力（设计系数 0.72）

由图 8.7 计算结果可以看到，缺陷数据都是可以通过 GB/T 30582—2014 评价标准的，评价结果与上述其他评价标准相符合。大部分缺陷可以通过标准 API 579 的评价，明显未通过的两个缺陷如表 8.6 所示，而图 8.6 中在最大允许操作压力 9.3MPa 附近的几个缺陷评价结果仍需继续观察。

表 8.6　未通过评价的缺陷点

序号	特征名称	里程/m	长度/mm	宽度/mm	钟点	程度/(%wt)	内/外	MAOP/MPa
1	金属损失	3543.4	121.0	16.5	1:11	21.3	内壁	8.48
2	金属损失	11184.3	114.0	24.5	6:04	18.3	内壁	8.93

3. 结论

(1) 由不同评价标准的对比结果可以看到，不同标准评价之间有保守性差异。在评价前，需要谨慎选择评价标准。

(2) 在操作压力 9.3MPa 下，有两个缺陷点未能通过标准 API 579 的评价，建议对管道可以根据表 8.6 中的最大安全工作压力进行降压处理运行或进行补强修复，以满足管道安全运行。

(3) 在上述防护措施都完成的情况下，该条管线可以正常、安全的运行到下一检验周期。

8.3　含裂纹型缺陷管道适用性评价

8.3.1　R6 的失效评估基本思想

基于 Dowling 与 Townley[8]推导的两种不同失效机理的内插曲线，1976 年由英国中央电力局(CEGB)提出并形成 R6 方法。《缺陷对结构破坏的影响：两种准则方法》中描述了一种采用失效评定图(failure assessment diagram，FAD)判定缺陷结构失效的方法，认为缺陷评估需要同时考虑到脆断失效和塑性失稳的特性，因此又称为“双判据”准则(以下简称 FAD 方法)。1986 年前的 R6 失效评定曲线称为“老 R6”，后来美国电力研究院(EPRI)对 R6 进行研究，提出用 J 积分来描述线弹性和弹塑性的断裂分析。1986 年，CEGB 的第三次修订以 J 积分取代了原有模型并给出了三条失效评定曲线(failure assessment curve，FAC)，后来逐渐发展并被多个标准引用，如英国标准 BS 7910—2019，欧洲工业结构完整性评价程序(SINTAP)，美国标准 API 579 和我国的 GB/T 19624—2019、SY/T 6477—2017，不断更新完善，成为目前在裂纹型缺陷评价中应用最广泛的方法。

FAD 方法是一种含裂纹结构的安全性评价方法，基本思想是缺陷附近应力场会造成过高的应力强度因子，超过断裂韧性后遭到破坏，但在失效过程中，也存在韧性较高屈服强度较低先失效的可能，所以综合考虑后形成了失效评估曲线 FAC。FAC 本质上是含裂纹几何体受力后的弹性断裂参量和弹塑性断裂参量比值随载荷不断变化的函数关系曲线，在无量纲坐标系 L_r-K_r 中构建(图 8.8)，K_r 表示与线弹性断裂的接近程度，描述了结构对脆性断裂的“阻力”；L_r 表示与塑性破坏(或极限载荷)的接近程度，描述了结构对塑性失稳的“阻力”。L_r 和 K_r 定义如下：

$$L_r = \frac{P}{P_{\text{ref}}} = \frac{\sigma_{\text{ref}}}{\sigma_y} \tag{8.57}$$

$$K_r = \frac{K_{\text{I}}}{K_{\text{mat}}} = \sqrt{\frac{J_e}{J}} \tag{8.58}$$

式(8.57)和式(8.58)中，L_r 为载荷比，表征与极限载荷接近的程度；K_r 为断裂比，表征与线弹性断裂接近的程度；P 为总外加载荷，管道当量内压和完全塑性状态下构件的极限载荷，MPa；σ_{ref} 和 σ_y 分别为参比应力和屈服应力，MPa；K_{I} 和 K_{mat} 为通过实验得到的线弹性裂纹应力强度因子和材料断裂韧性，MPa；J_e 和 J 分别为 J 积分的弹性分量和总 J 积分，N/mm。

对于无限长轴向表面裂纹的参比应力计算方式如式(8.59)所示：

$$\sigma_{\text{ref}} = \frac{P_b + \left\{P_b^2 + \left[M_s \times P_m \times (1-\alpha)^2\right]^2\right\}^{0.5}}{3-(1-\alpha)^2} \tag{8.59}$$

式中，P_b 为管道的薄膜应力，MPa；P_m 为管道的弯曲应力，MPa；α为轴向裂纹深度和管道壁厚比；M_s=1/(1–α)。

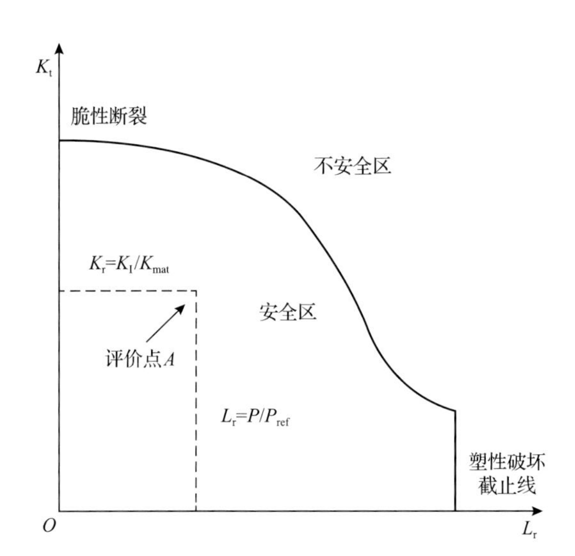

图 8.8 R6 失效评估的一般形式

对于无限长轴向内表面、外表面裂纹应力强度因子计算方法示例如式(8.60)所示：

$$K_I = \frac{PR^2}{R^2 - R_i^2}\left[2G_0 \mp 2G_1\left(\frac{a}{R}\right) + 3G_2\left(\frac{a}{R}\right)^2 + 4G_3\left(\frac{a}{R}\right)^3 + 5G_4\left(\frac{a}{R}\right)^4 \sqrt{\pi a}\right] \tag{8.60}$$

式中，P 为管道内压，MPa；R 为管道外半径，mm；R_i 为管道内半径，mm；a 为裂纹尺寸，mm；参数 G_0、G_1、G_2、G_3、G_4 的取值见 SY/T 6477—2017 附录 B 表 B.1。计算轴向外表面的 k_I 时符号为“+”，内表面时的计算为“−”。

其他类型裂纹参比应力 σ_{ref} 和应力强度因子 K_I 的计算方法参考 SY/T 6477—2017 规范性附录 B 和 C(应力强度因子和参比应力的计算方法)。

利用通用曲线法绘制的 R6 失效评定曲线进行完整性评定，需要基于载荷和裂纹尺寸计算相应的评定点 L_r 和 K_r 值，关于应力强度因子目前已经有成熟的计算手册，不需要单独计算。若图中的评估点 $A(L_r, K_r)$ 落在曲线的安全部分，则给定载荷下管道能安全运行，反之亦然。利用 J 积分分析得到的曲线通常要根据材料特性和裂纹几何形状计算弹塑性 J 积分和弹性分量的 J_e 确定曲线的纵坐标，计算时需要用到材料的真实应力-应变曲线。

8.3.2 基于 FAD 的裂纹评估数据及应用软件

一旦某段管道上发现有轴向或横向裂纹，就需要估计裂纹对管道承压能力的影响。这需要所搜集管道的具体数据，如：①最大裂纹长度或几个相互作用裂纹的总长度、裂纹最大深度，如果可获得裂纹深度-长度轮廓分布将有助于减少爆破压力计算的保守性；②实际(在产生 SCC 位置)管道(或同一批钢材)屈服强度、抗拉强度、断裂韧性(如夏比冲击功)、壁厚和管道直径；③除正常环向和纵向应力外，还有其他影响剩余强度的载荷因素：地层移动等引起的附加载荷；其他二次应力包括错边或斜接引起的弯曲应力；温差引起的轴向应力；钢管制管焊接或现场组对焊接过程中产生的残余应力。具体管道爆破压力(应力)的计算可以采用不同的方法，如 Log-secant 方法，管道轴向缺陷失效判据(pipe axial flaw failure criterion，PAFFC)准则；CorLAS™软件，CrackWise 软件及 API 579-1 或 BS 7910-2019 中有关裂纹缺陷的计算方法。国内最新的标准为 GB/T 19624—2019 和 SY/T 6477—2017 都采用 R6 双判据失效评估图方法。

8.3.3　裂纹深度检测和试验验证

在实际操作中，无论是开挖时暴露出来的裂纹还是内检测(ILI)所显示的缺陷特征，SCC 裂纹在壁厚方向深度的准确检测比较困难，目前，最先进的电磁超声(EMAT)技术最小检测深度为 1mm 左右。应力腐蚀裂纹和氢致裂纹在裂纹的前部非常狭窄，内检测结果都有很大的不确定性。ILI 技术的进步会逐渐克服这方面的挑战，但目前最可靠的验证管道承压能力的方法是静水压实验(hydrostatic testing)。

静水压试验暴露出的 SCC 裂纹可以带到实验室进行全面的测试和表征，包括其物理形貌尺寸、深度及长度方向的相互作用。从管段上取样也可以测量其具体的力学性能。如果静水压试验时没有发生破裂，管段内是否存在临界尺寸的 SCC 仍然未知。为保守起见，只能认为即使有裂纹其尺寸在临界尺寸之内。静水压试验既能验证并消除严重的 SCC，还能保证管线在未来一段时间内的安全运行。图 8.9 显示了在高压峰值时和最大允许工作压力(MOP)所对应的临界裂纹尺寸。进行水压试验后，所有尚存的 SCC 的尺寸低于静水压测试压力 P_{TEST} 曲线。静水压测试压力(P_{TEST})和管道工作压力(P_{OP})所对应的临界尺寸之间的空间就是允许裂纹增长的裕度。尚存的 SCC 可能在长度和深度上朝 P_{OP} 曲线方向增长。所以说静水压测试压力和工作压力 MOP 之间的差值越大，含有 SCC 管段的预期寿命裕度就越大。这两者之间的时间(即安全运行时间)等于临界 SCC 深度的差额除以管道在该地区 SCC 的增长速率。

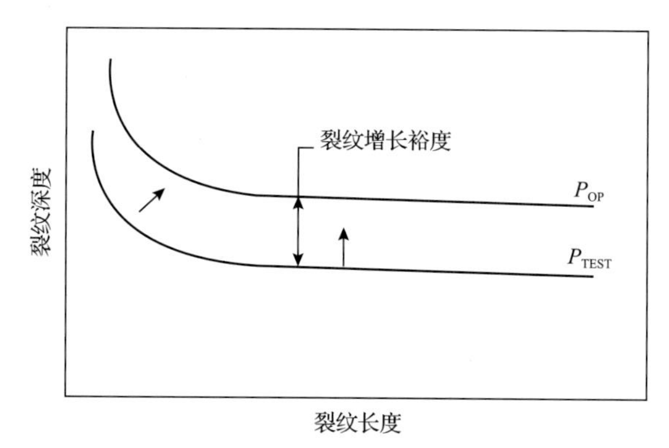

图 8.9　临界 SCC 裂纹尺寸与管内压力的关系

8.4　应力腐蚀开裂机制及管理措施

环境致裂包括应力腐蚀、腐蚀疲劳和氢效应的有关机制。应力腐蚀开裂是埋地管道在涂层老化或剥离后会产生的一种局部腐蚀开裂现象。由于它发生在管道的外表面，所以不论输油还是输气管道，此类现象均可能发生。随着成品油管道的老化，此类损伤同样可以在这类管道上发生。

8.4.1 管道外部土壤应力腐蚀开裂特征

Parkins 和 Fessler[14]在 20 世纪 70 年代就开始对高 pH 环境下的 SCC 进行研究，管道出现的这种开裂形式是沿晶开裂，所对应的开裂管道表面电解质溶液是碳酸盐-碳酸氢盐混合液体。自 80 年代中期起，加拿大最先开始报道另一种在管道外表面萌生的穿晶型应力腐蚀开裂。这种开裂往往在贫氧的近中性 pH 且含电解质浓度非常低的管道表层水膜下产生。由于所对应的水膜溶液在多种土壤中都存在，近中性 pH 应力腐蚀开裂可发生在所有级别钢管上，所以被认为是在所有国家和地区都存在的普遍现象。而早期报道的高 pH 应力腐蚀开裂多数是基于 X70 以下级别管线钢的。有关这两种开裂系统的特点，尤其是所涉及的电化学特征，Zheng 等[15,16]已做过比较全面的总结。雷铮强等[17]2017 年汇总了近 20 年来 31 起加拿大、美国及中国的公开报道的管道裂纹失效分析报告。表 8.7 是基于雷铮强等[17]的统计数据之上，收集了截止到 2020 年由裂纹导致的失效事件，可见其中北美大部分爆裂事故是由于轴向或环向应力腐蚀开裂引发的，在中国，应力腐蚀开裂引发的爆裂事故，尚未见有经过失效分析验证并确定的相关报道。

从北美的开裂事件分析中，可以总结出以下特征。

(1) 应力腐蚀开裂 SCC 通常发生在剥离或损伤的防腐层下面，SCC 区域在缺乏足够阴极保护电流情况下产生。防腐层的剥离导致阴极保护系统电流不足或无法到达管道表面，因而 SCC 在自然腐蚀条件下发生。

(2) 裂纹的扩展总是垂直于主应力的方向。裂纹是由于内压产生的环向应力而产生轴向裂纹。在轴向应力作用下，沿环周方向裂纹也可能出现。

(3) SCC 和均匀腐蚀的发生没有相关性。裂纹可在腐蚀坑槽内形成，但也可能在平滑的管道表面形成。在裂纹缓慢扩张或休眠状态下，裂纹壁或裂纹口会有少量腐蚀。

(4) 开裂大多与局部应力集中有关，如腐蚀坑、凹痕和凿痕都会有应力集中效应，焊缝区域的残余应力也是导致局部应力集中的因素。

(5) SCC 往往以含有许多浅裂纹（大部分深度小于 20%壁厚的裂纹）的裂纹群（crack colonies）形式出现。除主裂纹外，这些裂纹群中的绝大多数似乎处于休眠状态，表现出很低的或无法检测到的增长率。通常当防腐层跨过轴向焊缝焊趾时，由于几何形状的原因，防腐层和管道表面在焊缝两侧沿着焊趾有间隙，有可能形成 SCC 裂纹群。

(6) 在 SCC 金相观察时，经常有裂纹分支发展现象。

(7) SCC 失效通常是由于较短裂纹合并组合后形成一个裂纹长度/深度在 20∶1 到 50∶1 之间的大裂纹导致的。

(8) 产生 SCC 溶液为近中性，pH 为 6～8.5。

(9) 管道的温度对 SCC 发生率或裂纹扩展没有明显影响。

表 8.7 加、美、中三国油气管道裂纹类缺陷失效案例汇总

国家	编号	失效期	投产年份	服役年限	管径/mm	壁厚/mm	管材	介质	管线	管道裂纹分类
加拿大	1	2014.1.25	1960	54	762	9.5	X52	天然气	TransCanada 400-1	环焊缝焊接裂纹
	2	2013.2.8	1985	28	359	6.9	X52	原油	Enbridge 21	管体轴向近中性 pH SCC
	3	2012.6.28	1960	62	406	6.35	X52	天然气	Nig Creek ERW	直焊缝焊接裂纹
	4	2011.2.19	1972	39	914	9.13	X52	天然气	TransCanada 100-2	管体近中性 pH SCC
	5	2009.9.29	1953	56	610	7.14	X52	原油	Enbridge L2	管体沟槽状机械损伤底部裂纹
	6	2009.9.12	1972	37	914	9.13	X52	天然气	TransCanada 100-2	直焊缝焊趾近中性 pH SCC
	7	2005.7.15	1957	48	508	6.35	X52	原油	Terasen	冷弯管管体褶皱处疲劳裂纹
	8	2002.4.14	1970	32	914	8.08	X65	天然气	TransCanada 100-3	管体近中性 pH SCC
	9	1996.4.15	1962	34	864	12.7	X52	天然气	TransCanada 100-2	环焊缝焊趾焊接裂纹
	10	1994.2.15	1980	14	1067	12.0	X70	天然气	Foothills	管体 HIC
美国	11	2013.3.29	1948	65	508	7.92		原油	Mobil ERW	直焊缝焊接裂纹
	12	2010.8.27	1963	37	219	5.16	X42	液体丙烷	HL NY P-41	环焊缝 SCC
	13	2010.11.16	1952	48	559	7.92	X52	原油	Shell	管体轴向 SCC
	14	2010.3.2	1968	42	660	7.13	X60	天然气	Southern Star RA	环焊缝焊接裂纹
	15	2009.6.23	1965	44	406	5.08		天然气	Northern Natural Gas Co.	轴向 SCC
	16	2009.5.4	1959	50	457	6.35		天然气	Florida Gas Transmission Co.	轴向 SCC
	17	2008.11.5	1948	60	356	7.87	X42	天然气	Columbia Gas Transmission Co.	环向 SCC
	18	2007.10.15	1964	43	610	6.35	X60	天然气		轴向 SCC
	19	2006.7.26	1960	46	610	7.11		天然气	Viking Gas Trans. Co.	管体 SCC
	20	2006.1.20	1947	59	508	7.87		天然气	Colorado Interstate Gas	环向 SCC
	21	2005.5.13	1967	38	914	8.38	X65	天然气	Nat Gas Pipeline of America	轴向 SCC
	22	2004.9.29	1960	44	508	7.11	X52	天然气	EL Paso Field Services	轴向 SCC
	23	2004.8.15	1959	45	508	6.35	X52	天然气	EL Paso Field Services	轴向 SCC
	24	2004.5.29	1960	44	168	4.83		天然气	Southern Natural Gas Co.	轴向 SCC
	25	2003.8.8	1957	46	660	6.35	X52	天然气	Nat Gas Pipeline of America	轴向 SCC
中国	26	2011.7.2	2002	9	508	7.9	X56	天然气	济南—青岛	管道外部腐蚀减薄
	27	2011.3.3	2009	2	508	7.9	X52	天然气	某输气支干线管道返	修环焊缝内壁未熔合
	28	2011.3.7	2009	2	1016	17.5	X70	天然气	某输气干线管道	环焊缝未熔合裂纹缺陷
	29	2011.6.30	2009	2	1219	18.4	X80	天然气	某输气干线管道	环焊缝未熔合
	30	2015.6.24	2009	6	1219	18.4	X80	天然气	某输气干线管道	环焊缝焊接热裂纹
	31	2016.6.8	2003	13	1016	14.6	X70	天然气	某输气干线管道	环焊缝内表面焊接裂纹
	32	2017.7.2	2015	2	1016	12.8/15.8	X80	天然气	某天然气管线	环焊缝失效
	33	2018.6.10	2015	3	1016	12.8/15.8	X80	天然气	某天然气管线	环焊缝失效
	34	2020.1.31	2005	15	323	6.4	X52	成品油	某成品油管线	环焊缝缺陷

注：壁厚数据中“/”前后数据为焊接对接两边的厚度。

从裂纹形成和扩展机制方面，整个过程可以分为四个阶段。第 1 阶段，防腐层剥离期(裂纹孕育期)：防腐层在埋地后几年或多年内由于黏结剂老化或管道-土壤相互作用发生剥离。这个潜伏期的时间长度通常很难评估，因为如果使用不当，防腐层可能在施工后很快失效。或者运行多年后，土壤应力或其他因素导致防腐层失效。第 2 阶段，裂纹萌生期：防腐层失效后，电解液到达管道表面，表面残余应力、金属缺陷、应力集中等因素的组合可能导致应力腐蚀裂纹萌生。裂纹速度在萌生时很高，但随后随着表面应力松弛，其扩展速率会有所降低。第 3 阶段，裂纹稳定扩展期：裂纹进入一个相对缓慢的长时间增长期，在此期间，化学环境因素影响比较大。这一时期可能会延续数年甚至数十年，其中许多 SCC 因腐蚀而钝化，基本上处于休眠状态。第 4 阶段，加速扩展期：一小部分 SCC 裂纹会继续增长，而这些活跃裂纹中的一小部分将在轴向或环向相互牵连、合并。这时力学驱动力增大，裂纹扩展加速，最后导致爆裂。

自 1990 年起，加拿大国家能源局(National Energy Board)就开始要求发现 SCC 的管道公司启动油气管道完整性管理方案。加拿大能源管线协会(Canadian Energy Pipeline Association，CEPA)于 1999 年发布了第一版管道近中性土壤应力腐蚀开裂管理办法《CEPA Recommended Practices for Stress Corrosion Cracking》[18]。后续美国管道安全办公室(Office of Pipeline Safety，OPS)也开始建议在油气管道管理中考虑 SCC 风险。2004 年，美国腐蚀工程学会发布了第一版应力腐蚀直接评估方法(SCCDA，见第 7 章 7.4 章节)。《输气管道系统完整性管理(Managing System Integrity of Gas Pipelines)》(ASME B31.8S-2016)给出了管道 SCC 的风险评价过程、检测要点和开挖检测流程等。NACE 在 2015 年发布的修订版 NACE SP0204-2015，综合了 ASME B31.8S-2016 和 CEPA 标准，给出了管道 SCC 的直接评估方法，代表了目前油气管道应力腐蚀管控最综合的管理方法。在此同时，API 和美国输油管道协会(AOPL)成立管道完整性工作组，并于 2016 年发布了《Recommended Practice for Assessment and Management of Cracking in Pipelines》(API RP 1176-2016)标准。

8.4.2 含不同等级裂纹管道的管理措施

应力腐蚀的程度根据计算出的爆破压力可以划分不同级别，从而采取不同措施。CEPA 建议分四个等级，表 8.8 列出了 Ⅰ～Ⅳ级裂纹定义[18]。

表 8.8 不同等级裂纹定义

等级	级别	定义	说明
Ⅰ	$P_{F,SCC} \geqslant MOP \times SF \times 110\%$	失效压力大于等于最大允许工作压力(MOP)与公司订的安全系数 SF 之积的 110%。Ⅰ类 SCC 的失效压力通常等于最小屈服强度的 110%	在此类的 SCC 不会降低正常管道的承压能力。与韧性相关的失效在此类 SCC 中应该不会发生
Ⅱ	$MOP \times SF \times 110\% > P_{F,SCC} \geqslant MOP \times SF$	失效压力小于最大操作压力(MOP)与公司规定的安全系数之积的 110%，但大于等于 MOP 和 SF 之积	管道的安全系数并不需要降低
Ⅲ	$MOP \times SF > P_{F,SCC} > MOP$	失效压力小于 MOP 与 SF 之积，但大于 MOP	管道的安全系数需要降低
Ⅳ	$P_{F,SCC} \leqslant MOP$	失效压力小于等于 MOP	当压力接近最大操作压力 MOP 时，服役管道失效将会发生

对于长度大于 400mm 的裂纹，所有当前的失效计算程序变得不准确。在大多数情况下，该类失效压力计算的保守性非常大，特别是对长而浅的 SCC。对于液体管线，10%壁厚疲劳裂纹在严重的压力波动下会具有一定的疲劳驱动力，应针对管道运行条件进行评估，判断是否需要进行打磨处理，消除裂纹。

不同等级的 SCC 对于管道的安全运行有不同影响，对于不同等级的 SCC 应采取不同的补救措施。第三、第四级裂纹需要减低运行压力或修复管道：第四级裂纹在 90d 内修复，第三级可在发现裂纹的 2 年内修复。如有第二级裂纹管道仍可以在正常压力下运行但需要在 4 年之内采取减缓措施。具体修复工作可以是下列四个措施之一。

(1) SCC 静水压试验及缺陷的修复。

(2) 可靠的 SCC 缺陷在线监测及修复。

(3) 100% SCC 缺陷无损检测及修复。

(4) 更换管道。

这里所提到的 90d、2 年及 4 年是估计的参考值。如果应力腐蚀裂纹的真实扩张速度已知(如通过定期可靠的内检测)，那么修复时间应该以保证裂纹不发展到临界尺寸为准。含第一级裂纹的管道可以照常运行，但管道公司应该密切关注管道的运行状态。

8.4.3　静水压试验方法

CEPA 推荐的静水压试验程序包括时间相对短的峰值高压试验和长时泄露性试验。对于高压试验，峰值压力应尽可能高且在管材的 100%～110% SMYS 范围内，同时不应太高导致管道膨胀，CEPA 也推荐在高压试验中进行一个尖峰脉冲试验(spike test)是解决 SCC 问题的一种先进的方法，尽可能提高压力但保持不超过 5min。高压部分保持时间应足够长，且不超过 1h。如果管段内有临界尺寸以上的裂纹存在，在压力达到峰压水平时就会发生爆裂。对于长时泄露试验，可以在长时间内(至少 8h)保持低压，压力应至少比高压段低 10%，但比最大允许工作压力高出 10%。这时如果管体内有较大的裂纹，这个高于最大允许工作压力 10%的压力会造成裂纹前部残余韧带产生蠕变，如有足够的扩展也会导致破裂。

国内对在役管道的静水压试验根据 GB 32167—2015 管道试压介质选择应考虑地区等级、高后果区、管道当前运行压力与计划运行压力、管道服役年限、管道腐蚀状况等因素。试验压力需要根据拟计划运行的压力情况确定，一般不允许超过管道设计压力，且不超过 90% SMYS，推荐的压力试验如表 8.9 所示。

表 8.9　输油管道试压压力、稳压时间和合格标准

输油管道				
一般地段		高后果区		合格标准
压力	稳压时间/h	压力	稳压时间/h	
拟运行压力 1.1 倍	24	拟运行压力 1.25 倍	24	压降≤1%试压压力，且压降≤0.1MPa

注：不论地区等级如何，服役年限大于 30 年且小于 40 年的管道建议按照 1.25 倍运行压力试压，对于超过 40 年以上的管道建议按照拟运行压力的 1.1 倍试压。

8.4.4 SCC 裂纹增长速度测定

SCC 的生长是一个复杂的过程，涉及环境、管道运行压力及波动幅度和管道材料的协同影响的结果[16]。慢速率拉伸 SCC 试验法(slow strain rate testing，SSRT)对金属样品的加载速率和程度往往高于管道表面的应力应变状态，因此 SSRT 无法重现实际裂纹萌生和扩展的特征，以及其中环境和材料方面因素的影响。通过模拟管道现场的土壤及压力条件，可在实验室再现裂纹生长过程，利用从现场开挖的管体也可推算实际管道在环境下的增长率。针对加拿大的土壤化学及钢材(X52，X60，X65 级)模拟现场条件的实验室测试所得的 SCC 增长率基本分布在 0.05～0.88mm/a。静水压试验后，管道上 SCC 裂纹在再投入运行后一定时间内增长速度会有所下降[17]，这是由于高水压会增大裂纹前端的塑性变形区，甚至将较深的裂纹前端造成一定程度的钝化。

在进行小试样模拟现场土壤环境和恒应力条件实验时，应综合考虑管道运行应力和二次应力的叠加效应。为研究 SCC 萌生过程，实验可采用光滑样品或带有原有氧化皮的管道样品，例如，应力环加载实验可参考《金属和合金的腐蚀—应力腐蚀试验 第 6 部分：恒载荷或恒位移下的预裂纹试样的制备和应用》(GB/T 15970.6—2007)。为研究 SCC 裂纹扩展机制，可采用含预裂纹的紧凑拉伸(CT)样品、三点弯曲样品。为了获得管道材料在指定土壤中的裂纹扩展速率，加拿大 CANMET 采用全尺寸管道 SCC 模拟实验，利用现实加载条件及真实土壤环境，测量 X52、X60、X65 级钢材 SCC 裂纹扩展[15,16,19]。图 8.10 为全尺寸管道 SCC 试验的照片。

图 8.10 全尺寸管道 SCC 试验

8.5 氢脆及氢致开裂机制和评价方法

1994 年 2 月，加拿大 Foothills 公司 X70 天然气管道发生开裂，失效分析发现裂纹起始于管道内部氢致开裂(HIC)。此次 HIC 失效主要与含硫天然气有关，随后工业界对类似工况的输气管道采取了输送工艺的整改措施。管道内部如果有含湿 H_2S 环境，内腐蚀可能会有氢产生，管道阴极过保护和交直流干扰也会导致析氢反应的发生。伴随我国成品油管道建设不断发展，管道安全运行面临的挑战也越来越大，其中氢脆导致的管线钢失效问题也引起越来越多的关注。

8.5.1　管道氢脆及氢致开裂背景

氢脆是指氢进入金属中以后与金属基体发生交互作用，引起韧性和塑性等力学性能下降，致使材料脆断或开裂的现象。根据氢脆研究的结果，可以把管线钢氢脆分为氢致塑性损失、氢鼓泡和氢致开裂等。其中氢致塑性损失是指氢以原子态进入管线钢中，在位错和其他微观缺陷处积聚，从而使材料塑性和断裂韧性降低的现象。一般认为，在材料尚未发生脆性开裂之前，通过脱氢处理可以一定程度上恢复材料的力学性能；氢鼓泡(hydrogen blister)和氢致开裂(hydrogen induced cracking)是指原子氢进入材料中后，在材料的微缝隙、缺陷或夹杂物等结构缺陷处聚集，其中一部分原子氢结合成分子氢，随着时间的延长，分子氢会造成该局部区域很高的氢压，从而引起表面产生氢鼓泡或在材料内部形成裂纹的现象。在此情况下，金属材料的机械强度受到永久性破坏，一般不可恢复。

从产生氢脆的氢的来源来看，主要有三个方面：①在管线钢生产及焊接等过程中均不同程度地引入氢；②在管道运行过程中通常采用阴极保护抑制管道材料的腐蚀，然而阴极保护不当或干扰电流会造成管道材料过保护，导致阴极过量析氢产生氢脆；③随着国内煤制合成天然气项目的投产及乙烷制乙烯工程副产品的利用，有大量的气态氢进入了长输管道，高压条件的气态氢也有可能会造成管线钢发生氢脆。

8.5.2　氢脆和氢致开裂机理

研究人员在不同钢级管线钢中发现了氢致塑性损失现象。许多研究表明，材料充氢会明显降低材料的塑性。与未充氢试样相比，充氢后的断口以韧窝为主要特征，但韧窝直径变小，断裂机制以撕裂棱和准解理断面为主要特征，即出现所谓的脆化现象。充氢后管线钢断裂韧性的降低幅度随钢级不同而不同。X80 管线钢随充氢时间的延长和电流密度的增大，氢鼓泡的密度逐渐增大，裂纹主要呈阶梯状，由直线形裂纹和 S 形裂纹组成，多以穿晶方式扩展，裂纹尖端沿着晶界萌生。另一研究表明，非金属夹杂及表面点蚀坑促进了裂纹的萌生，充氢后试样发生穿晶断裂。随着充氢时间的增加，断口由韧性断裂转变为脆性断裂，氢脆敏感性增高。

氢脆理论可以分为两大类[20]：第一类认为开裂过程并不以塑性变形为先决条件；第二类则认为任何金属材料的开裂过程均以局部塑性变形为先决条件，氢通过促进局部塑性变形而导致低应力下的开裂。属于不涉及局部塑性变形的开裂机理包括氢压理论、氢致结合力导致的脆断理论(弱键理论)、氢吸附降低表面能导致脆断的理论及氢化物脆断理论，此外还有氢致相变理论、氢致局部塑性变形理论等。

氢压理论更适用于解释无外力作用下氢诱发裂纹的现象，金属中过饱和的氢在不均匀处结合成分子氢，随氢浓度在该处升高，该处的压力也升高。当该处氢压达到材料的屈服强度时，产生局部的塑性变形，如缺陷在试样表层，则会使表层鼓起，形成氢气泡。当氢压等于原子键合力时就会产生微裂纹，称氢致开裂。

氢降低原子键合力理论(hydrogen enhanced decohesion mechanism，HEDE)认为，氢原子进入过渡金属后，氢的 1s 电子进入金属中的 d 导带，增大原子间排斥力，使 Fe—Fe

原子键合力下降，从而导致了氢脆。

氢致局部塑性变形理论(hydrogen enhanced local plasticity，HELP)认为，氢促进微观局部塑性变形是导致合金在较低应力下发生变形和断裂的原因，并认为该作用源于氢促进位错的萌生及运动，众多研究人员证实了氢促进微观局部塑性变形的现象。氢致局部塑性变形理论是近些年来氢脆理论的研究热点，但和其他机理一样，该理论还不能够解释所有实验的现象。

管线钢的氢脆及开裂受到很多因素的影响，主要有材料因素、环境因素和氢含量等。其中，管线钢中夹杂物的数量、形态、尺寸及分布对管线钢氢脆敏感性有较大影响，其夹杂物数量越多，发生氢脆的可能性越高。氢脆及其他氢效应还与管线钢微观组织有关。管线钢中马/奥组元(M/A 岛)、晶界、析出相和位错等均可成为氢的陷阱，如果氢陷阱内氢的浓度超过裂纹起始的临界点，则会诱发氢致裂纹。有研究发现，与基体相比，焊缝组织具有更高的氢敏感性，更容易形成氢致裂纹。

温度会影响氢的扩散系数及在管线钢中的溶解度，随温度升高，氢扩散系数升高。在一定的温度下，H_2 与 H 的转换为吸热反应，关系满足：

$$\frac{1}{2}H_2 = H, \quad \Delta Q = 440\text{kJ/mol} \tag{8.61}$$

式中，ΔQ 为反应热，kJ/mol。

温度越高，H_2 气中的 H 的比例(自由态 H 和分子态 H_2 数目之比)C_H/C_{H_2} 就越大。虽然在温度较低时，H_2 中原子氢的数量较少，但 H_2 能够通过表面吸附，进而分解成 H 进入材料。由于氢的扩散过程控制着金属的氢损伤进程，因而应变速率对金属的氢损伤有很大的影响。金属受力变形时，其中的位错运动与氢的扩散相互影响。当应变速率较低时，氢在晶格内的扩散先于位错运动，这样有助于氢在位错密集处的聚集；当应变速率高于氢在金属内的扩散时，氢不会在位错密集处聚集，达不到临界氢浓度，从而不会表现出氢脆。

8.5.3 含氢环境中的力学性能测试

当管材面临的服役环境含氢时(无论是内部输送介质含氢还是阴极保护电位过负导致氢进入材料)，均需开展管材在服役环境下的材料性能评估，利用实验测试获得断裂韧性和 8.1 节介绍的有关裂纹的评估方法可开展管道服役的适用性评估。

ASME 规范《Hydrogen piping and pipelines》(ASME B31.12-2019)，欧洲工业气体协会(EIGA)规范《Doc121/04 H_2 Transportation Pipelines》《Doc120/04 Carbon Monoxide and Syngas Pipeline Systems》及《移动输气瓶、气瓶和瓶阀材料与盛装气体的相容性第 4 部分选择耐氢脆的金属材料的试验方法(Transportable Gas Cylinders-Compatibility of Cylinder and Valve Materials with Gas Contents part 4: Test Methods for Selecting Steels Resistant to Hydrogen Embrittlement)》(ISO 11114-4-2017)中对于材料氢脆的要求基本是一致的，测试方法主要有以下几种。

1. 缺口拉伸和慢应变速率拉伸测试

缺口拉伸和慢应变速率拉伸(SSRT)测试方法参考标准《Standard Test Method for Determination of Susceptibility of Metals to Embrittlement in Hydrogen Containing Environments at High Pressure, High Temperature, or Both》(ASTM G 142-98)进行，将测试材料的轴对称缺口拉伸试样或光滑试样置于常温常压和含氢环境中施加单轴拉伸应力。缺口拉伸测试环境中氢组分对材料的三向应力集中区域的氢脆行为的影响[21]，而慢应变速率拉伸包括了裂纹孕育阶段、裂纹亚稳扩展及失稳扩展三个阶段[22]。

缺口拉伸和慢应变速率拉伸测试结果可以从两方面进行分析。

1) 力学性能变化

可用将暴露到含氢环境中和非含氢(常温常压)环境中相同试样的力学性能进行比较的方法评定氢脆敏感性[20]，例如，通常利用试样在含氢环境中得到的拉伸试验结果与其在惰性介质环境中结果的比值来反映材料的氢脆敏感性，如式(8.62)所示：

$$\mathrm{RPA}=\frac{\mathrm{RA_H}-\mathrm{RA}}{\mathrm{RA}}\times 100 \tag{8.62}$$

式中，RPA 为氢脆敏感性系数；$\mathrm{RA_H}$ 为含氢环境中拉伸试样的断面收缩率；RA 为惰性介质环境中拉伸试样的断面收缩率。

根据 Lam 和 Sindelar[22]的研究，气态氢组分对碳钢的拉伸强度，延伸率和断面收缩率等力学性能有显著的影响，如图 8.11 所示。

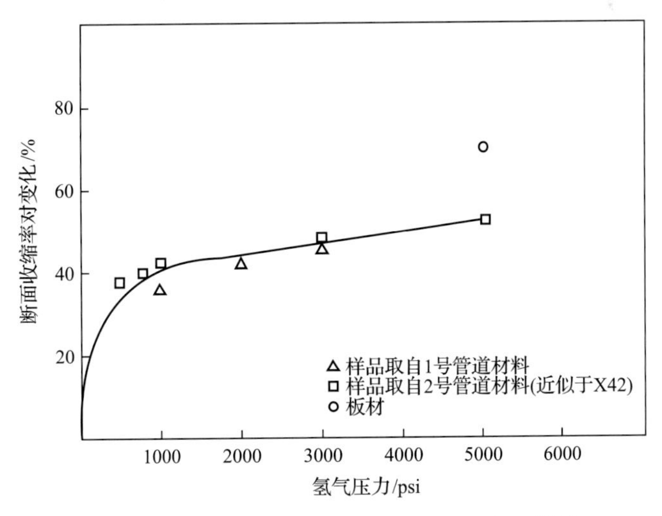

图 8.11　氢气分压对断面收缩率变化的作用[22,23]

2) 断口形貌分析

缺口拉伸测试方法研究三向应力集中区域的氢脆行为，在试样完全破坏时，是否发生氢脆断裂，往往可以通过断口表面的显微观察检查断裂模式的变化加以评定①。

当含氢环境中断口的脆性区域较非含氢环境(常温常压)中相同试样的断口脆性区域增加，可以作为材料存在氢脆敏感性的判据之一。有时氢效应未必产生“准解理”(quasi cleavage)类氢脆代表性形貌，而是发生断口韧窝的缩小等相关特征。

在试样完全破坏时，对于是否发生氢脆断裂，通常可以通过低倍显微镜检查二次裂纹，或者通过破断表面的显微观察检查断裂模式的变化加以确定[24]。

2. 含氢环境断裂韧性(K_{IH})测试

K_{IH} 测试是评价含氢环境应力强度临界值的断裂力学测试方法。在 K_{IH} 测试中，预制裂纹的试样在含氢环境中加载应力进行拉伸。能够引起裂纹增量的最小外加应力强度因子常被用来评价抗氢脆裂纹性能。

需要注意的是，断裂韧性测试方法的选择受到管道壁厚的影响，当管道壁厚满足式(8.63)中的要求时，材料满足平面应变状态，可以采用《金属材料 平面应变断裂韧度KIC 试验方法》(GB/T 4161—2007)对断裂韧性进行测试：

$$B \geqslant 2.5\left(K_{IC}/R_{P0.2}\right) \tag{8.63}$$

式中，B 为样品的厚度；K_{IC} 为材料的断裂韧性；$R_{P0.2}$ 为屈服强度。

当样品的尺寸不能满足平面应变状态时，可以参考《金属材料 准静态断裂韧度的统一试验方法》(GB/T 21143—2014)规定的金属材料的延性断裂韧性 J_{IC} 的测试方法，并根据 J_{IC} 的测试结果转换成为 K_{IC} 值$\left(J=\dfrac{1-\nu^2}{E}K_1^2\right)$，标准规定测试时试样尺寸需要满足式(8.64)要求：

$$B > 25J_{IC}/R_{P0.2} \tag{8.64}$$

式中，J_{IC} 为材料的延性断裂韧性。

当试样的尺寸不能满足式(8.63)和式(8.64)中的要求时，可以参考GB/T 21143—2014规定的金属材料裂纹尖端张开位移的测试方法，并根据特征 CTOD 值采用式(8.65)进行计算：

$$K_{IC}=\sqrt{\frac{m_{CTOD}\sigma_f\delta_{crit}E_y}{1-\nu^2}} \tag{8.65}$$

式中，m_{CTOD} 为转换常数，取 1.4；σ_f 为流变应力，$\sigma_f=1/2(\sigma_y+\sigma_\mu)$，其中 σ_y 为材料屈服强度(MPa)，σ_μ为材料抗拉强度(MPa)，MPa；δ_{crit} 为极限 CTOD 值，m；E_y 为弹性模量；ν为泊松比。

无论采用以上哪种方法，K_{IH} 的测试均需要在含氢环境下进行，同时需要保证测试前

① Standard A. G142-98" Standard Test Method for Determination of Susceptibility of Metals to Embrittlement in Hydrogen Containing Environments at High Pressure, High Temperature, or Both. ASTM International, West Conshohocken, PA, 2004, 4.

材料在含氢环境下暴露足够的时间以满足氢平衡状态，并采用合适的载荷/应变施加速率。这是因为氢在管线钢内的扩散系数一般较低，用夏比或落锤法等冲击加载法测出的断裂韧性往往不能反映出氢的影响。而管道在运行中很有可能某一方向的加载是慢性的。例如，由于地质慢性蠕动造成的轴向应力的提升。在慢速率加载条件下，Kim 等[25]测量了 X65 钢在 pH=7.63 下的 Na_2CO_3-$NaHCO_3$ 缓冲溶液里的 CTOD 断裂韧性。图 8.12 是他们所得到的结果：在阴极极化到–1.0V 时，CTOD 值随着加载率的减低而明显减少。对其他级别的管线钢也有类似的文献报道[26-28]。

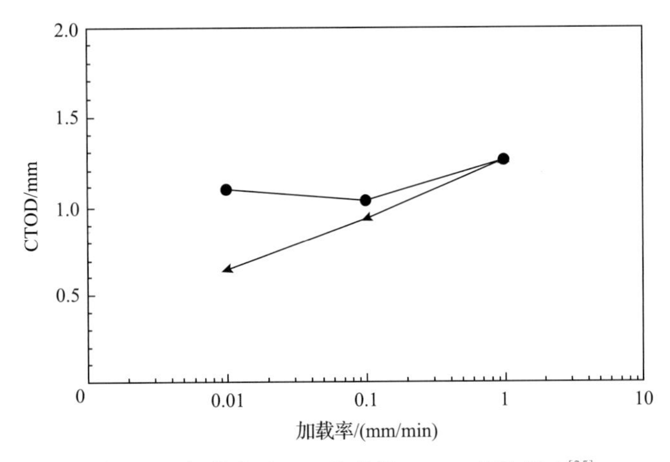

图 8.12　加载率对 X65 管线钢 CTOD 值的影响[25]

当阴极保护电位不是极端的低(如不低于–1.6V)，夏比冲击样品端口仍可能呈韧窝形。所以这种情况下即使有氢的效应，断裂仍不属于脆性解理断裂。需要注意的是，在氢的影响下钢材及焊口的断裂韧性是随着加载速率降低而会变劣。这一点在对含裂纹管线段进行寿命或临界承压能力评估时需要谨慎对待。

3. 圆盘压力测试

圆盘压力测试主要用来测试并表征在高氢压下金属材料的氢脆。薄膜状的圆盘试样放在实验容器中承受高压氦气和氢气。氢气和氦气的爆破压力比能够显示材料在环境中的氢脆敏感性。具体测试方法可参见《测定金属材料对气体氢脆化(hydrogen gas embrittlement，HGE)灵敏度的方法(Standard Test Method for Determination of the Susceptibility of Metallic Materials to Hydrogen Gas Embrittlement)》(ASTM F1459-2006)。

4. 疲劳裂纹扩展实验

疲劳裂纹扩展实验参照 ASME B31.12-2019 和《金属材料疲劳裂纹扩展速率实验方法》(ASTM E647-2013)进行，样品壁厚应不低于管道壁厚的 85%，沿管道轴向(transverse longitudinal，TL)取样，第一个字母表示断裂平面的法线方向，第二个字母表示裂纹扩展的平行方向。测试频率和应力比的选择对氢脆敏感性的测试具有重要的影响。标准中规定，评价氢影响时，测试频率不应超过 0.1Hz，测试应力 K_{min}/K_{max} 不应低于 0.1。

8.5.4 含氢管道的适应性评价技术

如前所述，管线钢氢脆分为氢致塑性损失、氢鼓泡和氢致裂纹等，氢对材料力学性能的影响主要表现为塑性损失、断裂韧性下降及抗疲劳开裂性能的下降。

ASME B31.12-2019 中规定了基于材料断裂韧性的适用性评价方法，该方法旨在判断规定壁厚材料在规定气氛环境下的适用性。测试采用紧凑拉伸(CT)试样，沿管道 TL 方向取样，样品的有效厚度不应小于管道壁厚的 85%。将预制有疲劳裂纹的测试样品放入含氢环境舱中进行恒载荷加载，加载的应力强度因子选择 K_{IAPP} 和 54.94MPa·m$^{1/2}$ 中的最大值，其中 K_{IAPP} 为设计压力下管道表面椭圆裂纹的应力强度因子，椭圆裂纹的深度为 $0.25t$，长度为 $1.5t$，t 为管道壁厚。标准规定，实验 1000h 后，将试样沿裂纹打开，观察 25%、50%和 75%壁厚位置处的裂纹扩展情况，如平均裂纹扩展长度超过 0.25mm，则材料不能在实验含氢环境下使用，如平均裂纹裂纹扩展长度低于 0.25mm，材料可以在实验含氢环境下使用。

针对含氢管道上的裂纹型缺陷，可以使用 8.3.2 节中描述的基于 FAD 方法裂纹评价标准和准则进行评价，需要利用适当加载率下的实验所测试得到的含氢断裂韧性 K_{IH} 替代材料的断裂韧性 K_{IC}。

图 8.13 是 X80 钢在室温空气中与含氢环境下的断裂韧性对比。当 X80 钢在 8%氢气+92%(重复试验)氮气环境中放置 30d 后，断裂韧性降为原值的 1/6；同样应力条件下，所对应临界缺陷的尺寸在这种含氢环境中将是无氢环境的 1/36。

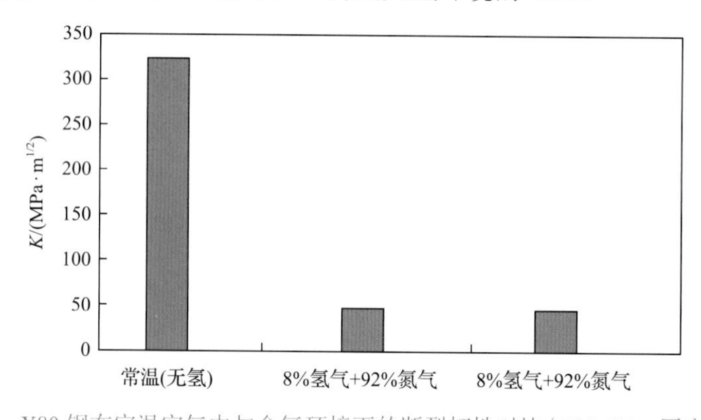

图 8.13 X80 钢在室温空气中与含氢环境下的断裂韧性对比(X80 CT，厚度 16mm)

高强度管线钢在氢和疲劳载荷的作用下通常表现出疲劳裂纹扩展速率的增加和疲劳裂纹扩展门槛值 ΔK_{th} 的降低，进而对材料抵抗疲劳载荷的能力及服役寿命产生影响。管线钢在含氢环境下的疲劳性能测试，对于管线运行载荷波动控制及管线受力设计具有重要的指导意义。

含裂纹结构的疲劳裂纹扩展寿命常用 Paris 公式[式(8.66)]表示：

$$\frac{\mathrm{d}a}{\mathrm{d}N} = C(\Delta K)^m \tag{8.66}$$

式中，a 为裂纹深度，m；N 为应力循环次数；C、m 均为与材料有关的常数；ΔK 为应力强度因子的波动幅值，$\mathrm{MPa \cdot m^{1/2}}$。

从疲劳裂纹扩展速率实验结果可以看出(图 8.14)，含氢环境下疲劳裂纹扩展依旧满足 Paris 公式，只是裂纹扩展速率比惰性介质中相应的值高 1～2 个数量级。

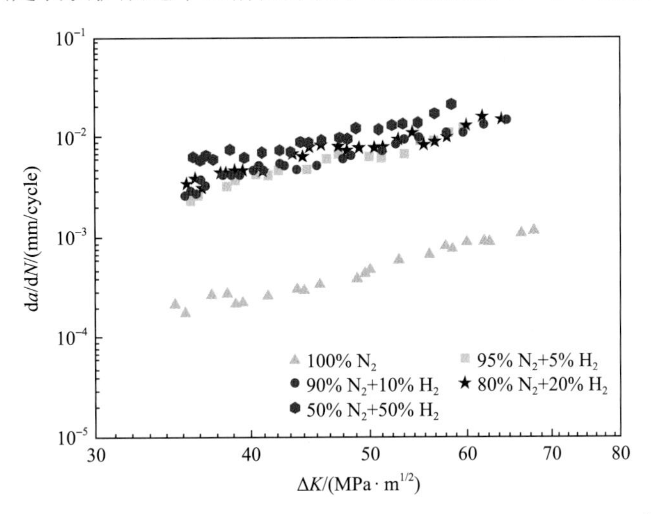

图 8.14　氮气和不同氢气掺比量条件下的裂纹扩展速率实验结果[30]

总压 12MPa，氢气含量(体积分数)为 0%、5%、10%、20%、50%

根据 Paris 公式，可以得到疲劳裂纹扩展速率的方程，将其用于含有缺陷管道的疲劳寿命估算，即式(8.67)：

$$N = \int_{a_0}^{a_c} \frac{1}{f(\Delta K)} \mathrm{d}a \tag{8.67}$$

式中，a_0 为起始裂纹深度，m；a_c 为临界裂纹深度，m；f 为与材料有关的常数。

参 考 文 献

[1] 田中山, 戴福俊, 帅健, 等. 成品油管道运行与管理. 北京: 中国石化出版社. 2019.

[2] Kumar V, German M D, Shih C F. Engineering approach for elastic-plastic fracture analysis. New York: General Electric Co., 1981.

[3] Rice J R. A path independent integral and the approximate analysis of strain concentration by notches and cracks. 1968, 35(2): 379-386.

[4] Harrison R P, Loosemore K, Milne I, et al. Assessment of the integrity of structures containing defects. Central Electricity Generating Board, London, 1980.

[5] Kiefner J, Maxey W, Eiber R, et al. Failure stress levels of flaws in pressurized cylinders//Kaufman J, Swedlow J, Corten H, et al. Progress in Flaw Growth and Fracture Toughness Testing. Philadelphia: ASTM, 1973.

[6] Kiefner J F, Vieth P H. A modified criterion for evaluating the remaining strength of corroded pipe. Battelle Columbus Div., OH(USA), 1989.

[7] Stephens D R, Leis B N. Development of an alternative criterion for residual strength of corrosion defects in moderate-to high-toughness pipe//International Pipeline Conference. American Society of Mechanical Engineers, Calgary, 2000.

[8] Dowling A R, Townley C H A. The effect of defects on structural failure: A two-criteria approach. International Journal of Pressure Vessels and Piping, 1975, 3(2): 77-107.

[9] 郭磊, 郭杰, 韩昌柴, 等. 基于漏磁内检测的输气管道金属损失缺陷适用性评价. 石油规划设计. 2017, 28(4): 12-14.

[10] Kastner W, Röhrich E, Schmitt W, et al. Critical crack sizes in ductile piping. International Journal of Pressure Vessels and Piping, 1981, 9(3): 197-219.

[11] 陈兆雄. 油气集输管道剩余寿命预测研究. 抚顺: 辽宁石油化工大学, 2014.

[12] 喻西崇, 赵金洲, 胡永全, 等. 人工神经网络预测注水腐蚀管道的剩余寿命. 油气储运, 2002, 21(6): 11-14.

[13] 汤东亚, 姚安林, 马洪亮, 等. 基于灰色理论的含腐蚀缺陷油气管道剩余寿命预测分析. 成都大学学报(自然科学版), 2011, 30(2): 181-183.

[14] Parkins R N, Fessler R R. Stress corrosion cracking of high-pressure gas transmission pipelines. International Journal of Materials in Engineering Applications, 1978, 1(2): 80-96.

[15] Zheng W, Elboujdaini M, Revie R W. Stress corrosion cracking in pipelines//Raja V S, Shoji T. Stress Corrosion Cracking Theory and Practice. Cambridge: Woodhead Publishing, 2011.

[16] Zheng W Y. Stress corrosion cracking of oil and gas pipelines in near neutral pH environment. Review of recent research. Energy Materials, 2008, 3(4): 220-226.

[17] 雷铮强, 王富祥, 陈健, 等. 长输油气管道裂纹失效案例调研. 石油化工应用. 2017, 36(10): 9-13.

[18] Canadian Energy Pipeline Association. Stress Corrosion Cracking Recommended Practices. 2nd Edition. Calgary: Canadian Energy Pipeline Association Publishing, 2007.

[19] Kang J, Bibby D, Blanchard R, et al. Full-scale stress corrosion crack growth testing of an X70 spiral-welded pipe in near-neutral pH soil environment//Proceeding of the 2016 11th International Pipeline Conference, Calgary, 2016.

[20] 褚武扬, 乔利杰, 李金许, 等. 氢脆和应力腐蚀: 基础部分. 北京: 科学出版社, 2013.

[21] 惠卫军, 董瀚, 翁宇庆. 高强度钢耐延迟断裂性能的评价方法. 理化检验, 2001, 37(6): 231-235.

[22] Lam P S, Sindelar R L. Literature survey of gaseous hydrogen effects on mechanical properties of carbon and low alloy Steels. Journal of Pressure Vessel Technology, 2009, 131(4): 041408-1-041408-14.

[23] Gutie′rrez-Solana F, Elices M. High-pressure hydrogen behavior of a pipeline steel//Proceedings of the First International Conference Current Solutions to Hydrogen Problems in Steels, Washington D C, 1982.

[24] Duncan A A, Lam P S, Adams T. Recommendations on X80 steel for the design of hydrogen gas transmission pipelines// ASME 2009 Pressure Vessels and Piping Conference, Prague, 2009.

[25] Kim C, Kim W, Kho Y. The effects of hydrogen embrittlement by cathodic protection on the CTOD of buried natural gas pipeline. Metals and Materials International, 2002, 8(2): 197-202.

[26] Andrews P, McQueen M, Millwood N. Variation of the fracture toughness of a high-strength pipeline steel under cathodic protection. Corrosion, 2001, 57(8): 721-729.

[27] Cabrini M, Sergio L, Diego P B, et al. Hydrogen embrittlement and diffusion in high strength low alloyed steels with different microstructures. Insight-Material Science, 2019, 2(1): 8-16.

[28] Briottet L, Batisse R, Dinechin G D. Recommendations on X80 steel for the design of hydrogen gas transmission pipelines. International Journal of Hydrogen Energy, 2012, 37(11): 9423-9430.

[29] Meng B, Gu C H, Zhang L, et al. Hydrogen effects on X80 pipeline steel in high-pressure natural gas/hydrogen mixtures. International Journal of Hydrogen Energy, 2017, 42(11): 7404-7412.

第9章 成品油管道管体腐蚀缺陷修复技术

管道缺陷类型和修复方法很多，修复方法的选择应在对缺陷进行评估的基础上进行，同时应考虑施工成本、施工条件等各方面影响因素[1]。本章旨在成品油管道检验检测和适用性评价的基础上，结合国内具体情况，介绍了成品油管道腐蚀缺陷的工程处理方法，以及各种修复方法的适用性和选择程序。

9.1 成品油管道腐蚀缺陷修复标准

缺陷修复作为管道完整性管理的重要环节，是保障管道本质安全的关键技术措施，国内外已颁布多项标准来指导管道的缺陷修复，并提出了系统的修复方法。例如，美国的《危险液体管道修复》(API RP 2200-2015)、《压力设备和管道的维修标准》(ASME PCC-2-2018)、《液态烃和其他液体管线输送系统》(ASME B31.4-2019)、加拿大的《油气管道系统》(CSA Z662-2007)及《石油、石化和天然气工业—管件用复合材料修复—技术指标和设计、安装、试验和检验》(ISO/TS 24817-2006)等标准，涉及缺陷修复的相关标准有80余部[2]。国内建立了管道缺陷修复的国家标准和石油行业技术标准，从事管道修复作业的单位也参考国外标准。

9.1.1 国外标准

国外法规标准规定：当完整性评价发现管道存在异常时，要积极采取防护措施，降压并修复缺陷。美国运输部专门在其安全条例(49 CFR 192)中明确规定：当管线运行压力超过其规定最小屈服强度的40%时，必须对管道缺陷及各类损伤采用合适的方法进行修复[3]。

美国49 CFR 192.933要求临时降压修复缺陷要向地方监管机构告知，如果降压超过一年，即长期降压，还需向美国管道与危险物品安全管理局(PHMSA)上报，并说明理由。在管道维修维护阶段，需制定维修计划。CFR 192和CFR 195均规定了详细的修复计划要求，包括立即修复、限期修复和监控使用。此外，对于管道腐蚀缺陷的风险控制，上述联邦法规均要求采取积极预防和减缓措施。

国外用于管道缺陷修复的专项标准较少，主要为综合性标准，但涉及管道缺陷修复内容的标准很多，基本与法规保持一致。美国、加拿大和英国一些著名的大型管道公司，如BP、TRANSCANADA及ENBRIDGE等，在成品油管道缺陷修复时，常用或推荐采用的主要标准如表9.1所示。

表 9.1 国外成品油管道修复常用或推荐采用的标准

标准号	标准名称
49 CFR 195	Transportation of Hazardous Liquids(运输危险液体)
ASME B31.4-2019	Pipeline Transportation Systems for Liquids and Slurries(液态烃和其他液体管线输送系统)
ASME PCC-2-2018	Repair of Pressure Equipment and Piping(压力设备和管道的维修)
PRCI L 52047	Pipeline Repair Manual(管道修复手册)
CSA Z662-2015	Oil and Gas Pipeline Systems(油气管道系统)
API RP 1160-2019	Managing System Integrity for Hazardous Liquid Pipelines(危险液体管道完整性管理系统)
ISO/TS 24817-2017	Petroleum, Petrochemical and Natural Gas Industries-Composite Repairs for Pipework-Qualification and Design, Installation, Testing and Inspection(石油、石化和天然气工业—管件用复合材料修复—技术指标和设计、安装、试验和检验)
API RP 2200-2015	Repairing Hazardous Liquid Pipelines(危险液体管道的修复)

9.1.2 国内标准

国内管道缺陷修复的专项技术标准最初是一些企业制定的企业标准或修复手册，针对管道缺陷修复提出了各自的推荐做法和要求。随着国内管道完整性管理体系的深入推广和相关技术研究，特别是 2015 年 10 月强制性国家标准 GB 32167—2015 发布，在 9.2 节中对管道缺陷修复做出了规定。该标准主要参考了《管道修复手册》(PRCI PR 186-0324-2006)推荐的缺陷修复方法，但 9.2 节内容多为原则性要求，附录 K 也只是给出了缺陷对应的修复方法选择范围，必须参照其他相关标准才能够具体实施。相比美国联邦法规，GB 32167—2015 中该部分在未来修订版中应进一步细化，如制定详细的修复计划、应急响应等。2018 年，国内先后发布了 GB/T 36701—2018 和《油气管道管体缺陷修复技术规范》(SY/T 6649—2018)，分别从国家标准和行业标准层面完善了管道缺陷修复专项技术标准。现行的国内管道缺陷修复相关的标准如表 9.2 所示。

表 9.2 国内油气管道修复相关标准

标准号	标准名称
GB 32167—2015	油气输送管道完整性管理规范
GB/T 36701—2018	埋地钢质管道管体缺陷修复指南
GB/T 28055—2011	钢质管道带压封堵技术规范
SY/T 7033—2016	钢质油气管道失效抢修技术规范
SY/T 6649—2018	油气管道管体缺陷修复技术规范
SY/T 6150.1—2017	钢质管道封堵技术规范 第 1 部分：塞式、筒式封堵
SY/T 6150.2—2018	钢质管道封堵技术规范 第 2 部分：挡板-囊式封堵

9.2 成品油管道管体腐蚀修复技术

目前，常见的成品油管道管体腐蚀缺陷修复技术主要有打磨、堆焊、补板、套筒修复(A 型套筒、B 型套筒、钢质环氧套筒)、复合材料补强和换管等。一般来说，机械夹具主要用于堵漏修复，目前堆焊在管道管体缺陷现场修复工程中应用较少，补板是用于临时修复，在本章不做详细阐述。

9.2.1　打磨修复

打磨修复是指使用专用工具去除浅表面裂纹缺陷，点腐蚀、沟槽等比较浅的体积型缺陷以及焊瘤等焊接缺陷，使打磨区域与管道轮廓平滑过渡，且剩余壁厚满足强度要求。

部分标准对打磨尺寸做了要求。因此，在打磨修复前应对腐蚀区域进行彻底清理，并测量腐蚀区域的纵向长度和剩余壁厚。例如，GB/T 36701—2018 规定：如果打磨深度不超过管道公称壁厚的 10%，则打磨长度不受限制；如果打磨深度超过管道公称壁厚的 10%，若满足以下两个条件之一，则打磨深度的最大值可以达到管道公称壁厚的 40%。

(1) 打磨长度不超过按式 (9.1) 计算的纵向可接受长度：

$$L = 1.12\sqrt{Dt\left[\left(\frac{d_{\max}/t}{1.1d_{\max}/t - 0.11}\right)^2 - 1\right]} \tag{9.1}$$

式中，L 为打磨区域的纵向可接受长度，mm；D 为管道外径，mm；$d_{\max}$ 为打磨区域的最大测量深度，mm；t 为公称壁厚，mm。

(2) 管道的最大操作压力 (MOP) 不大于按 GB/T 30582—2014 计算的管道失效压力与设计系数的乘积，即

$$\text{MOP} \leqslant KP_{\text{F}} \tag{9.2}$$

式中，P_{F} 为含缺陷管道的失效压力，MPa；K 为设计系数，应根据管道内的介质、缺陷所处地区级别等，参照《输油管道工程设计规范》(GB 50253—2014) 确定。

打磨修复后应采用无损检测判断是否已消除了浅表面裂纹缺陷、应力集中较大的体积型缺陷及焊瘤等焊接缺陷，如果打磨修复后打磨区域的深度和长度在式 (9.1) 限制的范围内不能完全消除缺陷，则应继续采用其他方法进行修复。

9.2.2　复合材料补强

复合材料补强是利用复合材料的高强度和高弹性模量，通过涂敷在缺陷处的高强度填料，以及管体和纤维补强层间的树脂，将管道承受的应力均匀地传递到复合材料修复层上[4]。具有施工方便、无需焊接、适用性强和耐腐蚀、修复过程无需降压、无需动火、修复时间短等优点。国外在 20 世纪 90 年代相继开发出 Clock Spring®、Armor Plate Pipe Wrap™、Syntho-Glass®和 Black-Diamond™ 等多种复合材料补强修复产品，国内自 21 世纪以来也相继开发了 ANKOWRAP、PIPESTRONG 等产品。这些技术在成品油管道上得到了大量应用，复合材料修复补强技术已经是一个成熟的管道修复技术。

复合材料补强层一般包括高强度填料、底层树脂和纤维补强层(玻璃纤维、玄武岩纤维、碳纤维、凯夫拉纤维等)，其结构示意图如图 9.1 所示。

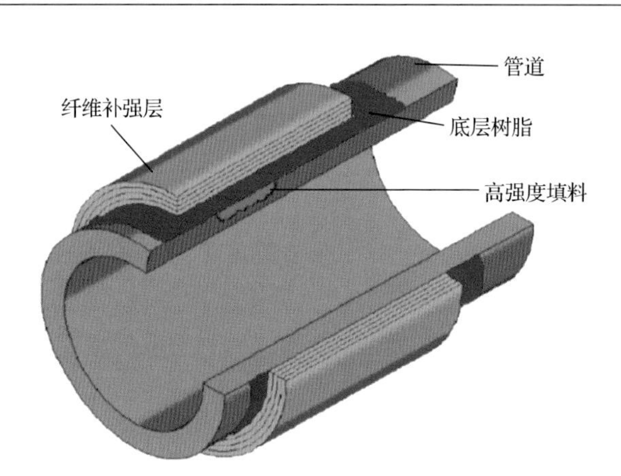

图 9.1　复合材料补强结构示意图

碳纤维的弹性模量与钢接近，所形成的复合材料与钢管的协同效应好，可使应力分布均匀，修复补强效果良好，但碳纤维具有导电性，修复时应采取绝缘措施，确保碳纤维不与管道直接接触，避免发生电偶腐蚀。玻璃纤维的弹性模量一般约是钢的 1/5，复合材料与钢管的协同效应稍差。玄武岩纤维的弹性模量居于玻璃纤维和碳纤维之间。凯夫拉纤维具有密度低、强度高、韧性好、耐高温、良好的电绝缘性等特点[5]，但凯夫拉纤维是有机大分子材料，具有室温蠕变特性，长时间服役存在应力松弛的缺点。

复合材料的修复方法主要包括湿缠绕法和预成型法，见 ASME PCC-2-2018 第四部分“非金属和黏结修复方法”和 ISO/TS 24817-2006，以及相关企业的修复标准。

1. 湿缠绕法

湿缠绕法是将不含树脂的柔性纤维布缠绕在管道上，同时将树脂涂刷在纤维布上，在一定温度和时间下树脂固化并与纤维形成复合材料，复合材料紧贴在管道上，承担载荷，起到修复管道的目的。一般以环氧树脂为复合材料的基体、以纤维片材为复合材料的增强材料。

湿缠绕法的主要优点：纤维布柔韧性好，可修复高焊缝余高、严重错边、严重变形等管体缺陷，也可用于弯头、三通等异型件的缺陷修复；纤维的比强度高、比模量高，修补厚度薄，仅为钢材厚度的 1/5 就能达到相同补强效果；可采用不同的黏结树脂和施工工艺，适用温度范围广。主要缺点：需在施工现场配制胶液并进行缠绕，施工质量受人为和环境因素影响较大，补强效果有一定不确定性，同时对施工人员身体健康和环境有一定影响。为了保证修复施工的质量，施工时应注意满足以下要求。

(1)应根据设计确定的修复层轴向总长度，以缺陷处为中心进行缠绕，使纤维与管道轴向垂直。

(2)修复层末端距离缺陷外侧边界应不小于 100mm，且修复焊缝缺陷时应不小于 400mm。

(3)若缺陷之间轴向距离小于 25mm 或环向距离小于公称壁厚的 6 倍，则视为同一缺陷区域，可进行连续缠绕修复。

(4)纤维布周向搭接长度应不小于 200mm。

(5) 修复螺旋焊管上的缺陷时，纤维缠绕方向应与管道螺旋焊缝走向相反。

(6) 复合材料层间应无气泡，纤维布应被树脂完全浸润。

典型的修复效果如图 9.2～图 9.4 所示。

图 9.2　直管段修复效果

图 9.3　单点缺陷修复效果

图 9.4　弯管修复效果

2. 预成型法

预成型法是采用不饱和聚酯和纤维在工厂中预先根据含缺陷管道的管径制备高强度复合材料预成型件，然后在修复现场先用高强度填料填补缺陷，再通过强力胶将预成型复合材料黏结于管道表面，从而起到恢复管道强度的目的。

预成型法的主要优点：复合材料在工厂预制成型，无需现场配胶，产品质量稳定，修复效果好。主要缺点：预成型复合材料自身刚度较大，不易变形，只能修复直管，不能用于修复异型件(弯头、三通等)；一般选用模量和强度较低的玻璃纤维，对管体强度的恢复效果有限；预成型复合材料在加工中经过挤压、烘干、热处理及固化等一系列生产过程，其成本较高。为了保证修复施工的质量，施工时应注意满足以下要求。

(1) 安装起始垫时，应确保管体缺陷位于预成型复合材料中间位置，距离缺陷外侧边界应不小于 100mm。

(2)预成型复合材料的起始端应紧贴起始垫，并与管道轴向垂直。

(3)胶黏剂应涂抹均匀，预成型复合材料层间、预成型复合材料与管道外壁之间应无空隙。

预成型法复合材料修复施工现场如图 9.5 所示。

图 9.5　预成型法复合材料修复现场

9.2.3　套筒修复

套筒修复即根据管体减薄处在内压作用下的径向应力增大，利用全封闭套筒恢复管壁缺陷处的承压强度，使其不能因达到塑性变形极限而破裂的一种方法，是目前国内外应用较多也较成熟的一种修复技术。套筒类型主要分为不承受轴向载荷的 A 型套筒、可承受轴向载荷的 B 型套筒及钢质环氧套筒。

1. A 型套筒

A 型套筒不承受轴向载荷，无需焊接在待修复管道上，如图 9.6 所示，制作和施工比较简单，可以为缺陷区域提供补强性能，但存在以下不足：①对管道的纵向应力无影响，因此不适用于修复环向缺陷；②不适用于修复泄漏型缺陷；③套筒和管体之间可能存在间隙，有腐蚀和阴极保护失效的风险。

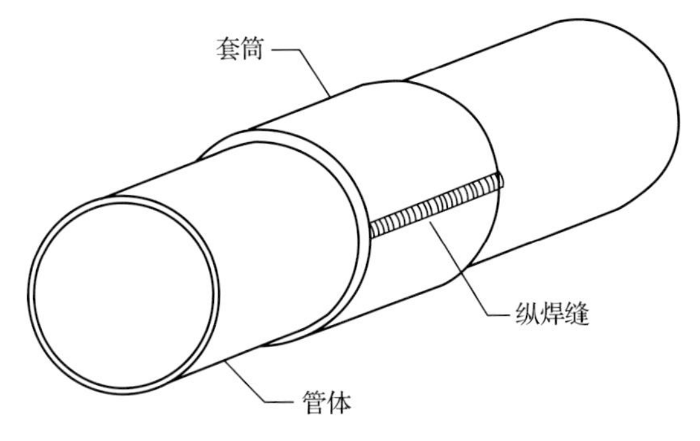

图 9.6　A 型套筒示意图

GB/T 36701—2018 对 A 型套筒的厚度做了要求：若缺陷长度小于 L[L 按式(9.3)计

算]，则套筒厚度应不小于待修复管道公称壁厚的 2/3；若缺陷长度大于或等于 L，则套筒厚度应不小于待修复管道的公称壁厚。

$$L = \sqrt{20Dt} \tag{9.3}$$

同时，为了提高 A 型套筒修复的有效性，可以采取以下措施：①修复时降低管道操作压力；②通过对套筒施加机械外力的方法，使套筒紧贴管壁；③在缺陷处和套筒与管道之间的环隙内填充环氧树脂、聚酯化合物等可硬化材料。

依据 PRCI PR 186-0324-2006，焊接套筒纵向对接焊缝时，宜在对接焊缝下装配垫板，以防止焊接到管道上，A 型套筒还可以采用搭接侧带的方式，如图 9.7 所示。

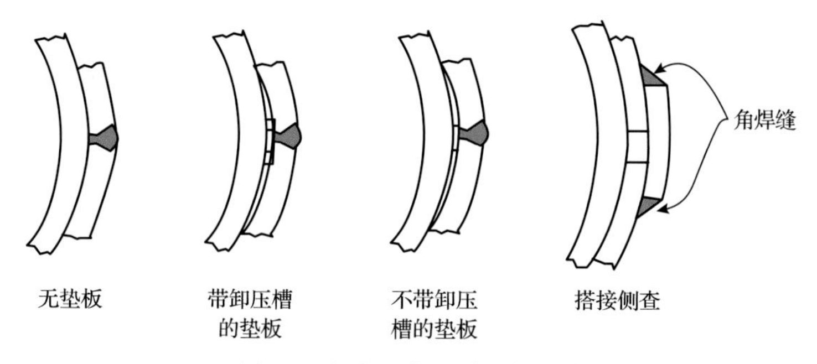

图 9.7　纵向对接焊缝焊接方式

2. B 型套筒

B 型套筒可承受轴向载荷，两块半圆形护壳以直焊缝对接，套筒末端以角焊的方式与管道连接，如图 9.8 所示。B 型套筒能承受内压，并提高管道的轴向承压能力，适用于多种缺陷类型的永久修复。该方法具有一致性高、补强效果好及适用范围广等特点，但需降压或停输焊接。

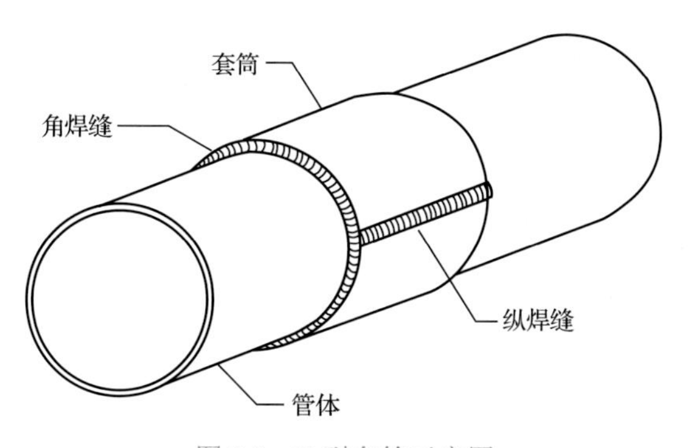

图 9.8　B 型套筒示意图

由于 B 型套筒需要以环向角焊的方式焊接在管道上，GB/T 36701—2018 对 B 型套筒的设计和安装都做了明确要求。

(1) 套筒末端角焊缝和管道原有环焊缝的距离不小于管道的公称直径，且不小于 150mm（对于大口径管道，套筒末端角焊缝和管道原有环焊缝的距离还需要开展进一步的研究工作)。

(2)相邻套筒的角焊缝距离不小于管道公称直径的 1/2，若两个套筒的角焊缝距离小于管道公称直径的 1/2，则不能将套筒相邻端与管体焊接，而应使用另一个套筒连接这两个套筒。

(3)套筒与管体之间的缝隙不超过 2.5mm。

(4)若套筒修复长度大于管道外径的 4 倍，修复时应对管道采取临时支撑措施，并分层回填，避免冲击管道。

(5)套筒的纵向焊缝应采用全熔透焊接技术。

与补板、堆焊等焊接修复方式相同，角焊缝的在役焊接是 B 型套筒修复技术的关键步骤，作业前应开展焊接工艺评定。在役焊接过程中会对管道造成以下不利影响：①管内介质高速流动形成天然的冷却系统，快速带走接头热量，易产生硬、脆相组织，导致焊接裂纹；②管内处于高压状态，焊接加热过程会降低管壁材料的服役强度，如操作工艺不当可能造成管壁承压能力受热降低导致破裂事故；③高强管线钢通常采用微合金化的细化晶粒组织，在受热情况下，细小的组织极易受热粗化，不仅使韧性大大受损，而且更容易产生氢致裂纹。

B 型套筒按外形分为圆形套筒、凸式套筒和凹槽式套筒，如图 9.9 所示。圆形套筒用于修复表面平滑无焊缝管道，也可用于修复焊缝事先打磨掉的管道；凸式套筒预制突起部分是为了过渡焊缝，焊接到管道上可承受轴向应力；凹槽式套筒安装时凹槽罩于焊缝上，其他部分与管体紧密结合，套筒设计壁厚要减去凹槽深度，即套筒整体厚度要大于上述两类套筒壁厚。修复螺旋焊缝管道，如不打磨掉焊缝余高，宜采用凸式 B 型套筒修复；若出现套筒角焊缝与螺旋管道焊缝叠加情况，可在套筒内添加密封圈，以防泄漏。李荣光等[6]利用爆破试验，验证了凸式 B 型套筒修复螺旋焊缝缺陷的有效性。

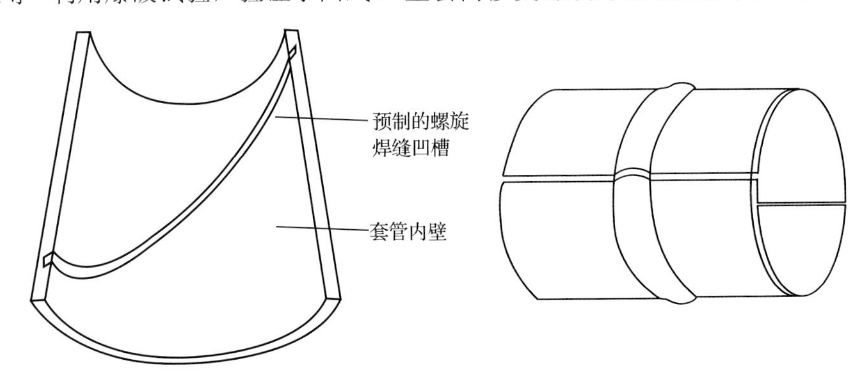

图 9.9 带凹槽或凸起的 B 型套筒

B 型套筒作为一种永久修复的方式被广泛采用，但对于弯管(或弯头)修复，套筒越短，在管道的弯曲段上的安装效果越好。根据管道尺寸和弯曲度，超过一定长度的 B 型套筒将不能很好地匹配弯管，达不到安装要求。PRCI PR 186-0324-2006 推荐可以采用“穿山甲”式套筒将相对较长的套筒安装到现场弯管上，如图 9.10(a)所示。这类套筒包括几个短节，通过桥接套筒连接在一起，但这种套筒的缺点是制作时需要大量的焊接操作，还会大幅增加管道上被维修部分的重量。也可以采用安装斜接段的方法修复弯管，各段通过对接焊相连，形成一个连续的套筒，类似于斜接弯头，如图 9.10(b)所示。在实际工程中，此类情况一般采用直接换管的方式，除需满足特殊需求外，不推荐使用异型套筒修复。

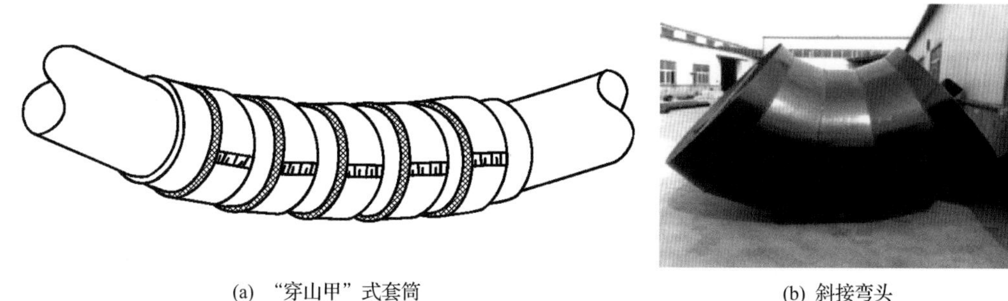

(a) “穿山甲”式套筒　　(b) 斜接弯头

图 9.10　用于修复弯管的 B 型套筒

3. 钢质环氧套筒

钢质环氧套筒是由覆盖在管道缺陷处的一对直径比管道略大的半圆形钢质护壳，经焊接或螺栓连接在一起，套筒末端用密封胶密封，套筒与管道之间的环隙内注入环氧树脂而形成的复合套筒。环氧树脂与套筒之间形成连续的负载过渡，可以将管道承受的应力均匀地传递到钢质套筒上。

钢质环氧套筒可以避免在管体上直接动火施焊，适用于各种非泄漏腐蚀缺陷的永久修复。钢质环氧套筒具有一些特殊的功能结构，如图 9.11(a)所示：定位孔，在钢质环氧套筒两侧，通过调节定位螺栓的高度而使套筒与管道的间隙保持一致；排气孔，在钢质环氧套筒正上方，可排除套筒与管道之间的空气及环氧填料中的气泡，并可以指示环氧填料是否灌注完成。图 9.11(b)是另外一种结构的钢质环氧套筒，套筒两端有内径小于筒体内径的圆形对中法兰，安装时法兰内壁紧贴管道外壁，保证管道处于筒体中间。筒壁设计有垂直于条形法兰的加强筋，增强条形法兰的抗弯性能。修复安装前，还可预先采用复合材料补强的方法修复缺陷，使复合材料补强层与钢质环氧套筒协同作用，以实现对缺陷的永久修复[7]。

2005 年至今，钢质环氧套筒补强修复技术已逐渐成为国内成品油管道一项较为成熟的缺陷修复手段，能够有效地控制缺陷部位的管道损伤和形变。但在应用过程中也仍然存在一些设计和施工质量的问题，包括填充树脂材料脆化开裂、空腔问题严重、固化气泡以及套筒设计不满足要求等。

为保证钢质环氧套筒的修复补强效果，GB/T 36701—2018 提出钢质环氧套筒的设计、安装应满足以下条件。

(1)环氧填料在管道运行温度范围内应不发生劣化。

(2)套筒的厚度和材料等级应使其具有不小于管道设计压力的承压能力。

(3)套筒长度应不小于 100mm，且套筒末端距离缺陷外侧边界应不小于 50mm。

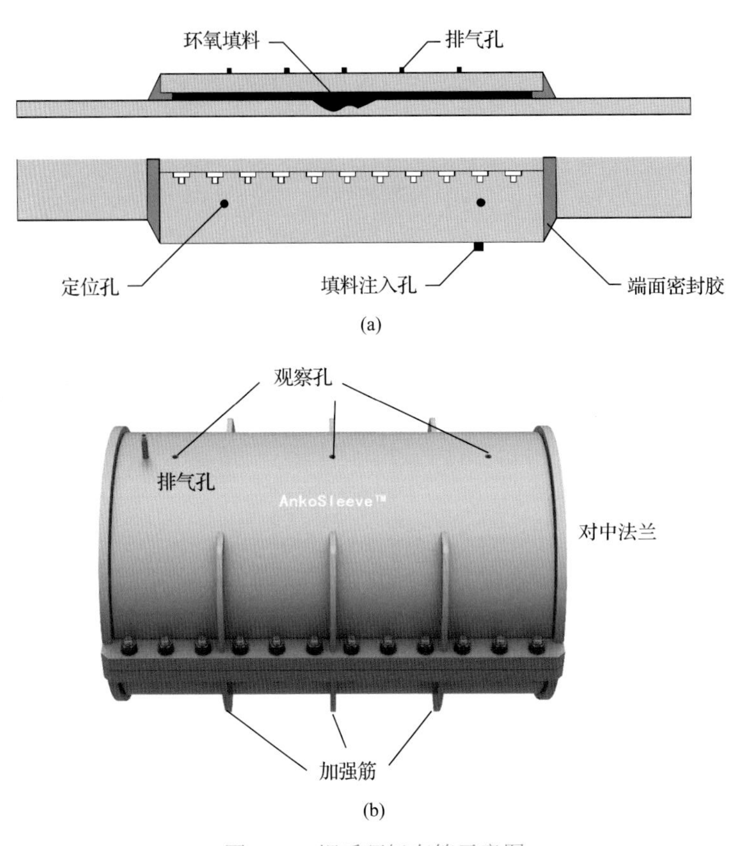

图 9.11 钢质环氧套筒示意图

(4) 安装时，管体温度应高于露点 3℃且不高于 60℃，环境相对湿度应不高于 85%。

(5) 套筒与管道圆周方向的间隙应保持一致。

(6) 环氧填料和端面密封胶应按产品使用说明书提供的工艺条件进行配制，并在其有效工作时间内使用完毕。

(7) 环氧填料固化后，应采用肖氏硬度计测量填料的固化硬度，硬度应满足环氧套筒对管道增强的要求。

在小口径管道上进行了复合套筒的轴向载荷拉伸实验，缺陷制作、修复及试验过程如图 9.12 所示，试验结果如表 9.3 所示，结果表明复合套筒修复明显提升了含环向缺陷管道的抗拉断能力。

4. 预应力复合套筒修复

由于地形或地质运动等因素，管道运行时除承载内压载荷外，还会承载轴向或弯曲载荷，管道环向缺陷(含环向腐蚀缺陷、环焊缝位置腐蚀缺陷、环焊缝缺陷)位置往往是管道安全的主要威胁，近年来发生的数起管道事故，都是管道环焊缝位置失效引起的。对于管道环向缺陷，A 型套筒、钢质环氧套筒修复均不能满足有效提高管道承受轴向载荷的要求；B 型套筒修复可以提高管道轴向载荷能力，但实施时需要在管道上直接施焊，安全风险较大，对焊接工艺要求很高，容易产生焊接裂纹，并且安装过程中往往需要降

(a) 缺陷尺寸

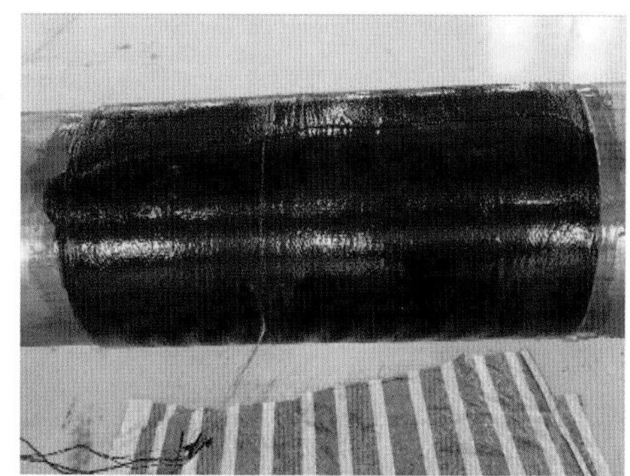

(b) 复合材料补强

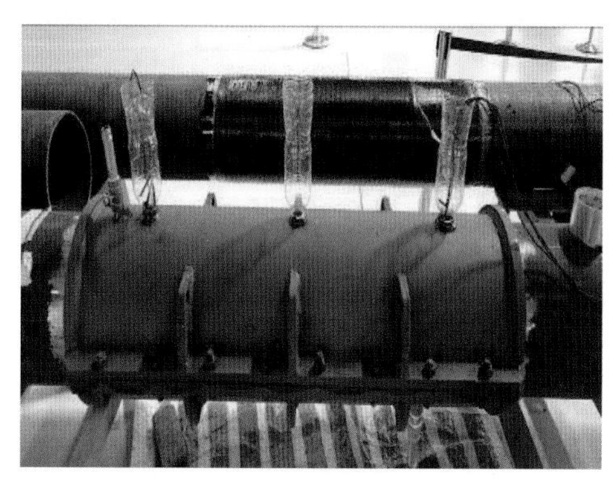

(c) 复合套筒修复

(d) 轴向拉伸试验

图 9.12　试验过程相关照片

表 9.3　拉伸对比试验结果

修复方式	断裂载荷/kN
含缺陷未修复试验管	972
含缺陷复合套筒修复试验管	1943
无缺陷管计算屈服拉力	1433

压、降流速甚至停输，影响正常生产运行；传统纤维复合材料可以在带压状态下对管道进行修复，但在管道降压时复合材料层不能随同管道变形，对大口径管道容易产生脱壳，同时不能有效提升管道的抗弯能力。总之目前对管道环焊缝缺陷尚没有一种安全、可靠、易行的修复方式。

为对管道环向缺陷(含环向腐蚀缺陷、环焊缝位置腐蚀缺陷、环焊缝缺陷)进行安全有效的修复，北京安科管道工程科技有限公司将改进的纤维复合材料修复和钢质环氧套筒修复结合在一起，研究开发预应力复合套筒修复技术。该技术首先使用专用缠绕工具将纤维片材拉紧，使纤维片材达到设计拉伸应变，并在纤维片材持续张紧的条件下缠绕在管道上，同时涂覆黏接树脂，在拉伸状态下固化，形成具有预紧力的复合材料修复层；然后安装钢质环氧套筒进一步修复加固，钢质环氧套筒完全覆盖在复合材料层外面，在缺陷位置形成预紧力复合材料+钢质环氧套筒的复合修复结构，旨在提升缺陷处管段抗轴向载荷的能力及抗弯能力。预应力复合套筒具有以下优点。

(1) 钢管受到拉伸时，纤维复合材料层和钢管的剪切力可以分担钢管的轴向载荷。

(2) 在钢管内压下降或受轴向拉伸而发生环向收缩变形时，具有预紧力的纤维复合材料可随钢管一起协同变形，避免脱壳现象。

(3) 钢质环氧套筒可以提升钢管的抗弯能力。

(4) 复合环氧套筒安装过程中不需要在管道上动火施焊，安装风险低，不影响管道的正常运行。

9.2.4 换管修复

换管适用于所有缺陷类型和泄漏的永久修复，具有适用性强、修复效果好但成本高的特点。此外，新换管段在安装过程中的对口、焊接施工难度较大，容易带来错边、对口应力、焊接质量等相关问题，应予以关注。

换管可选择采用停输换管或不停输换管。换管修复作业的示意图如图 9.13 所示。

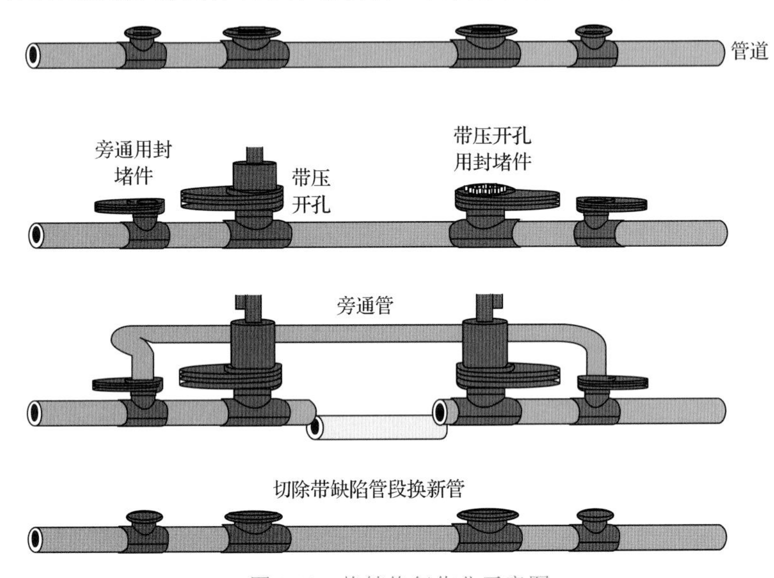

图 9.13　换管修复作业示意图

为了保证换管修复的安全性，换管修复施工时应满足以下条件。

(1) 管道切割应采用机械方法断管。

(2) 断管后，应对管内和管口进行清理，并采用气囊、黄油墙等隔离措施。

(3) 为防止封堵不严造成隔离管段内油品积聚，应在隔离管段上设置观察孔，并持续检查，若有渗漏，定时排油。

(4) 替换管段与待修复管道应采用对接环焊缝焊接工艺，施工前应进行严格的焊接工艺评定。对于磁偏吹现象严重的管线，施工过程中应采取消磁措施。

(5) 应对焊缝进行射线检测，必要时还应补充超声等检测方法，以保证焊接满足规范要求。

(6) 在有可能受到交直流干扰的管段上实施换管作业时，在作业之前应对切除管段两侧进行固定的跨接，所用的最小电缆规格和线夹应满足相关电气标准的安全规定。

9.3　成品油管道腐蚀缺陷修复方法选择

9.3.1　修复方法的比较和适用条件

修复方法的选择取决于需要修复的缺陷类型，不同类型的缺陷对修复方法有相应的限制。各种修复方法的对比如表 9.4 和表 9.5 所示。

表 9.4　腐蚀缺陷的修复方法选择概况

修复方法	外腐蚀			焊缝选择性腐蚀	内腐蚀	是否推荐
	深度不大于 0.8t	深度大于 0.8t	点蚀深度大于 0.8t			
打磨	永久[①]	否	否	否	否	是
堆焊	永久	否	否	否	否	否
补板	临时	临时	临时	否	否	否
A 型套筒	永久	否	否	否	永久[②]	是
B 型套筒	永久	永久	永久	永久	永久	是
钢质环氧套筒	永久	否	否	永久	永久[②]	是
复合材料补强	永久	否	否	否	永久[②]	是
螺栓紧固夹具	临时	临时	否	临时	临时[②]	否
带压开孔修复	永久	永久	永久	否	否	否
换管	永久	永久	永久	永久	永久	是

注：t 为公称壁厚，mm；①若缺陷在最大允许打磨量限制的范围内能完全消除，则可单独进行深度小于 0.4t 的打磨；②确保内部缺陷或腐蚀不会继续发展，需要对缺陷进行监控或仅作为临时修复措施。

表 9.5　修复方法的对比

修复方法	安全性要求	风险或缺点	服役寿命	施工难度	维修费用
打磨	剩余壁厚和打磨尺寸应满足规范标准要求	打磨过深等产生新的损伤	与防腐程度相关	低	低
堆焊	需降压	焊穿和氢致开裂风险	与防腐程度相关	较低	低
补板	需降压	焊穿和氢致开裂风险，导致应力集中	与防腐程度相关	较高	低
A 型套筒	不需降压，无焊穿和氢致开裂风险	不能承受轴向载荷	与防腐程度相关	较高	较高
B 型套筒	需降压	焊穿和氢致开裂风险	永久修复	高	较高
钢质环氧套筒	不需降压，无动火施焊风险	填充树脂材料脆化开裂、空腔等质量问题	与防腐程度相关	较低	较高
复合材料补强	不需降压，无动火施焊风险	老化、应力松弛等	永久修复	较低	较低
螺栓紧固夹具	不需降压，无动火施焊风险	临时修复措施	临时修复	较低	较高
换管	严格执行动火规定、带压开孔工艺	带压开孔、对口、焊接质量风险	永久修复	高	高

9.3.2 修复方法选择程序

在修复腐蚀缺陷前，应对管道的外腐蚀区域进行彻底清理，以准确测定外腐蚀区域的尺寸，包括纵向长度和最大腐蚀深度。

若腐蚀不在凹陷内，且腐蚀区域的尺寸(包括外腐蚀、内腐蚀)满足以下两个条件之一，则无需进行修复，如图 9.14 所示。

(1) 最大腐蚀深度小于等于管道公称壁厚的 10%或设计壁厚的腐蚀裕量。

(2) 当最大腐蚀深度大于管道公称壁厚的 10%且小于等于 40%时，纵向可接受长度不超过按式(9.1)计算的纵向可接受长度或管道的最大操作压力应满足式(9.2)。

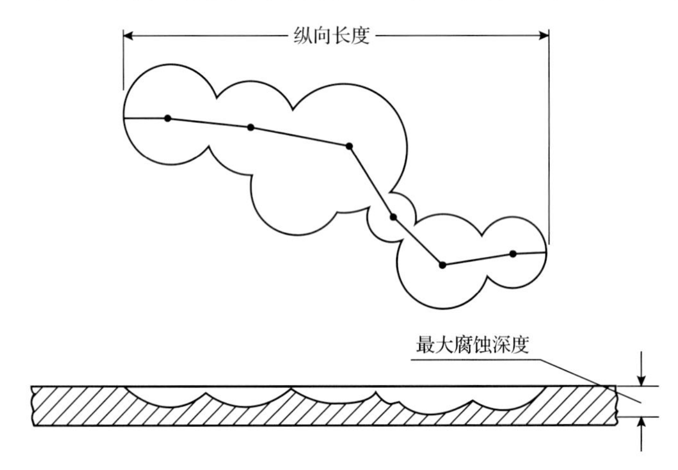

图 9.14 腐蚀区域测量示意图

对于环焊缝缺陷，目前标准推荐采用 B 型套筒的方法进行修复；对于环向的、环焊缝及热影响区内的腐蚀，应按照环焊缝缺陷进行修复。

对于外腐蚀，若最大腐蚀深度小于等于管道公称壁厚的 80%，可按照表 9.3 采用 A 型套筒、B 型套筒、钢质环氧套筒或复合材料补强的方法进行修复；若最大腐蚀深度大于管道公称壁厚的 80%，则应采用 B 型套筒、换管等方法进行修复。修复选择程序如图 9.15 所示。

对于内腐蚀，若腐蚀程度不会继续发展超出其临界值，可采用 A 型套筒、B 型套筒、钢质环氧套筒或复合材料补强进行修复；若腐蚀可能继续发展，以上方法中的 A 型套筒和复合材料补强则仅作为临时修复措施，应监控使用。修复选择程序如图 9.16 所示。

对于点蚀，若点蚀深度大于管道公称壁厚的 80%，可采用 B 型套筒的方法进行修复。

9.4 成品油管道腐蚀缺陷修复案例

9.4.1 复合材料修复

2006 年，某输油管道管径 Φ323.9mm，壁厚为 6.4mm，管材为 X52，设计压力为 9.5MPa，运行压力为 6MPa。管道存在多处腐蚀缺陷，最深为 2～3mm，腐蚀群沿管道轴向长度约 350mm，输油管道腐蚀形貌如图 9.17 所示。

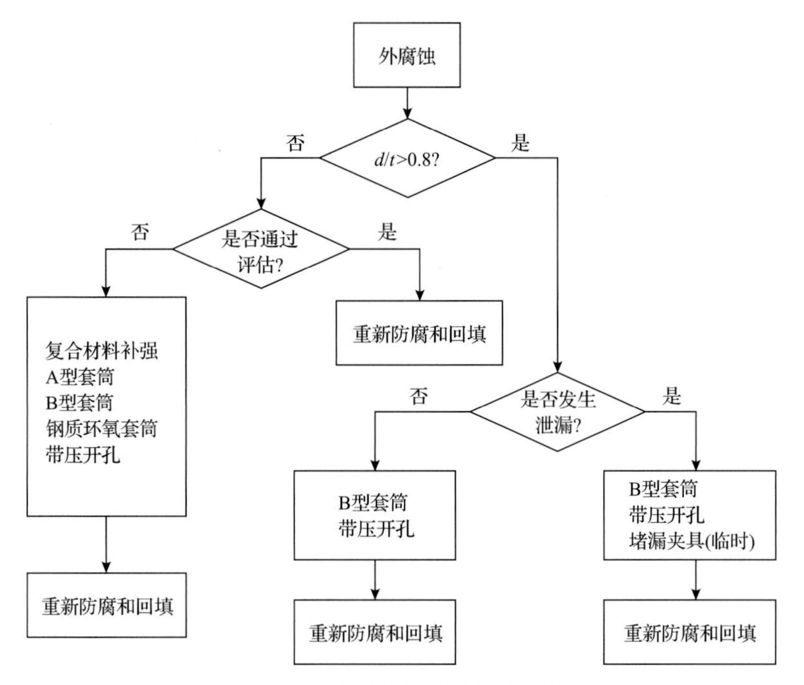

图 9.15　外腐蚀缺陷修复流程图

d 为最大腐蚀深度；t 为公称壁厚

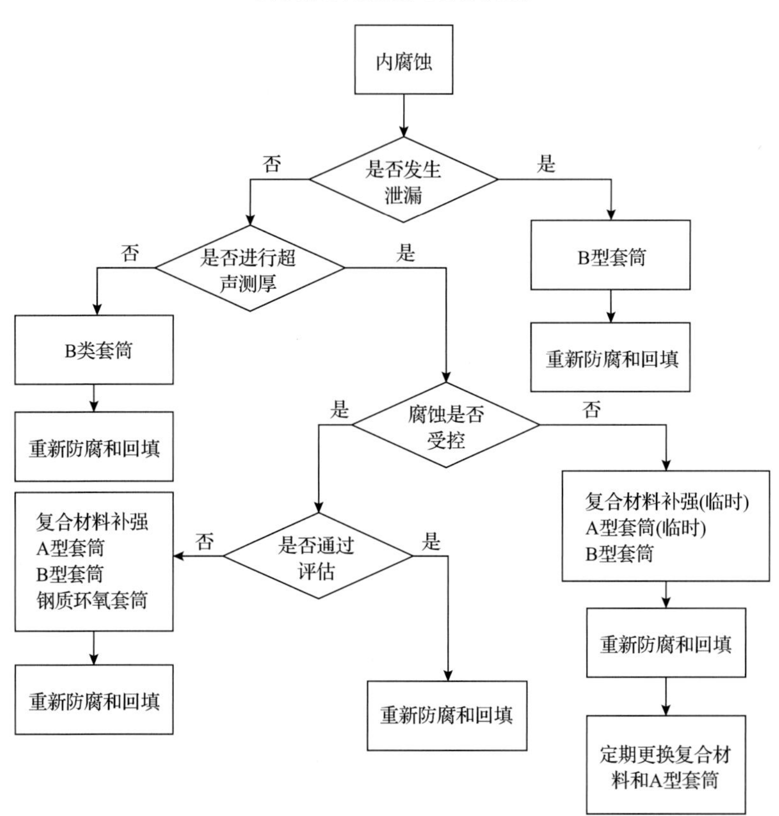

图 9.16　内腐蚀缺陷修复流程图

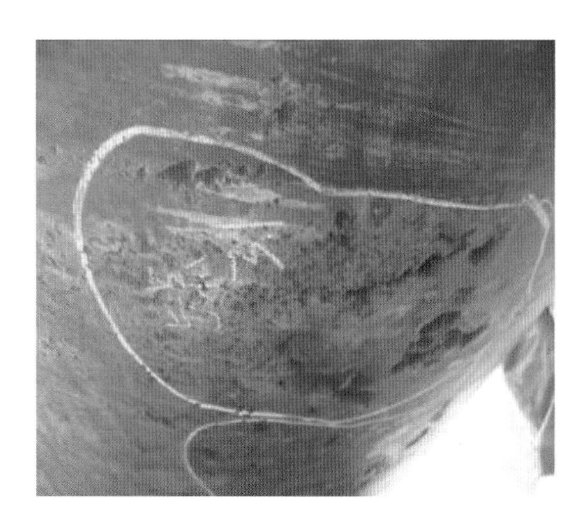

图 9.17 输油管道腐蚀形貌

技术人员按照规范要求选择碳纤维复合材料进行管道修复，碳纤维复合材料典型抗拉强度和弹性模量力学性能如表 9.6 所示。

表 9.6 碳纤维复合材料典型力学性能

	检测数值	计算取值
抗拉强度/MPa	927	900
弹性模量/GPa	94.2	90

利用 ASME B31G 计算管道的剩余强度：

$$P_{\text{rest}} = \frac{(\sigma_{\text{s}} + 68.95)2Ft_{\text{p}}}{D}\left(\frac{1-0.85\dfrac{d}{t}}{1-0.85\dfrac{d}{tM}}\right) \tag{9.4}$$

$$M = 0.032\frac{L^2}{Dt} + 3.3 \tag{9.5}$$

利用 ASME-PCC-2 计算管道修复需要的碳纤维复合材料层数及方案：

$$\delta_{\text{c}} = \frac{DE_{\text{s}}}{2\sigma_{\text{s}}E_{\text{c}}}(P_{\text{total}} - P_{\text{rest}}) \tag{9.6}$$

$$n = \frac{\delta_{\text{c}}}{h_{\text{c}}} \tag{9.7}$$

$$L_{\text{repair}} = 2L_{\text{over}} + L \tag{9.8}$$

$$L_{\text{over}} = 2.5\sqrt{Dt/2} \tag{9.9}$$

式(9.4)～式(9.9)中，F 为强度设计系数；h_{c} 为碳纤维材料的单层厚度；n 为修补层数；δ_{c}

为补强层复合材料厚度；P_{total} 为维修补强后的爆破压力；P_{rest} 为管道缺陷处剩余强度；E_s 为管道弹性模量；E_c 为管道和复合材料的弹性模量；M_T 为 Folias 系数；t 为公称壁厚；d 为缺陷深度(安全起见，缺陷深度取 3mm)；D 为管道外径；σ_s 为管道屈服强度；t_p 为管材的剩余厚度；L 为缺陷长度；F 为强度设计系数；L_{repair} 为修复层长度；L_{over} 为修复层与管道重叠区域长度。

各参数取值及计算如表 9.7 所示。

表 9.7　碳纤维复合材料修复参数计算表

	数值		数值		数值
D/mm	323.3	P_{total}/MPa	9.5	P_{rest}/MPa	3.52
t/mm	6.4	σ_s /MPa	360	L_{over}/mm	80.4
d/mm	3	h_c/mm	0.5	L_{repair}/mm	510
L/mm	350	F	0.6	δ_c /mm	5.97
E_s/GPa	200	M	5.19	n	12
E_c/GPa	90	t_p/mm	3.4		

为了更好地评价复合材料补强修复的可靠性，复合材料补强修复 3～5 年后宜选择几处代表性修复点进行现场开挖验证，详细记录相关特征数据，同时对各承包商产品的可靠性和修复施工质量进行评价。该点修复两年后对修复效果进行开挖验证，检测结果发现补强层完好，检测结果合格，补强层下管体有金属光泽，无腐蚀痕迹，修复效果如图 9.18 所示。

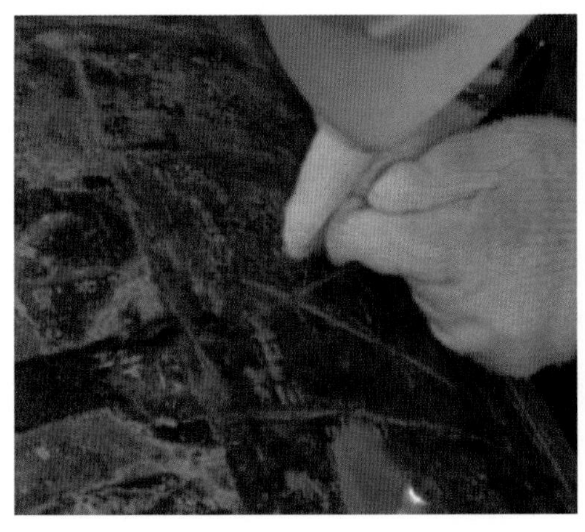
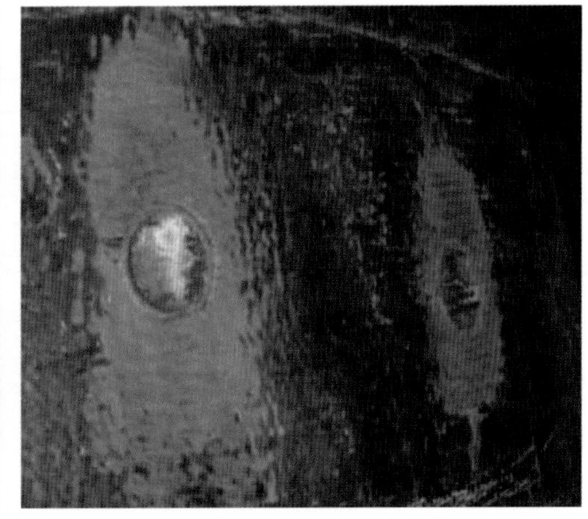

图 9.18　开挖验证防腐层及补强层服役效果

9.4.2　B 型套筒修复

成品油管道某段规格为 Φ457mm×7.1mm，设计压力为 10MPa，材质为 L415，防腐形式为普通级 3PE 防腐。该管段 ND078—ND079 段管线因管道内腐蚀严重，部分管道壁厚减薄率超标，需进行修复施工，以确保管道本质安全。

根据现场检测和评价结果，对涉及的大于40%的内腐蚀缺陷点进行了现场复测，结果如表9.8所示。

表9.8 管道复测结果表

绝对距离/m	长度/mm	宽度/mm	深度/%wt	时钟位置	距最近环焊缝距离/m	缺陷类型	处理方案
78118.835	12	12	45.90	8:10	9.0	点蚀(组合)	B型套筒(第一处)
78118.835	10	13	40.10	8:14	9.0	点蚀(组合)	B型套筒(第一处)
78118.835	12	23	45.90	8:10	9.0	腐蚀群	B型套筒(第一处)
78159.819	10	12	41.90	5:48	0.8	点蚀(组合)	B型套筒(第二处)
78159.819	40	43	41.90	5:48	0.8	腐蚀群	B型套筒(第二处)
67251.274	19	19	50.40	5:04	0.3	点蚀	B型套筒(第三处)
67251.455	25	25	54.60	5:06	0.4	点蚀	B型套筒(第三处)
67520.042	10	12	69.00	6:10	3.8	点蚀	B型套筒(第四处)
67522.166	25	50	42.00	5:38	1.7	腐蚀群	B型套筒(第五处)

根据上述超标减薄点位置的分布，对五处进行B型套筒补强。位置分别位于绝对距离约78118m处(第一处)、78159m处(第二处)、67251m处(第三处)、67520m处(第四处)及67522m处(第五处)。其中第四处与第五处共用1个作业坑。施工步骤如图9.19所示，施工需要进行动火作业。动火前需确认管道压力处于1MPa以下，降压输送时间约为12h。

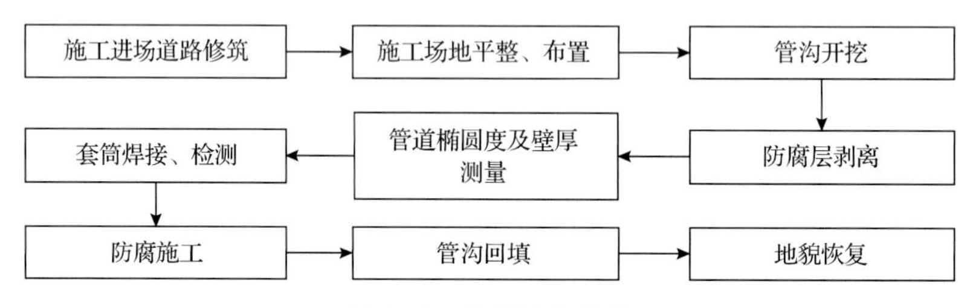

图9.19 修复工作步骤

首先由运行人员用探管仪确认管道位置后进行作业坑开挖，开挖时应确定光缆和管线准确位置并做好防护。管道开挖后剥除防腐层，用超声波测厚仪测量壁厚，再次确认缺陷修复位置，清理作业坑做好施工准备工作，如图9.20(a)所示。

套筒焊接时先焊接纵焊缝，再焊接角焊缝。质检员应对焊缝进行外观检验，焊缝外观质量符合要求后，由具有资格的无损检测人员按照业主要求下达的无损检测指令对焊缝进行着色渗透探伤和磁粉检测，如图9.20(b)所示。两种检测结果均为合格后，进行下一步施工。

安装完成后进行防腐作业。B型套筒防腐需刷两遍双组分环氧底漆，再用聚乙烯冷缠带防腐，修复后的管道如图9.20(c)所示。

(a) 修复前准备工作

(b) 修复焊缝检测

(c) 修复后管道形貌

图 9.20　B 型套筒修复施工过程

9.4.3　带压封堵+换管修复

管道带压封堵技术是一种安全、经济、快速高效的在役管道维抢修特种技术。它能在不间断管道介质输送的情况下完成对管道的更换、移位、换阀及增加支线的作业，也可以在管道发生泄漏时对事故管道进行快速、安全地抢修，恢复管道的运行。带压封堵的主要工序为：开挖、带压焊接封堵三通、密闭开孔、封堵、抽油、切管、砌筑黄油墙、管线碰口和解除封堵。

某成品油管道支线 LN101+700m 阀室旁的三通封堵管件运行六年后出现腐蚀情况，内部有渗漏情况，为减少油品泄漏，减少环境污染，消除安全隐患，降低经济损失，需要将渗漏三通进行带压更换为直管段。

本次管段更换工程主要是对渗漏三通进行带压更换，采取单侧单封的封堵方式，更换的直管段规格为 Φ323.9mm×6.4mm，材质为 X52 直缝电阻焊钢管，与原输油管道管材一致，设计压力 10MPa，目前运行压力 6.7MPa，本次更换长度 6m。带压封堵+换管流程如图 9.21 所示。

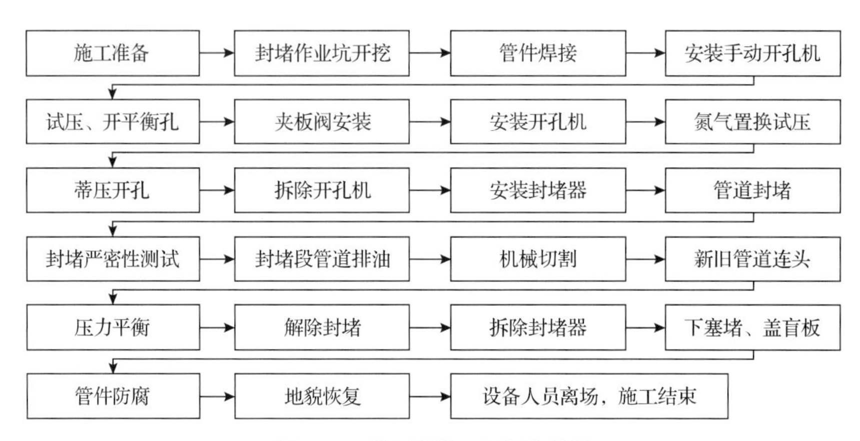

图 9.21 带压封堵+换管流程图

1) 作业坑开挖

带压封堵和换管工序复杂，作业坑开挖尺寸较大，要求施工严格规范。

2) 管件焊接

该工程计划选用的管件：封堵三通为 Φ323.9mm 等径三通，三通护板厚度为 18mm，平衡短节规格 DN50×12.10MPa 压力等级，材质 16Mn。封堵管件焊接如图 9.22 所示。

图 9.22 封堵管件焊接现场示例

焊接过程应注意以下问题。

(1) 管件焊接要严格遵守《钢质管道封堵技术规程 第一部分：塞式、筒式封堵》(SY/T 6150.1—2017) 规定的焊接顺序进行焊接。

(2) 管件焊接要严格按照焊接工艺规程的要求进行。

(3) 管件焊接时电焊机二次线应放置在管件的上面并接触牢固。

(4) 管件焊接电焊工应持证上岗。

(5) 管件焊接为施工重点环节，施工现场设专人全程监护。

3) 焊缝检验

焊接完成后，质检员应对焊缝进行外观检验：①焊缝外观成型应均匀一致，焊缝及其热影响区表面上不得有裂纹、未熔合、气孔、夹渣、飞溅、弧坑等缺陷；②焊缝表面不应低于母材表面，焊缝余高在 0～2mm 范围内，与母材的过渡应平滑；③焊缝表面每侧宽度宜比坡口表面宽 1～2mm；④咬边的最大尺寸符合标准要求。焊缝外观合格后，由具有资质的无损检测人员按照检测要求对焊缝进行相控阵超声检测，合格后进行后续施工。

4) 管道开孔

管道开孔顺序：先平衡孔、后封堵孔，开孔机安装及试压如图 9.23 所示。

图 9.23　开孔前封堵三通、夹板阀、开孔机安装及试压

5) 管道封堵

安装封堵器前按要求安装封堵联箱和封堵头，封堵过程示意如图 9.24 所示。

图 9.24　封堵过程示意图

6)管段切割和连头

采用液压冷切割机进行断管作业；切割 2 道(渗漏三通西侧 0.6m 处 1 道、东侧 5m 处 1 道)。

对更换管段进行外观检查，并进行内壁清管。根据原管道割口长度、考虑温差造成的影响因素，进行新管段下料。采用换管连头焊接工艺进行焊接施工。

7)后处理工作

新旧管线连接后，焊道检测合格方能进行解封，然后按照标准要求安装塞堵。对管段进行防腐处理，并恢复地貌。换管修复后的管道如图 9.25 所示。

图 9.25　带压封堵+换管修复后的管道

参 考 文 献

[1] 何仁洋, 修长征. 油气管道检测与评价. 北京, 中国石化出版社, 2010.

[2] 陈杉, 韩升, 杨永, 等. 油气管道管体缺陷修复技术及标准对比分析. 中国特种设备安全, 2016, 32(增刊): 6-9.

[3] True W R. Composite wrap approved for U.S. gas pipeline repairs. Gas Journal, 1995, 93(2): 17-21.

[4] 帅健, 刘惟, 王俊强, 等. 复合材料缠绕修复管道的应力分析. 石油学报, 2013, 34(2): 372-379.

[5] 李荣光, 杜娟, 赵国星, 等. 油气长输管道管体缺陷及修复技术概述. 石油工程建设, 2016, 42(1): 10-13.

[6] 李荣光, 冯庆善, 王学力, 等. B 型全封闭钢质套筒修复技术改进. 油气储运, 2010, 29(10): 755-758.

[7] 曹丽召, 陈绍令. 油气管道钢质环氧套筒补强修复技术探讨//第四届中国管道完整性管理技术大会, 杭州, 2014.